普通高等教育电工电子类课程新形态教材

电路分析

主 编 李 飞 毛先柏

副主编 覃爱娜

中国水利水电出版社
www.waterpub.com.cn

·北京·

内 容 提 要

本书主要介绍"电路分析"课程的内容,共13章:电路的基本概念与电路定律、电路的等效变换、电路分析的基本方法、电路分析的基本定理、相量法、正弦稳态电路、耦合电感电路、三相电路、非正弦周期电流电路、动态电路、复频域分析、二端口网络、非线性电路。

本书以"注重基础,覆盖全面,结合实例,内容精练"为宗旨,在每章的开头设有"内容提要""学习目标""本章知识结构图"作为学习引导,每章结束后设有"本章小结"和"习题"作为结束,纲目清晰。全书内容完整、深入浅出、可读性强,同时各章配有较丰富的典型例题和应用实例。

本书为普通高等教育电工电子类课程新形态教材,通过微信扫描书中的二维码可获取多种学习资源。本书可作为高等工科院校控制类、电子信息类、计算机类、交通控制类等各专业的本科生教材,也可作为自学考试和成人教育的自学教材,还可作为电工电子技术人员的学习参考书。

图书在版编目(CIP)数据

电路分析 / 李飞,毛先柏主编. -- 北京:中国水利水电出版社,2025.1. -- (普通高等教育电工电子类课程新形态教材). -- ISBN 978-7-5226-3013-7

Ⅰ.TM133

中国国家版本馆CIP数据核字第2024G1F637号

策划编辑:周益丹   责任编辑:张玉玲   封面设计:苏敏

书 名	普通高等教育电工电子类课程新形态教材 电路分析 DIANLU FENXI
作 者	主 编 李 飞 毛先柏 副主编 覃爱娜
出版发行	中国水利水电出版社 (北京市海淀区玉渊潭南路1号D座 100038) 网址:www.waterpub.com.cn E-mail:mchannel@263.net(答疑) 　　　　sales@mwr.gov.cn 电话:(010)68545888(营销中心)、82562819(组稿)
经 售	北京科水图书销售有限公司 电话:(010)68545874、63202643 全国各地新华书店和相关出版物销售网点
排 版	北京万水电子信息有限公司
印 刷	三河市鑫金马印装有限公司
规 格	190mm×230mm 16开本 22.5印张 441千字
版 次	2025年1月第1版 2025年1月第1次印刷
印 数	0001—2000册
定 价	49.80元

凡购买我社图书,如有缺页、倒页、脱页的,本社营销中心负责调换

版权所有·侵权必究

普通高等教育电工电子类课程新形态教材

编审委员会

主　任　　王春生　覃爱娜　李　飞

副主任　　罗桂娥　吴显金　刘献如

成　员　　（按姓氏笔画排序）

　　　　　　毛先柏　刘　波　刘曼玲　张亚鸣

　　　　　　张静秋　陈丽萍　陈革辉　罗　群

　　　　　　罗瑞琼　姜　霞　谢平凡

秘　书　　万　辉

主　审　　邹逢兴

前　言

为认真贯彻党的二十大对高等教育的指导精神，响应教育部《"十四五"普通高等教育本科国家级规划教材建设实施方案》的相关要求，根据工科电路课程教学指导委员会指定的"电路"课程教学基本要求，结合教研室多年的教学改革实践经验，编写了《电路分析》这本教材。"电路分析"是教育部规定的电子信息类专业的专业基础课与专业主干课，也是电子科学与技术、电气工程、控制科学与工程、计算机科学与技术等各专业必修的专业基础课或专业主干课。本教材具有以下特点：

（1）结构鲜明，内容丰富。注重基础，精选内容，以符合教学基本要求为准，并以微信二维码形式适当引入延伸阅读、知识拓展等数字化教学资源。

（2）明确重点难点。教材在每一章的开篇增加了学习目标和本章知识结构图，让学生对该章内容有一个全方位的宏观把握，增强了系统观念，迅速明了章节中的重难点。

（3）拓宽知识点表现维度。教材在每一章的重要知识点部分增加了微课、典型例题讲解、仿真研究等多种形式，使相关内容以更加立体、直观和高阶的方式来呈现，加深学生对知识的理解。

（4）突出实际应用。教材在每一章都单设一节"应用实例"，着重介绍电路原理在实际中的应用，利于学生理论联系实际，激发学生的学习兴趣，学以致用，增强学习效果。

（5）坚持"三全育人"。教材在每一章的相关内容中都加入了"思政案例"，具体说明了如何将思政教育与课程的教学内容进行有机结合，利于教与学在思政教育上达到"润物细无声"的育人效果。

全书共分为 13 章：第 1~4 章主要介绍理想电路元件和电路定律、电路的等效变换、电阻电路的一般分析方法和电路基本定理等内容；第 5~8 章详细描述正弦交流电路相量法、正弦交流电路的分析、含有耦合电感电路的分析和三相电路；第 9 章重点阐述非正弦周期电流电路的计算和分析；第 10 章和第 11 章主要介绍一阶电路、二阶电路和复频域分析；第 12 章和第 13 章重点阐述二端口网络和非线性电阻电路的分析。本书内容的选择与编排力求与有关专业的前设和后续课程有良好的衔接，各专业可根据本专业的特点取舍教学内容，计划教学时数为 64~80 学时。

本书编写工作得到了电路课程群老师们的大力支持和帮助，是电路课程群集体劳动的成果。本书编写大纲经过了电工电子类课程新形态教材编委会的多次讨论，吸收了许多合理的建议，在此一并表示感谢。

本书由李飞、毛先柏任主编，覃爱娜任副主编。覃爱娜编写第1～4章，毛先柏编写第5～7章，李飞编写第8～13章并负责全书修改和统稿工作。本书在编写过程中还得到了宋学瑞、陈宁、李中华、赖旭芝、罗桂娥、刘献如等老师的大力支持，在此表示衷心感谢。

由于编者水平有限，书中疏漏和不妥之处在所难免，恳请读者批评指正。

编 者

2024年10月

目　　录

前言

第1章　电路的基本概念与电路定律 ... 1
   1.1　电路及电路模型 ... 3
      1.1.1　实际电路 ... 3
      1.1.2　电路模型 ... 4
   1.2　电路的基本物理量 ... 4
      1.2.1　电流 ... 4
      1.2.2　电压 ... 5
      1.2.3　功率和能量 ... 7
   1.3　无源电路元件 ... 8
      1.3.1　电阻元件 ... 9
      1.3.2　电容元件 ... 11
      1.3.3　电感元件 ... 13
   1.4　独立电源 ... 15
      1.4.1　电压源 ... 16
      1.4.2　电流源 ... 16
   1.5　受控源 ... 17
   1.6　基尔霍夫定律 ... 18
      1.6.1　基尔霍夫电流定律 ... 19
      1.6.2　基尔霍夫电压定律 ... 20
   1.7　应用实例：人体电阻等值电路及电流对人体的影响 ... 22
      1.7.1　人体电阻等值电路 ... 22
      1.7.2　人体内部电阻的分布 ... 22
      1.7.3　电流对人体的影响 ... 23
   本章小结 ... 23
   习题1 ... 24

第2章　电路的等效变换 ... 29
   2.1　等效变换的概念 ... 31

2.2 电阻的串联、并联、混联及等效电阻 ... 31
2.2.1 电阻的串联 ... 32
2.2.2 电阻的并联 ... 32
2.2.3 电阻的混联 ... 33
2.3 电阻的 Y 形连接和△形连接的等效变换 ... 34
2.3.1 电桥电路 ... 34
2.3.2 Y-△等效变换 ... 35
2.4 电压源、电流源的串联和并联 ... 38
2.4.1 电压源串联 ... 38
2.4.2 电流源并联 ... 38
2.5 实际电源的两种模型及其等效变换 ... 39
2.6 输入电阻 ... 42
2.6.1 输入电阻的定义 ... 42
2.6.2 求输入电阻的方法 ... 42
2.7 应用实例：三相异步电机的启动 ... 43
本章小结 ... 44
习题 2 ... 45

第 3 章 电路分析的基本方法 ... 50
3.1 支路电流法 ... 52
3.2 网孔电流法和回路电流法 ... 54
3.2.1 网孔电流法 ... 54
3.2.2 回路电流法 ... 57
3.3 结点电压法 ... 61
3.4 应用实例：双臂电桥测量低值电阻 ... 68
本章小结 ... 69
习题 3 ... 70

第 4 章 电路分析的基本定理 ... 75
4.1 叠加定理和齐性定理 ... 77
4.2 替代定理 ... 80
4.3 戴维宁定理和诺顿定理 ... 81
4.3.1 含源一端口网络的开路电压 u_{oc} 和等效电阻 R_{eq} ... 81
4.3.2 戴维宁定理 ... 81

  4.3.3 诺顿定理 86
  4.3.4 最大功率传输 88
 4.4 特勒根定理 91
 4.5 应用实例：惠斯登电桥测温电路 93
 本章小结 95
 习题 4 95

第 5 章 相量法 101
 5.1 正弦量的基本概念 103
  5.1.1 正弦量的三要素 103
  5.1.2 正弦量的相位差 104
  5.1.3 正弦量的有效值 105
 5.2 正弦量的相量表示 106
  5.2.1 复数及运算 107
  5.2.2 相量运算 110
 5.3 相量法的分析基础 113
  5.3.1 电路元件伏安关系的相量形式 113
  5.3.2 电路定律的相量形式 116
 5.4 应用实例：电容的滤波和分压作用 118
 本章小结 119
 习题 5 120

第 6 章 正弦稳态电路 123
 6.1 阻抗和导纳 125
  6.1.1 阻抗的概念 125
  6.1.2 导纳的概念 126
 6.2 阻抗和导纳的串联和并联 129
 6.3 电路的相量图法 131
 6.4 正弦稳态电路分析 134
 6.5 正弦稳态电路的功率 137
 6.6 功率因数的提高 143
 6.7 正弦稳态最大功率传输条件 146
 6.8 正弦电路的谐振 148
  6.8.1 串联谐振 148

  6.8.2 并联谐振 ... 153
 6.9 应用实例：收音机接收电路 ... 155
 本章小结 ... 157
 习题 6 ... 157

第 7 章 耦合电感电路 ... 165
 7.1 耦合电感 ... 167
  7.1.1 基本概念 ... 167
  7.1.2 耦合电感的电压、电流关系 ... 168
 7.2 含有耦合电感电路的计算 ... 171
  7.2.1 耦合电感的受控源（CCVS）等效分析法 ... 171
  7.2.2 耦合电感的 T 型去耦分析法 ... 175
 7.3 空芯变压器电路的分析 ... 178
 7.4 理想变压器 ... 181
 7.5 应用实例：互感在电工测量中的应用 ... 186
 本章小结 ... 188
 习题 7 ... 188

第 8 章 三相电路 ... 193
 8.1 三相电路 ... 195
  8.1.1 三相电源 ... 195
  8.1.2 三相电路的结构 ... 197
  8.1.3 电压（电流）的线相关系 ... 198
 8.2 对称三相电路的计算 ... 201
 8.3 不对称三相电路的概念 ... 205
 8.4 三相电路的功率 ... 208
 8.5 应用实例：安全用电和相序指示器电路 ... 213
  8.5.1 安全用电 ... 213
  8.5.2 相序指示器电路 ... 214
 本章小结 ... 215
 习题 8 ... 216

第 9 章 非正弦周期电流电路 ... 221
 9.1 非正弦周期信号傅里叶级数展开 ... 223
 9.2 有效值、平均值和平均功率 ... 226

9.3 非正弦周期电流电路的计算 228
9.4 应用实例：简单谐振滤波器 230
本章小结 231
习题 9 232

第 10 章 动态电路 235
10.1 动态电路的过渡过程及初始条件 237
    10.1.1 动态电路的过渡过程 237
    10.1.2 动态电路初始条件及换路定律 238
10.2 一阶电路的零输入响应 241
    10.2.1 RC 电路的零输入响应 241
    10.2.2 RL 电路的零输入响应 245
10.3 一阶电路的零状态响应 249
    10.3.1 RC 电路的零状态响应 249
    10.3.2 RL 电路的零状态响应 251
10.4 一阶电路的全响应及三要素法 253
    10.4.1 一阶电路的全响应 253
    10.4.2 一阶电路的三要素法 256
10.5 阶跃响应和冲激响应 261
    10.5.1 阶跃函数和阶跃响应 261
    10.5.2 冲激函数和冲激响应 264
10.6 二阶电路的零输入响应 266
10.7 应用实例：电梯接近开关和电子闪光灯电路 275
    10.7.1 电梯接近开关 275
    10.7.2 电子闪光灯电路 276
本章小结 277
习题 10 279

第 11 章 复频域分析 285
11.1 拉普拉斯变换及基本性质 287
11.2 拉普拉斯反变换的部分分式展开 290
11.3 电路元件和电路定律的复频域形式 293
11.4 应用拉普拉斯变换法分析线性电路 296
11.5 应用实例：分析系统的稳定性和电路的频率特性 299

11.5.1	分析系统的稳定性	299
11.5.2	分析电路的频率特性	300

本章小结 ... 301

习题 11 ... 302

第 12 章　二端口网络 ... 307

12.1　二端口网络的基本概念 ... 309

12.2　二端口网络的参数和方程 ... 310

12.3　二端口的等效电路 ... 319

12.4　二端口的连接 ... 322

12.5　应用实例：晶体三极管的 h 参数等效模型 ... 324

本章小结 ... 326

习题 12 ... 326

第 13 章　非线性电路 ... 330

13.1　非线性电阻 ... 332

13.2　小信号分析法 ... 335

13.3　分段线性化方法 ... 338

13.4　应用实例：二极管及其应用电路 ... 341

本章小结 ... 343

习题 13 ... 343

参考文献 ... 348

第1章 电路的基本概念与电路定律

内容提要

电路分析的主要变量是电流、电压和功率,本章首先提出电流和电压的基本概念;接着讲解吸收、发出功率的表达式和计算方法;最后介绍常用的电路元件、反映电路连接关系的基尔霍夫定律和简单的拓扑概念。

学习目标

(1)理解电路模型和电路变量的概念。
(2)掌握电流、电压的参考方向,吸收、发出功率的表达式和计算方法。
(3)掌握电路中常用的电路元件。
(4)掌握基尔霍夫定律及其应用。

电路分析

本章知识结构图

电路的基本概念与电路定律

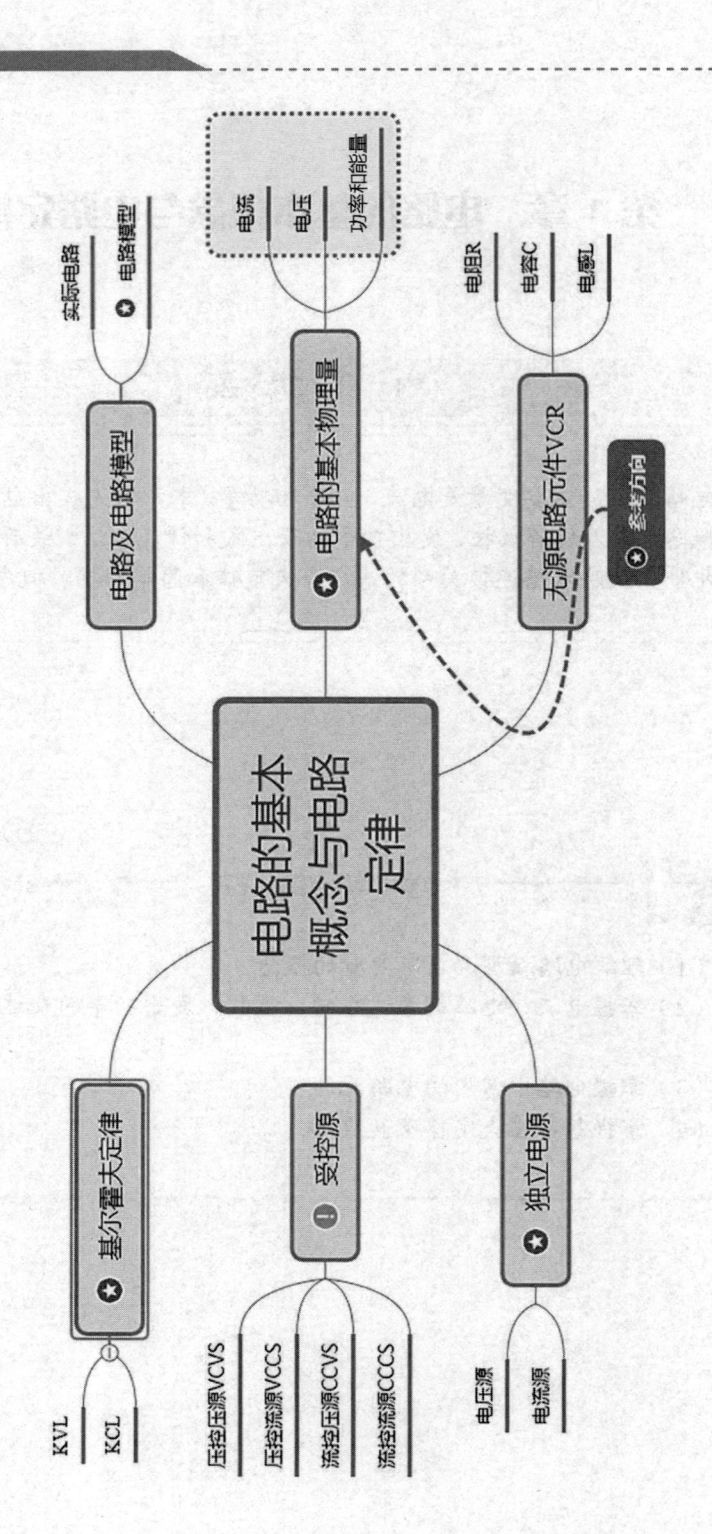

- 电路及电路模型
  - 实际电路
  - 电路模型
- 电路的基本物理量
  - 电流
  - 电压
  - 功率和能量
- 无源电路元件VCR
  - 电阻R
  - 电容C
  - 电感L
  - 参考方向
- 基尔霍夫定律
  - KVL
  - KCL
- 受控源
  - 压控压源VCVS
  - 压控流源VCCS
  - 流控压源CCVS
  - 流控流源CCCS
- 独立电源
  - 电压源
  - 电流源

笔记

1.1 电路及电路模型

电路分为实际电路和电路模型,在电路分析中所讨论的电路主要是电路模型。

1.1.1 实际电路

电在日常生活、生产和科学研究工作中得到了广泛应用。例如在收录机、电视机、录像机、音响设备、计算机、通信系统和电力网络中都可以看到各种各样的电路。这些电路的特性和作用各不相同。虽然电路功能不同,实际电路也千差万别,但不同的电路都遵循着同样的基本电路规律。

实际电路按其作用和功能可分为两种:一种电路是实现电能传输和分配,并将电能转换成其他形式的能量,如电力系统;另一种电路是对信号进行处理,通过电路对输入的信号(又称为激励)进行变换或加工变为所需要的输出(又称为响应),如放大电路(把微弱信号进行放大——收音机、电视机的放大电路)、调谐电路、存储电路、整流滤波电路等。

为了实现电能的产生、传输和使用的任务把所需要的电路元件按一定的方式连接起来,即构成电路。所以电路是由电气设备构成的总体。它提供了电流流通的路径,在电路中随着电流的通过进行着能量的转换、传输、分配的过程。一个完整的电路有三个基本组成部分:第一个组成部分是电源,它是产生电能或信号的设备,是电路中信号或能量的来源,在工作时将其他形式的能量变为电能——如发电机、干电池等,同时电源又被称为激励;第二个组成部分是负载,它是用电设备,是消耗电能的装置,在工作时将电能变为其他形式的能量,如电动机、电阻器等;第三个组成部分是电源与负载之间的连接部分,这部分除连接导线外,还可能有控制、保护电源用的开关和熔断器等。

由电阻器、电容器、线圈、变压器、晶体管、运算放大器、传输线、电池、发电机、信号发生器等一些电气元件和设备按一定的方式连接而成的电流的通路,称为实际电路。实际电路是为完成某种预期的目的而设计、安装、运行的。如果实际电路中的器件和部件的外形尺寸较之电路工作时通过其中的电磁波的波长来说非常小,以至于可以忽略不计,那么这种元件就称为集总元件。由集总元件构成的电路叫集总电路,一般这种电路中的元件是理想化的,是不占有空间尺寸的。实际电路的电路模型是由理想电路元件相互连接而成的,理想电路元件是组成电路模型的最小单位,是具有某种确定的电磁性质的假想元件,它是一种理想化的模型并具有精确的数学定义。在一定假设条件下,可以用足以反映其电磁性质的理想电路元件或它们的组合来模拟实际电路中的器件。

1.1.2 电路模型

电路理论讨论的不是实际电路而是它的电路模型。通过对电路模型的分析、计算来预测实际电路的特性，从而改进实际电路的电气特性和设计出新的电路。

在电路分析中，有三种最基本的无源理想电路元件：第一种是消耗电磁能、转换电磁能为其他形式能量的电阻元件；第二种是具有电场现象的电容元件；第三种是具有磁场能量的电感元件。此外，还有电压源和电流源两种理想电源元件。这些元件都有两个端子与外电路相连，称为二端元件。理想二极管也是二端元件，用于电子器件的模型中。除二端元件外，还有四端元件，如受控源、理想变压器、互感器等。人们从实践应用中总结出少数几种理想元件，用来构成实际电路的电路模型。后面我们将陆续介绍这些理想电路元件及其特性。

实际电路用电路模型表示后即可绘出用理想电路元件组成的电路图。每个理想电路元件都用一定的符号表示，如电阻元件用长条形符号表示；电容元件用两根平行的直线表示；理想导线用线段来表示等。如图 1-1（a）所示的电路是一个简单的手电筒实际电路，干电池可用一个电阻模型与一个电压源模型的组合来构成，而灯泡可用一个电阻模型来替代，则可得它的电路模型，如图 1-1（b）所示。

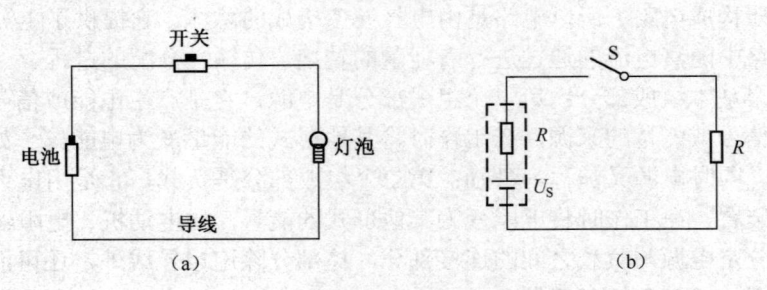

图 1-1 手电筒的实际电路与电路模型

1.2 电路的基本物理量

电路分析的任务是对给定的电路确定其电性能，而电路的电性能通常通过一组物理量来描述，最常用的是电流、电压、功率和能量等。

1.2.1 电流

1. 电流的定义

电流又称为电流强度，定义为单位时间内通过电荷的变化率，用符号 i 表示，即

$$i = \frac{dq}{dt} \qquad (1\text{-}1)$$

习惯上把正电荷运动的方向规定为电流的方向。如果电流的大小和方向不随时间变化，则这种电流称为恒定电流，简称直流，可用符号 I 表示。如果电流的大小和方向都随时间变化，则称为交变电流，简称交流，可用符号 i 表示。在国际单位制中，电流的单位是安培（A）。

2. 电流的参考方向

前面已经提到规定正电荷运动的方向为电流的方向，但在实际问题中，电流的真实方向往往难以在电路图中标出。例如，当电路中的电流为交流时，就不可能用一个固定的箭头来表示真实方向。即使电流为直流，在求解较复杂电路时，也往往难以事先判断电流的真实方向。为了解决这种困难，在电路中引入电流参考方向这一概念。

电流参考方向就是假设电路中元件的电流方向。电流参考方向的表示方法有两种：一种是用箭头，如图 1-2（a）所示；另一种是用双下标，如图 1-2（b）所示。规定：如果电流的真实方向与参考方向一致，电流为正值；如果两者相反，电流为负值。这样，可利用电流的正负值结合参考方向来表明电流的真实

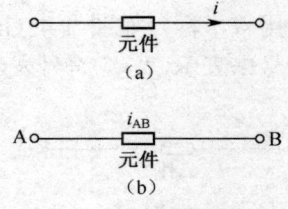

图 1-2 电流参考方向

方向，例如 $i = -2\,\text{A}$，表示正电荷以每秒 2 库仑的速率逆着参考方向移动。在分析电路时，一般先假设电流的参考方向，并以此为基准进行分析、计算，最后从答案的正负值来确定电流的实际方向。在未标出电流参考方向的情况下，电流的正负是毫无意义的。

1.2.2 电压

电荷在电路中流动就必然有能量的交换发生。电荷在电路的某些部分（如电源处）获得能量而在另外一些部分（如电阻元件处）失去能量。电荷在电源处获得的能量是由电源的化学能、机械能或其他形式的能量转换而来的。电荷在电路某些部分所失去的能量，或转换为热能（电阻元件处），或转换为化学能（电池处），或储藏在磁场中（电感元件处）。失去的能量是由电源提供的，因此在电路中存在着能量的流动，电源可以提供能量，有能量流出；电阻等元件吸收能量，有能量流入。为便于研究这个问题，在分析电路时引用电压这一物理量。

1. 电压的定义

电路中 A、B 两点间的电压表明单位正电荷由 A 点转移到 B 点时所获得或失去

的能量，如图 1-3 所示，即

$$u = \frac{dw}{dq} \tag{1-2}$$

其中，q 为由 A 点转移到 B 点的电荷，单位为库仑（C）；w 为转移过程中电荷 q 所获得或失去的能量，单位为焦耳（J）；电压的单位为伏特（V）。

图 1-3　电压的定义

如果正电荷由 A 点转移到 B 点，获得能量，则 A 点为低电位，即负极，B 点为高电位，即正极。如果正电荷由 A 点转移到 B 点，失去能量，则 A 点为高电位，即正极，B 点为低电位，即负极。

2．电压的参考方向

如同需要为电流规定参考方向一样，同样也需要为电压规定参考方向。电压参考方向的表示方法有三种：第一种方法是用箭头，如图 1-4（a）所示；第二种方法是用双下标，如图 1-4（b）所示；第三种方法是在元件或电路的两端用"+""−"符号来表示，"+"符号表示高电位端，"−"符号表示低电位端，如图 1-4（c）所示。

图 1-4　电压的参考方向

根据电压参考方向的规定，当电压为正值时，该电压的实际方向与参考方向相同；当电压为负值时，该电压的实际方向与所标的参考方向相反。在未标出电压参考方向的情况下，电压的正负也是毫无意义的。和电流标出参考方向一样，在电路图中，对元件所标的电压参考方向也可以任意选定，参考方向不一定代表电压的实际方向，它们配合电压的正值或负值来表明电压的真实极性。

在电路分析中，虽然同一元件的电压和电流的参考方向可以各自选定，不必强求一致。但为了分析方便，常选定元件的电压和电流的参考方向一致，即电流从正极性端流入该元件而从它的负极性端流出，这样假定的电压电流参考方向为关联参考方向，如图 1-5（a）所示，这种相关联的参考方向的设定为分析计算带来方便；相反，则为非关联参考方向，如图 1-5（b）所示。

（a）关联参考方向　　　　（b）非关联参考方向

图 1-5　关联与非关联参考方向

3. 电位

为了电路分析的方便，常在电路中选某一点为参考点，把任一点到参考点的电压称为该点的电位，参考点的电位为零，所以也称参考点为零电位点；电位一般用 V 表示，单位与电压相同。

图 1-6（a）为电子电路的简化电路的习惯画法，图 1-6（b）为图 1-6（a）的原电路，参考点 e 是电源的公共端。如 a 点电位是 6V，就表示为 $V_a = 6V$。

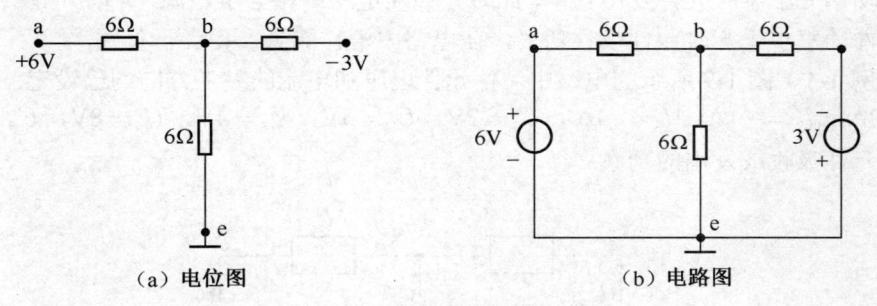

（a）电位图　　　　　　　　　（b）电路图

图 1-6　电路图及其对应的电位图

1.2.3　功率和能量

在电路分析中，功率和能量的计算也是非常重要的。因为，尽管在基于系统的电量分析和设计中电压和电流是有用的变量，但是系统有效的输出经常是非电气的，这种输出用功率和能量来表示比较合适。另外，所有实际器件对功率的大小都有限制。因此，在设计过程中只计算电压和电流是不够的。

元件从 t_0 到 t 时间内吸收的能量 W 可以根据电压的定义求得，为：

$$W = \int_{q(t_0)}^{q(t)} u \mathrm{d}q \tag{1-3}$$

由于 $i = \dfrac{\mathrm{d}q}{\mathrm{d}t}$，把它代入式（1-3），有

$$W = \int_{t_0}^{t} ui \mathrm{d}t \tag{1-4}$$

式中，u 和 i 都是时间的函数，因此能量也是时间的函数。元件的功率是单位时间内所做的功，即

$$p = \frac{\mathrm{d}w}{\mathrm{d}t} = ui \tag{1-5}$$

其中，p 是功率，单位为瓦特（W），式（1-5）表示基本电路元件的功率等于流过元件的电流和元件两端电压的乘积。根据电压和电流参考方向的定义，可知电压和

电流可能为正,也可能为负,因此功率也就可正可负。根据功率的正负判断元件是吸收功率还是发出功率时,电压和电流参考方向是否关联起到重要的作用。

当元件的电压和电流为关联参考方向时,式(1-5)表示元件吸收功率,即当元件功率大于零时元件吸收功率,在电路中消耗能量,相当于负载;当元件功率小于零时元件发出功率,此时元件在电路中相当于电源,并向外提供能量。

当元件的电压和电流为非关联参考方向时,式(1-5)表示元件发出功率,即当元件功率大于零时元件发出功率,此时元件在电路中相当于电源,并向外提供能量;当元件功率小于零时元件吸收功率,在电路中消耗能量,相当于负载。

例 1-1 图 1-7 所示的电路中,各元件电压和电流的参考方向均已设定。已知:$I_1 = 2A$,$I_2 = -1A$,$I_3 = -1A$,$U_1 = 7V$,$U_2 = 3V$,$U_3 = 4V$,$U_4 = 8V$,$U_5 = 4V$。求各元件吸收或发出的功率。

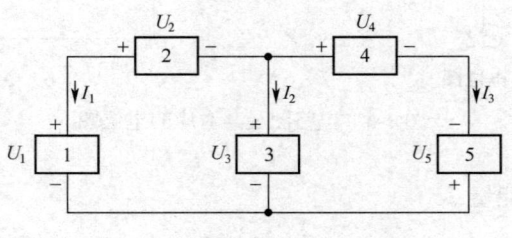

图 1-7 例 1-1 图

解 元件 1、元件 3、元件 4 为关联参考方向,有:$P_1 = U_1 I_1 = 7 \times 2 = 14\,\text{W}$(吸收功率,负载),$P_3 = U_3 I_2 = -4 \times 1 = -4\,\text{W}$(发出功率,电源),$P_4 = U_4 I_3 = -8 \times 1 = -8\,\text{W}$(发出功率,电源)。

元件 2、元件 5 为非关联参考方向,有:$P_2 = U_2 I_1 = 3 \times 2 = 6\,\text{W}$(发出功率,电源),$P_5 = U_5 I_3 = -4 \times 1 = -4\,\text{W}$(吸收功率,负载)。

由例 1-1 可以看出,整个电路功率守恒,即有

$$P_2 + P_5 = P_1 + P_3 + P_4$$

在电路中,任何时刻元件输出的功率等于元件吸收的功率,即电路功率守恒。

1.3 无源电路元件

在电路理论中,实际电路元件是用理想电路元件的组合来表示的。理想电路元件有二端元件和多端元件之分,又有有源和无源的区别。本节主要介绍本书在电路分析中所用到的无源理想二端元件(电阻、电感和电容)和有源理想二端元件(电压源和电流源)。

1.3.1 电阻元件

1. 电阻元件的定义

电阻是具有两个端子的理想元件，它是从实际电阻器抽象出来的模型，其图形符号如图 1-8 所示，电阻在关联参考方向下有

$$u = Ri \tag{1-6}$$

其中，u 为电阻元件两端的电压，单位为伏特（V）；i 为流过电阻元件的电流，单位为安培（A）；R 为电阻，单位为欧姆（Ω）。R 为常数，故电阻两端电压和流过它的电流成正比，由欧姆定律定义的电阻元件称为线性电阻。

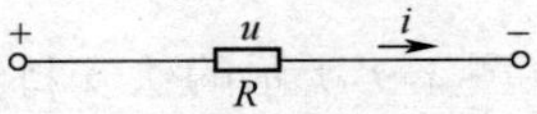

图 1-8 电阻元件的图形符号

欧姆定律体现了电阻器对电流呈现阻力的本质。电流要流过，就必然要消耗能量，因此沿电流流动方向就必然会出现电压降，欧姆定律表明这一电压降的大小，其值为电流与电阻的乘积。由于电流与电压降的真实方向总是一致的，所以只有在关联参考方向的前提下图 1-8 才可运用式（1-6）；如为非关联参考方向，则应改为

$$u = -Ri \tag{1-7}$$

电压与电流是电路的变量，从欧姆定律式（1-6）可知，线性电阻可以用它的电阻来表征它的特性，因此 R 是一种"电路参数"。电阻元件也可用另一个参数——电导来表征，电导用符号 G 表示，其定义为

$$G = \frac{1}{R}$$

在国际单位制中，电导的单位是西门子，简称西（国际代号为 S）。用电导表征线性电阻元件时，在关联参考方向下，欧姆定律为

$$i = Gu \tag{1-8}$$

2. 电阻元件的伏安特性曲线

如果把电阻元件的电压取为纵坐标（或横坐标），电流取为横坐标（或纵坐标），电压和电流的关系曲线为电阻的伏安特性曲线。

显然，线性电阻元件的伏安特性曲线是一条经过坐标原点的直线，如图 1-9 所示，电阻值可由直线的斜率来确定。电阻元件的关系曲线不是经过原点的直线就是非线性电阻。

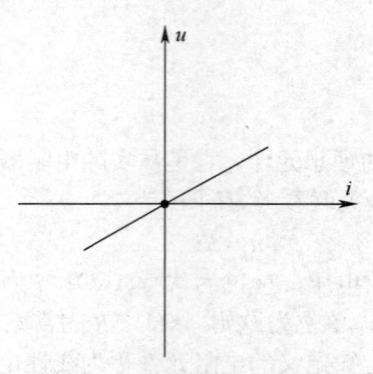

图 1-9　线性电阻元件的伏安特性

不论是从式（1-6）还是从图 1-9 所示的伏安特性曲线都可以看到：在任一时刻，线性电阻的电压（或电流）是由同一时刻的电流（或电压）所决定的。这就是说，线性电阻的电压（或电流）不能"记忆"电流（或电压）在"历史"上所起过的作用。

3. 电阻元件的功率

电压、电流为关联参考方向时，根据欧姆定律和功率计算，有

$$P_R = ui = Ri^2 = \frac{u^2}{R} \tag{1-9}$$

在关联参考方向下，根据式（1-9）可知，不管电阻上电流为正还是负，电阻功率 $P_R = Ri^2$ 都大于零，因此电阻吸收功率，是耗能元件；在非关联参考方向下，电阻功率为 $P_R = ui = -Ri^2$，不管电阻上电流为正还是负，电阻功率都小于零，同样，电阻吸收功率，是耗能元件。即电阻元件在任何时刻都只能从外电路吸收能量，它在任何时刻都消耗电路的电能。

根据能量定义，电阻从 t 到 t_0 时间内，从外界电路输入的总能量 W_R 为

$$W_R = \int_{t_0}^{t} P_R \mathrm{d}\xi \tag{1-10}$$

4. 电阻元件的两种特殊情况

线性电阻有两种值得注意的特殊情况：开路和短路。一个电阻元件不论两端电压是多大，流过它的电流恒等于零，则此电阻元件称为开路。在 $u-i$ 平面上，开路的特性曲线即为 u 轴，如图 1-10 所示。

类似地，一个电阻元件不论流过它的电流 i 是多大，其两端电压恒等于零，则此电阻元件称为短路。在 $u-i$ 平面上，短路的特性曲线即为 i 轴，如图 1-11 所示。

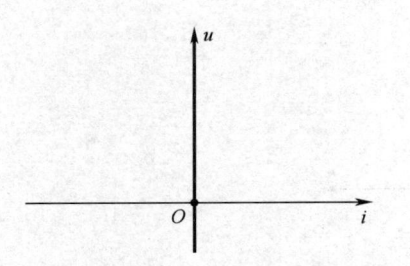

图 1-10　电阻元件的开路特性 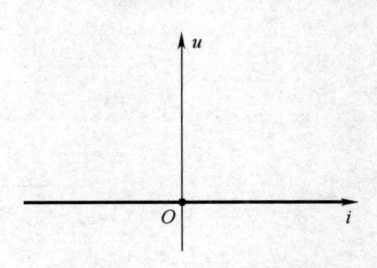　　　　图 1-11　电阻元件的短路特性

1.3.2　电容元件

电容器是实际电路中经常用到的电气元件，基本结构是在两层金属极板中间隔以绝缘介质。当对电容器施以电压时，两极板上分别聚集等量异号的电荷。在介质中建立起电场，并存储电场能量。移去电源，电荷可以继续聚集在极板上，电场继续存在，存储的能量继续存在。因此说，电容器的主要电磁特性是存储电场能量。用以表征此类电磁特性的理想电路元件为电容元件。除电阻以外，电容元件是电子元件中最常用的一个器件。电容被广泛应用于电子学、通信和计算机等领域。

1. 电容元件的定义

当对电容外加一个电压 u 时，电容的两块金属板分别带上等量的正负电荷 q，对线性电容而言，所带电荷 q 与外加电压 u 成正比，即

$$q = Cu \tag{1-11}$$

其中，C 为电容元件的参数，称为电容，它是一个正实常数。电容元件的图形符号如图 1-12 所示。

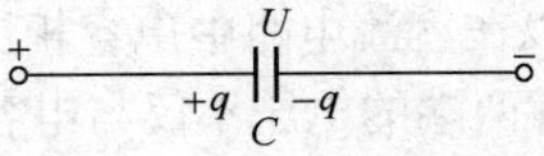

图 1-12　电容元件的图形符号

在国际单位制中，当电荷单位为库仑（C）时，电压单位为伏特（V），电容单位为法拉（F）。对电容来讲，法拉单位太大，在实际使用时一般都用微法（μF，$1\mu F = 10^{-6} F$）和皮法（pF，$1pF = 10^{-12} F$）。

2. 电容元件的库伏特性

电容以电荷为横坐标或纵坐标，以电压为纵坐标或横坐标，电荷和电压之间的关系曲线为电容的库伏特性，如图 1-13 所示。

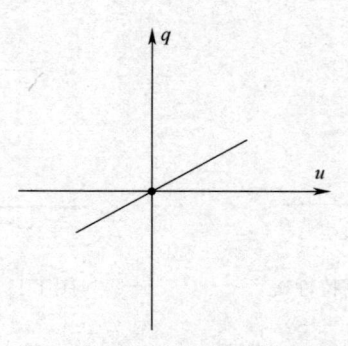

图 1-13 电容元件的库伏特性

对于线性电容，电荷和电压的库伏特性是通过原点的直线；对于非线性电容，电容值不等于一个常数，其库伏特性为曲线。本书主要分析线性电路，若无特殊说明，所有电容同样都是指线性电容。

3. 电容元件的电压和电流的关系

对于电容元件，它不像电阻元件，在任何时刻其电压（或电流）不是由同一时刻的电流（或电压）所决定的。如果已知电容电压，根据式（1-1）和式（1-11），在电容电压电流为关联参考方向时，如图 1-14 所示，电容电流与电压的微分关系为

$$i = C\frac{\mathrm{d}u}{\mathrm{d}t} \tag{1-12}$$

对于电容元件，如果已知电容电流，在关联参考方向情况下，电容的电压为

$$u(t) = u(-\infty) + \frac{1}{C}\int_{-\infty}^{t} i\,\mathrm{d}\tau \tag{1-13}$$

根据电容元件的微分关系式（1-12）可知，在直流电路中，由于电压为常数，则流过电容的电流恒等于零，所以在直流电路中电容相当于开路。根据电容元件的积分关系式（1-13）可知，电容元件两端的电压不仅与电容初始电压值有关，而且与电容元件整个变化过程中电流的变化都有关，因此电容元件具有"记忆"功能。

当电容的电压和电流为非关联参考方向时，如图 1-15 所示，其电压和电流的数学关系为

$$i = -C\frac{\mathrm{d}u}{\mathrm{d}t} \tag{1-14}$$

图 1-14 电容元件为关联参考方向　　　　图 1-15 电容元件为非关联参考方向

4. 电容元件的功率和能量

在关联参考方向下,根据式(1-5)和式(1-12),电容元件的功率为

$$p_C = ui = Cu\frac{du}{dt} \tag{1-15}$$

p_C 的正负决定于电容两端电压和电压变化率乘积的符号。p_C 为正值时,表示电容从外电路吸收能量,并以电场能量的形式储存起来;p_C 为负值时,表示电容向外电路输送能量,把电容以前储存的电场能量输送出去。

根据能量定义,电容从 t_0 到 t 时间内,从外界电路输入的总能量 W_C 为

$$W_C = \int_{t_0}^{t} p_C d\tau = C\int_{u(t_0)}^{u(t)} u du = \frac{1}{2}Cu^2(t) - \frac{1}{2}Cu^2(t_0) \tag{1-16}$$

当 $u(t) > u(t_0)$ 时,$W_C > 0$,电容从外电路输入能量;当 $u(t) < u(t_0)$ 时,$W_C < 0$,表示电容把储存的电场能量向外电路输送。

1.3.3 电感元件

电感元件是另一种储能元件,它的原始模型为导线绕成圆柱线圈,如图1-16(a)所示。当线圈中通以电流 i 时,在线圈中就会产生磁通量 Φ 和磁通链 ψ,并储存磁场能量。电感元件的图形符号如图1-16(b)所示。

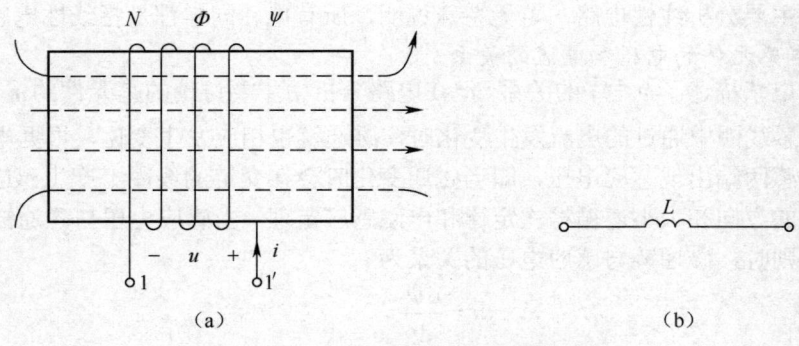

图1-16 实际电感线圈及其图形符号

1. 电感元件的定义

对线性电感而言,当电感的电流与磁通链满足右手螺旋法则时,磁通链 ψ 与外加电流 i 成正比,即

$$\psi = Li \tag{1-17}$$

式中,L 为电感元件的电感,它是正实常数。

在国际单位制中,当磁通链单位为韦伯(Wb)、电流单位为安培(A)时,电感单位为亨利(简称亨,H)。电感单位还有毫亨(mH,1mH=10^{-3}H)和微亨(μH,

$1\mu H=10^{-6}H$）。

2. 电感元件的韦安特性

电感以磁通链为横坐标或纵坐标，电流为纵坐标或横坐标，磁通链和电流之间的关系曲线为电感的韦安特性，如图 1-17 所示。

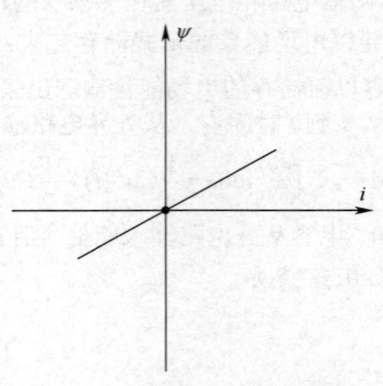

图 1-17 电感线圈的韦安特性

对于线性电感，磁通链和电流的韦安特性是通过原点的直线；对于非线性电感，电感值不等于一个常数，其韦安特性为曲线。

本书主要分析线性电路，若无特殊说明，所有电感同样都是指线性电感。

3. 电感元件的电压和电流的关系

虽然电感描述了 ψ 与 i 的关系，但在电路分析中主要讨论的是元件的 u 与 i 的关系。当电感线圈中通过的电流发生变化时，磁通链也相应发生变化，根据电磁感应定律，电感两端出现感应电压，即当磁通变化时会在交链的线圈上产生感应电压，感应电压的方向和大小遵循楞次定律和电磁感应定理。当感应电压与磁通链满足右手螺旋法则时，磁通链与感应电压的关系为

$$u = \frac{d\psi}{dt} \tag{1-18}$$

当电感的电流与磁通链满足右手螺旋法则时则满足数学关系式（1-17），而感应电压与磁通链满足右手螺旋法则时则得数学关系式（1-18）。所以，根据式（1-17）和式（1-18），在电感电压和电流为关联参考方向时，如图 1-18 所示，电感电压与电流的微分关系为

图 1-18 电感元件为关联参考方向

$$u = L\frac{di}{dt} \tag{1-19}$$

对于电感元件,如果已知电感电压,在关联参考方向情况下,根据式(1-19)可求得电感电流为

$$i(t) = i(-\infty) + \frac{1}{L}\int_{-\infty}^{t} u\mathrm{d}\tau \qquad (1\text{-}20)$$

根据电感元件的微分关系式(1-19)可知,在直流电路中,由于电流为常数,则电感两端的电压恒等于零,所以在直流电路中电感相当于短路。根据电感元件的积分关系式(1-20)可知,流过电感元件的电流不仅与电感电流初始值有关,而且与电感元件整个变化过程中电压的变化都有关,因此电感元件具有"记忆"功能。

当电感的电压和电流为非关联参考方向时,如图1-19所示,其电压和电流的数学关系为

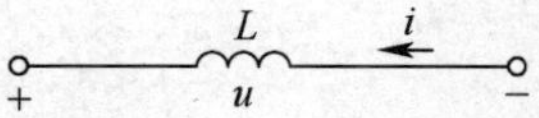

图1-19 电感元件为非关联参考方向

$$u = -L\frac{\mathrm{d}i}{\mathrm{d}t} \qquad (1\text{-}21)$$

4. 电感元件的功率和能量

在关联参考方向下,根据式(1-5)和式(1-19)得电感元件的功率为

$$p_L = ui = Li\frac{\mathrm{d}i}{\mathrm{d}t} \qquad (1\text{-}22)$$

p_L的正负决定于流过电感的电流和电流变化率乘积的符号。p_L为正值时,表示电感从外电路输入能量,并以磁场能量的形式储存起来;p_L为负值时,表示电感向外电路输送能量,把电感以前储存的磁场能量输送出去。

根据能量定义,电感从t_0到t时间内,从外界电路输入的总能量W_L为

$$W_L = \int_{t_0}^{t} p_L\mathrm{d}\tau = L\int_{i(t_0)}^{i(t)} i\mathrm{d}i = \frac{1}{2}Li^2(t) - \frac{1}{2}Li^2(t_0) \qquad (1\text{-}23)$$

当$i(t) > i(t_0)$时,$W_L > 0$,电感从外电路输入能量;当$i(t) < i(t_0)$时,$W_L < 0$,表示电感把储存的磁场能量向外电路输送。

1.4 独立电源

前面介绍的电阻、电容和电感都是无源元件,它们在电路中不能对电路提供能量,要使电路工作,电路中必须有独立电源。独立电源是二端元件,它们在电路中是能量的提供者,在电路中起"激励"作用。当电路有电流通路时,独立电源就会在电路中产生相应的电压和电流,在这种"激励"作用下产生的电压和电流叫作电路的"响应"。独立电源分为电压源和电流源两种类型。

1.4.1 电压源

电压源是向电路提供固定电压的二端元件，符号如图 1-20 所示。

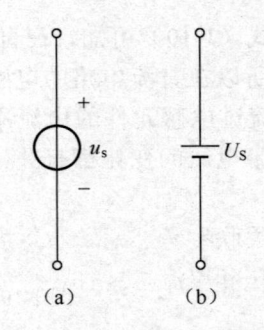

图 1-20 电压源的图形符号

其中，"+" 和 "−" 符号表示电源电压的参考极性，U_S 为电压源的电压的大小。

电压源有两个特点：①电源两端的电压与通过它的电流无关，其大小不随外电路而变；②电压源提供的电流随外电路而变。直流电压源的伏安特性如图 1-21 所示。

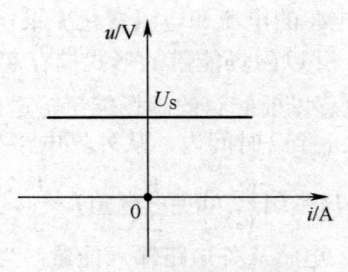

图 1-21 电压源的伏安特性

1.4.2 电流源

电流源是向电路提供固定电流的二端元件，符号如图 1-22 所示。其中，i_s 为电流源的电流大小，箭头为电流源电流的参考方向。

理想电流源有两个特点：①电流源提供的电流与它两端的电压无关，其大小不随外电路而变；②电流源的端电压随外电路而变。理想电流源的伏安特性如图 1-23 所示。

图 1-22　电流源的图形符号　　　　图 1-23　电流源的伏安特性

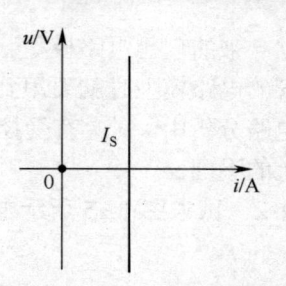

1.5　受　控　源

受控源（非独立源）也是一种电源，其输出电压或电流受电路中其他支路的电压或电流控制，即依靠其他支路的电压或电流向外电路提供电压或电流的元件。

受控源是一种有源元件，是四端元件，即有两对端钮：一对为输出端钮，对外提供电压或电流；一对为输入端钮，即施加控制的端钮。受控源是一种非独立电源，它共有四种形式：电压控制电压源（VCVS）、电流控制电压源（CCVS）、电压控制电流源（VCCS）和电流控制电流源（CCCS），电路符号如图 1-24 所示。

（a）电压控制电压源（VCVS）　　（b）电压控制电流源（VCCS）

（c）电流控制电压源（CCVS）　　（d）电流控制电流源（CCCS）

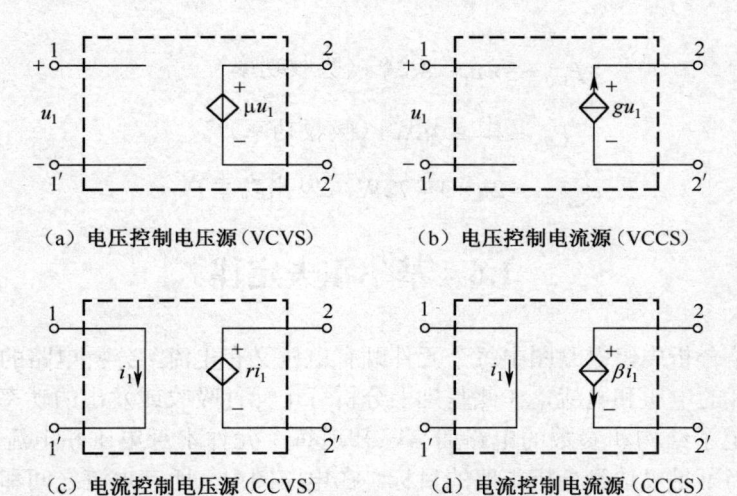

图 1-24　受控源的分类

对于线性受控源，图中 μ、r、g 和 β 都是常数。其中，μ 和 β 为没有量纲的常数，r 具有电阻量纲，g 具有电导量纲。

受控源是根据某些电子器件中电压与电流之间存在一定控制与被控制关系的

特性建立起来的理想电路模型。例如，晶体管的集电极电流受基极电流的控制，在画晶体管的电路模型时就要用到CCCS的电流源。

在电路分析中，对具有受控源的电路的处理方法与具有独立电源的处理方法并无原则上的不同。

例 1-2 试求图 1-25 所示电路中各元件的功率。

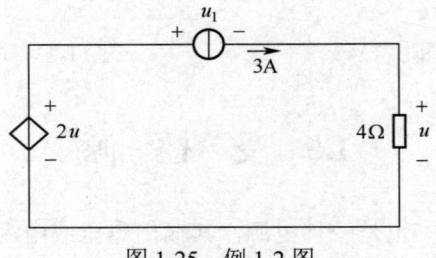

图 1-25 例 1-2 图

解 根据欧姆定律，有

$$u = 3 \times 4 = 12\text{V}$$

而

$$u_1 = 2u - u = 12\text{V}$$

则

$$P_{3\text{A}} = 3 \times u_1 = 36\text{W} \quad （吸收功率）$$

$$P_{4\Omega} = \frac{u^2}{4} = 36\text{W} \quad （吸收功率）$$

$$P_{受控源} = 2u \times 3 = 72\text{W} \quad （发出功率）$$

1.6 基尔霍夫定律

在电路分析中，电路图中每个元件既有电压又有电流，分析电路的目的就是求解每个元件的电压和电流，在此基础上分析每个元件吸收或发出的功率。但是，对于一个给定了结构和参数的电路而言，知道每个元件本身电压和电流的约束关系（VCR）仍不足以达到分析电路的目标。在电路图中，所有电流之间和所有电压之间分别满足一定的约束关系，这就是基尔霍夫定律。它包括基尔霍夫电流定律和基尔霍夫电压定律。基尔霍夫电流定律描述了电路中各个支路电流之间满足的一类约束关系，基尔霍夫电压定律描述了电路中各个支路电压之间满足的一类约束关系。本节具体介绍基尔霍夫电流定律和基尔霍夫电压定律。

1.6.1 基尔霍夫电流定律

基尔霍夫电流定律（简称 KCL）：对于任一集总电路中的任一结点，在任一时刻，流出该结点的所有支路电流的代数和为零，即

$$\sum i = 0 \qquad (1\text{-}24)$$

"流出"结点电流是相对于电流参考方向而言的，"代数和"指电流参考方向如果是流出结点，则该电流前面取"+"；相反，电流前面取"−"。

如图 1-26 所示，对结点②和结点③列 KCL 方程，它们分别为

结点②：$-i_2 + i_3 + i_4 = 0$

结点③：$-i_4 + i_5 - i_6 = 0$

广义基尔霍夫电流定律：在集总电路中，任一时刻流出任一闭合面的电流代数和恒等于零。"代数和"指电流参考方向如果是流出闭合面，则该电流前面取"+"；相反，电流前面取"−"。

在图 1-26 中，通过虚线闭合面，电流代数和等于零，即 $-i_2 + i_3 + i_5 - i_6 = 0$。这个广义结点的电流代数和也可以根据上面结点②和结点③的 KCL 方程相加推出。

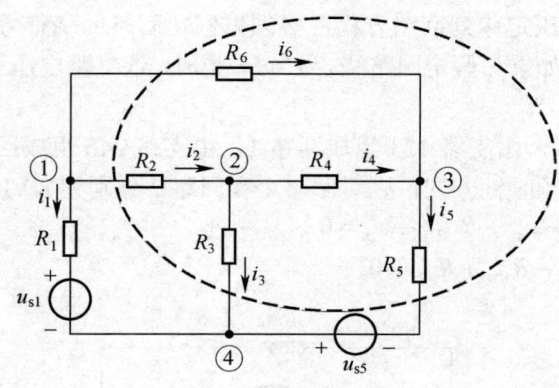

图 1-26　KCL 方程

基尔霍夫电流定律，就其实质来说，是电流连续性原理在集总参数电路中的表现形式。所谓电流的连续性，对于集总参数电路而言，就是在任何一个无限小的时间间隔内，流入任一结点或广义结点的电荷量与流出该结点的电荷量必然相等，换言之，基尔霍夫电流定律表明了在任何结点上电荷的守恒性。如图 1-26 所示，结点②的 KCL 方程为 $-i_2 + i_3 + i_4 = 0$，则 $i_2 = i_3 + i_4$，即流出结点②的电流等于流入结点②的电流。

例 1-3　已知图 1-27 中结点 a 处 $i_1 = 5\,\text{A}$，$i_2 = 2\,\text{A}$，$i_3 = -3\,\text{A}$，求 i_4。

图 1-27 例 1-3 图

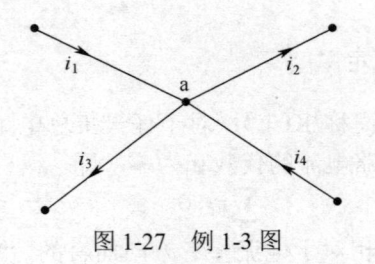

解 根据 KCL，有

$$-i_1 + i_2 + i_3 - i_4 = 0$$

则可求得

$$i_4 = -i_1 + i_2 + i_3 = -5 + 2 + (-3) = -6\text{A}$$

1.6.2 基尔霍夫电压定律

基尔霍夫电压定律（简称 KVL）：对于任一集总电路中的任一回路，在任一时刻，沿着该回路的所有支路电压的代数和为零。

$$\sum u = 0 \qquad (1-25)$$

用基尔霍夫电压定律列回路方程，必须先假定回路的绕行方向，"代数和"指支路电压参考方向如果与假定回路绕行方向一致时，该支路电压前面取"+"；相反，支路电压前面取"−"。

如图 1-28 所示，由支路 123 组成回路 1，由支路 246 组成回路 2，且取回路 1 和回路 2 的绕向为顺时针方向，则对回路 1 和回路 2 分别列 KVL 方程，有

回路 1：$-R_1 i_1 - u_{s1} + R_2 i_2 + R_3 i_3 = 0$

回路 2：$-R_2 i_2 - R_4 i_4 + R_6 i_6 = 0$

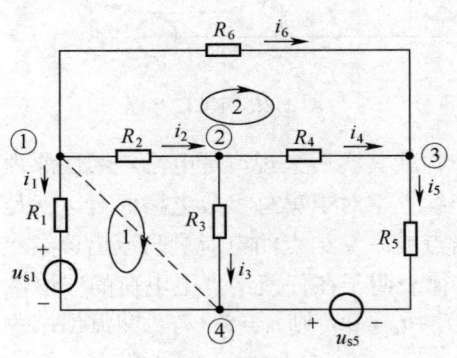

图 1-28 KVL 方程

基尔霍夫电压定律的本质是电压与路径无关。在图 1-28 中，结点①和结点③之

间的电压从支路 R_6 计算为 R_6i_6，如果从支路 R_2 和支路 R_4 来计算，则为 $R_2i_2 + R_4i_4$。而对回路 2 有 $-R_2i_2 - R_4i_4 + R_6i_6 = 0$，即 $R_6i_6 = R_2i_2 + R_4i_4$，所以电压与路径无关。

另外，基尔霍夫电压定律不仅适用于由若干支路构成的具体回路，也适用于不完全是由支路构成的假想回路。例如，在图 1-28 所示的由支路 123 组成的回路中，若支路 R_1 断开，则 KVL 同样成立，即有 $R_2i_2 + R_3i_3 + u_{41} = 0$。

例 1-4 图 1-29 所示为某电路中的一部分，试确定其中的 i_x 和 u_{ab}。

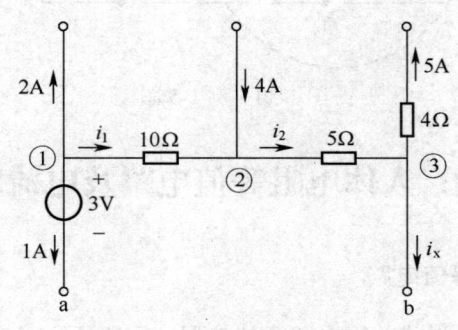

图 1-29 例 1-4 图

解 根据 KCL，有

结点①：$i_1 = -(2+1) = -3\text{A}$

结点②：$i_2 = i_1 + 4 = 1\text{A}$

结点③：$i_x = i_2 - 5 = -4\text{A}$

如直接选取广义结点，则有 $i_x = -1 - 2 + 4 - 5 = -4\text{A}$。

将 a、b 两端之间设想有一条虚拟的支路，该支路两端的电压为 u_{ab}。这样，由结点 a 经过①②③到结点 b 就构成了一个闭合路径。这个回路又称为广义回路；对广义回路应用 KVL，可得 $-3 + 10i_1 + 5i_2 - u_{ab} = 0$，则 $u_{ab} = -28\text{V}$。

例 1-5 在图 1-30 所示的直流电路中，$I = 1\text{A}$，求电阻 R 和电压 u_x。

解 对结点①利用 KCL，$-i + 2I + I = 0$，得 $i = 3\text{A}$

对回路（1）根据 KVL，$u_x - 2 - 2i_1 = 0$，得 $u_x = 8\text{V}$。

对回路（2）根据 KVL，$U_1 - 2 - 2i - 4i_2 - 2 = 0$，得 $U_1 = 14\text{V}$，由欧姆定律得 $i_1 = 7\text{A}$。

对结点②利用 KCL，$i_2 + i_1 - i_R = 0$，得 $i_R = 8\text{A}$。

对回路（3）根据 KVL，$-Ri_R + 4U_1 - U_1 = 0$，得 $R = 5.25\Omega$。

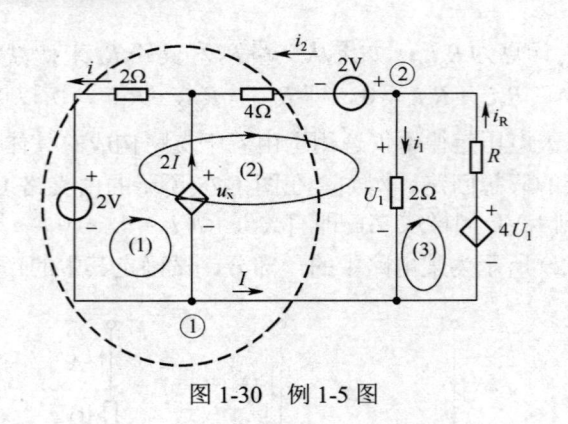

图 1-30 例 1-5 图

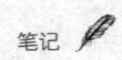

1.7 应用实例：人体电阻等值电路及电流对人体的影响

1.7.1 人体电阻等值电路

测试人体电阻不象测试动物电阻那样容易。因而不同的研究者由于其实验对象不同，得出的结论有一定差异，但有一点是相同的，即在工频（直流）情况下，均可视人体电阻为一无感阻抗。

我国一般应用"佛莱贝尔加等值电路模型"，如图 1-31 所示。它表现为皮肤电阻、皮肤电容和人体内部电阻串并联的结构。其中人体内部电阻是一恒值 500Ω，与外施电压及其他条件无关；每平方厘米皮肤电容值约为 2×10^{-8}F，在低频（如工频）条件下其影响可略去不计。皮肤电阻一般指手和脚等的表面电阻，其值对不同的人或在不同的条件下可能相差很大。

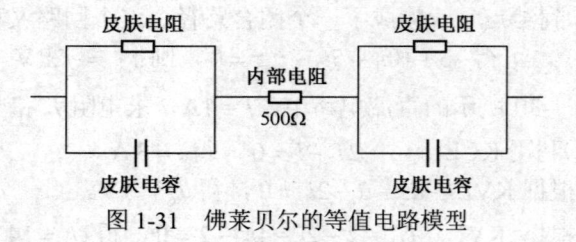

图 1-31 佛莱贝尔的等值电路模型

1.7.2 人体内部电阻的分布

人体电阻随触电电流通路不同其值会有较大变化。人体触电时应考虑以下三个主要的因素：

（1）事故电压作用于人体的位置以及电流的通道。

（2）电源的内阻及接地情况。

（3）穿着的服装、鞋帽及所用工具的绝缘电阻。

最严重的情况是人体的破损皮肤直接接触内阻很小的电源且由双手—双脚构成导电通路。若按人体各部长度及断面积的情况考虑，如果令手和脚之间的全部电阻为100%，则足到足的电阻是手到足电阻的1.015倍；两手间电阻是手到足电阻的0.944倍；手至双足的电阻为手到足电阻的0.7425倍；双手至双足间的电阻为手到足电阻的0.5065倍。人体电阻值并非常数，例如皮肤电阻的变化、触电电压、环境温度、电源频率都会对人体电阻值有影响。

1.7.3 电流对人体的影响

当电流流经人体时，人体对电流的生理反应程度（承受能力）与电流的大小、电流流经人体的路径、电流的持续时间、电流的频率、人体健康状况等因素有关。人体电阻约为500Ω，接触电压为220V时，人体电阻的平均值为1900Ω；接触电压为380V时，人体电阻降为1200Ω。而在计算和分析时，通常取下限值1700Ω。一般情况下，人体能够承受的安全电压为36V，安全电流为10mA。通过人体的电流越大，人体的生理反应越明显，感觉越强烈，从而引起心室颤动所需的时间越短，致命的危险就越大。一般大于50mA的电流被认为是致命电流。据研究统计，电流对人体的伤害作用是一个由量变到质变的过程。

（1）通过人体的工频电流为0.6~1.5mA时，开始感到手指麻刺。

（2）通过人体的工频电流为5~7mA时，手的肌肉痉挛。

（3）通过人体的工频电流为20~25mA时，手迅速麻痹，不能摆脱带电体，全身剧痛及呼吸困难。

（4）通过人体的工频电流为50~80mA时，呼吸麻痹，持续3s以上时间心脏麻痹并停搏。

本章小结

电路分析的目标是分析电路中的电压、电流和功率。本书研究的电路是实际电路的电路模型。实际器件可用一个理想电路元件来代替或用几个理想电路元件的组合来代替。电路模型就是用理想电路元件代替实际器件组成的电路。

在分析电路时，需先假定电路中支路电流和电压的参考方向，当电压和电流为正值时，实际方向和参考方向一致；当电压和电流为负值时，实际方向和参考方向相反。当元件电流和电压参考方向一致时，该元件为关联参考方向；否则，为非关联参考方向。

在关联参考方向下，功率表示元件吸收功率，即功率大于零，元件吸收功率，该元件为负载；功率小于零，元件发出功率，该元件为电源。在非关联参考方向下，功率表示元件发出功率，即功率大于零，元件发出功率，该元件为电源；功率小于零，元件吸收功率，该元件为负载。

电路中常用的理想电路元件有电阻、电感、电容、电压源、电流源和受控源。理想电路元件分为无源元件和有源元件。无源元件包括电阻、电感和电容，同时电感和电容还是储能元件。电阻元件的电压和电流关系是一条通过原点的直线，其电压和电流是瞬时一一对应的。电感和电容元件的电压和电流的关系是微积分关系。有源元件包括电压源和电流源。受控源表示电路中一条支路电压或电流对另一条支路电压或电流的控制作用。受控源有受控电压源和受控电流源。

分析电路时要利用电路中存在的两类约束关系。第一类约束是元件本身电压和电流的关系（VCR）；第二类约束（拓扑约束）是基尔霍夫定律，它描述电路中的连接约束关系。基尔霍夫定律包括基尔霍夫电流定律（KCL）和基尔霍夫电压定律（KVL）。KCL 描述了电路连接中各支路电流之间存在的约束关系，其本质是电流是连续移动的。KVL 描述了电路连接中各个支路电压之间存在的约束关系，其本质是电压与路径无关。

习题1

1-1 电路如图 1-32 所示，图（a）元件当时间 $t<3s$ 时电流为4A，从 a 流向 b；当 $t>3s$ 时为 3A，从 b 流向 a。根据图示参考方向写出电流 i 的数学表达式。图（b）元件电压 $u=(6-12e^{-t/\tau})V$，$\tau>0$，分别求出 $t=0$ 和 $t\to\infty$ 时电压 u 的代数值及其真实方向。

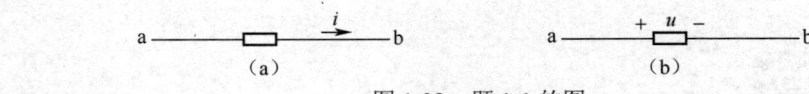

图 1-32 题 1-1 的图

1-2 电路如图 1-33 所示，根据图示参考方向和数值确定各元件的电流和电压的实际方向，计算各元件的功率并说明元件是吸收功率还是发出功率。

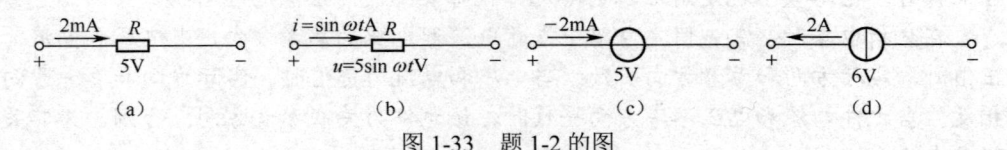

图 1-33 题 1-2 的图

1-3 电路如图 1-34 所示，各元件的电压电流参考方向如图所示，已知 P_1=110W，P_2=90W，P_3=-30W，P_4=-40W，求 P_5 并判断元件 5 的功率性质。

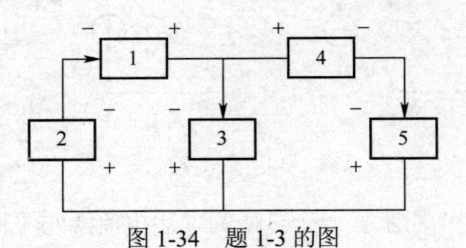

图 1-34 题 1-3 的图

1-4 电路图 1-35 所示，已知各元件发出的功率分别为 $P_1 = -250$W，$P_2 = 125$W，$P_3 = -100$W，求各元件上的电压 U_1、U_2、U_3。

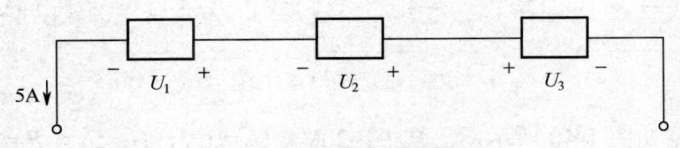

图 1-35 题 1-4 的图

1-5 直流电路如图 1-36 所示，求电感电流和电容电压。

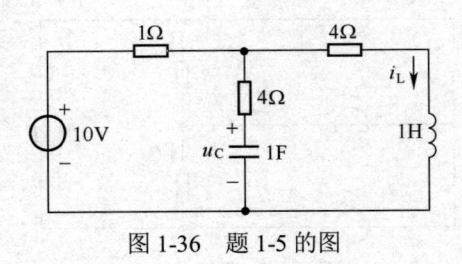

图 1-36 题 1-5 的图

1-6 求图 1-37 中的电感电压 $u_L(t)$ 和电流源的端电压 $u(t)$。

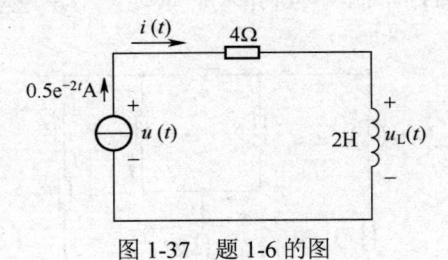

图 1-37 题 1-6 的图

1-7 电路如图 1-38 所示，求电路中各个理想源的功率并判断其功率特性。

26 电路分析

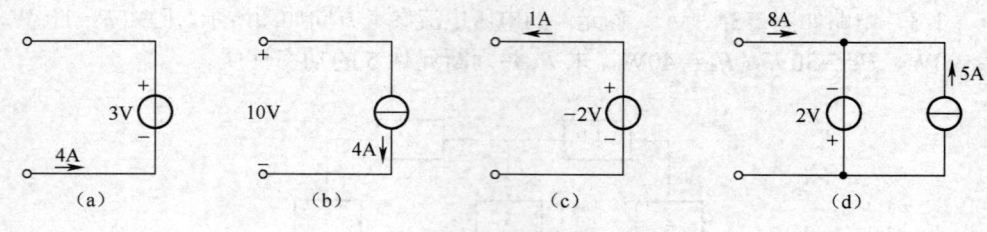

图 1-38 题 1-7 的图

1-8 电路如图 1-39 所示，一个 3A 的理想电流源与不同的外电路相接，求该电流源三种情况下的功率。

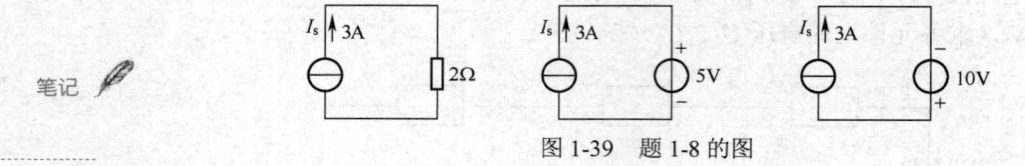

图 1-39 题 1-8 的图

1-9 电路如图 1-40 所示，已知 $U_1=20\text{V}$，$U_2=10\text{V}$，$U_3=5\text{V}$，$R_1=5\Omega$，$R_2=2\Omega$，$R_3=5\Omega$，求图中标出的各支路电流。

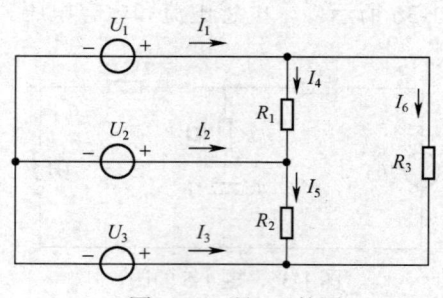

图 1-40 题 1-9 的图

1-10 电路如图 1-41 所示，已知 $i_1=5\text{A}$，$i_2=6\text{A}$，$i_3=-2\text{A}$，求 i_4 的值。能否一步到位求出？

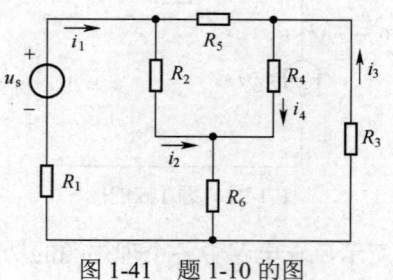

图 1-41 题 1-10 的图

第 1 章　电路的基本概念与电路定律

1-11　电路如图 1-42 所示，求各电路中的电流 I。

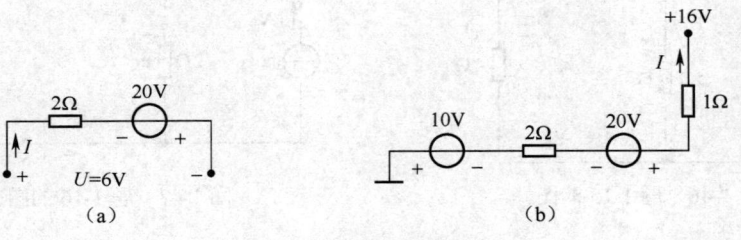

图 1-42　题 1-11 的图

1-12　电路如图 1-43 所示，求开路电压 U_{ab}。

1-13　电路如图 1-44 所示，求电压 U。

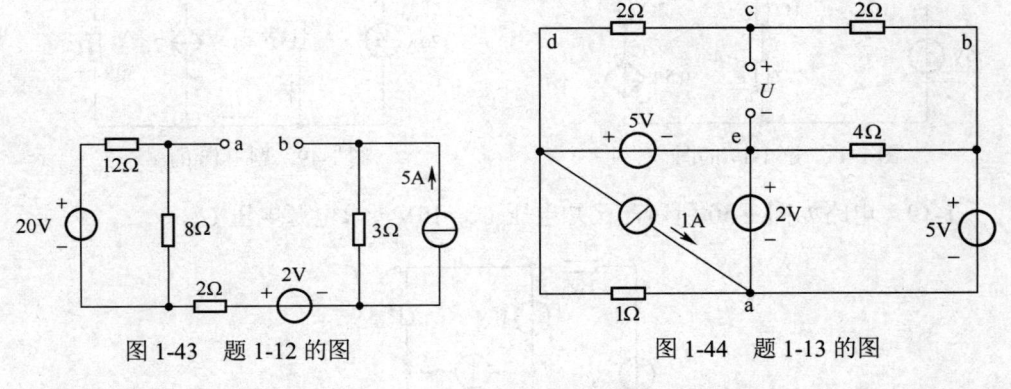

图 1-43　题 1-12 的图　　　图 1-44　题 1-13 的图

1-14　（1）求图 1-45（a）电路中受控电压源的端电压和它的功率；（2）求图 1-45（b）电路中受控电流源的电流和它的功率。

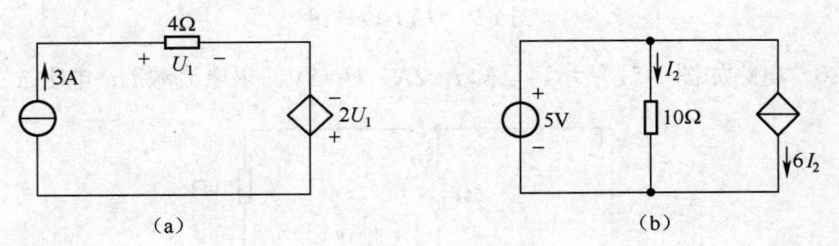

图 1-45　题 1-14 的图

1-15　电路如图 1-46 所示，已知 $u_{ab} = -5V$，求电压源电压 u_s。

1-16　电路如图 1-47 所示，已知 $u_{ab} = 2V$，求电阻 R。

图 1-46 题 1-15 的图　　　　图 1-47 题 1-16 的图

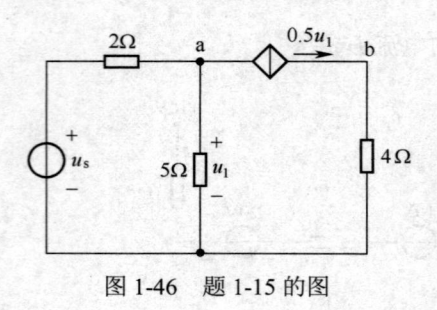

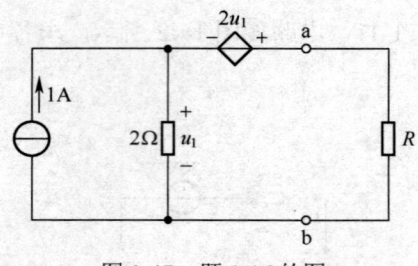

1-17　电路如图 1-48 所示，求电流 I 和受控源发出的功率 P。

1-18　电路如图 1-49 所示，求电压 U 和受控源发出的功率 P。

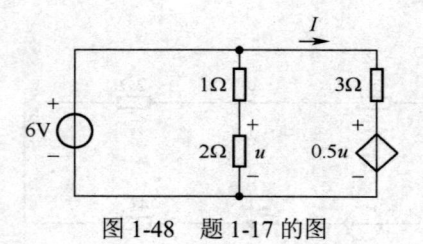

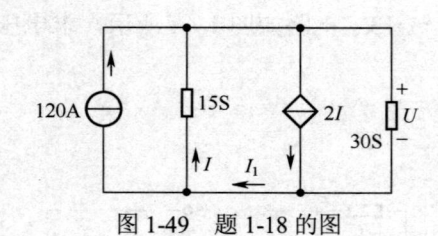

图 1-48 题 1-17 的图　　　　图 1-49 题 1-18 的图

1-19　电路如图 1-50 所示，已知电压 $U_{ab}=10\text{V}$，求电源电压 U_s。

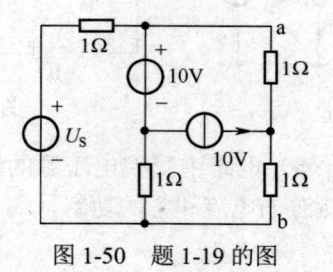

图 1-50 题 1-19 的图

1-20　电路如图 1-51 所示，已知 $I_1=2\text{A}$，$U_2=5\text{V}$，求电流源 I_s、电阻 R。

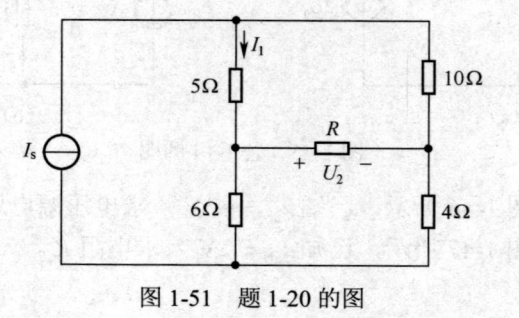

图 1-51 题 1-20 的图

第2章　电路的等效变换

内容提要

等效变换是分析线性电路的一种重要的方法，利用等效变换可以简化电路的分析与计算。本章介绍电路等效变换的概念，内容包括电阻和电源的串并联等效变换、电源的等效变换、一端口输入电阻的定义和计算。

学习目标

（1）理解等效变换的概念。
（2）掌握电阻不同连接的等效变换。
（3）掌握独立电压源、电流源的串并联等效变换。
（4）掌握受控电压源和受控电流源的串并联等效变换。
（5）掌握实际电源的两种模型及其等效变换。
（6）掌握无源网络输入电阻的求解方法。

笔记

本章知识结构图

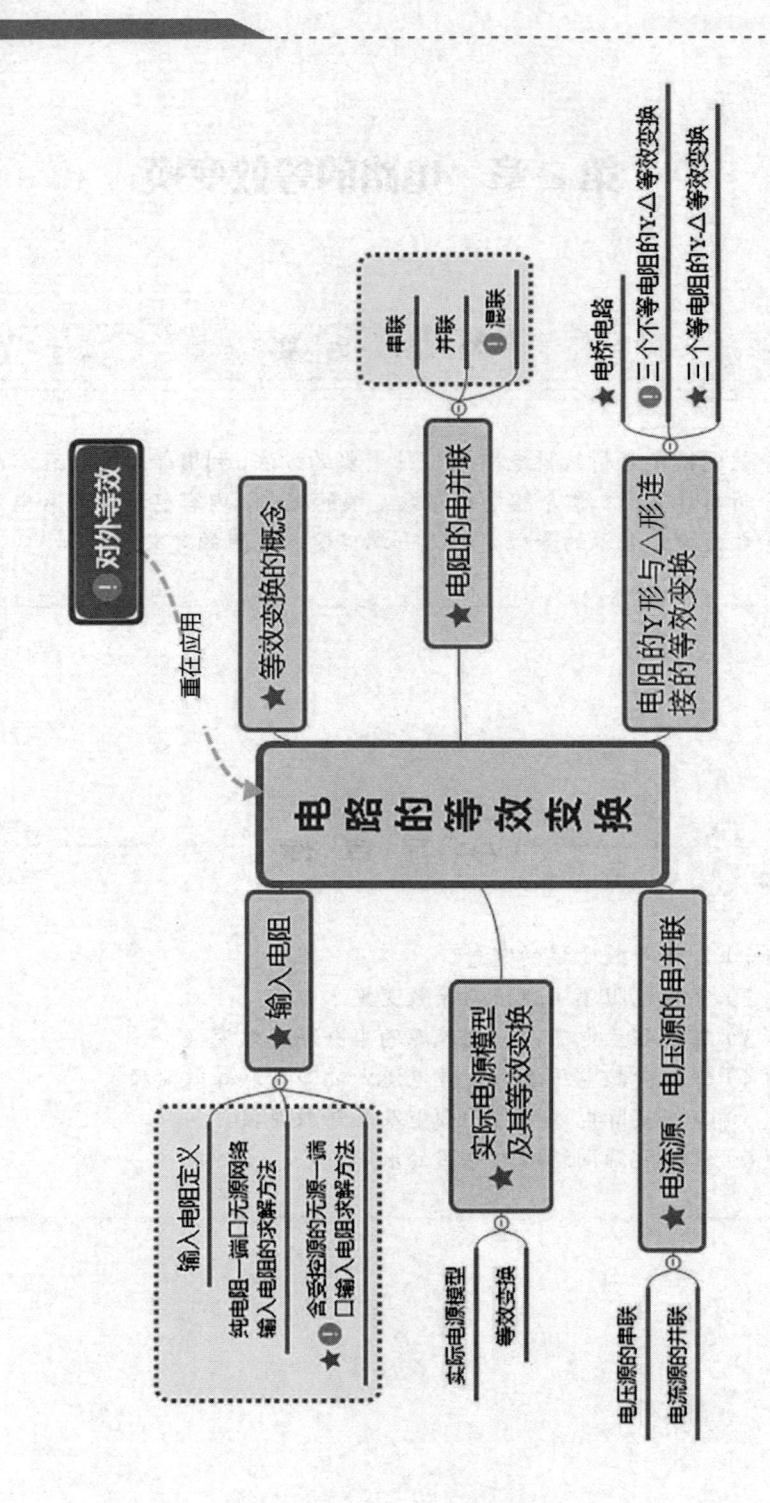

电路的等效变换

- 对外等效 —(重在应用)→ 等效变换的概念 ★
- 电阻的串并联 ★
  - 串联
  - 并联
  - 混联
- 电阻的Y形与△形连接的等效变换
  - 电桥电路
  - 三个等电阻的Y-△等效变换 ★
  - 三个等电阻的Y-△等效变换 ★
- 输入电阻
  - 输入电阻定义
  - 纯电阻一端口无源网络输入电阻的求解方法
  - 含受控源的无源一端口输入电阻求解方法 ★
- 实际电源模型及其等效变换 ★
  - 实际电源模型
  - 等效变换
- 电流源、电压源的串并联
  - 电压源的串联
  - 电流源的并联

2.1 等效变换的概念

在电路分析中,如图2-1所示,把一组元件当作一个整体,而当这个整体只有两个端子与外电路相连接,并且进出这两个端子的电流为同一电流时(即$i_1 = i_2$),则把由这一组元件构成的这个整体称为一端口网络,或者称为二端网络(单口网络)。

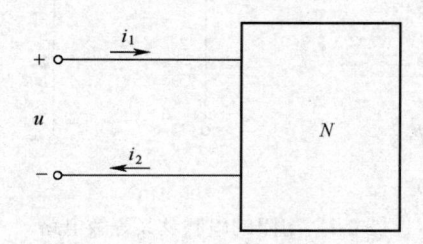

图2-1 一端口网络

一端口网络的等效变换是如果一个一端口网络N_1的伏安特性和另一个一端口网络N_2的伏安特性完全相同,则这两个一端口网络N_1和N_2对外电路来说是等效的。具体地,如图2-2(a)所示电路中N_1被N_2替代变成图2-2(b)所示电路后,如果替代前后端口12向左的伏安特性完全相同,那么利用图2-2(a)求出N中没有被变换部分的电流、电压和功率,与利用图2-2(b)求出N中的电流、电压和功率值完全一样。电路等效变换的目的是简化电路,从而可以方便地求出需要求得的结果。

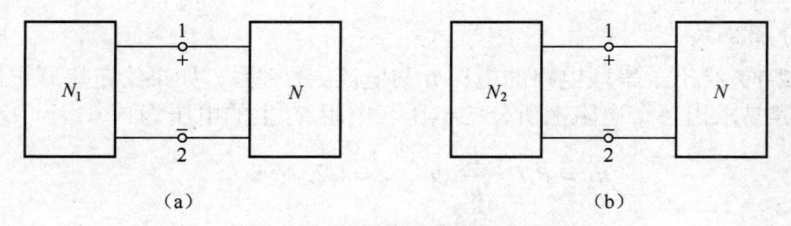

图2-2 电路等效变换示意图

2.2 电阻的串联、并联、混联及等效电阻

在电路中,电阻元件一般有多个,这些电阻根据不同需要按一定方式连接,本节首先分析简单的电阻的串联、并联、混联;然后分析电阻的Y形连接与△形连接的等效变换。

2.2.1 电阻的串联

1. 串联及其等效变换

如图 2-3 所示的电路，n 个电阻流过同一个电流，则它们的连接方式为串联。

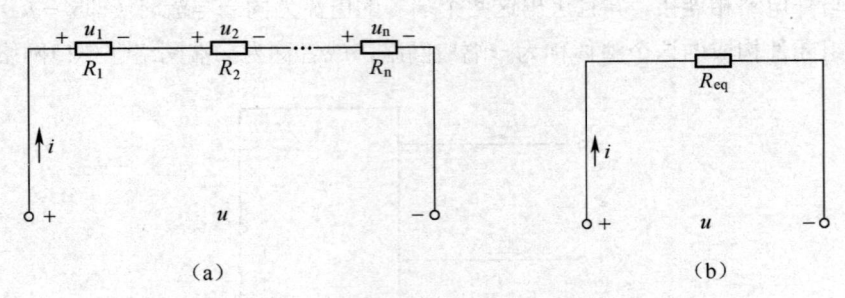

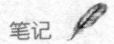

图 2-3 电阻的串联及其等效电路

对图 2-3（a），根据 KVL 及电阻的欧姆定律，可得

$$u = u_1 + u_2 + \cdots + u_n = (R_1 + R_2 + \cdots + R_n)i = R_{eq}i \tag{2-1}$$

其中

$$R_{eq} = \frac{u}{i} = R_1 + R_2 + \cdots + R_n = \sum_{k=1}^{n} R_k \tag{2-2}$$

由此可见，n 个电阻串联等效为一个电阻 R_{eq}，此电阻等于串联电路中各电阻之和，即图 2-3（a）可用图 2-3（b）替代，替代后对此一端口网络以外电路的电压和电流没有任何影响。

2. 分压公式

式（2-1）给出了串联电路的电压 u 与电流 i 的关系。如果给定串联电路两端的电压 u，容易求出各个电阻上所分的电压。电阻 R_k 上的电压为

$$u_k = R_k i = \frac{R_k}{R_{eq}} u, \quad k = 1, 2, \cdots, n \tag{2-3}$$

式（2-3）即为串联电阻电路的分压公式，即各个电阻上所分的电压与电阻成正比。

2.2.2 电阻的并联

1. 并联及其等效变换

如图 2-4 所示的电路，n 个电导（或电阻）两端都是同一个电压，它们的连接方式为并联。

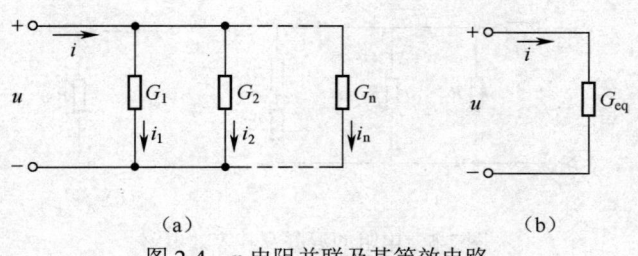

图 2-4　n 电阻并联及其等效电路

对图 2-4（a），根据 KCL 及电阻的欧姆定律，可得

$$i = i_1 + i_2 + \cdots + i_n = \left(\frac{1}{R_1} + \frac{1}{R_2} + \cdots + \frac{1}{R_n}\right)u$$
$$= (G_1 + G_2 + \cdots + G_n)u \quad (2\text{-}4)$$
$$= G_{eq}u$$

其中

$$G_{eq} = \frac{i}{u} = G_1 + G_2 + \cdots + G_n = \sum_{k=1}^{n} G_k \quad (2\text{-}5)$$

上式表明，n 个电导并联等效为一个电导 G_{eq}，此电导等于各个并联的电导之和，即图 2-4（a）可用图 2-4（b）替代。

2. 分流公式

式（2-4）给出了并联电路的电压 u 与电流 i 的关系。如果流过并联电路端口的电流为 i，容易求出各个电阻或电导上所分的电流。电阻 R_k 或 G_k 上的电流为

$$i_k = G_k u = \frac{G_k}{G_{eq}} i = \frac{R_{eq}}{R_k} i, \quad k = 1, 2, \cdots, n \quad (2\text{-}6)$$

式（2-6）即为并联电阻电路的分流公式，即各个支路电流按电导成正比分配，却按电阻成反比分配。

2.2.3　电阻的混联

如图 2-5（a）所示的电路，既有串联的电阻又有并联的电阻，它们的连接方式为混联。其等效电阻 $R_{eq} = R_1 + R_2 // R_3 //(R_4 + R_5)$，其等效电路如图 2-5（b）所示。

例 2-1　求图 2-6（a）所示电路的 R_{ab}、R_{ac}。

解　（1）求 R_{ab}。

∵ 2Ω、8Ω 被短路

∴ $R_{ab} = 4 // [3 + (6 // 6)] = 4 // \left(3 + \frac{6}{2}\right) = 4 // 6 = 2.4\Omega$

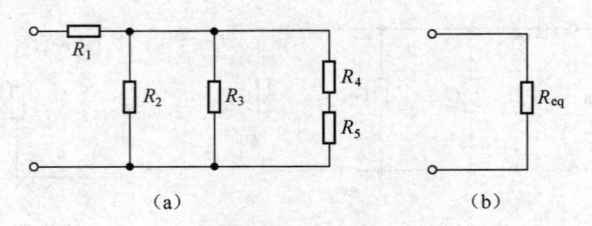

图 2-5 电阻的混联及其等效电路

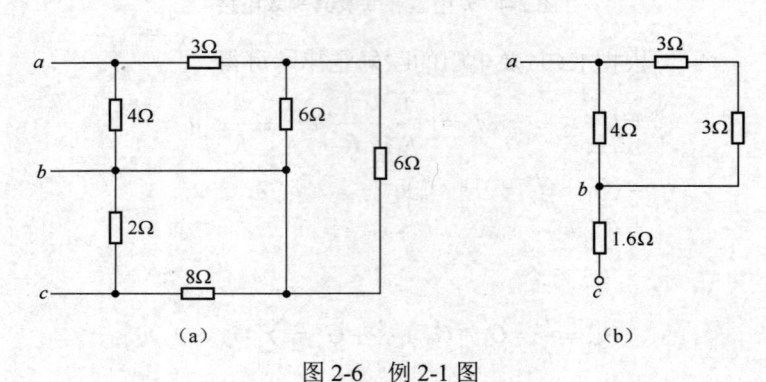

图 2-6 例 2-1 图

（2）求 R_{ac}。

原电路可改画为图 2-6（b）所示的电路，所以其等效电阻为
$$R_{ac} = [4//(3+3)] + 1.6 = 2.4 + 1.6 = 4\Omega$$

2.3 电阻的 Y 形连接和△形连接的等效变换

2.3.1 电桥电路

1. 电桥电路的组成

如图 2-7 所示的电路中，电路的电阻既非串联又非并联，电阻的连接方式有 Y 形也有△形。电阻 R_1、R_3 和 R_4 的连接方式叫作电阻的星形连接（或 Y 形连接）；电阻 R_1、R_2 和 R_3 的连接方式叫作电阻的三角形连接（或△连接），而电阻 R_1、R_2、R_3、R_4 和 R_5 的这种连接方式组成了一个电桥电路。

2. 电桥平衡

如果电桥电路的桥臂两对应边上的电阻的乘积相等，即有
$$R_1 R_5 = R_2 R_4 \tag{2-7}$$

则称电桥平衡，此时 R_3 所在的支路可视为断路，而流过电桥 R_3 支路的电流为零。同

样，由于 R_3 支路的电流为零，则该支路电压也为零，所以该支路也可以看成短路。

例 2-2 试求图 2-8 所示电路的等效电阻 R_{ab}。

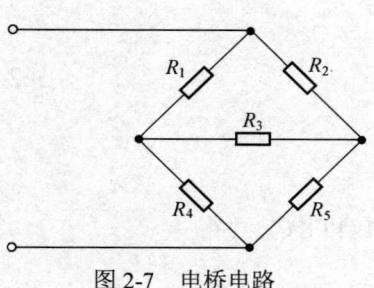

图 2-7 电桥电路

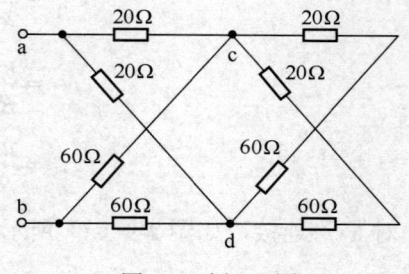

图 2-8 例 2-2 图

解 从电路图可见其是个平衡电桥，c、d 两个点电位相等，可视为短路或断路。
当 cd 短路时，有
$$R_{ab} = (20 // 20) + (60 // 60) = 40\Omega$$
当 cd 断路时，有
$$R_{ab} = (20 + 60) // (20 + 60) = 40\Omega$$
可见当 c、d 等电位的时候，将 c、d 点短路或断路处理时对电路计算无任何影响。

2.3.2 Y-△等效变换

Y 形连接电路和△形连接电路都是通过三个结点与外电路相连接，如图 2-9 所示。这两种连接方式可进行等效变换的条件同样是必须保证它们的外特性相同，即对 Y 形连接和△形连接，两个图的端口电压和流过端子的电流之间数学关系相同。

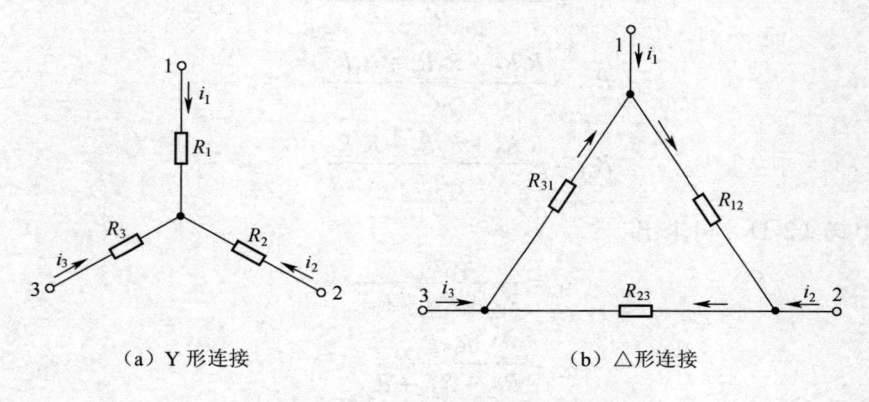

（a）Y 形连接   （b）△形连接

图 2-9 电阻的 Y 形连接和△形连接

对三角形连接，如图 2-9（b）所示，根据 KCL 和元件本身欧姆定律，可得△形连接端口电压和流过端子电流之间的关系为

$$i_1 = \frac{u_{12}}{R_{12}} - \frac{u_{31}}{R_{31}}$$

$$i_2 = \frac{u_{23}}{R_{23}} - \frac{u_{12}}{R_{12}} \qquad (2\text{-}8)$$

$$i_3 = \frac{u_{31}}{R_{31}} - \frac{u_{23}}{R_{23}}$$

对 Y 形连接，如图 2-9（a）所示，利用 KVL 和 KCL 可得

$$u_{12} = i_1 R_1 - i_2 R_2$$
$$u_{23} = i_2 R_2 - i_3 R_3 \qquad (2\text{-}9)$$
$$i_1 + i_2 + i_3 = 0$$

将式（2-9）中的电压作自变量，电流作因变量，联立求解可得 Y 形连接的端口电压和流过端子的电流关系为

$$i_1 = \frac{R_3 u_{12}}{R_1 R_2 + R_2 R_3 + R_3 R_1} - \frac{R_2 u_{31}}{R_1 R_2 + R_2 R_3 + R_3 R_1}$$

$$i_2 = \frac{R_1 u_{23}}{R_1 R_2 + R_2 R_3 + R_3 R_1} - \frac{R_3 u_{12}}{R_1 R_2 + R_2 R_3 + R_3 R_1} \qquad (2\text{-}10)$$

$$i_3 = \frac{R_2 u_{31}}{R_1 R_2 + R_2 R_3 + R_3 R_1} - \frac{R_1 u_{23}}{R_1 R_2 + R_2 R_3 + R_3 R_1}$$

比较式（2-8）和式（2-10），为了使△形连接和 Y 形连接之间进行等效变换，需要两个电路图的端口电压和流过端子的电流之间数学关系相同，则必须满足

$$R_{12} = \frac{R_1 R_2 + R_2 R_3 + R_3 R_1}{R_3}$$

$$R_{23} = \frac{R_1 R_2 + R_2 R_3 + R_3 R_1}{R_1} \qquad (2\text{-}11)$$

$$R_{31} = \frac{R_1 R_2 + R_2 R_3 + R_3 R_1}{R_2}$$

由式（2-11）可求出

$$R_1 = \frac{R_{31} R_{12}}{R_{12} + R_{23} + R_{31}}$$

$$R_2 = \frac{R_{12} R_{23}}{R_{12} + R_{23} + R_{31}} \qquad (2\text{-}12)$$

$$R_3 = \frac{R_{23}R_{31}}{R_{12}+R_{23}+R_{31}}$$

式（2-11）为 Y 形变为△形等效变换必须满足的条件，即△形电阻为 Y 形电阻两两乘积除以 Y 形不相邻电阻。如果 Y 形三个电阻相等，则等效变换后的△形电阻也相等，且等于 Y 形电阻的 3 倍。

式（2-12）为△形变为 Y 形等效变换必须满足的条件，即 Y 形电阻为△形相邻两电阻乘积除以△形三个电阻之和。如果三角形三个电阻相等，则等效变换后的 Y 形电阻也相等，且等于△形电阻的三分之一。

例 2-3 对图 2-10（a）所示的电桥电路应用 Y-△等效变换，求：（1）对角线电压 U；（2）电压 U_{ab}。

解 把 (10Ω, 10Ω, 5Ω) 构成△形连接等效变换为 Y 形连接，如图 2-10（b）所示，其中电阻值为

$$R_1 = \frac{10 \times 10}{10+10+5} = 4\Omega$$

$$R_2 = \frac{10 \times 5}{10+10+5} = 2\Omega$$

$$R_3 = \frac{10 \times 5}{10+10+5} = 2\Omega$$

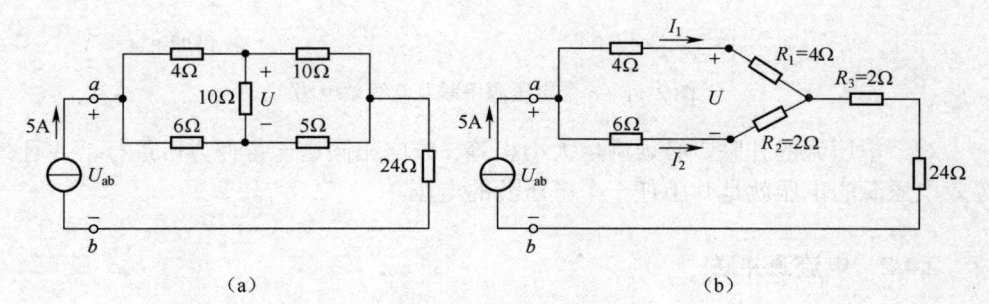

图 2-10 例 2-3 图

由于两条并联支路的电阻相等，因此有

$$I_1 = I_2 = \frac{5}{2} = 2.5\,\text{A}$$

应用 KVL 得电压

$$U = 6 \times 2.5 - 4 \times 2.5 = 5\,\text{V}$$

$$R_{ab} = (4+4)//(6+2) + 2 + 24 = 30\,\Omega$$

所以

$$U_{ab} = 5 \times R_{ab} = 150\,\text{V}$$

2.4 电压源、电流源的串联和并联

2.4.1 电压源串联

当电路中有多个电压源串联时，以图 2-11（a）所示的 n 个电压源串联为例，对于外电路来说可以等效成一个电压源，如图 2-11（b）所示。即多个电压源串联时，其等效电压源的电压为各个电压源电压的代数和。因为根据 KVL 有

$$u_s = u_{s1} + u_{s2} + \cdots + u_{sn} = \sum_{k=1}^{n} u_{sk} \quad (2-13)$$

u_{sk} 与 u_s 同向取正，反向取负。

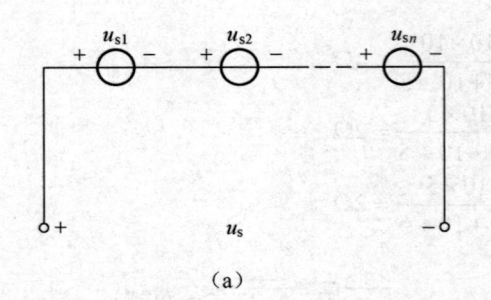

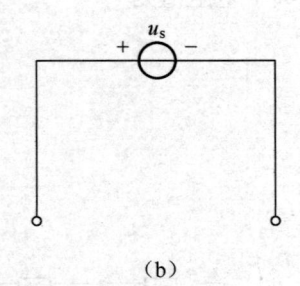

图 2-11 n 个电压源串联及其等效电路

对于电压源的并联，必须满足大小相等、方向相同这一条件方可进行，并且其等效电压源的电压就是其中任一个电压源的电压。

2.4.2 电流源并联

当电路中有多个电流源并联时，以图 2-12（a）所示的 n 个电流源并联为例，对于外电路来说可以等效成一个电流源，如图 2-12（b）所示，即根据 KCL 有

$$i_s = i_{s1} + i_{s2} + \cdots + i_{sn} = \sum_{k=1}^{n} i_{sk} \quad (2-14)$$

i_{sk} 与 i_s 同向取正，反向取负。

对于电流源的串联，则必须严格满足大小相等、方向相同这一条件，并且其等效电流源的电流就是其中任意一个电流源的电流。

（a）

（b）

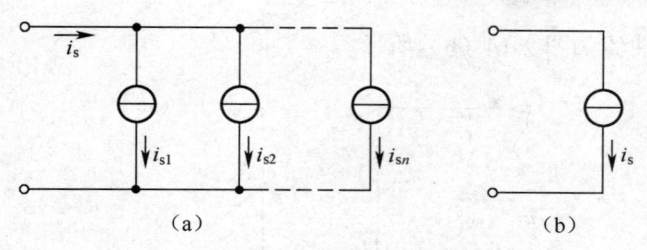

图 2-12 n 个电流源并联及其等效电路

在对电压源和电流源等效变换时有两种特殊情况需要特别说明，如图 2-13 所示：第一种是与电压源 u_s 并联的任何一条支路（i_s、R 和一般支路），均可仅用 u_s 替代；第二种是与电流源 i_s 串联的任何一条支路（u_s、R 和一般支路），均可仅用 i_s 替代。

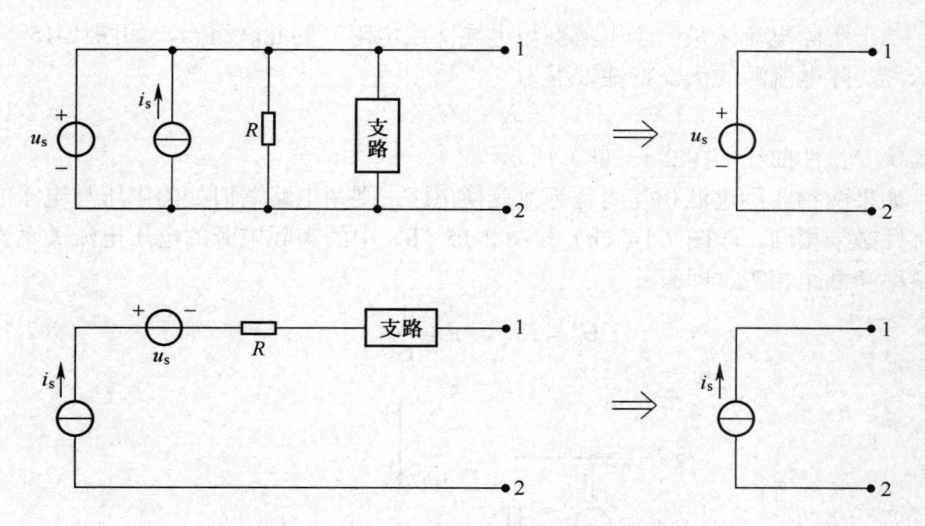

图 2-13 电压源和电流源等效变换的特殊情况

【仿真研究】

电压源串联、电流源并联等效变换

2.5 实际电源的两种模型及其等效变换

第 1 章所谈到的电源是理想情况，在实际使用时，这种理想情况是不存在的。例如一个干电池，它总是有内阻的。由于内阻损耗与电流有关，电流越大，损耗越大，实际电压源端电压也就越低。在这种情况下，实际电压源的电路模型如图 2-14（a）所示，即实际电压源可用一个电压源 U_S 和内阻 R 相串联的组合模型来表征。实际电压源的伏安特性方程为

$$u = U_S - Ri \tag{2-15}$$

则其伏安特性曲线如图 2-14（b）所示。

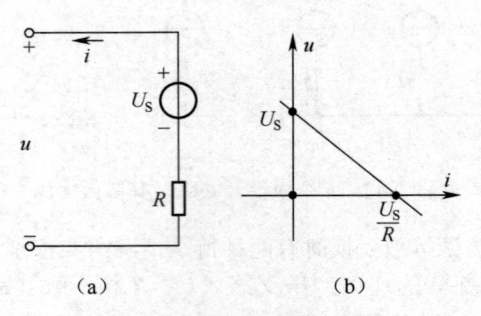

（a） （b）

图 2-14 实际电压源及其伏安特性

一个实际电流源是一个电流源与电导（或电阻）的并联组合，如图 2-15（a）所示，实际电流源的伏安特性方程为

$$i = I_S - uG \tag{2-16}$$

则其伏安特性曲线如图 2-15（b）所示。

如果两种实际电源相互间是等效变换电路，则两电路端口处的电压与电流的伏安特性必须相同，即图 2-14（b）与图 2-15（b）中的实际电源的电压电流关系直线的斜率和截距相等，即有

$$U_S = RI_S, \quad R = \frac{1}{G} \tag{2-17}$$

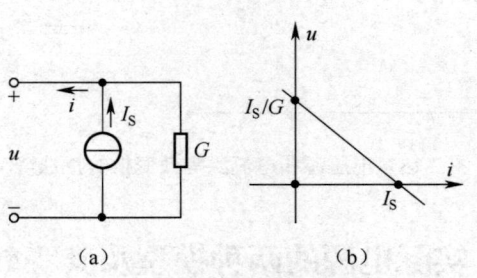

（a） （b）

图 2-15 实际电流源及其伏安特性

由此可将实际的电压源的电路等效为实际的电流源的电路，反之亦然。

对于具有受控源的电源模型，其等效变换情况与实际电源电路的等效变换情况完全相同，只是在等效变换过程中必须保存受控源的控制量所在的支路。

例 2-4 电路如图 2-16（a）所示，用电源等效变换法求流过负载 R_L 的电流 I。

解 由于 5Ω 电阻与电流源串联，对于求解电流 I 来说，5Ω 电阻为多余元件可去掉，如图 2-16（b）所示。以后的等效变换过程分别如图 2-16（c）、（d）、（e）所

示。最后由简化后的电路图 2-16（e）可求得电流 $I = 4$A。

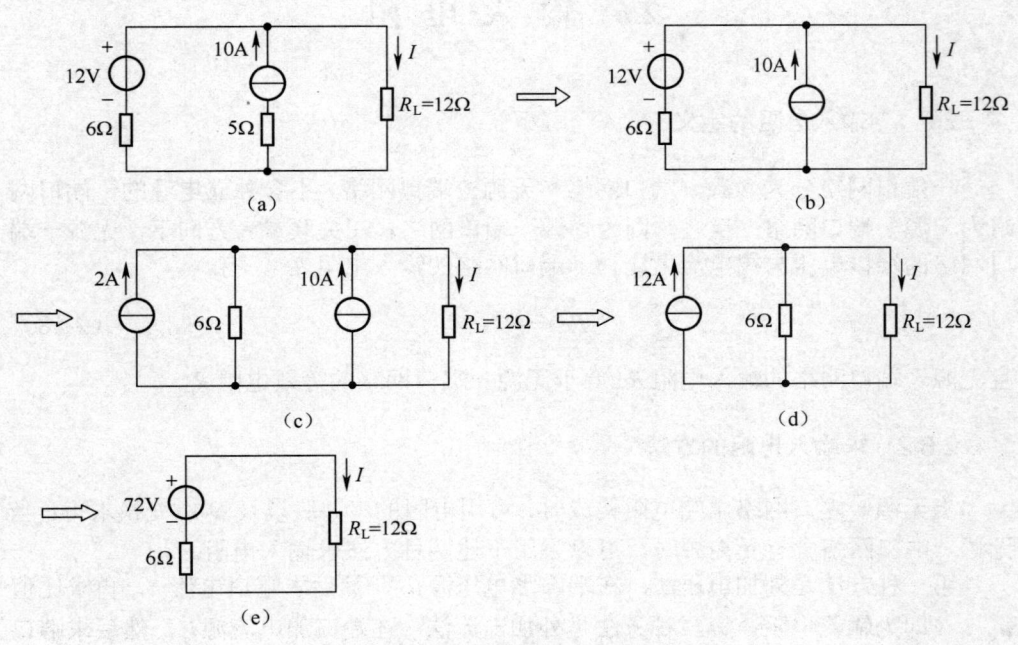

图 2-16　例 2-4 的求解过程

例 2-5　求图 2-17 所示电路中的 U_R（带受控源的电路）。

解　带受控源的电路进行等效变换时要保留控制量所在的支路，如对图 2-17（a）中右边电阻与受控电流源并联部分进行等效变换，得图 2-17（b）所示的电路。根据 KVL 得 $6U_R = 12$V，则 $U_R = 2$V。

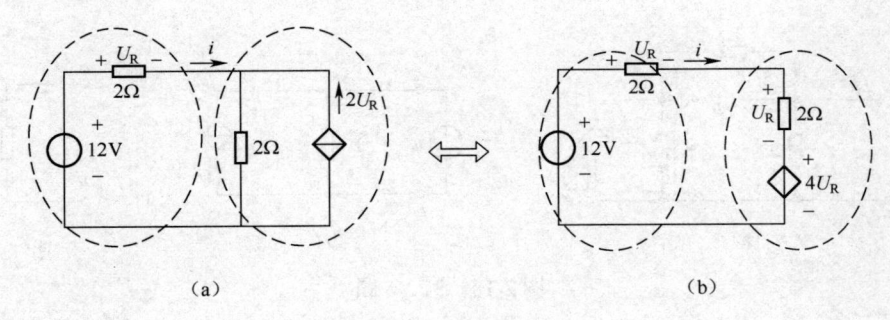

图 2-17　例 2-5 图

【仿真研究】

实际电源两种模型的等效变换

2.6 输入电阻

2.6.1 输入电阻的定义

一端口网络分为含源一端口网络和无源一端口网络。不含独立电源的一端口网络为无源一端口网络，反之，则为含源一端口网络。在关联参考方向下，无源一端口网络的端口电压与端电流之比为一端口网络的输入电阻 R_{in}，有

$$R_{in} = \frac{u}{i} \quad (2-18)$$

且无源一端口网络的输入电阻 R_{in} 等于无源一端口网络的等效电阻 R_{eq}。

2.6.2 求输入电阻的方法

当无源一端口网络由纯电阻构成时，可用电阻的串并联以及 Y-△ 变换求得；当无源一端口网络含有受控源时，可以采用下述两种方法求输入电阻。

第一种方法是外加电压法：在端口加电压源 u_s，然后求端口电流 i，再求比值 u_s/i，即为输入电阻；第二种方法是外加电流法：在端口加电流源 i_s，然后求端口电压 u，再求比值 u/i_s，即为输入电阻。

例 2-6 求图 2-18（a）所示一端口无源网络 ab 的输入电阻 R_{in}，并求其等效电路。

解 先将图 2-18（a）的 ab 端外加一电压为 u 的电压源，再把 ab 右端电路进行简化得到图 2-18（b）。由图 2-18（b）可得

$$u = (i - 2.5i) \times 1 = -1.5i$$

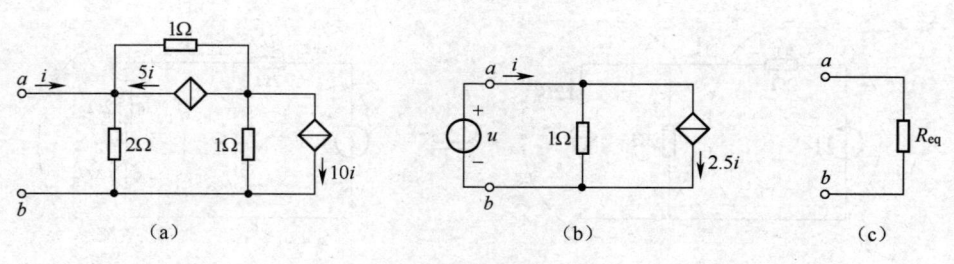

图 2-18 例 2-6 图

因此，该一端口输入电阻为

$$R_{in} = \frac{u}{i} = -1.5\Omega$$

由此例可知，含受控源电阻电路的输入电阻可能是负值。图 2-18（a）电路可等效为图 2-18（c）电路，其等效电阻值为

$$R_{eq} = R_{in} = -1.5\Omega$$

例 2-7 求图 2-19 电路的输入电阻 R_{in}。

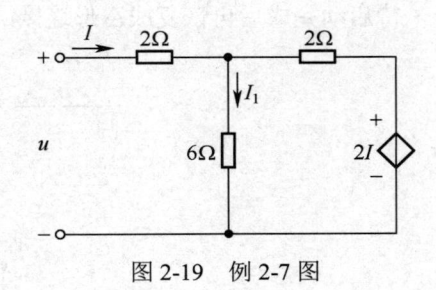

图 2-19 例 2-7 图

解 对图 2-19 电路外加电压源 u，根据 KVL 方程有

$$\begin{cases} 2I + 6I_1 = u \\ 2I + 2(I - I_1) + 2I = u \end{cases}$$

利用上面的方程可得

$$I_1 = \frac{I}{2}$$

则输入电阻为

$$R_{in} = \frac{u}{I} = \frac{6I - I}{I} = 5\Omega$$

2.7　应用实例：三相异步电机的启动

电阻的星形接法和三角形接法在电力系统中有着广泛的应用，尤其是在三相电路中。

星形接法（Y 接法）：如图 2-20 所示，该接法主要用于需要降低启动电流的场合，如三相异步电机的启动过程中。当电机直接接入三相 380V 满额电压，直接带负载启动时，启动电流会非常大，会达到额定电流的 5～7 倍，可能导致电网波动。通过采用星形接法，可以降低启动时的电压和电流，减少对电网的冲击。这种接法适用于较小功率的电机，如 3kW 以下的电机，以及需要降压启动的场合。此外，星形接法还适用于高压大型或中型容量的电机，其中定子绕组只引出三根线，各相负载平衡时，任何时刻流经三相的电流矢量和等于零。

三角形接法（△接法）：如图 2-21 所示，该接法适用于需要较大功率输出和高启

动电流的场合。三角形接法的电机在轻载启动时可以通过 Y-△启动方式来降低启动电流，同时保持较高的转矩。这种接法适用于较大功率的电机，如 3kW 以上的电机，一般采用三角形接法。此外，对于正常运行时定子绕组接成三角形的三相异步电机，可采用 Y-△减压启动方式，即在启动时将定子绕组接成星形，使得每相绕组电压为正常运行时相电压的 $\frac{1}{\sqrt{3}}$，待启动完成后再恢复成△形连接，以实现全压运行。

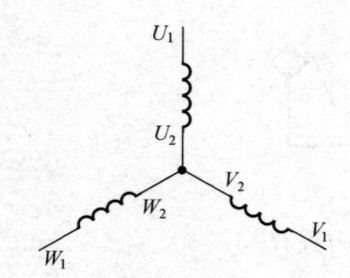

图 2-20　三相绕组的星形接法

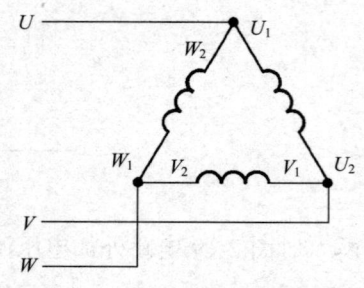

图 2-21　三相绕组的三角形接法

本章小结

等效变换是对具有简单结构的电路的一种有效分析方法。如果两个一端口网络的伏安特性完全相同，则这两个一端口网络对同一个外电路来说是等效的。所以，一端口网络的等效电路是对外等效，对内并不等效。

对电阻网络，一般采用电阻的串并联或 Y-△等效变换对电路进行化简。而对于电桥电路，当电桥平衡时，流过桥上的电流为零，且桥的两个端子之间的电压也为零。

电压源的串联其等效电压是各个电压源的代数和，且只有相同的电压源才能并联。电流源的串联其等效电流也是各个电流源的代数和，且只有相同的电流源才能串联。实际电压源是电阻与电压源的串联，而实际电流源是电导（或电阻）与电流源的并联。实际电压源和实际电流源之间可以进行等效变换。在用等效变换法分析电路时，受控电源的处理方法与独立电源的处理方法相同，但必须保证受控源的控制量能够用正确的表达式写出。

无源一端口网络（可含受控源）对外电路来说相当于一个电阻，因此无源一端口网络可用一个电阻来等效。在无源一端口网络端口处外加一个电压源（或电流源），产生一个流过端子的电流（或在端口处产生电压），则外加电压（或电流）与产生的电流（或电压）之比为无源一端口网络的输入电阻，且此输入电阻即为无源一端口网络的等效电阻。

习题2

2-1 写出图 2-22 所示各电路的端口电压电流的伏安特性方程。

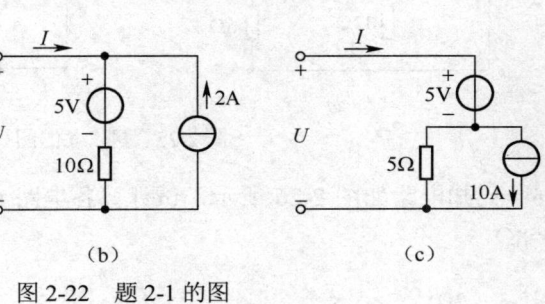

图 2-22 题 2-1 的图

2-2 电路如图 2-23 所示,当电阻 $R_2=\infty$ 时,电压表 V 的读数为 16V;当 $R_2=10\Omega$ 时,电压表的读数为 4V,求 R_1 和 U_S 的值。

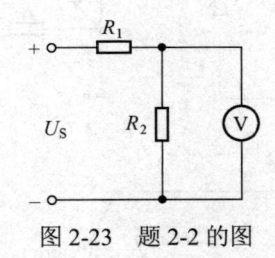

图 2-23 题 2-2 的图

2-3 电路如图 2-24 所示,求开关 K 打开和闭合两种状态时的等效电阻 R_{ab}。

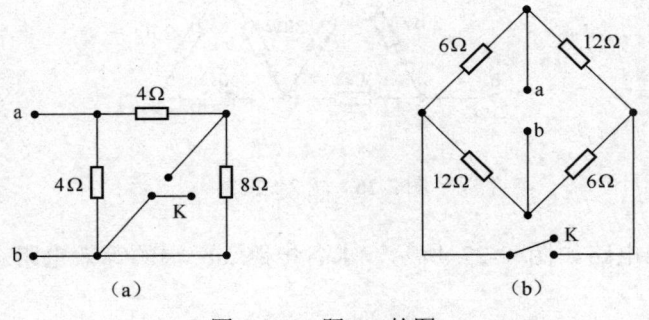

图 2-24 题 2-3 的图

2-4 电路如图 2-25 所示,求图(a)中的电流 I 和图(b)中的电压 U。

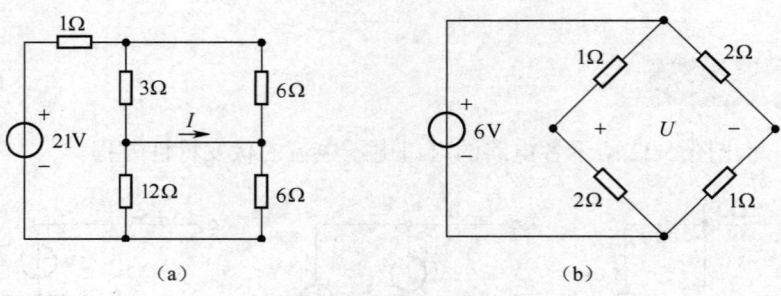

图 2-25 题 2-4 的图

2-5 已知电路如图 2-26 所示，试计算各电路 a、b 两端的等效电阻 R_{ab}，其中电阻 $R=8\Omega$。

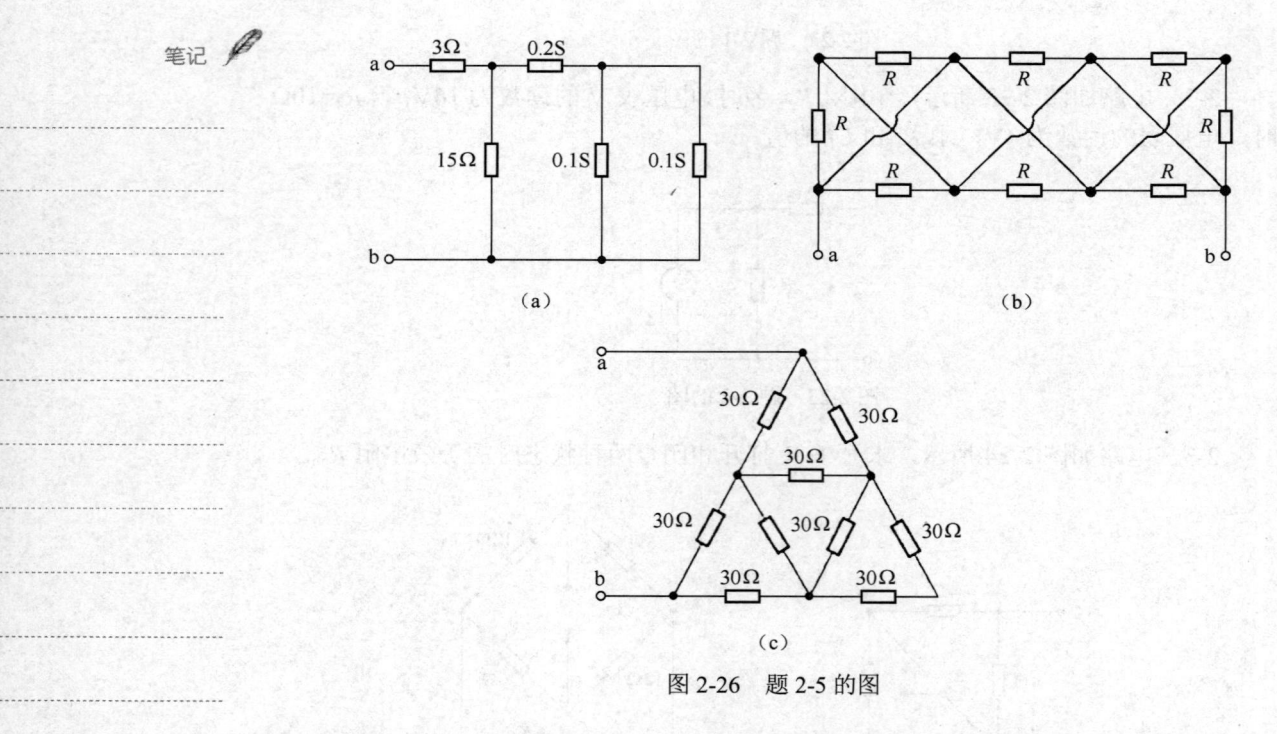

图 2-26 题 2-5 的图

2-6 已知电路如图 2-27 所示，求各电路 ab 端的等效电阻 R_{ab}，其中电阻 $R_1=R_2=1\Omega$。

2-7 已知电路如图 2-28 所示，求各电路的最简等效电路。

2-8 已知电路如图 2-29 所示，求电压 U。

图 2-27　题 2-6 的图

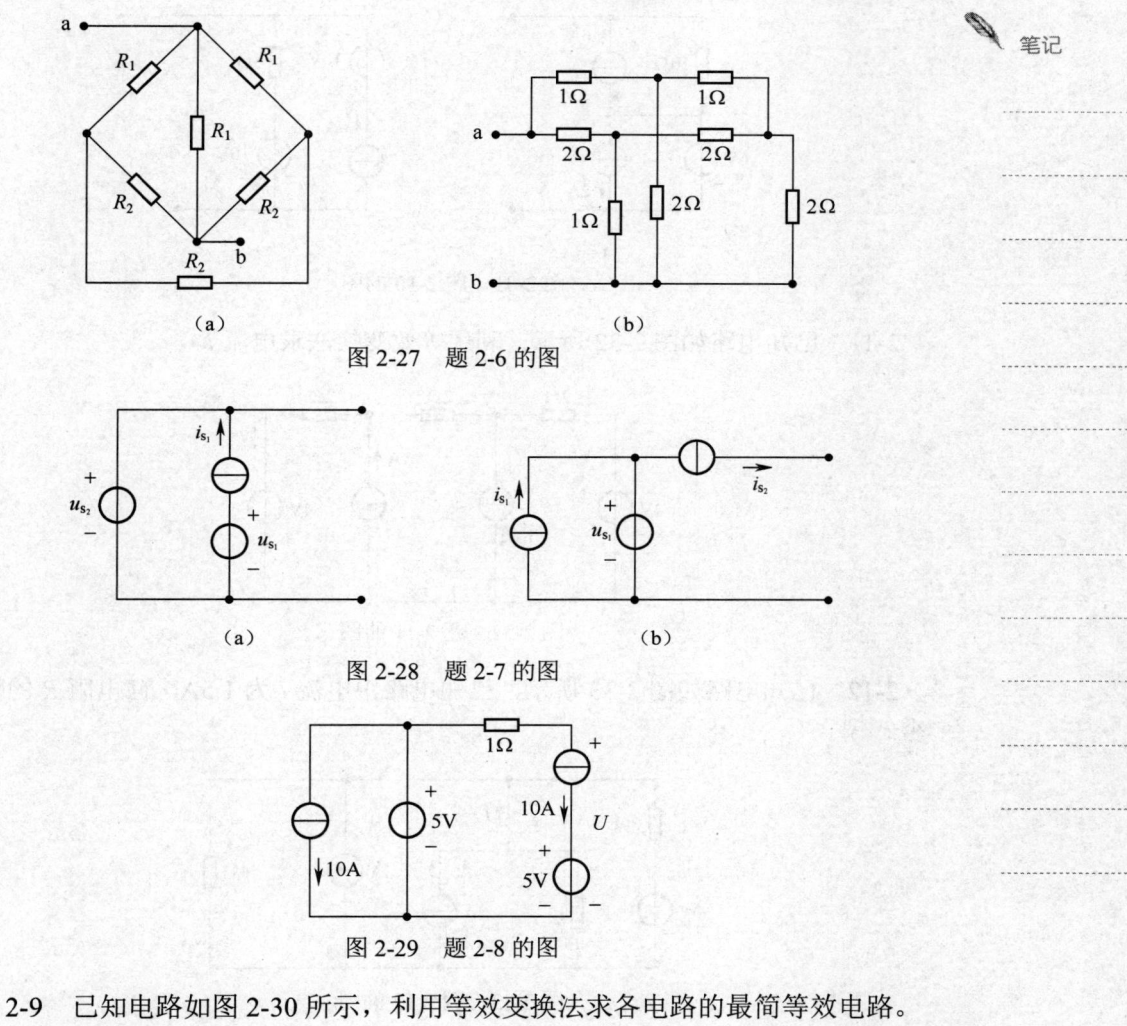

图 2-28　题 2-7 的图

图 2-29　题 2-8 的图

2-9　已知电路如图 2-30 所示，利用等效变换法求各电路的最简等效电路。

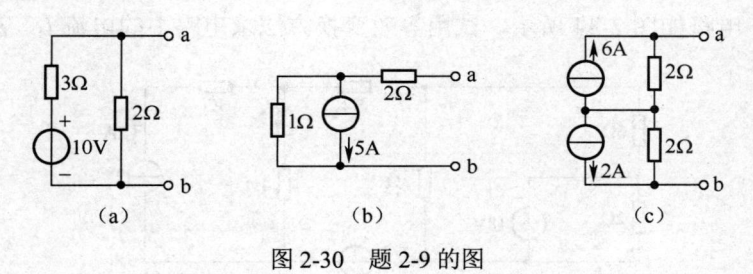

图 2-30　题 2-9 的图

2-10　已知电路如图 2-31 所示，利用等效变换法求各电路的最简等效电路。

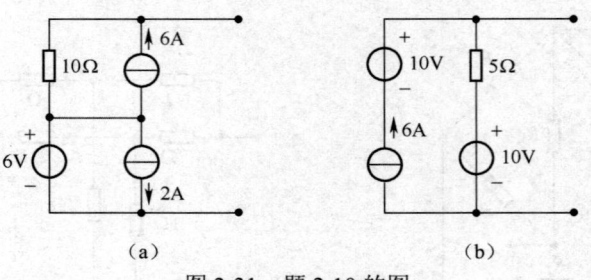

图 2-31 题 2-10 的图

2-11 已知电路如图 2-32 所示，利用等效变换法求电流 I。

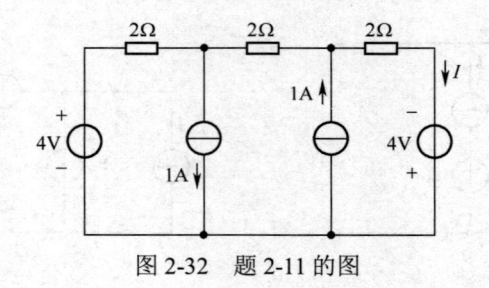

图 2-32 题 2-11 的图

2-12 已知电路如图 2-33 所示，已知电路中电流 I 为 1.5A，问电阻 R 的值是多少？

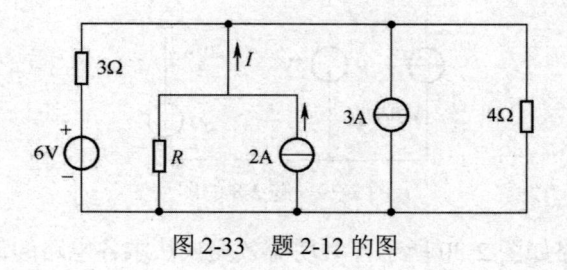

图 2-33 题 2-12 的图

2-13 电路如图 2-34 所示，试用等效变换方法求电路中的电流 I_1、I_2。

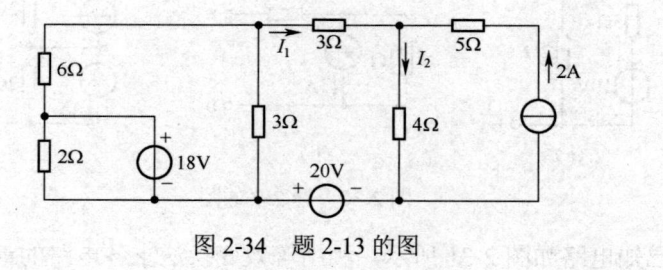

图 2-34 题 2-13 的图

2-14 电路如图 2-35 所示，求各电路的输入电阻 R_{in}。

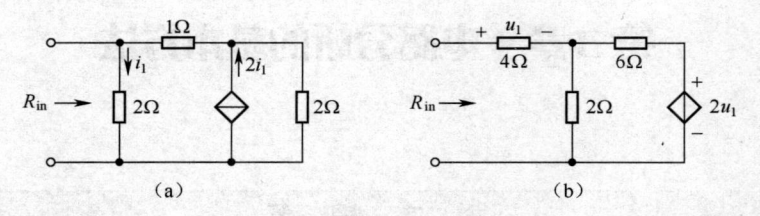

图 2-35 题 2-14 的图

2-15 电路如图 2-36 所示，求各电路的输入电阻 R_{in}。

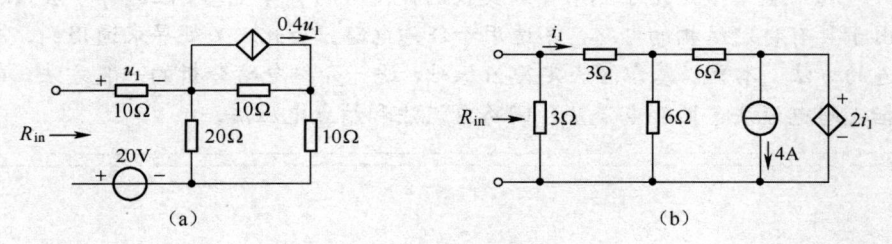

图 2-36 题 2-15 的图

2-16 电路如图 2-37 所示，已知 $R_1=2\Omega$，$R_2=4\Omega$，$R_3=R_4=1\Omega$，试求电流 I。

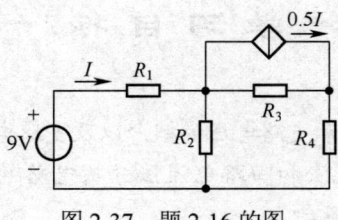

图 2-37 题 2-16 的图

第 3 章　电路分析的基本方法

内 容 提 要

在第 2 章中介绍了利用等效变换的概念分析简单电路，但这种方法只适用于具有特定结构的电路，不适用于任意电路。为此，必须寻求通用的、普遍的方法。本章以基尔霍夫定律为基础，逐一介绍电路分析的一般方法，包括支路电流法、网孔电流法、回路电流法和结点电压法。

学 习 目 标

（1）理解支路电流和支路电压的概念以及支路电流法分析电路的步骤。
（2）掌握网孔电流法和回路电流法分析电路的步骤，理解回路的选取方法以及自阻和互阻的概念。
（3）了解网孔电流法和回路电流法在分析电路中的不同。
（4）掌握结点电压法分析电路的步骤，理解参考结点的选取方法，理解自导和互导的概念。

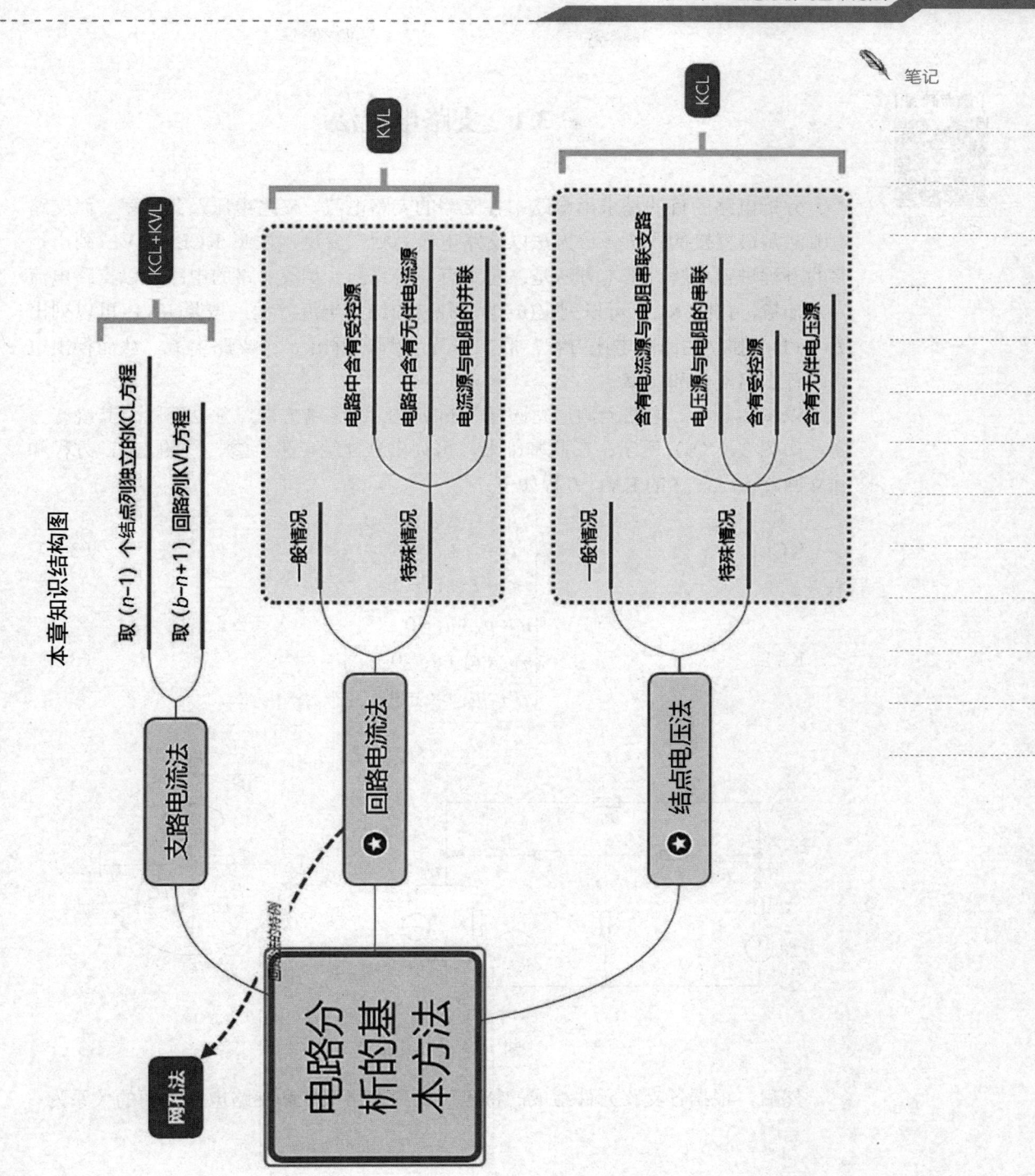

第 3 章　电路分析的基本方法

本章知识结构图

- 支路电流法 (KCL+KVL)
  - 取 $(n-1)$ 个结点列独立的KCL方程
  - 取 $(b-n+1)$ 回路列KVL方程

- 回路电流法 ★ (KVL)
  - 一般情况：电路中含有受控源
  - 特殊情况：
    - 电路中含无伴电流源
    - 电流源与电阻的并联

- 结点电压法 ★ (KCL)
  - 一般情况：
    - 含有电流源与电阻串联支路
    - 电压源与电阻的串联
    - 含有受控源
  - 特殊情况：含有无伴电压源

电路分析的基本方法

- 网孔法

3.1 支路电流法

分析电路的目的是求出电路中各支路的支路电流、支路电压及其功率,而支路电流法是最直接的方法。该方法以支路电流为独立变量,按照 KCL、KVL 列出足够的方程进行求解。基本方法是:对于有 n 个结点、b 条支路的电路,以支路电流为未知量,按照 KCL 可以列出 $(n-1)$ 个独立的结点电流方程,按照 KVL 可以列出 $(b-n+1)$ 个独立的回路电压方程,联立 b 个方程,解出 b 个支路电流,从而得出电路中各支路电压和功率。

以图 3-1(a)电路为例,先选择各支路电流的参考方向、独立回路及其绕行方向,如图 3-1(b)所示;在此基础上,可列出独立结点①、②、③的 KCL 方程和独立回路 1、2、3 的 KVL 方程如下:

$$\text{KCL:} \begin{cases} -i_1 + i_2 + i_6 = 0 \\ -i_2 + i_3 + i_4 = 0 \\ -i_4 + i_5 - i_6 = 0 \end{cases} \tag{3-1}$$

$$\text{KVL:} \begin{cases} u_1 + u_2 + u_3 = 0 \\ -u_3 + u_4 + u_5 = 0 \\ -u_2 - u_4 + u_6 = 0 \end{cases} \tag{3-2}$$

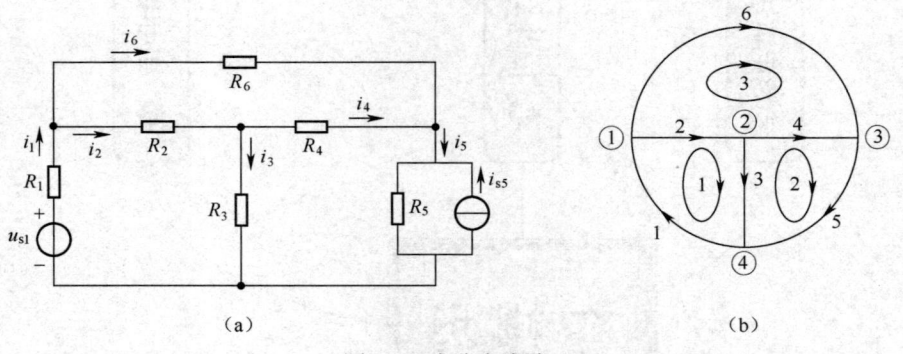

图 3-1 支路电流法

然后,根据各支路元件组成的特点可找到支路电流和支路电压之间的关系为

VCR：
$$\begin{cases} u_1 = -u_{S1} + R_1 i_1 \\ u_2 = R_2 i_2 \\ u_3 = R_3 i_3 \\ u_4 = R_4 i_4 \\ u_5 = R_5 i_5 + R_5 i_{s5} \\ u_6 = R_6 i_6 \end{cases} \qquad (3-3)$$

把式（3-3）代入式（3-2），整理得
$$\begin{cases} R_1 i_1 + R_2 i_2 + R_3 i_3 = U_{S1} \\ -R_3 i_3 + R_4 i_4 + R_5 i_5 = -R_5 i_{s5} \\ -R_2 i_2 - R_4 i_4 + R_6 i_6 = 0 \end{cases} \qquad (3-4)$$

联立式（3-1）和式（3-4），可解出 6 个支路电流。

式（3-4）可归纳为一般形式
$$\sum R_k i_k = \sum u_{Sk} \qquad (3-5)$$

其中，方程左边描述回路中所有电阻的电压降，$R_k i_k$ 为回路中第 k 个支路电阻上的电压，i_k 参考方向与回路绕行方向一致时此项取"+"，否则取"–"；方程右边描述回路中所有电源的电压升，u_{sk} 为回路中第 k 个支路的电源电压，当 u_{sk} 与回路绕行方向一致时取"–"（因移到等号另一侧），否则取"+"。

例 3-1　电路如图 3-2 所示，用支路电流法求各支路电流。

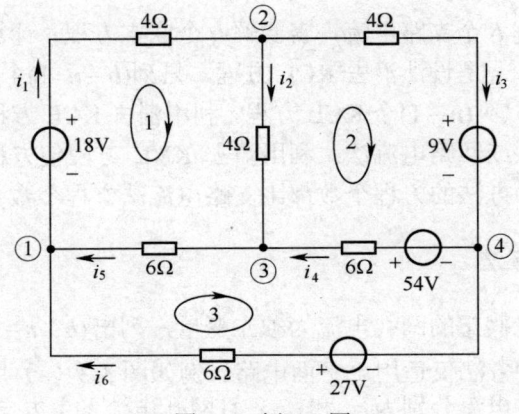

图 3-2　例 3-1 图

解　图 3-2 所示电路共有 4 个结点、6 条支路，因此独立结点数 3，独立回路数 3。选结点①、②和③为独立结点，1、2 和 3 为独立回路，以支路电流为未知量，利用 KCL 和 KVL 列方程，可得

$$\begin{cases} i_1 - i_5 - i_6 = 0 \\ -i_1 + i_2 + i_3 = 0 \\ -i_2 - i_4 + i_5 = 0 \\ 4i_1 + 4i_2 + 6i_5 = 18 \\ -4i_2 + 4i_3 + 6i_4 = -9 + 54 \\ -6i_4 - 6i_5 + 6i_6 = -54 + 27 \end{cases}$$

求解上面方程组，可得 $i_1 = 3\text{ A}$，$i_2 = -1.5\text{ A}$，$i_3 = 4.5\text{ A}$，$i_4 = 3.5\text{ A}$，$i_5 = 2\text{ A}$，$i_6 = 1\text{ A}$。

使用支路电流法求解电路的步骤归纳如下：
（1）选定各支路电流，标明其参考方向。
（2）选取 $(n-1)$ 个独立结点，列出其结点的 KCL 电流方程。
（3）选取 $(b-n+1)$ 个基本独立回路，指定回路的绕行方向，列出 KVL 电压方程。
（4）联立上面的 KCL 和 KVL 方程，求得 b 条支路电流；再由支路电流，根据元件特性算出支路电压及其功率。

3.2 网孔电流法和回路电流法

支路电流法求解 b 个支路电流，需要解 b 个联立方程，计算量大，因此必须设法减少方程的个数。一是设法消去 KCL 方程，只列 $(b-n+1)$ 个 KVL 方程；二是设法消去 KVL 方程，只列 $(n-1)$ 个 KCL 方程。利用消去 KCL 方程使方程个数减少的方法称为网孔电流法或回路电流法；利用消去 KVL 方程使方程个数减少的方法称为结点电压法。两种方法的方程个数都比支路电流法方程个数少。

3.2.1 网孔电流法

网孔电流法是以假想的网孔电流为独立变量，列出 $(b-n+1)$ 个 KVL 方程进行求解的方法。但这种方法仅适用于平面电路。例如图 3-3（a）所示的电路，假定网孔 1 和网孔 2 的网孔电流分别为 i_{m1} 和 i_{m2}，且网孔电流参考方向如图 3-3（b）所示，根据 KVL 列写电路方程，有

$$\begin{cases} R_1 i_1 + R_2 i_2 = U_{S1} - U_{S2} \\ -R_2 i_2 + R_3 i_3 = U_{S2} - U_{S3} \end{cases} \quad (3\text{-}6)$$

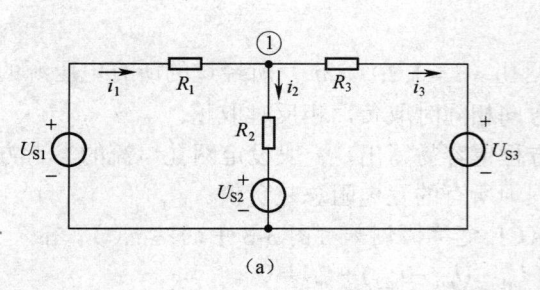

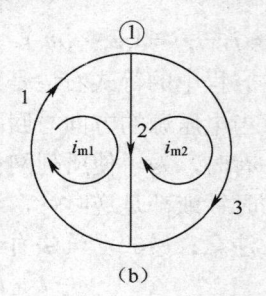

图 3-3 网孔电流法

支路电流可用假想网孔电流表达为
$$i_1 = i_{m1}, \quad i_2 = i_{m1} - i_{m2}, \quad i_3 = i_{m2}$$
把网孔电流描述的支路电流代入式（3-6），整理可得
$$\begin{cases} (R_1 + R_2)i_{m1} - R_2 i_{m2} = U_{S1} - U_{S2} \\ -R_2 i_{m1} + (R_2 + R_3)i_{m2} = U_{S2} - U_{S3} \end{cases} \quad (3\text{-}7)$$
将方程组（3-7）简写成为一般形式，有
$$\begin{cases} R_{11} i_{m1} + R_{12} i_{m2} = u_{s11} \\ R_{21} i_{m1} + R_{22} i_{m2} = u_{s22} \end{cases} \quad (3\text{-}8)$$

式（3-8）所描述的网孔电流法方程具有一定的规律性，以网孔 1 为例，其中，$R_{11} = R_1 + R_2$ 是网孔 1 的自电阻，即网孔 1 所有电阻之和，恒为正；$R_{12} = R_2$ 是网孔 1 与网孔 2 的公共支路上的电阻，当网孔 1 的电流 i_{m1} 与网孔 2 的电流 i_{m2} 方向相同时取"+"，反之取"−"；$u_{s11} = U_{S1} - U_{S2}$ 是网孔 1 内经过的所有电源电压的代数和，电源电压的方向与网孔电流 i_{m1} 方向一致时取"−"，反之取"+"。同理，网孔 2 的 KVL 方程也有上述规律。

推广到具有 m 个网孔的平面电路时，其网孔电流方程普遍形式为
$$\begin{cases} R_{11} i_{m1} + R_{12} i_{m2} + R_{13} i_{m3} + \cdots + R_{1m} i_{mm} = u_{s11} \\ R_{21} i_{m1} + R_{22} i_{m2} + R_{23} i_{m3} + \cdots + R_{2m} i_{mm} = u_{s22} \\ \cdots \\ R_{m1} i_{m1} + R_{m2} i_{m2} + R_{m3} i_{m3} + \cdots + R_{mm} i_{mm} = u_{smm} \end{cases} \quad (3\text{-}9)$$

方程中的等式左边描述的是各网孔电流在某个网孔上的电阻压降代数和。一般情况下，电阻 R_{ii}（$i = 1, 2, \cdots, m$）为第 i 个网孔的自电阻，等于第 i 个网孔中各支路的电阻之和，值恒为正；电阻 R_{ij}（$i \neq j$，$i, j = 1, 2, \cdots, m$）为第 i 个网孔与第 j 个网孔之间的互电阻，等于第 i 个网孔与第 j 个网孔之间公共支路的电阻之和，值可正可负可为零；当两个网孔电流在公共支路上流向相同时为正，相反时为负，如果两者之间的公共支路上没有电阻，则互电阻 $R_{ij} = 0$，且在一般情况下有 $R_{ij} = R_{ji}$

（$i \neq j$，$i,j = 1,2,\cdots,m$）。

方程中的等式右边是第 i 个网孔（$i = 1,2,\cdots,m$）所经过的所有电压源的代数和，当电压源的方向与回路绕行方向相同时取负，相反时取正。

有时，为了使所列网孔电流方程更容易写出，一般设定网孔电流的参考方向都是顺时针或都是逆时针，这样方程中所有的互电阻总是负值。

注意：网孔电流法自动满足 KCL 定律，例如对图 3-3 中的结点①，有
$$-i_1 + i_2 + i_3 = -i_{m1} + (i_{m1} - i_{m2}) + i_{m2} = 0$$
它是 KCL 定律的体现。

例 3-2 用网孔电流分析法求解图 3-2 所示电路的各支路电流。

解 图 3-2 电路的网孔选择如图 3-4 所示，则网孔电流方程为
$$\begin{cases}(4+4+6)i_{m1} - 4i_{m2} - 6i_{m3} = 18 \\ -4i_{m1} + (4+4+6)i_{m2} - 6i_{m3} = -9+54 \\ -6i_{m1} - 6i_{m2} + (6+6+6)i_{m3} = -54+27\end{cases}$$
$$\Rightarrow \begin{cases}14i_{m1} - 4i_{m2} - 6i_{m3} = 18 \\ -4i_{m1} + 14i_{m2} - 6i_{m3} = 45 \\ -6i_{m1} - 6i_{m2} + 18i_{m3} = -27\end{cases}$$

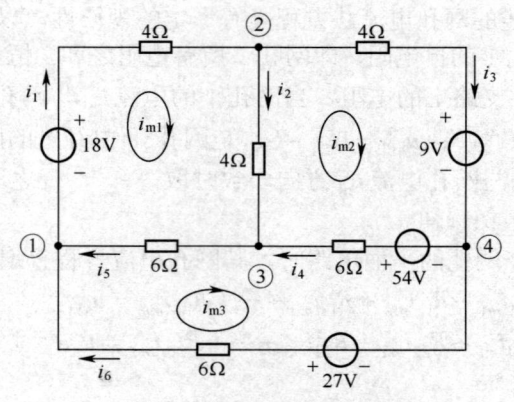

图 3-4 例 3-2 的网孔选择

求解得
$$i_{m1} = 3\,\text{A}, \quad i_{m2} = 4.5\,\text{A}, \quad i_{m3} = 1\,\text{A}$$
则电路的所有支路电流为
$$i_1 = i_{m1} = 3\,\text{A}, \quad i_2 = i_{m1} - i_{m2} = -1.5\,\text{A}$$
$$i_3 = i_{m2} = 4.5\,\text{A}, \quad i_4 = i_{m2} - i_{m3} = 3.5\,\text{A}$$
$$i_5 = i_{m1} - i_{m3} = 2\,\text{A}, \quad i_6 = i_{m3} = 1\,\text{A}$$

3.2.2 回路电流法

网孔电流法仅适用于平面电路,而回路电流法则无此限制。回路电流法对于平面电路、非平面电路均适用,因此获得了广泛的应用。

回路电流法是以假想的回路电流为独立变量,列出$(b-n+1)$个 KVL 方程进行求解的方法。在列方程的规则上与网孔电流法类似,关键是如何选取独立回路。

以图 3-5(a)电路为例,选支路(1,5,6)组成树(实线画出),则电路的连支是(2,3,4),如图 3-5(b)所示。由连支组成的基本回路组为(1,2,5)、(4,5,6)和(1,3,5,6),它们就是一组独立回路。

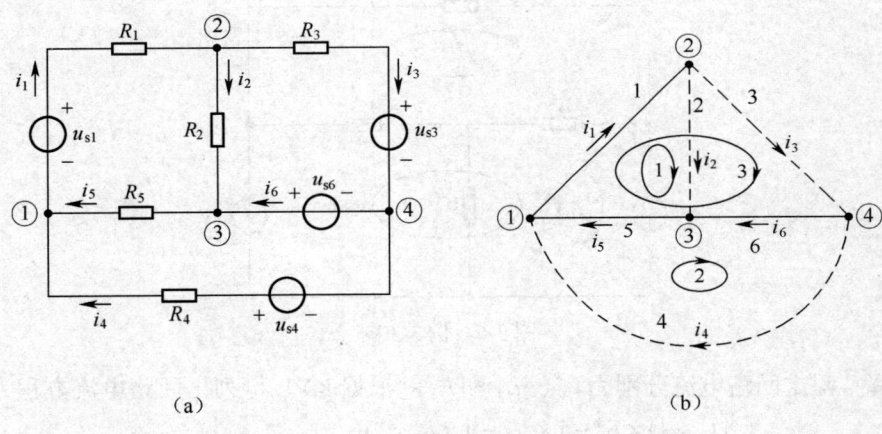

图 3-5 回路电流法

根据回路电流法求假想回路电流,再由电路结构图,全部支路电流可用回路电流的线性关系式来描述。例如,对图 3-5(b)所示电路的 1、5、6 三条支路,分别有

$$i_1 = i_{l1} + i_{l3}, \quad i_5 = i_{l1} - i_{l2} + i_{l3}, \quad i_6 = -i_{l2} + i_{l3}$$

回路电流法自动满足 KCL 定律,例如对图 3-5 中的结点③,有

$$-i_2 + i_5 - i_6 = -i_{l1} + (i_{l1} - i_{l2} + i_{l3}) - (-i_{l2} + i_{l3}) = 0$$

与网孔电流法相似,经过推广到一般情况,对于一个具有 n 个结点和 b 条支路的电路,它的独立回路数为 $l = b - n + 1$ 个,其回路电流方程的一般形式为

$$\begin{cases} R_{11}i_{l1} + R_{12}i_{l2} + R_{13}i_{l3} + \cdots + R_{1l}i_{ll} = u_{s11} \\ R_{21}i_{l1} + R_{22}i_{l2} + R_{23}i_{l3} + \cdots + R_{2l}i_{ll} = u_{s22} \\ \cdots \\ R_{l1}i_{l1} + R_{l2}i_{l2} + R_{l3}i_{l3} + \cdots + R_{ll}i_{ll} = u_{sll} \end{cases} \quad (3\text{-}10)$$

一般情况下，电阻 R_{ii}（$i=1,2,\cdots,l$）是各回路的所有电阻之和，叫自阻，恒为正；电阻 R_{ij}（$i \neq j$，$i,j=1,2,\cdots,l$）是第 i 个回路与第 j 个回路的公共电阻之和，叫互阻。若两个回路电流通过公共电阻时方向一致，互阻取"+"，否则取"−"；当两个回路之间无公共电阻时，则相应的互阻为零，且一般情况下，$R_{ij}=R_{ji}$（$i \neq j$，$i,j=1,2,\cdots,l$）。方程右边的 u_{s11}，u_{s22}，$\cdots$，u_{sll} 为各个回路所经过的电压源的代数和，当电源电压的方向与回路电流方向一致时取"−"，否则取"+"。

回路电流法同样自动满足 KCL 定律，它是 KCL 定律的体现。

例 3-3 写出图 3-6 所示电路的回路电流方程。

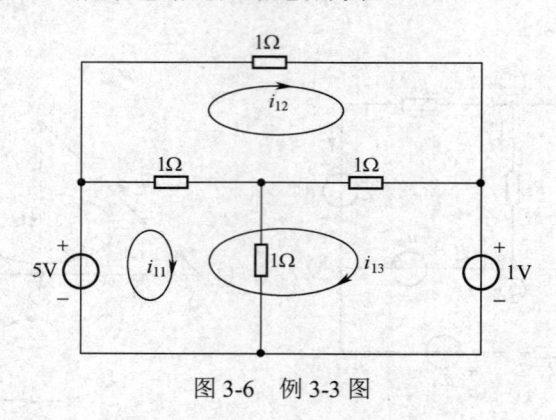

图 3-6 例 3-3 图

解 假定回路电流分别为 i_{l1}、i_{l2} 和 i_{l3}，根据 KVL 可列出回路电流方程为

$$\begin{cases} (1+1) \times i_{l1} - 1 \times i_{l2} + 1 \times i_{l3} = 5 \\ -1 \times i_{l1} + (1+1+1) \times i_{l2} - (1+1) \times i_{l3} = 0 \\ 1 \times i_{l1} - (1+1) \times i_{l2} + (1+1) \times i_{l3} = 5-1 \end{cases}$$

整理上述方程，得

$$\begin{cases} 2i_{l1} - i_{l2} + i_{l3} = 5 \\ -i_{l1} + 3i_{l2} - 2i_{l3} = 0 \\ i_{l1} - 2i_{l2} + 2i_{l3} = 4 \end{cases}$$

在利用回路电流法分析电路时，除了按通用的方法处理以外，还会碰到下述几种特殊问题。

第一种是电路中含有受控源，处理方法是首先把它当作独立电源来处理，然后把控制量用待求的回路电流表示，以作为辅助方程。

第二种是电路中含有不并电阻的电流源（称为"无伴电流源"）支路的情况，由于该支路的电压无法用回路电流来表示，所以采用回路电流法建立与该支路相联的回路方程时就会出现困难，对这种情况的处理办法有两种。方法 1：选择假定回路电流时，使无伴电流源只在一个回路中出现，这样该假定的回路电流即可利用无伴电流源求出；方法 2：假设无伴电流源两端的电压，把它作为附加变量列入 KVL 方程，这样电路分析就多了一个变量（假想的电压），为此，根据无伴电流源与假定回路电流之间的关系，增加一个回路电流与无伴电流源电流之间关系的约束方程。

下面通过几个例题来介绍回路电流法这几种特殊情况的处理方法。

例 3-4 试用回路电流法求图 3-7 所示电路中受控源的控制电流 I_X。

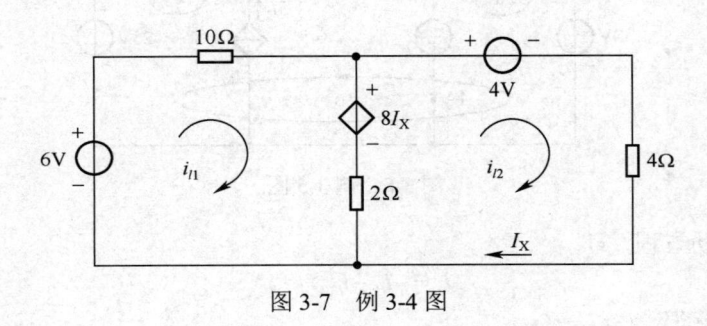

图 3-7 例 3-4 图

解 将受控电源等同于独立电源处理，写出如下回路电流方程

$$\begin{cases} 12i_{l1} - 2i_{l2} = -8I_X + 6 \\ -2i_{l1} + 6i_{l2} = -4 + 8I_X \end{cases} \quad (3-11)$$

将受控源控制量用回路电流表示，有 $I_X = i_{l2}$。
把 $I_X = i_{l2}$ 代入方程（3-11），整理得

$$\begin{cases} 12i_{l1} + 6i_{l2} = 6 \\ -2i_{l1} - 2i_{l2} = -4 \end{cases} \quad (3-12)$$

从方程（3-12）可见，在有受控源时，$R_{ij} = R_{ji}$（$i \neq j$）不再成立。解方程（3-12），得 $i_{l1} = -1\text{A}$，$i_{l2} = 3\text{A}$，$I_X = 3\text{A}$。

此例题还说明，对于平面电路，独立回路可以选择网孔，网孔电流法就是回路电流法的特例。

例 3-5 试用回路电流法求图 3-8 所示电路的电流 I_1。

解 对于受控源的情况，处理方法与上面例题相同。对于无伴电流源 4A 和无伴受控电流源 $1.5I_1$，处理方法有两种，下面分别介绍。

方法 1：把无伴电流源 4A 和无伴受控电流源 $1.5I_1$ 选择为连支，使这两个无伴电流源分别都只在一个回路中出现，如图 3-8 所示，它们分别出现在回路 1 和回路 2 中，第 3 个独立回路不包含这两条支路，得回路电流方程为

$$\begin{cases} i_{l1} = 4 \\ i_{l2} = 1.5I_1 \\ 5\times i_{l1} + 4\times i_{l2} + (5+2+4)\times i_{l3} = -25+30-19 \end{cases}$$

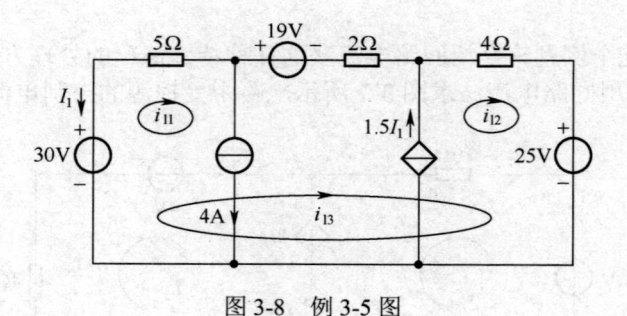

图 3-8 例 3-5 图

增加辅助方程
$$I_1 = -i_{l1} - i_{l3}$$

联立求解得
$$i_{l1} = 4\text{A}, \quad i_{l2} = -3\text{A}, \quad i_{l3} = -2\text{A}, \quad I_1 = -2\text{A}$$

方法 2：回路选择如图 3-9 所示，此时，利用 KVL 列写回路电流方程时无法用回路电流和已知参数来表达无伴电流源两端的电压。对这种情况的处理方法是，分别假设无伴电流源 4A 和无伴受控电流源 $1.5I_1$ 两端的电压为 u_1 和 u_2，在此假设下可列出回路电流方程为

$$\begin{cases} 5i_{l1} = 30 - u_1 \\ 2i_{l2} = -19 + u_1 - u_2 \\ 4i_{l3} = -25 + u_2 \end{cases} \quad (3\text{-}13)$$

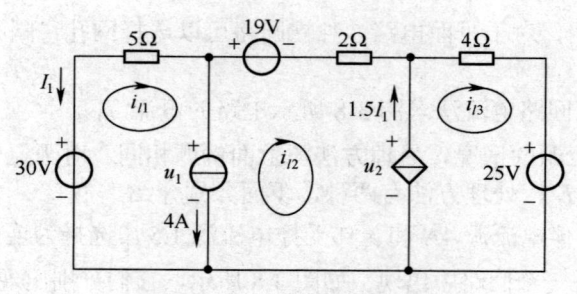

图 3-9 例 3-5 的另一种解法

增加辅助方程

$$\begin{cases} I_1 = -i_{l1} \\ i_{l1} - i_{l2} = 4 \\ i_{l3} - i_{l2} = 1.5I_1 \end{cases} \quad (3\text{-}14)$$

联立求解式（3-13）和式（3-14），同样可求得 $I_1 = -2\text{A}$。

在用回路电流法分析时，当一个电路的电流源较多时，只要选择了合适的独立回路，采用回路分析法求解电路，可以使求解变量大为减少。因此回路电流法最适合含有多个电流源支路的电路。

回路电流法的分析步骤可归纳如下：

（1）根据给定的电路，确定独立回路方程数并指定各回路电流的参考方向。

（2）按通用形式列出回路电流方程。注意回路方程的自阻总是正的，互阻的正负由相关的两个回路电流通过公有电阻时两者的参考方向是否相同而定，方向相同时为"+"，方向相反时为"−"。方程右边的项是对应回路电源电压的代数和，电压方向与回路绕行一致时取"−"，相反时取"+"。

（3）当电路中含有特殊支路情况时，除特殊情况按前面介绍的对应方法进行处理以外，一般支路方程的列写仍然按步骤（2）的方法处理。

3.3 结点电压法

当电路的独立结点数少于独立回路数时，用结点电压法分析电路就比较简单。

结点电压法是任选电路中的某一结点作为参考结点，令其电位为零，其他结点到参考结点的电压称为结点电压（一般表达为 u_n），以结点电压为 $(n-1)$ 个未知量，根据 KCL 列 $(n-1)$ 个方程，求解出结点电压的方法。

根据结点电压法所求得的结点电压可求出电路中的所有支路电压。例如图 3-10 所示的电路，选择结点③为参考结点，结点①的结点电压为 u_{n1}，结点②的结点电压为 u_{n2}，则所有支路电压为

$$u_1 = u_{n1}, \quad u_2 = u_{n2}, \quad u_3 = u_{n1} - u_{n2}$$

下面以图 3-10 为例来推导结点电压法的标准方程。图 3-10 中结点①和结点②的 KCL 方程为

$$\begin{cases} i_1 + i_3 - i_{s3} = 0 \\ i_2 - i_3 - i_{s2} + i_{s3} = 0 \end{cases} \quad (3\text{-}15)$$

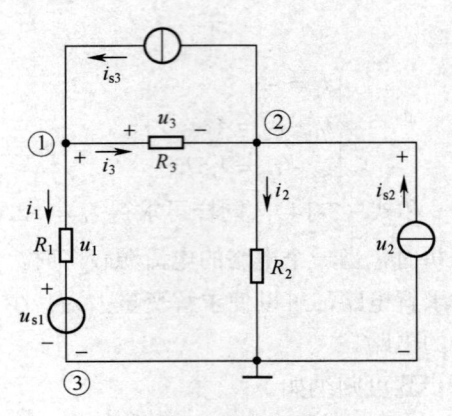

图 3-10 结点电压法

对每条支路利用元件电压和电流的关系有

$$i_1 = G_1(u_{n1} - u_{s1}), \quad i_2 = G_2 u_{n2}, \quad i_3 = G_3(u_{n1} - u_{n2}), \quad G_i = 1/R_i \ (i = 1, 2, 3)$$

把用结点电压描述的支路电流代入式（3-15），整理得结点电压方程的标准形式为

$$\begin{cases}(G_1 + G_2)u_{n1} - G_3 u_{n2} = G_1 u_{s1} + i_{s3} \\ -G_3 u_{n1} + (G_2 + G_3)u_{n2} = i_{s2} - i_{s3}\end{cases} \quad (3\text{-}16)$$

在式（3-16）所描述的结点电压法方程的左边系数中，主对角线元素为本结点所连接的各支路电导的和，称为自导，恒为正值，如：$G_{11} = G_1 + G_2$，$G_{22} = G_2 + G_3$；非对角线元素为相邻结点之间公共电导的和，称为互导，恒为负值，如：$G_{12} = -G_3$，$G_{21} = -G_3$。方程右边为本结点所连接的独立电流源的代数和，流入结点的电流为"+"，流出结点的电流为"-"，$i_{s11} = G_1 u_{s1} + i_{s3}$（注意，$G_1 u_{s1}$ 为利用电源等效变换把电压源与电阻的串联组合变成电流源与电阻的并联组合而得出的流入结点①的电流），$i_{s22} = i_{s2} - i_{s3}$。

因此，结点电压法的标准方程式可以描述为

$$\begin{cases}G_{11} u_{n1} + G_{12} u_{n2} = i_{s11} \\ G_{21} u_{n1} + G_{22} u_{n2} = i_{s22}\end{cases} \quad (3\text{-}17)$$

从上面的例题可以看出，当电路中不含受控源时有下列式子成立

$$G_{12} = G_{21} = -G_3$$

推广到一个具有 n 个结点的电路，独立结点数为 $(n-1)$。假设 $(n-1)$ 个独立结点电压为 u_{n1}，u_{n2}，…，$u_{n(n-1)}$，则其结点电压方程的一般形式为

$$\begin{cases} G_{11}u_{n1} + G_{12}u_{n2} + G_{13}u_{n3} + \cdots + G_{1(n-1)}u_{n(n-1)} = i_{s11} \\ G_{21}u_{n1} + G_{22}u_{n2} + G_{23}u_{n3} + \cdots + G_{2(n-1)}u_{n(n-1)} = i_{s22} \\ \cdots \\ G_{(n-1)1}u_{n1} + G_{(n-1)2}u_{n2} + G_{(n-1)3}u_{n3} + \cdots + G_{(n-1)(n-1)}u_{n(n-1)} = i_{s(n-1)(n-1)} \end{cases} \quad (3\text{-}18)$$

一般情况下，自导 G_{ii}（$i=1,2,\cdots,n-1$）为连接到第 i 个结点的所有支路电导之和，总为正；互导 G_{ij}（$i \neq j$，$i,j=1,2,\cdots,n-1$）是连接在结点 i 和结点 j 之间的公共支路上电导之和的负值，总为负，且 $G_{ij}=G_{ji}$（$i \neq j$，$i,j=1,2,\cdots,n-1$）；i_{sii} 为流入第 i 个结点的电流源的代数和，且流入结点取"+"，流出结点取"-"。

注意，结点电压法自动满足 KVL 定律，如图 3-10 中由结点①②③①组成的回路，有

$$-u_1 + u_2 + u_3 = -u_{n1} + u_{n2} + (u_{n1} - u_{n2}) = 0$$

结点电压法是 KVL 定律的体现。

例 3-6 列出图 3-11 所示电路的结点电压方程。

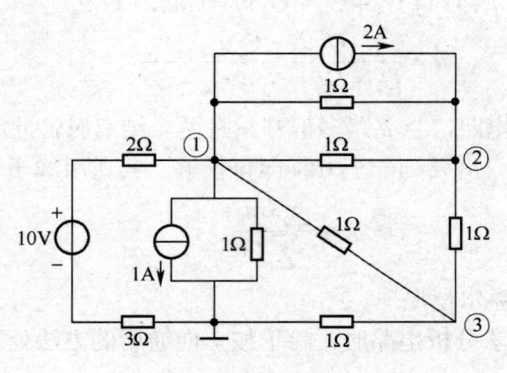

图 3-11 例 3-6 图

解 设结点①、结点②、结点③的结点电压分别为 u_{n1}、u_{n2} 和 u_{n3}，根据列写结点电压方程的规律不难得出结点电压方程为

$$\begin{cases} \left(\dfrac{1}{2+3}+1+1+1+1\right) \times u_{n1} - (1+1) \times u_{n2} - 1 \times u_{n3} = \dfrac{10}{2+3} - 1 - 2 \\ -(1+1) \times u_{n1} + (1+1+1) \times u_{n2} - 1 \times u_{n3} = 2 \\ -1 \times u_{n1} - 1 \times u_{n2} + (1+1+1) \times u_{n3} = 0 \end{cases}$$

整理得

$$\begin{cases} 4.2u_{n1} - 2u_{n2} - u_{n3} = -1 \\ -2u_{n1} + 3u_{n2} - u_{n3} = 2 \\ -u_{n1} - u_{n2} + 3u_{n3} = 0 \end{cases}$$

例 3-7 两个实际电压源并联向三个负载供电的电路如图 3-12 所示。其中 R_1、R_2 分别是两个电源的内阻，R_3、R_4、R_5 为负载，求负载两端的电压。

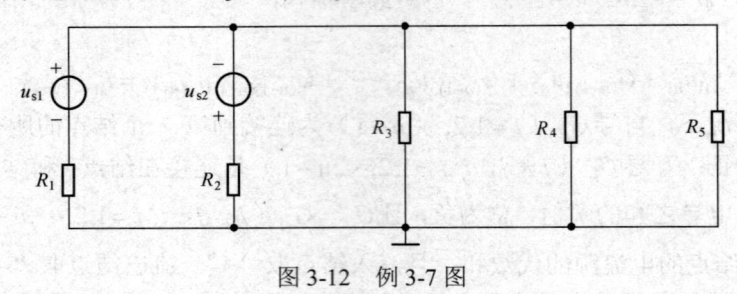

图 3-12 例 3-7 图

解 由于电路只有两个结点，所以只需要列一个结点电压方程。参考结点如图所设，结点电压为 u，其 KCL 方程为

$$\left(\frac{1}{R_1} + \frac{1}{R_2} + \frac{1}{R_3} + \frac{1}{R_4} + \frac{1}{R_5}\right)u = \frac{u_{s1}}{R_1} - \frac{u_{s2}}{R_2}$$

即

$$(G_1 + G_2 + G_3 + G_4 + G_5)u = G_1 u_{s1} - G_2 u_{s2}$$

所以

$$u = \frac{G_1 u_{s1} - G_2 u_{s2}}{G_1 + G_2 + G_3 + G_4 + G_5}$$

像例 3-7 所示的电路，当支路多但却只有两个结点时，此时采用结点电压法分析电路最为简便，它只需要列一个方程即可求解，其通用式子为

$$u = \frac{\sum G u_s}{\sum G} \tag{3-19}$$

式 (3-19) 常被称为弥尔曼定理。

在利用结点电压法分析电路时，除了按上面通用的方法处理以外，还会碰到下述几种特殊问题。

第一种是电路中含有电流源与电阻串联支路的情况，对这种特殊情况的处理方法是忽略此电阻的存在。

第二种是电路中含有受控源，处理方法是首先把它当作独立电源来处理，然后把控制量用待求的结点电压表示，作为辅助方程。

第三种是电路中含有不串电阻的电压源（称为"无伴电压源"）支路的情况，由于该支路的电流无法用结点电压表示，所以采用结点电压法建立与该支路相连的结点 KCL 方程时就会出现困难。对这种情况的处理方法有两种。方法 1：选择结点电压时，使无伴电压源的其中一个结点为参考结点。方法 2：假设流过无伴电压源的电流，把它作为附加变量列入 KCL 方程，这样电路分析就多了一个变量（假想的电流），为此根据无伴电压源的两个结点电压之差为无伴电压源的电压参数增加一个结点电压与无伴电压源电压之间关系的约束方程。

下面通过几个例题来介绍结点电压法这几种特殊情况的处理方法。

例 3-8 已知电路如图 3-13 所示，求 6Ω 电阻上的电流。

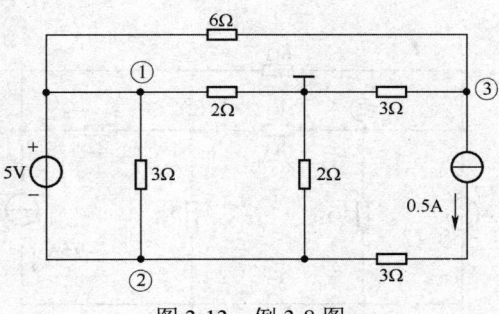

图 3-13 例 3-8 图

解 对 0.5A 电流源与 3Ω 电阻串联支路，处理方法是忽略 3Ω 电阻的存在，如图 3-14 所示。对纯电压源的处理方法有下面两种方法。

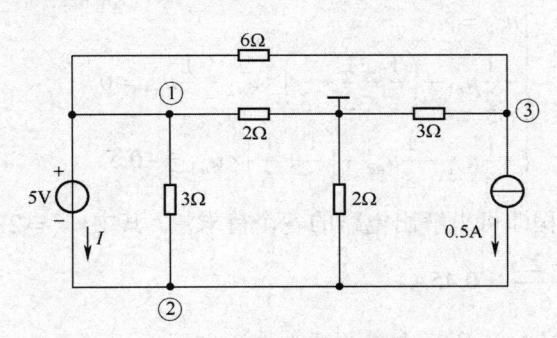

图 3-14 例 3-8 的一种解法

方法 1：将无伴电压源的电流作为变量添加在方程中。设无伴电压源支路的电流为 I，方向如图 3-14 所示。根据结点电压法直接列写方程组如下：

$$\begin{cases} \left(\dfrac{1}{3}+\dfrac{1}{2}+\dfrac{1}{6}\right)\times u_{n1} - \dfrac{1}{3}u_{n2} - \dfrac{1}{6}u_{n3} = -I \\ -\dfrac{1}{3}u_{n1} + \left(\dfrac{1}{2}+\dfrac{1}{3}\right)\times u_{n2} = I+0.5 \\ -\dfrac{1}{6}u_{n1} + \left(\dfrac{1}{3}+\dfrac{1}{6}\right)\times u_{n3} = -0.5 \end{cases}$$

在以上直接列写的方程组中添加方程：$u_{n1}-u_{n2}=5\text{V}$，这样有四个方程、四个变量，即可求解出电路的各个结点电压分别为：$u_{n1}=2.55\text{V}$，$u_{n2}=-2.45\text{V}$，

$u_{n3} = -0.15\text{V}$，则 6Ω 电阻上待求的电流为 $\dfrac{u_{n1} - u_{n3}}{6} = 0.45\text{A}$。

方法 2：选择 5V 无伴电压源的一端为参考结点并重新标注其他结点，如图 3-15 所示。

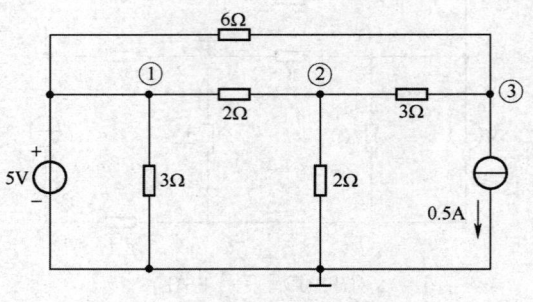

图 3-15 例 3-8 的另外一种解法

由于结点①的电压正好是电压源电压，采用这种方法列写的结点电压方程为

$$\begin{cases} u_{n1} = 5 \\ -\dfrac{1}{2}u_{n1} + \left(\dfrac{1}{2} + \dfrac{1}{2} + \dfrac{1}{3}\right) \times u_{n2} - \dfrac{1}{3}u_{n3} = 0 \\ -\dfrac{1}{6}u_{n1} - \dfrac{1}{3}u_{n2} + \left(\dfrac{1}{3} + \dfrac{1}{6}\right) \times u_{n3} = -0.5 \end{cases}$$

根据上面的方程即可求解出电路的各个待求量，其中 $u_{n3} = 2.3\text{V}$，所以 6Ω 电阻上待求的电流为 $\dfrac{5 - 2.3}{6} = 0.45\text{A}$。

例 3-9 写出图 3-16 所示电路的结点电压方程。

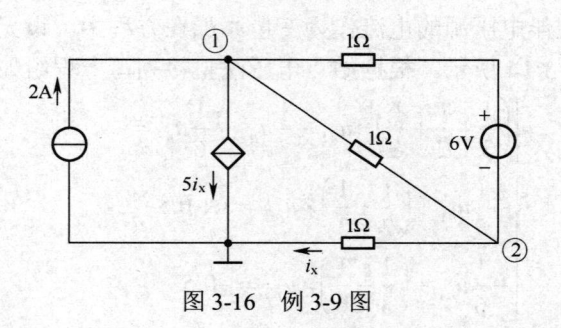

图 3-16 例 3-9 图

解 对 6V 电压源和 1Ω 电阻的串联组合可以看成是 6A 电流源和 1Ω 电阻的并联组合；对受控源，在建立结点电压方程时，首先按独立源对待，得结点电压

方程为

$$\begin{cases} (1+1) \times u_{n1} - (1+1) \times u_{n2} = 2 + 6 - 5i_x \\ -(1+1) \times u_{n1} + (1+1+1) \times u_{n2} = -6 \end{cases} \quad (3\text{-}20)$$

对受控源的控制量用结点电压表达，得约束关系方程为

$$i_x = 1 \times u_{n2}$$

把 $i_x = u_{n2}$ 代入式（3-20），整理得

$$\begin{cases} 2u_{n1} + 3u_{n2} = 8 \\ -2u_{n1} + 3u_{n2} = -6 \end{cases} \quad (3\text{-}21)$$

由方程（3-21）可见，在有受控源时 $G_{ij} = G_{ji}$（$i \neq j$）不再成立。

例 3-10 用结点电压法求图 3-17 所示电路的各结点电压。

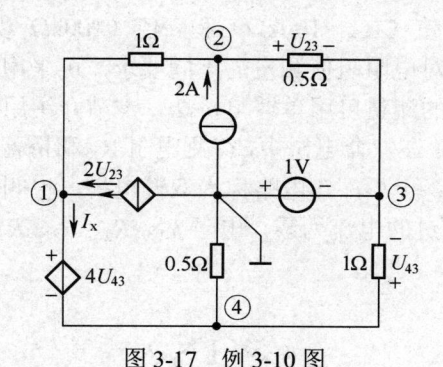

图 3-17 例 3-10 图

解 选 1V 电压源的一端为参考结点，列写的结点电压方程为

$$\begin{cases} 1 \times u_{n1} - 1 \times u_{n2} = -I_x + 2U_{23} \\ -1 \times u_{n1} + \left(1 + \dfrac{1}{0.5}\right) \times u_{n2} - \dfrac{1}{0.5} \times u_{n3} = 2 \\ u_{n3} = -1 \\ -1 \times u_{n3} + \left(\dfrac{1}{0.5} + 1\right) \times u_{n4} = I_x \end{cases}$$

再加上受控源与其涉及的结点电压变量之间的关系：

$$U_{23} = u_{n2} - u_{n3}$$

$$U_{43} = u_{n4} - u_{n3}$$

此时联立上面的方程最终可以得出待求量。

$$u_{n1} = 5.67\text{V}, \quad u_{n2} = 1.89\text{V}, \quad u_{n3} = -1\text{V}, \quad u_{n4} = 0.33\text{V}$$

结点电压法的分析步骤可归纳如下：

（1）指定参考结点，其余结点对参考结点之间的电压就是结点电压。

（2）列出结点电压方程（按普遍形式）。注意结点电压方程的自导总是正的，互导是相关的两个结点之间公共支路的电导之和的负值。方程右边的项是对应结点电源电流的代数和，电流流出结点时取"–"，电流流入结点时取"+"。

（3）当电路中含有特殊支路情况时，除特殊情况按前面介绍的对应方法进行处理以外，一般结点的方程列写仍然按步骤（2）的方法处理。

3.4 应用实例：双臂电桥测量低值电阻

电阻是电路中的基本元件，在电路中应用十分广泛。电阻的阻值按大小可以分为低值（小于 1Ω）、中值（1Ω～100kΩ）和高值（100kΩ 以上）。不同的阻值采取不同的测量方法，根据对电阻阻值测量的不同要求，可采用万用表法、伏安法、电桥法等。如对中值电阻的测量可用单臂电桥法，本节介绍用双臂电桥法测量低值电阻，电路如图 3-18 所示。在双臂电桥中，待测电阻 R_X 和桥臂电阻 R_5 均为四端接法，增加了两个高值电阻 R_3 和 R_4，该电路称为双臂电桥，也叫开尔文电桥。当电桥平衡时，即检流计 G 中流过的电流为零，电阻 R_1、R_2、R_3、R_4、R_5、R_6 为已知，求待测电阻 R_x。

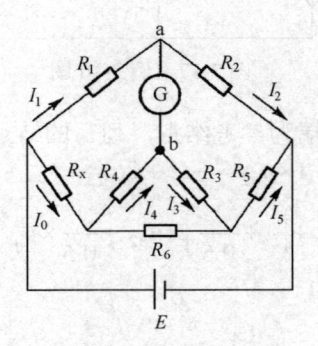

图 3-18 开尔文电桥

当电桥平衡时，即这时电桥输出电压 $U_{ab}=0$，流过检流计的电流 $I_{ab}=0$。根据电流的参考方向可列出以下方程：

$$\begin{cases} I_0 R_x + I_4 R_4 = I_1 R_1 \\ I_3 R_3 + I_5 R_5 = I_2 R_2 \\ I_1 = I_2 \\ I_3 = I_4 \end{cases}$$

结合电桥平衡时 $R_1R_3 = R_2R_4$，可解出上述方程，得

$$R_x = \frac{R_1}{R_2}R_5$$

这就是双臂电桥的平衡条件。同样，在实用的双臂电桥中将 $\frac{R_1}{R_2} = C$ 做成比率，则有 $R_x = CR_5$。

因此，与万用表法、伏安法等相比较，电桥法具有反应灵敏、测量准确、使用方便等特点。因此，电桥法可以在很大的测量范围内达到较高的测量准确度。

本章小结

线性电阻电路的一般分析方法是不改变电路的结构，包括支路电流法、网孔电流法、回路电流法和结点电压法。

支路电流法是以支路电流为未知量，根据 KVL 和 KCL 列方程求解的方法。对一个具有 n 个结点、b 条支路的电路，它的独立回路数为 $l = b - n + 1$ 个，独立结点数为 $n-1$ 个。支路电流法根据 $(n-1)$ 个独立结点列出 KCL 方程，根据 $(b-n+1)$ 个独立回路列出 KVL 方程，求出所有支路电流，从而达到分析电路的目的。根据回路列出的 KVL 方程的一般形式为 $\sum R_k i_k = \sum u_{sk}$，方程左边描述回路所有电阻上的电压降，即电阻上电压与回路绕行方向一致，取 "+"，相反，取 "–"；方程右边描述回路所有电压源的电压升，即电压源的电压与回路绕行方向一致，取 "–"，相反，取 "+"。

网孔电流法是以假想网孔电流为未知量，根据 KVL 列方程求解分析电路的方法。回路电流法是以假想回路电流为未知量，根据 KVL 列方程求解的方法，它的本质是 KVL 的体现。网孔电流法是回路电流法的特例，且仅适用于平面电路。对于一个具有 n 个结点、b 条支路、独立回路数为 $l=b-n+1$ 个的电路，其回路电流方程的一般形式为

$$\left. \begin{array}{l} R_{11}i_{l1} + R_{12}i_{l2} + R_{13}i_{l3} + \ldots + R_{1l}i_{ll} = u_{s11} \\ R_{21}i_{l1} + R_{22}i_{l2} + R_{23}i_{l3} + \ldots + R_{2l}i_{ll} = u_{s22} \\ \ldots \\ R_{l1}i_{l1} + R_{l2}i_{l2} + + R_{l3}i_{l3} \ldots + R_{ll}i_{ll} = u_{sll} \end{array} \right\}$$

其中 R_{11}，R_{22}，…，R_{ll} 是各回路的所有电阻之和，叫自阻，为正。R_{12}，R_{11}，…，是各回路之间的互阻，R_{ij}（$i \neq j$，$i, j = 1, 2, \cdots, l$）的绝对值为第 i 个回路和第 j 个回路之间公共支路电阻之和，当这两个回路的假想回路电流在公共支路上同向时，取 "+"，相反取 "–"；当两个回路之间无共有电阻时相应的互阻为零。u_{s11}，u_{s22}，…，u_{sll} 为各个回路电源电压升的代数和。

回路电流分析时，对含有无伴电流源支路或受控源支路的要作特殊处理。

结点电压法是以结点电压为未知量，根据 KCL 列方程求解的方法，它的本质是 KCL 的体现。对于一个具有 n 个结点的电路，独立结点数为$(n-1)$，其结点电压方程的一般形式为

$$\left.\begin{aligned} G_{11}u_{n1} + G_{12}u_{n2} + G_{13}u_{n3} + \ldots + G_{1(n-1)}u_{n(n-1)} &= i_{s11} \\ G_{21}u_{n1} + G_{22}u_{n2} + G_{23}u_{n3} + \ldots + G_{2(n-1)}u_{n(n-1)} &= i_{s22} \\ &\cdots \\ G_{(n-1)1}u_{n1} + G_{(n-1)2}u_{n2} + G_{(n-1)3}u_{n3} + \ldots + G_{(n-1)(n-1)}u_{n(n-1)} &= i_{s(n-1)(n-1)} \end{aligned}\right\}$$

其中，自导 G_{11}，G_{22}，…，$G_{(n-1)(n-1)}$ 为各结点所连接的所有支路电导之和，总为正；G_{12}，G_{13}，…，$G_{1(n-1)}$ 是各回路之间的互导，互导 G_{ij}（$i \neq j$，$i, j = 1, 2, \cdots, n-1$）为第 i 个结点和第 j 个结点之间公共支路电导之和的负值；i_{s11}，i_{s22}，…，$i_{s(n-1)(n-1)}$ 分别为流入各结点电流源的代数和。

结点电压分析时，对含有无伴电压源支路或受控源支路的要作特殊处理。

习题 3

3-1 电路如图 3-19 所示，用支路电流法求各支路电流。

3-2 电路如图 3-20 所示，用支路电流法求电流 i_1。

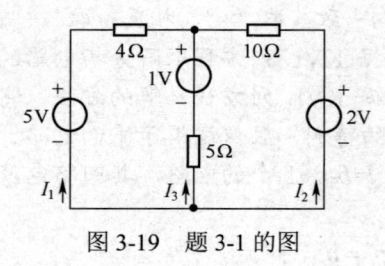

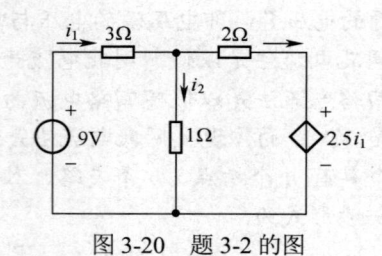

图 3-19 题 3-1 的图

图 3-20 题 3-2 的图

3-3 电路如图 3-21 所示，用网孔电流法求电流 I。

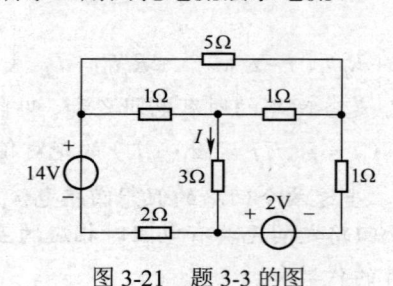

图 3-21 题 3-3 的图

3-4 电路如图 3-22 所示，用网孔电流法求开路电压 U_{oc}。

3-5 电路如图 3-23 所示，分别用网孔电流法、回路电流法求电流 I_1。

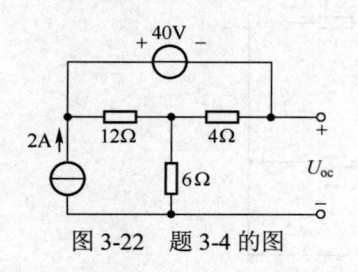

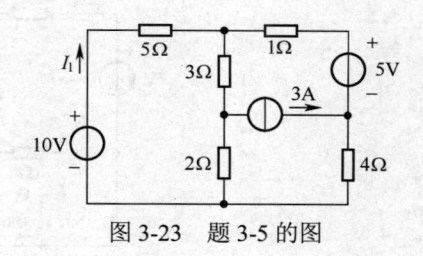

图 3-22 题 3-4 的图

图 3-23 题 3-5 的图

3-6 电路如图 3-24 所示，用回路电流法求电压 u。

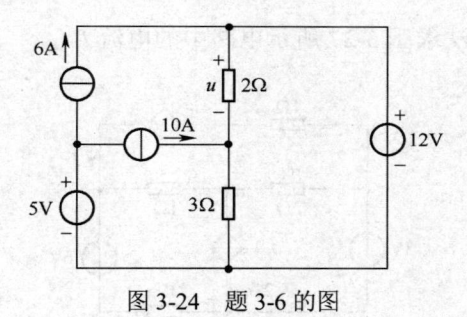

图 3-24 题 3-6 的图

3-7 电路如图 3-25 所示，负载电阻 R_L 是阻值可变的电气设备。它由一台直流发电机和一串联蓄电池组并联供电。蓄电池组常接在电路内。当用电设备需要大电流（R_L 值变小）时蓄电池组放电；当用电设备需要小电流（R_L 值变大）时，蓄电池组充电。设 U_{S1}=40V，内阻 R_{S1}=0.5Ω，U_{S2}=32V，内阻 R_{S2}=0.2Ω。用回路电流法分析以下问题：

（1）用电设备的电阻 R_L=1Ω时，求负载吸收的功率和蓄电池组所在支路的电流 I_1。这时蓄电池组是充电还是放电？

（2）用电设备的电阻 R_L=17Ω时，求负载吸收的功率和蓄电池组所在支路的电流 I_1。这时蓄电池组是充电还是放电？

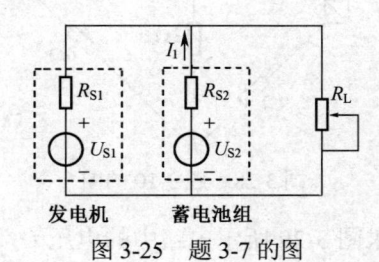

图 3-25 题 3-7 的图

3-8 用回路电流法求图 3-26 所示电路中的电压 U_0。

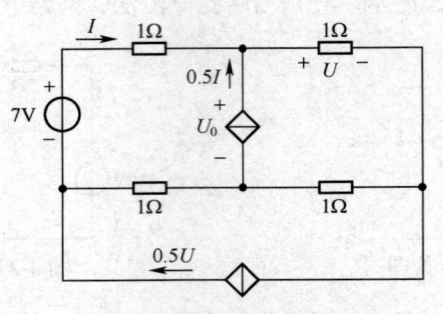

图 3-26 题 3-8 的图

3-9 用回路电流法求图 3-27 所示电路中的电流 I。

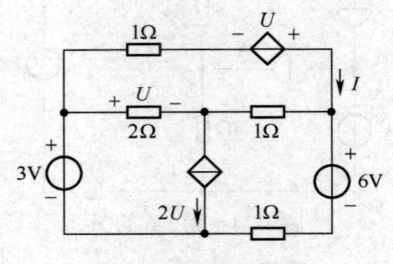

图 3-27 题 3-9 的图

3-10 用回路电流法求图 3-28 所示电路中受控电流源的功率。

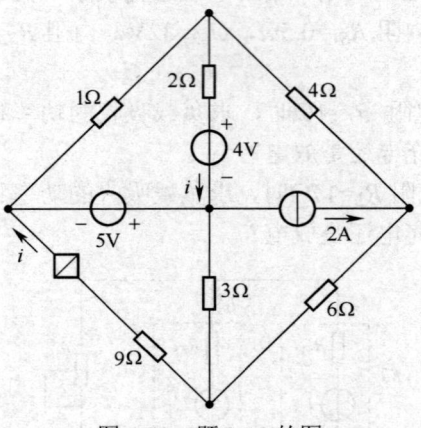

图 3-28 题 3-10 的图

3-11 用回路电流法求图 3-29 所示电路中的电压 U_2。

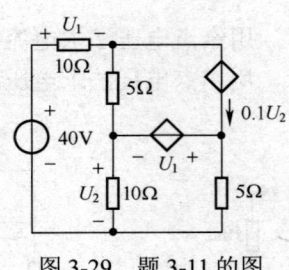

图 3-29 题 3-11 的图

3-12 列出图 3-30 中电路的结点电压方程。

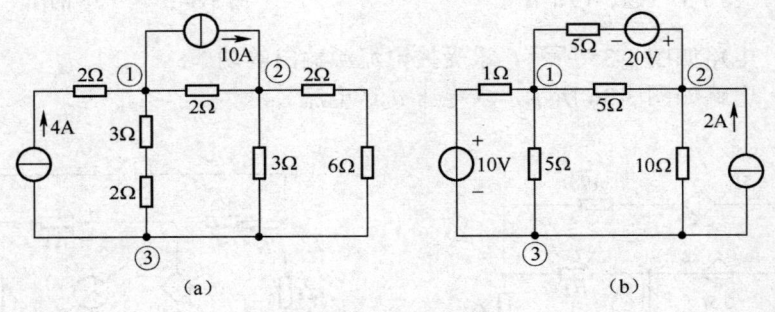

(a)　(b)

图 3-30 题 3-12 的图

3-13 有如图 3-31 所示的调压电路，端子 a 开路，$R_2=2R_1$，当调节 R_2 的活动点时，求结点电位 U_a 的变化范围。

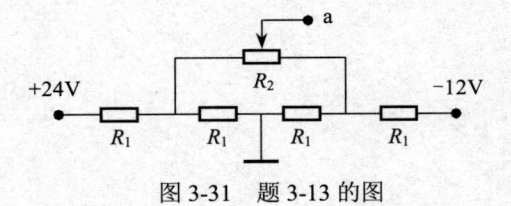

图 3-31 题 3-13 的图

3-14 电路如图 3-32 所示，若结点电压 $U_B=6V$，求结点电压 U_A 和电流源电流 I_S。

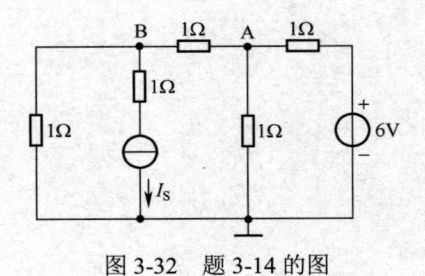

图 3-32 题 3-14 的图

3-15 电路如图 3-33 所示，用结点电压法求电流 i。

3-16 电路如图 3-34 所示，用结点电压法求电压 u_x。

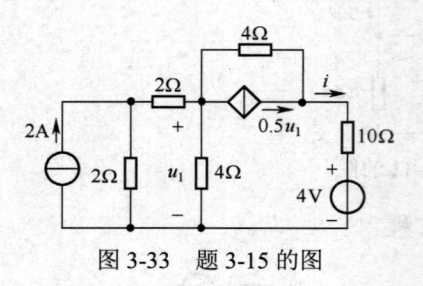

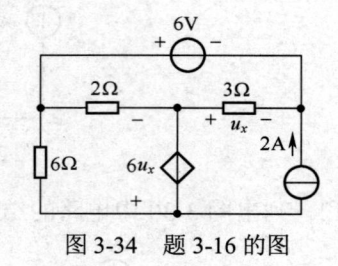

图 3-33 题 3-15 的图

图 3-34 题 3-16 的图

3-17 电路如图 3-35 所示，求受控电流源输出的功率。

3-18 电路如图 3-36 所示，求电压 u_x、电流 i_x。

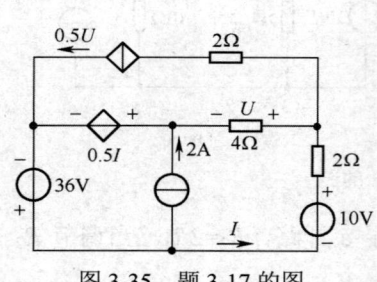

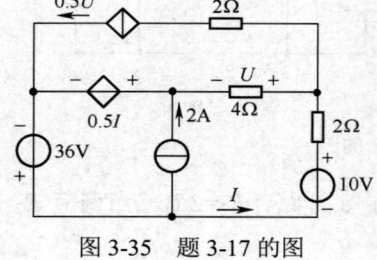

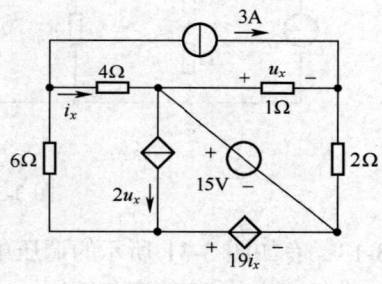

图 3-35 题 3-17 的图

图 3-36 题 3-18 的图

第4章 电路分析的基本定理

内容提要

电路分析可根据电路本身性质对问题求解的特殊需要而推导出一些能给解决问题带来简便的定理。本章主要介绍电路分析中的几个常用定理,包括叠加定理、齐性定理、替代定理、戴维宁定理、诺顿定理、特勒根定理。

学习目标

(1) 理解线性电路和一端口(或二端)网络的概念。
(2) 掌握叠加定理在线性电路分析中的应用,了解齐性定理。
(3) 理解替代定理在线性电路分析中的应用。
(4) 掌握戴维宁定理中开路电压和等效内阻的求解方法以及戴维宁定理的应用。
(5) 掌握诺顿定理中短路电流和等效内阻的求解方法。
(6) 掌握特勒根定理在集总电路中的应用。

本章知识结构图

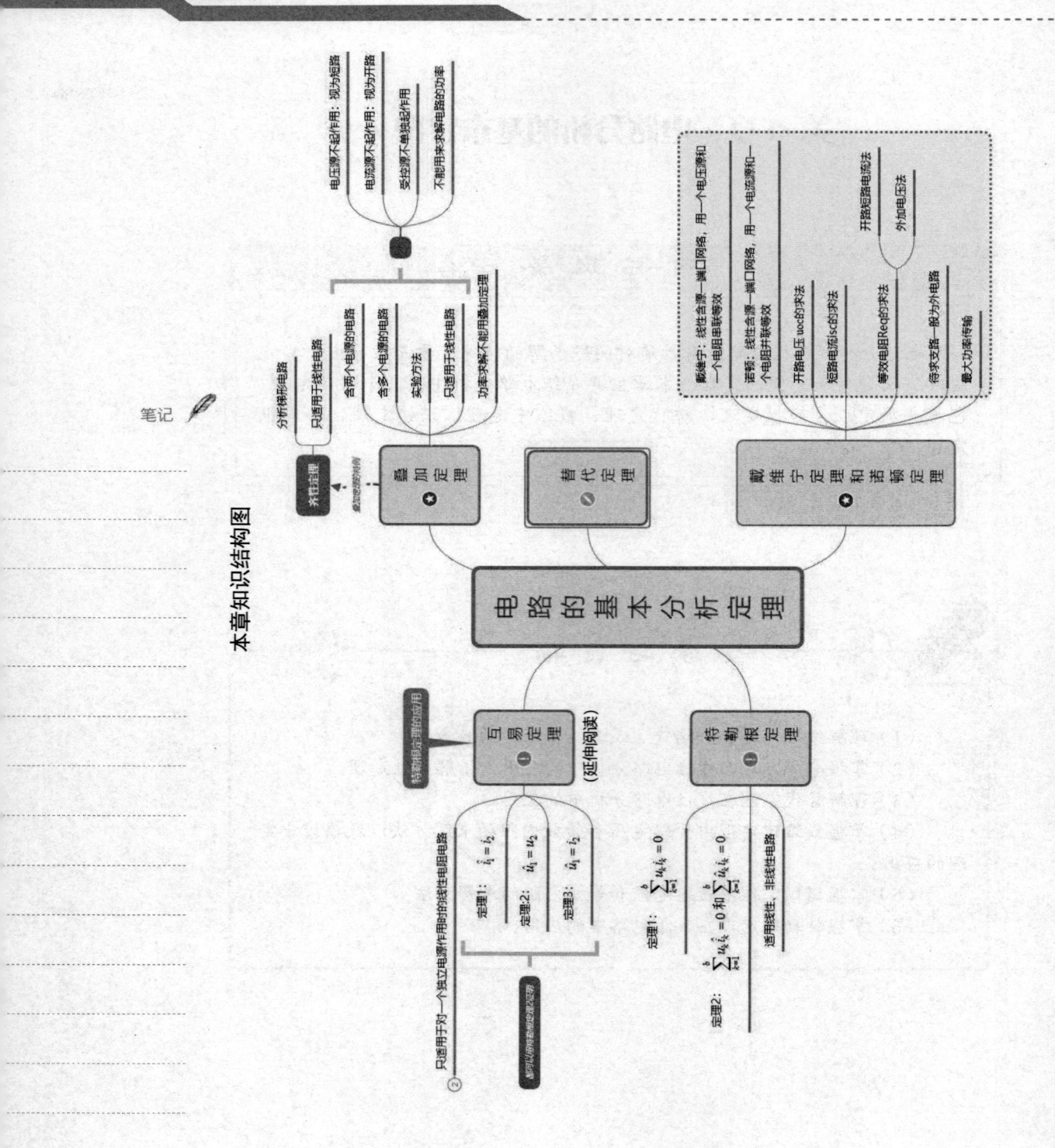

电路的基本分析定理

- **叠加定理**
  - 电压源不起作用：视为短路
  - 电流源不起作用：视为开路
  - 受控源不单独起作用
  - 不能用来求解电路的功率
  - 分析梯形电路
  - 只适用于线性电路
  - 含两个电源的电路
  - 含多个电源的电路
  - 实验方法
  - 只适用于线性电路
  - 功率求解不能用叠加定理
  - 齐性定理

- **替代定理**

- **戴维宁定理和诺顿定理**
  - 戴维宁：线性含源一端口网络，用一个电压源和一个电阻串联等效
  - 诺顿：线性含源一端口网络，用一个电流源和一个电阻并联等效
  - 开路电压 u_{OC} 的求法
  - 短路电流 i_{SC} 的求法
  - 等效电阻 R_{eq} 的求法
    - 开路短路电流法
    - 外加电压法
  - 传动支路一般以外电路
  - 最大功率传输

- **互易定理**（延伸阅读）
  - 只适用于对一个独立电源作用的线性电阻电路
  - 定理1：$\hat{i}_1 = i_2$
  - 定理2：$\hat{u}_1 = u_2$
  - 定理3：$\hat{u}_1 = i_2$

- **特勒根定理**
  - 定理1：$\sum_{k=1}^{b} u_k i_k = 0$
  - 定理2：$\sum_{k=1}^{b} u_k \hat{i}_k = 0$ 和 $\sum_{k=1}^{b} \hat{u}_k i_k = 0$
  - 适用线性、非线性电路

笔记

4.1 叠加定理和齐性定理

描述线性电阻电路各响应（电压和电流）与激励（独立电压源和独立电流源）的各种电路方程是一组线性代数方程，如第 3 章支路电流法方程式（3-1）和式（3-4），激励一般为已知量，在方程的右边，而支路电流是这些激励 u_s 和 i_s 的线性函数。电路中响应与激励之间的线性关系具有叠加性，是电路的一种基本性质。下面以图 4-1（a）所示的电路为例来阐述叠加定理。

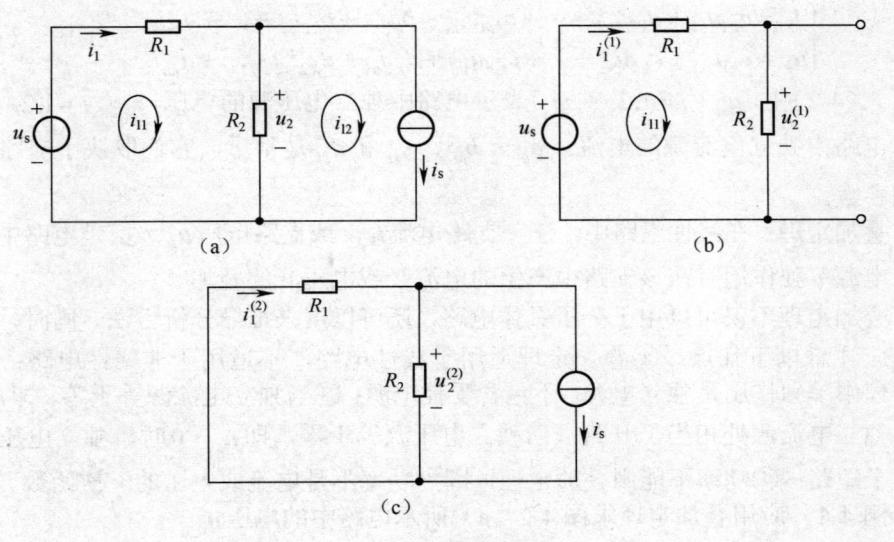

图 4-1 叠加性

对图 4-1（a）所示的电路，根据回路电流法得

$$\begin{cases}(R_1 + R_2)i_{l1} - R_2 i_{l2} = u_s \\ i_{l2} = i_s\end{cases} \quad (4-1)$$

解式（4-1）得电阻 R_1 上的电流 i_1 和电阻 R_2 上的电压 u_2 分别为

$$i_1 = i_{l1} = \frac{1}{R_1 + R_2}u_s + \frac{R_2}{R_1 + R_2}i_s = i_1^{(1)} + i_1^{(2)}$$

$$u_2 = R_2(i_{l1} - i_s) = \frac{R_2}{R_1 + R_2}u_s - \frac{R_1 R_2}{R_1 + R_2}i_s = u_2^{(1)} + u_2^{(2)}$$

其中

$$i_1^{(1)} = \frac{1}{R_1 + R_2}u_s, \quad i_1^{(2)} = \frac{R_2}{R_1 + R_2}i_s$$

$$u_2^{(1)} = \frac{R_2}{R_1+R_2}u_s, \quad u_2^{(2)} = -\frac{R_1 R_2}{R_1+R_2}i_s$$

而响应电流 i_1 和电压 u_2 的第一项 $i_1^{(1)}$ 和 $u_2^{(1)}$ 是在电流源不作用（$i_s=0$）时由独立电压源单独作用所产生的，如图 4-1（b）所示；第二项 $i_1^{(2)}$ 和 $u_2^{(2)}$ 是在电压源不作用（$u_s=0$）时由独立电流源单独作用所产生的，如图 4-1（c）所示。上述实例表明，电路中的响应等于各个独立电源单独作用产生响应之和。

把上面的性质推广到一般电路，对于一个具有 m 个独立电压源和 n 个独立电流源作用的电路，电路中某条支路 k 的支路电流 i_k 和支路电压 u_k 可以描述为

$$\begin{cases} i_k = a_{k1}u_{s1} + a_{k2}u_{s2} + \cdots + a_{km}u_{sm} + b_{k1}i_{s1} + b_{k2}i_{s2} + \ldots + b_{kn}i_{sn} \\ u_k = c_{k1}u_{s1} + c_{k2}u_{s2} + \cdots + c_{km}u_{sm} + d_{k1}i_{s1} + d_{k2}i_{s2} + \ldots + d_{kn}i_{sn} \end{cases} \quad (4-2)$$

式（4-2）中，u_{si}（$i=1,2,\cdots,m$）表示电路中独立电压源的电压，i_{sj}（$j=1,2,\cdots,n$）表示电路中独立电流源的电流。a_{ki}、b_{kj}、c_{ki} 和 d_{kj} 是常量，它们取决于电路的结构和参数。

叠加定理：在线性电路中，任一支路电流 i_k（或支路电压 u_k）都是电路中各个独立电源单独作用时在该支路中产生的电流（或电压）的叠加。

叠加定理不仅可以用于分析具体电路，还可以用来推导分析方法。同时，叠加定理应注意以下几点：①叠加定理适用于线性电路，不适用于非线性电路；②叠加定理中单独作用是独立电源，不包含受控电源；③当独立电流源等于零，即 $i_s=0$ 时，独立电流源处相当于开路；当独立电压源等于零，即 $u_s=0$ 时，独立电压源处相当于短路；④功率不能用叠加定理，因为功率不是电流或电压的一次函数。

例 4-1 应用叠加定理求图 4-2（a）所示电路中的电压 u_2。

解 根据叠加定理做出 2V 电压源和 3A 电流源单独作用时的电路，如图 4-2（b）和（c）所示，受控电源均保留在每个独立电源单独作用的电路中。

在图 4-2（b）中

$$i_1^{(1)} = \frac{2}{4} = 0.5\text{A}$$

根据 KVL，有

$$u_2^{(1)} = -3 \times 2i_1^{(1)} + 2 = -1\text{V}$$

在图 4-2（c）中，得

$$i_1^{(2)} = 0\text{A}$$
$$u_2^{(2)} = (-3) \times (-3) = 9\text{V}$$

根据叠加定理，图 4-2（a）电路中的电压 $u_2 = u_2^{(1)} + u_2^{(2)} = 8\text{V}$。

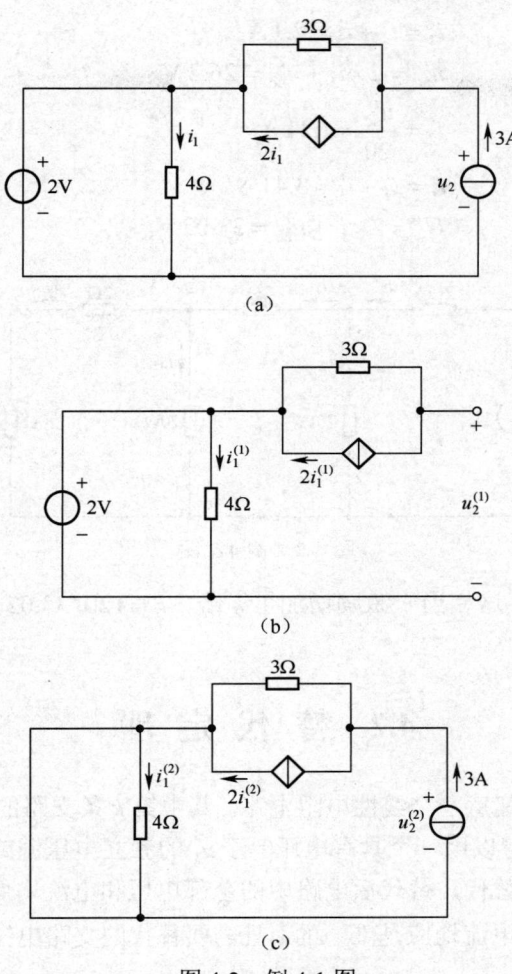

图 4-2 例 4-1 图

齐性定理：在线性电路中，当所有激励（电压源和电流源）都增大或缩小 K 倍（K 为实常数）时，响应（电压和电流）也将同样增大或缩小 K 倍，这就是齐性定理。

例 4-2 求图 4-3 所示电路中的各支路电流，其中 $u_s = 120\,\text{V}$。

解 由齐性定理可知，当电路中只有一个独立电源时，其任意电路的响应与该独立电源成正比。由齐性定理分析本题的梯形电路特别有效。现假设支路电流 $i_5' = 1\,\text{A}$，则可计算出各支路电压、电流分别为

$$u_{bc}' = (2+20)i_5' = 22\,\text{V}$$

$$i_4' = \frac{u_{bc}'}{20} = 1.1\,\text{A}$$

$$i'_3 = i'_4 + i'_5 = 2.1\,\text{A}$$
$$u'_{ac} = 2 \times i'_3 + u'_{bc} = 26.2\,\text{V}$$
$$i'_2 = \frac{u'_{ac}}{20} = 1.31\,\text{A}$$
$$i'_1 = i'_2 + i'_3 = 3.41\,\text{A}$$
$$U'_s = 2 \times i'_1 + u'_{ac} = 33.02\,\text{V}$$

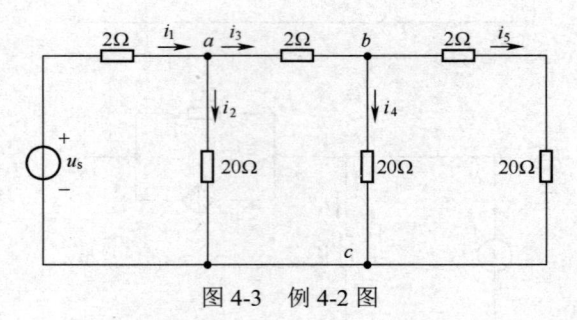

图 4-3 例 4-2 图

给定 $U_s = 120\,\text{V}$，这相当于激励增加了 k 倍，$k = 120/33.02 = 3.63$，故各支路电流都增加 3.63 倍。

4.2 替 代 定 理

替代定理：给定任意一个线性电阻电路，其中第 k 条支路的电压 u_k 和电流 i_k 已知，那么这条支路就可以用一个具有电压等于 u_k 的独立电压源或者一个具有电流等于 i_k 的独立电流源来替代，替代后电路中的全部电压和电流均保持原值（注：改变前后支路电压和支路电流均应是唯一的，且需要替代的支路电压和电流与其他支路不存在耦合关系）。

证明：替代前后电路连接一样，那么根据 KCL 和 KVL 所列的方程相同，两个电路的全部支路的约束关系，除了第 k 条支路以外，也是完全相同的。电路中改变前后各支路电压和支路电流均应是唯一的（线性电路）。而原电路的全部电压和电流又将满足新电路的全部约束关系，则替代后电路中全部电压和电流均保持原值。即替代定理成立。

图 4-4（a）所示电路求解可得：$i_1 = 2\,\text{A}$，$i_2 = 1\,\text{A}$，$i_3 = 1\,\text{A}$，电压 $u_3 = 8\,\text{V}$。

若用 $u_s = u_3$ 代替支路 3，可得图 4-4（b）所示电路，这时根据图 4-4（b）所示电路计算得到 $i_1 = 2\,\text{A}$，$i_2 = 1\,\text{A}$，$i_3 = 1\,\text{A}$，与图 4-4（a）所示电路所求得的解完全相同。

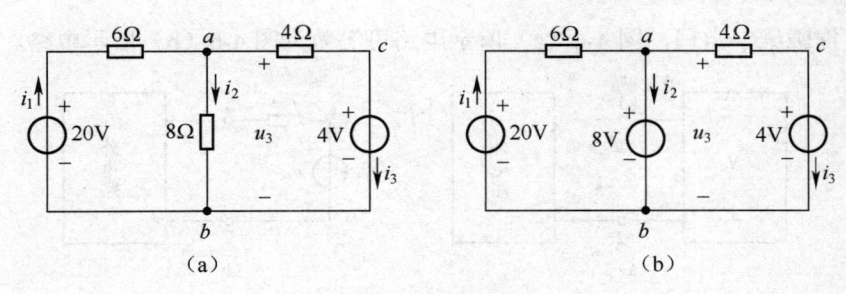

图 4-4 替代定理

4.3 戴维宁定理和诺顿定理

第 2 章讲解了内部只含有电阻或电阻和受控源的一端口网络（或二端网络）可以用一个等效电阻替代。那么如果一端口网络内部还含有独立电源，是否可以用一个等效的简单电路来替代呢？本节讲解的戴维宁定理和诺顿定理将处理这个问题。

4.3.1 含源一端口网络的开路电压 u_{oc} 和等效电阻 R_{eq}

如图 4-5（a）所示的电路，N_S 为含独立电源、线性电阻和受控源的一端口网络，有外电路与之相连；如果把外电路断开如图 4-5（b）所示，这时在网络 N_S 的端口就会有电压，这个电压称为 N_S 的开路电压，用 u_{oc} 表示；如果把 N_S 的全部独立电源置零，即把 N_S 的独立电压源处短路，独立电流源处断路，可得图 4-5（c）所示 N_S 对应的无源一端口网络 N_0，N_0 只由电阻和受控源所组成，其等效电阻为 R_{eq}。

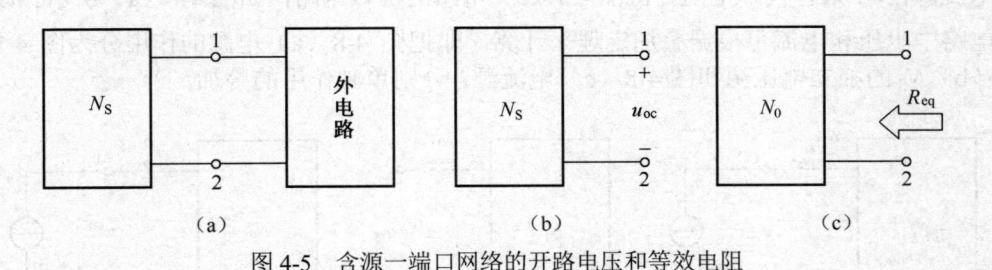

图 4-5 含源一端口网络的开路电压和等效电阻

4.3.2 戴维宁定理

戴维宁定理：任何一个含独立电源、线性电阻和受控源的一端口网络，对外电路来说，可以用一个电压源和电阻的串联组合来等效置换，此电压源的电压等于一端口网络的开路电压 u_{oc}，而电阻等于一端口网络的全部独立电源置零后的等效电阻 R_{eq}。

根据戴维宁定理，图 4-6（a）所示电路可等效为图 4-6（b）所示电路。

图 4-6　戴维宁定理

为证明简单起见，假设外电路为一个电阻 R_0，如图 4-7（a）所示，那么根据戴维宁定理，图 4-7（a）可用图 4-7（b）所示电路等效替代。

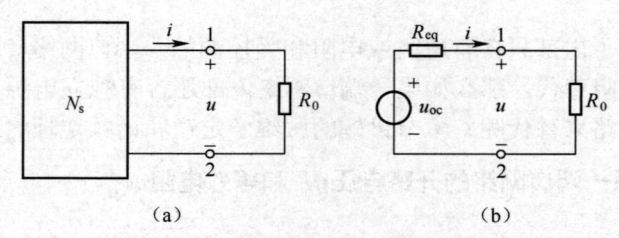

图 4-7　戴维宁定理的等效电路

证明：从图 4-7（b）电路图可知，12 端口处的伏安特性为

$$u = u_{oc} - R_{eq} i \tag{4-3}$$

而对图 4-7（a）所示电路，要找端口 12 处的伏安特性，根据替代定理，可用一个电流源 $i_s = i$ 来替代外电阻，得图 4-7（a）电路的等效电路，如图 4-8（a）所示。该电路中电压和电流可根据叠加定理来计算，即把图 4-8（a）电源的作用分为图 4-8（b）N_S 的独立电压源和图 4-8（c）电流源 i_s 分别单独作用的叠加。

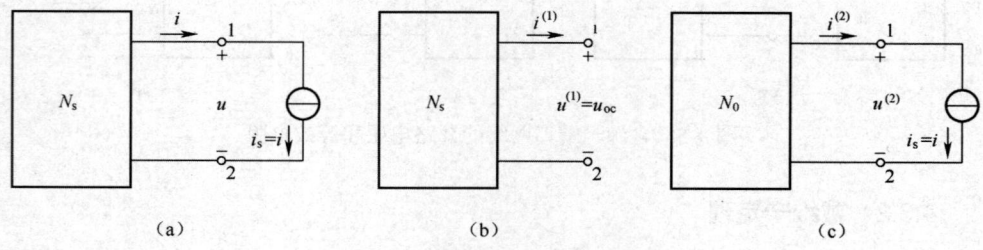

图 4-8　戴维宁定理的证明

当图 4-8（b）N_S 中的独立电压源作用时，端口电压

$$u^{(1)} = u_{oc}, \quad i^{(1)} = 0$$

而图 4-8（c）中的电流源 i_s 独立作用时，端口电压

$$u^{(2)} = -R_{eq}i, \quad i^{(2)} = i_s$$

根据叠加定理可得

$$u = u^{(1)} + u^{(2)} = u_{oc} - R_{eq}i \tag{4-4}$$

式（4-4）为图 4-8（a）所示电路端口 12 处的伏安特性，与图 4-7（b）的式（4-3）完全相同，所以戴维宁定理成立。

例 4-3 试对图 4-9 用戴维宁定理求电流 I。

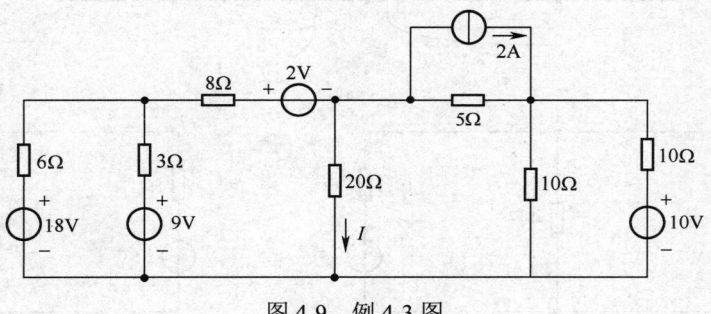

图 4-9　例 4-3 图

解 在图 4-10（a）的 ab 弧线处断开，则其左边的含源一端口网络（开路电压方向是上正下负）有

$$u_{oc1} = -2 + \frac{18-9}{6+3} \times 3 + 9 = 10 \text{ V}, \quad R_{eq1} = 6 // 3 + 8 = 10 \Omega$$

在图 4-10（a）的 cd 弧线处断开，则其右边的含源一端口网络（开路电压方向是上正下负）有

$$u_{oc2} = -10 + \frac{10}{20} \times 10 = -5 \text{ V}, \quad R_{eq2} = 10 // 10 + 5 = 10 \Omega$$

则根据戴维宁等效电路，可将图 4-9 所示电路等效为图 4-10（b）所示电路。而在图 4-10（b）所示的电路中，把 20Ω 当成负载电阻，则除负载电阻以外的含源一端口网络的开路电压和等效电阻为

$$u_{oc} = -\frac{15}{20} \times 10 + 10 = 2.5 \text{ V}, \quad R_{eq} = 5 \Omega$$

根据上面的开路电压和等效电阻，图 4-10（b）所描述的电路最终可等效为图 4-10（c）所示的电路，根据图 4-10（c）电路可得

$$I = \frac{u_{oc}}{R_{eq}} = 0.1 \text{ A}$$

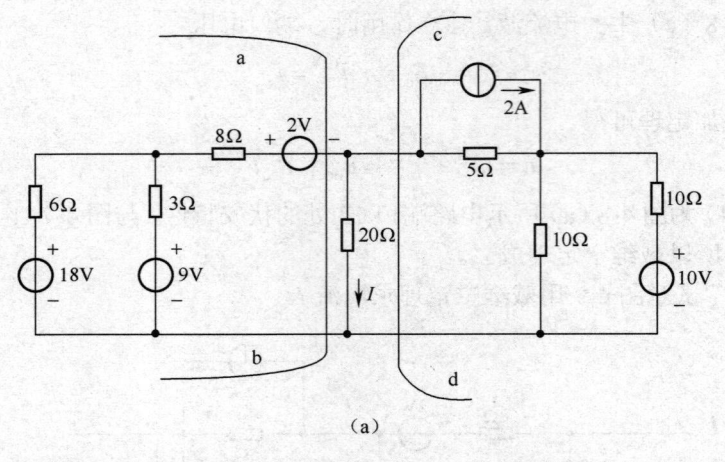

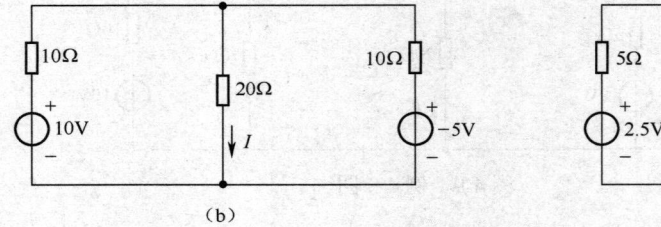

图 4-10 例 4-3 的求解过程

例 4-4 求图 4-11（a）所示含源一端口网络的戴维宁等效电路。

解 （1）求含源一端口网络的开路电压，对图 4-11（a）利用 KVL 有

$$10 = 6I - 2u_1$$

而

$$u_1 = 2I$$

从上面两个方程可得：$I = 5\text{A}$，则含源一端口网络的开路电压 $u_{oc} = 3I = 15\text{V}$。

（2）置全部独立电源为零，用外加电压源的方式来求解 R_{eq}，从图 4-11（b）可得

$$3I_1 = u_s$$
$$3I_1 = 3I_2 + 2u_1$$

因为 $u_1 = 2I_1$，所以有

$$3I_1 = 3I_2 + 4I_1$$

而 $I = I_1 + I_2$，则得

$$I_1 = 1.5I$$

那么，含源一端口网络的等效电阻为

$$R_{\text{eq}} = \frac{u_s}{I} = 4.5\Omega$$

因此，得图 4-11（a）所示含源一端口网络的戴维宁等效电路如图 4-11（c）所示。

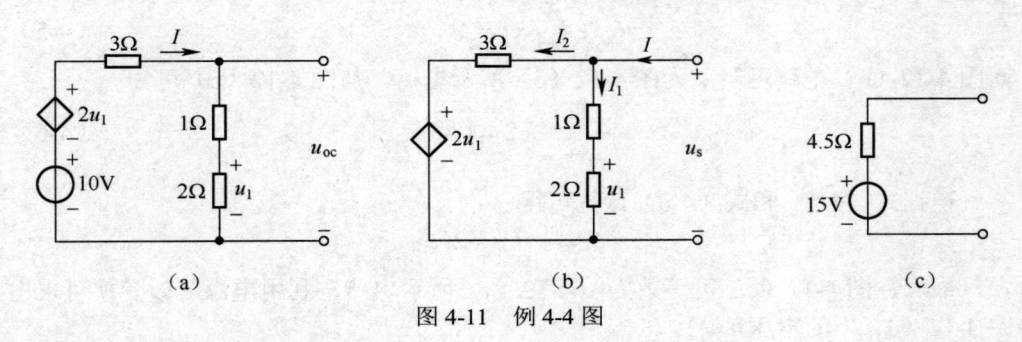

图 4-11　例 4-4 图

例 4-5　电路中 N 为线性含源电阻网络。根据图 4-12（a）和（b）的结果，求图 4-12（c）中的电压 u。

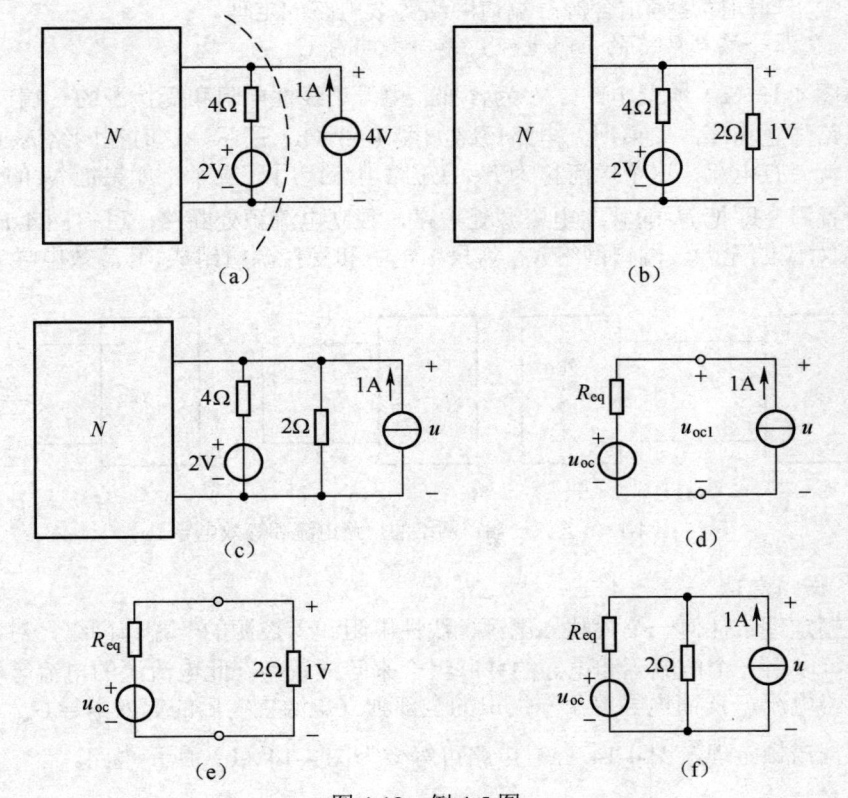

图 4-12　例 4-5 图

解 假设图 4-12（a）弧线向左部分的含源一端口网络可用一个戴维宁等效电路替代，其开路电压和等效电阻分别为 u_{oc} 和 R_{eq}。而当图 4-12（c）2Ω 电阻断开时，得图 4-12（d）所示电路，开路电压 $u_{oc1} = 4V$，且有

$$u_{oc} + R_{eq} \times 1 = 4 \tag{4-5}$$

而图 4-12（b）电路可等效为图 4-12（e）所示电路，从图 4-12（e）可知

$$\frac{u_{oc}}{R_{eq} + 2} \times 2 = 1 \tag{4-6}$$

根据式（4-5）和式（4-6）计算可得

$$u_{oc} = 2V, \quad R_{eq} = 2\Omega$$

最后，图 4-12（c）可等效为图 4-12（f）所示电路，利用电源等效变换可求出图 4-12（c）中的电压 $u = 2V$。

4.3.3 诺顿定理

诺顿定理同样是确定含源一端口网络等效电路的定理。

1. 含源一端口网络的短路电流 i_{sc} 和等效电导 G_{eq}

如图 4-13（a）所示电路，N_S 为含独立电源、线性电阻和受控源的一端口网络，有外电路与之相连，如果把外电路短路如图 4-13（b）所示，这时在网络 N_S 的短路导线上就会有电流，这个电流称为 N_S 的短路电流，用 i_{sc} 表示；如果把 N_S 的全部独立电源置零，即把 N_S 的独立电压源处短路，独立电流源处断路，可得图 4-13（c）所示 N_S 对应的无源一端口网络 N_0，N_0 只由电阻和受控源所组成，其等效电导为 G_{eq}。

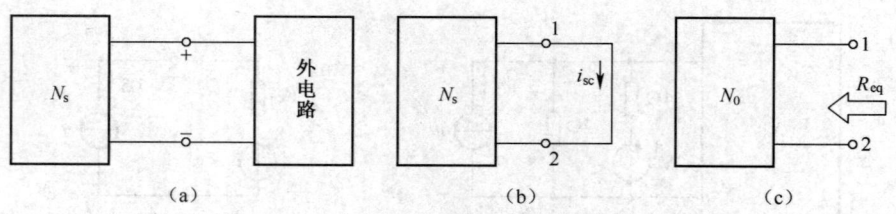

图 4-13 含源一端口网络的短路电流和等效电导

2. 诺顿定理

诺顿定理：任何一个含独立电源、线性电阻和受控源的一端口网络，对外电路来说，可以用一个电流源和电导的并联组合来等效置换，此电流源的电流等于一端口的短路电流 i_{sc}，而电导等于一端口的全部独立电源置零后的等效电导 G_{eq}。

根据诺顿定理，图 4-14（a）电路可等效为图 4-14（b）所示电路。

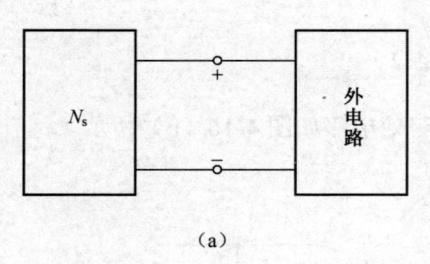

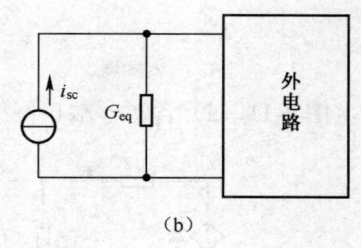

图 4-14 诺顿等效电路

应用电阻和电压源的串联组合与电导和电流源的并联组合之间的等效变换，戴维宁定理和诺顿定理可以互相转换。

注意：当 $R_{eq}=0$ 时，对应诺顿等效电路不存在；当 $G_{eq}=0$ 时，对应戴维宁等效电路不存在。

戴维宁定理和诺顿定理的等效电阻（等效电导）的计算通常有三种求解方法：①电阻的串并联法（含源网络不含受控源）；②外加电源方法（即用输入电阻求解的方法求解）；③开路电压和短路电流法。

开路电压和短路电流求解等效电阻时，根据图 4-15 所示电路，有

$$i_{sc} = \frac{u_{oc}}{R_{eq}}$$

所以

$$R_{eq} = \frac{u_{oc}}{i_{sc}}$$

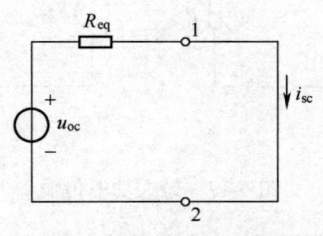

图 4-15 等效电阻的开路电压和短路电流法

例 4-6 求图 4-11（a）所示含源一端口网络的诺顿等效电路。

解 根据图 4-11（a）所示电路，将外电路短路得图 4-16（a）所示电路，并得含源一端口网络的短路电流

$$i_{sc} = \frac{10}{3} A$$

而由例 4-4 可知，图 4-11（a）含源一端口网络的开路电压 $u_{oc}=15V$，则利用开路电压和短路电流法可得

$$R_{eq} = \frac{u_{oc}}{i_{sc}} = 4.5\Omega$$

所以，图 4-11（a）含源一端口网络的诺顿等效电路如图 4-16（b）所示。

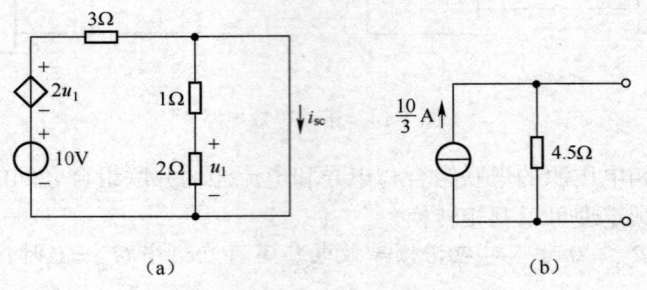

图 4-16　例 4-6 图

4.3.4　最大功率传输

对图 4-17（a）所示电路的含源网络 N_S，当所接负载不同时，含源网络传输给负载的功率也就不同，戴维宁定理和诺顿定理的典型应用就是讨论当负载为何值时含源网络传输给负载的功率最大以及负载所能得到的最大功率值。

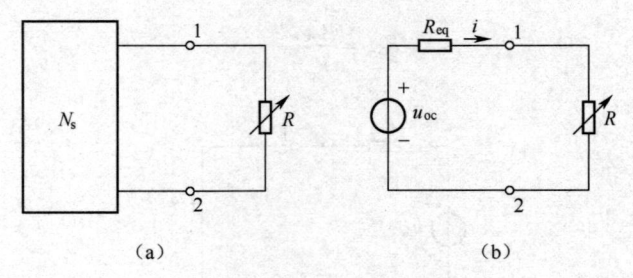

图 4-17　最大功率传输

将图 4-17（a）含源网络 N_S 等效成戴维宁等效电路，如图 4-17（b）所示，根据图 4-17（b）可得

$$i = \frac{u_{oc}}{R_{eq} + R}$$

则电源传输给负载的功率为

$$P = i^2 R = \frac{u_{oc}^2}{(R_{eq} + R)^2} R \tag{4-7}$$

为了确定功率的极值点，令 $\dfrac{dP}{dR}=0$，即

$$\dfrac{dP}{dR}=\dfrac{u_{oc}^2(R_{eq}+R)^2-2u_{oc}^2(R_{eq}+R)R}{(R_{eq}+R)^4}=\dfrac{u_{oc}^2(R_{eq}-R)}{(R_{eq}+R)^3}=0$$

所以当 $R=R_{eq}$ 时，含源网络传输给负载的功率最大，将 $R=R_{eq}$ 代入式（4-7），得最大功率值为 $P_{max}=\dfrac{u_{oc}^2}{4R_{eq}}$。

例 4-7 电路如图 4-18（a）所示，试求：(1) 当 R 为何值时获得最大功率；(2) R 获得的最大功率值 P_{max}。

解 (1) 断开负载电阻 R，得图 4-18（a）除电阻 R 以外的含源一端口网络电路，如图 4-18（b）所示，然后置图 4-18（b）中的所有独立电源为零，得图 4-18（b）含源一端口网络对应的无源一端口网络，如图 4-18（c）所示，则可得

$$R_{eq}=20\Omega$$

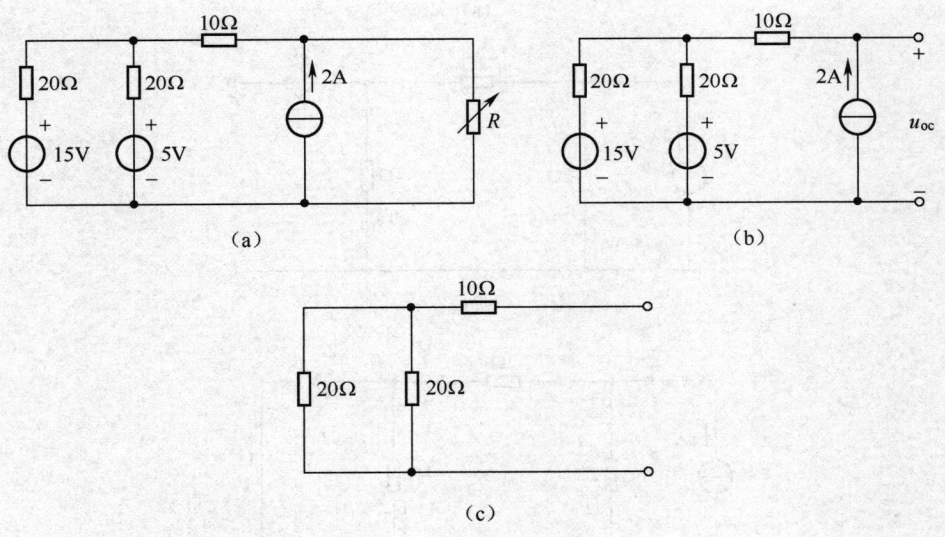

图 4-18 例 4-7 图

(2) 图 4-18（b）含源一端口网络的开路电压为

$$u_{oc}=50V$$

所以，当 $R=R_{eq}=20\Omega$ 时电阻 R 可获得最大功率，且最大功率值为

$$P_{max}=\dfrac{u_{oc}^2}{4R_{eq}}=31.25W$$

例 4-8 图 4-19（a）所示电路的负载电阻 R_x 可变，试求 R_x 获得最大功率时的 R_x 值及其最大功率值。

解 （1）断开负载电阻 R_x，得图 4-19（b）所示电路，根据电阻并联电流按电阻成反比分配得

$$i_1 = \frac{2}{8} \times 8 = 2\text{A}$$

所以
$$u_{oc} = 2i_1 + 4i_1 = 12\text{V}$$

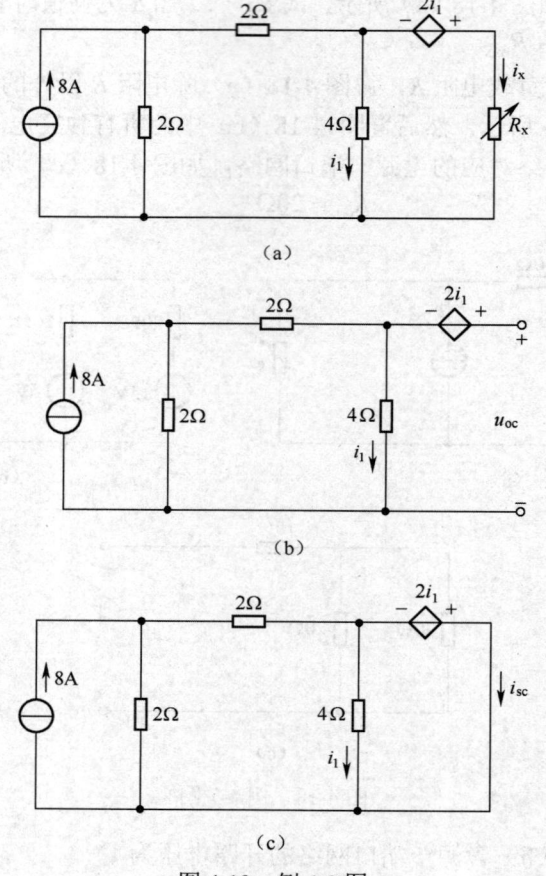

图 4-19 例 4-8 图

（2）图 4-19（b）所示的含源一端口网络将外电路短路来求短路电流的电路如图 4-19（c）所示，其中

$$4i_1 = -2i_1$$

所以 $i_1 = 0\text{A}$，根据 $i_1 = 0\text{A}$，从图 4-19（c）可知，$i_{sc} = 4\text{A}$，这样图 4-19（b）所示的含源一端口网络的等效电阻 $R_{eq} = 3\Omega$，所以，当 $R_x = R_{eq} = 3\Omega$ 时，电阻 R_x 获得最大功率，最大功率值为

$$P_{\max} = \frac{u_{oc}^2}{4R_{eq}} = 12\text{W}$$

4.4 特勒根定理

特勒根定理是电路理论中的一个重要定理，适用于任何集总参数电路，它只与电路的结构有关而与支路性质无关，即特勒根定理适用的范围与基尔霍夫定律相同。

特勒根定理 1：在集总参数电路中，对于一个具有 n 个结点和 b 条支路的电路，假设各支路电流和电压取关联参考方向，并令 $(i_1, i_2, \ldots, i_b)$ 和 $(u_1, u_2, \ldots, u_b)$ 分别为 b 条支路的支路电流和支路电压，则在任何时刻 t 有 $\sum_{k=1}^{b} u_k i_k = 0$。

证明：为证明简单起见，假设电路对应的电路图如图 4-20 所示，并设 u_{n1}、u_{n2}、u_{n3} 分别表示结点①、结点②、结点③的结点电压。

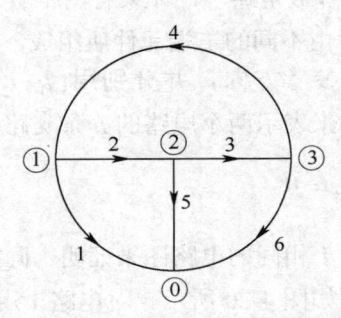

图 4-20 特勒根定理的证明

则由图 4-20 可知，各支路电压分别为

$$\begin{cases} u_1 = u_{n1} \\ u_2 = u_{n1} - u_{n2} \\ u_3 = u_{n2} - u_{n3} \\ u_4 = u_{n3} - u_{n1} \\ u_5 = u_{n2} \\ u_6 = u_{n3} \end{cases} \quad (4\text{-}8)$$

式（4-8）本身就是 KVL 的体现。

对结点①、结点②、结点③应用 KCL 得

$$\begin{cases} i_1 + i_2 - i_4 = 0 \\ -i_2 + i_3 + i_5 = 0 \\ -i_3 + i_4 + i_6 = 0 \end{cases} \tag{4-9}$$

而

$$\sum_{k=1}^{6} u_k i_k = u_1 i_1 + u_2 i_2 + u_3 i_3 + u_4 i_4 + u_5 i_5 + u_6 i_6 \tag{4-10}$$

把式（4-8）代入式（4-10）得

$$\sum_{k=1}^{6} u_k i_k = u_{n1} i_1 + (u_{n1} - u_{n2}) i_2 + (u_{n2} - u_{n3}) i_3 + (u_{n3} - u_{n1}) i_4 + u_{n2} i_5 + u_{n3} i_6$$

$$= u_{n1}(i_1 + i_2 - i_4) + u_{n2}(-i_2 + i_3 + i_5) + u_{n3}(-i_3 + i_4 + i_6) = 0$$

用同样的方法，可以证明对于 n 个结点和 b 条支路的电路有 $\sum_{k=1}^{b} u_k i_k = 0$ 成立。

特勒根定理 1 就是根据 KCL 和 KVL 得证，所以在某种意义上说是与基尔霍夫定律等效的。特勒根定理的实质就是功率守恒。

特勒根定理 2：在集总参数电路中，如果有两个具有 n 个结点和 b 条支路的电路（电路 1 和电路 2），它们由不同的二端元件所组成，但它们的图完全相同。假设各支路电流和电压取关联参考方向，并分别用 $(i_1, i_2, \ldots, i_b)$、$(u_1, u_2, \ldots, u_b)$ 和 $(\hat{i}_1, \hat{i}_2, \ldots, \hat{i}_b)$、$(\hat{u}_1, \hat{u}_2, \ldots, \hat{u}_b)$ 来表示两个电路的 b 条支路电流和支路电压，则在任何时刻 t 有 $\sum_{k=1}^{b} u_k \hat{i}_k = 0$ 和 $\sum_{k=1}^{b} \hat{u}_k i_k = 0$。

证明：取和特勒根定理 1 相同的电路图来证明。同样为证明简单起见，假设电路 1 和电路 2 对应的电路图如图 4-20 所示。对电路 1 用 KVL，对电路 2 用 KCL，可推出

$$\sum_{k=1}^{6} u_k \hat{i}_k = u_{n1} \hat{i}_1 + (u_{n1} - u_{n2}) \hat{i}_2 + (u_{n2} - u_{n3}) \hat{i}_3 + (u_{n3} - u_{n1}) \hat{i}_4 + u_{n2} \hat{i}_5 + u_{n3} \hat{i}_6$$

$$= u_{n1}(\hat{i}_1 + \hat{i}_2 - \hat{i}_4) + u_{n2}(-\hat{i}_2 + \hat{i}_3 + \hat{i}_5) + u_{n3}(-\hat{i}_3 + \hat{i}_4 + \hat{i}_6) = 0$$

即

$$\sum_{k=1}^{6} u_k \hat{i}_k = 0 \tag{4-11}$$

而对电路 1 用 KCL，对电路 2 用 KVL，即可推出

$$\sum_{k=1}^{6} \hat{u}_k i_k = 0 \tag{4-12}$$

式（4-11）和式（4-12）中的每一项是一个电路的支路电压和另一个电路相对应的支路电流的乘积，它虽然具有功率的量纲，但并不表示功率，因此称为拟功率，特勒根定理 2 也称为拟功率守恒。

例 4-9 已知电路如图 4-21 所示，N 网络由线性电阻组成，当 $U_1 = 6\text{V}$，$R = 2\Omega$ 时，测得 $I_1 = 2\text{A}$，$U_2 = 2\text{V}$；当 $U_1 = 10\text{V}$，$R = 4\Omega$ 时，测得 $\hat{I}_1 = 3\text{A}$，试求此时 U_2 的值。

解 将两次测量所对应的电路看成两个具有相同拓扑图的电路，分别视为 N 和 N'，那么根据特勒根定理 2 可知

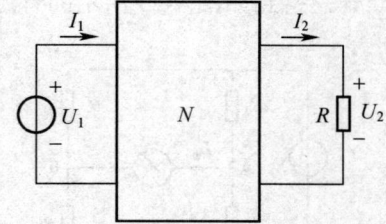

图 4-21 例 4-9 图

$$-U_1 \hat{I}_1 + U_2 \hat{I}_2 + \sum_{k=3}^{b} U_k \hat{I}_k = 0 \tag{4-13}$$

$$-\hat{U}_1 I_1 + \hat{U}_2 I_2 + \sum_{k=3}^{b} \hat{U}_k I_k = 0 \tag{4-14}$$

因为网络 N 和 N' 由线性电阻组成，所以

$$U_k \hat{I}_k = R_k I_k \hat{I}_k = \hat{U}_k I_k \tag{4-15}$$

根据式（4-13）、式（4-14）和式（4-15）可得

$$-U_1 \hat{I}_1 + U_2 \hat{I}_2 = -\hat{U}_1 I_1 + \hat{U}_2 I_2 \tag{4-16}$$

而 $U_1 = 6\text{V}$，$I_1 = 2\text{A}$，$U_2 = 2\text{V}$，$I_2 = 1\text{A}$，当 $\hat{U}_1 = 10\text{V}$，$\hat{I}_1 = 3\text{A}$，$R = 4\Omega$ 时，而 $\hat{I}_2 = \dfrac{\hat{U}_2}{4}$，把这些代入式（4-16）得 $\hat{U}_2 = 4\text{V}$，此值即为 $U_1 = 10\text{V}$，$R = 4\Omega$ 时 U_2 的值。

【思政案例】

互易定理

4.5 应用实例：惠斯登电桥测温电路

惠斯登电桥最常见的应用是测量中值电阻（$1 \sim 10^6 \Omega$）。除此之外，惠斯登电桥还可以与不同类型的传感器一起用于其他物理量的测量，如流量、温度、压力等，因此在自动控制技术中也有着非常广泛的应用。

惠斯登电桥测量温度的电路如图 4-22 所示，四个电阻所在支路构成了桥臂，其中 R_T 为热敏电阻。中间支路是具有内阻 R_0 的检流计。如果在某一温度 t_0 时电桥达到了平衡，四个电阻的关系为 $R_1 R_3 = R_2 R_T$，这时电桥输出电压 $U_{ab}=0$，流过检流计的电流 $I_{ab}=0$，检流计的读数为零。

当温度发生变化时，R_T 大小也发生了改变，这时电桥不再平衡，电桥输出电压 $U_{ab} \neq 0$，流过检流计的电流 $I_{ab} \neq 0$，检流计的读数不为零。

电流 I_{ab} 的大小可利用戴维宁定理求出。假如温度发生变化时，相对于温度 t_0，热敏电阻的变化量为 ΔR_T，即此时热敏电阻的电阻值为 $R_T + \Delta R_T$。将图 4-22 中间支路断开，得到如图 4-23 所示的有源二端网络。

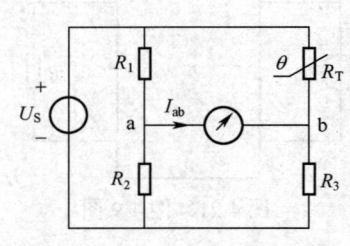

图 4-22 惠斯登电桥测温电路

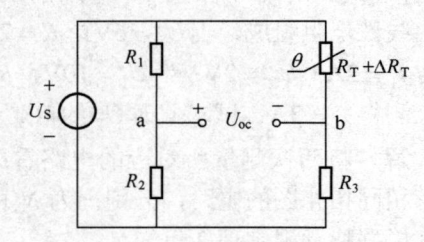

图 4-23 有源二端网络

有源二端网络开路电压 U_{oc} 为

$$U_{oc} = \frac{R_2}{R_1 + R_2} U_S - \frac{R_3}{R_T + \Delta R_T + R_3} U_S$$

再将图 4-22 有源二端网络中的电源置零，得到如图 4-24 所示除源后的无源二端网络。可求出无源二端网络的等效电阻为

$$R_{eq} = R_1 // R_2 + R_3 //(R_T + \Delta R_T)$$

$$= \frac{R_1 R_2}{R_1 + R_2} + \frac{R_3 R_T + R_3 \Delta R_T}{R_T + \Delta R_T + R_3}$$

最后得到了图 4-25 所示的戴维宁等效电路。

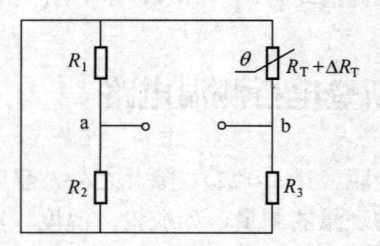

图 4-24 除源后的二端网络

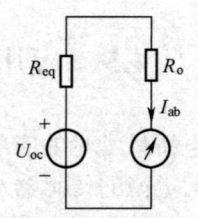

图 4-25 等效电路

由等效电路可求出流过检流计的电流大小为

$$I_{ab} = \frac{U_{oc}}{R_{eq} + R_o}$$

电流计的读数反映了温度偏离温度 t_0 的变化量。如果加上一定的算法，则可把这个电流计的大小转换成温度值。

本章小结

叠加定理和齐性定理是线性电路的重要特性，在使用叠加定理时必须注意，每个独立电源单独作用时其他独立电源应为零，而独立电压源为零是短路，独立电流源为零是断路，电路中的受控源一直在各个独立电源单独作用的电路中存在，且电路中的功率不能叠加。

替代定理使用的条件是电路中的支路电压和支路电流具有唯一性，且需要替代的支路电压和电流与其他支路不存在耦合关系。

戴维宁定理指出任一含源一端口网络总可以用电阻和电压源串联组合来等效替代；诺顿定理指出任一含源一端口网络总可以用电导和电流源并联组合来等效替代；戴维宁定理和诺顿定理等效电阻（等效电导）的计算通常有三种求解方法：①电阻的串并联法（含源网络不含受控源）；②外加电源方法（即用输入电阻求解）；③开路电压和短路电流法。

特勒根定理是集总参数电路中普遍适用的定理之一，它包括特勒根定理 1 和特勒根定理 2。

习题 4

4-1 电路如图 4-26 所示，已知 u_s=9V，i_s=3A，用叠加定理求电流 i。

4-2 电路如图 4-27 所示，用叠加定理求电流 I_x。

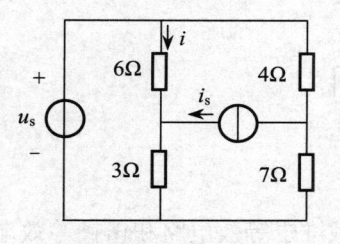

图 4-26 题 4-1 的图

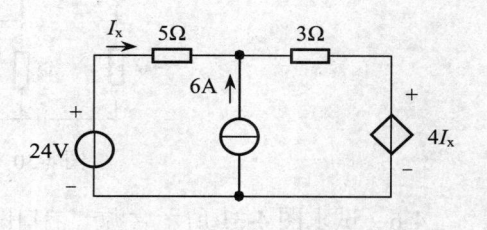

图 4-27 题 4-2 的图

4-3 图 4-28 所示电路中 N_0 为无源电阻网络。当 $u_1 = 1$V，$u_2 = 2$V 时，$i_x = 12$A；

当 $u_1 = -1\,\text{V}$，$u_2 = 2\,\text{V}$ 时，$i_x = 0\,\text{A}$。若将 N_0 变换为含有独立电源的网络，在 $u_1 = u_2 = 1\,\text{V}$ 时，$i_x = -1\,\text{A}$，试求当 $u_1 = u_2 = 3\,\text{V}$ 时的电流 i_x。

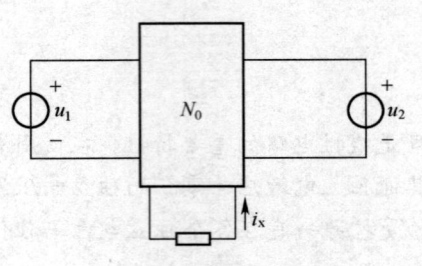

图 4-28 题 4-3 的图

4-4 电路如图 4-29 所示，求电压 u。若独立电压源的值均增至原值的两倍，独立电流源的值下降为原值的一半，电压 u 变为多少？

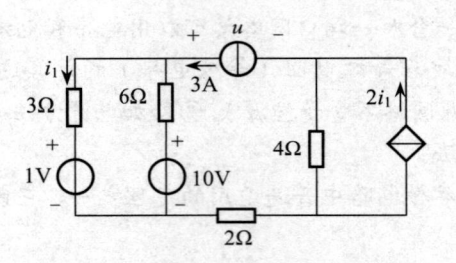

图 4-29 题 4-4 的图

4-5 电路如图 4-30 所示，若 $i_x = i/8$，求电阻 R_x 的值。

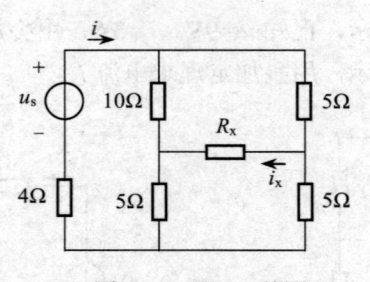

图 4-30 题 4-5 的图

4-6 试求图 4-31 所示含源一端口网络 ab 的戴维宁等效电路和诺顿等效电路。

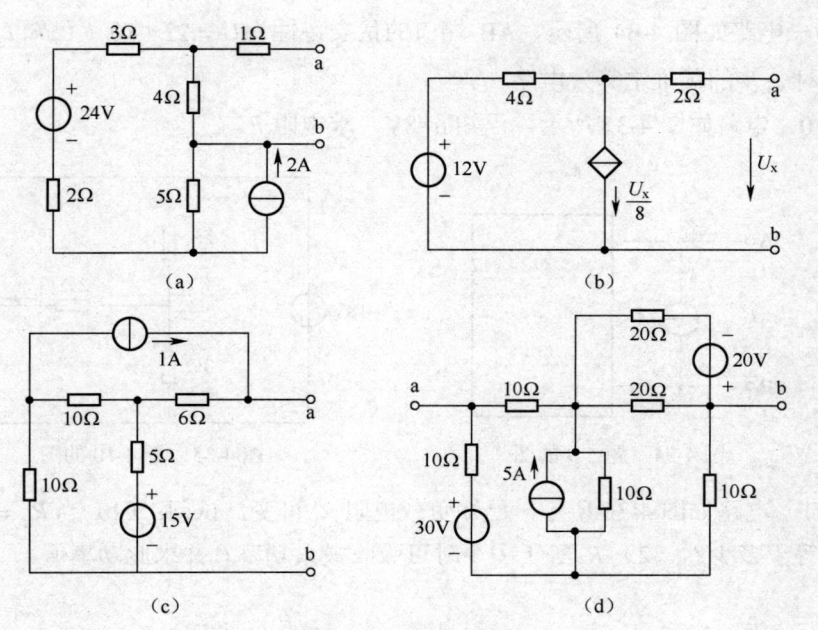

图 4-31 题 4-6 的图

4-7 试求图 4-32 所示含源一端口网络 ab 的戴维宁等效电路和诺顿等效电路。

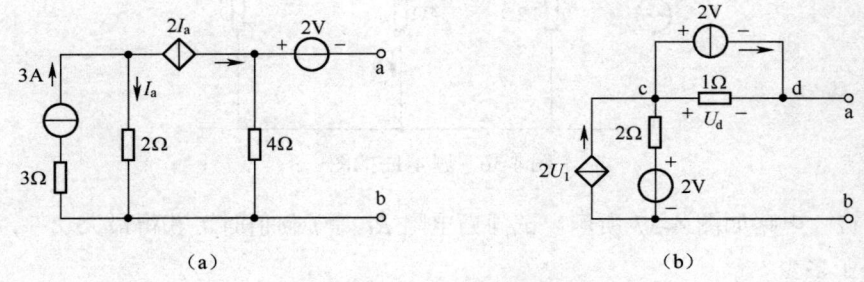

图 4-32 题 4-7 的图

4-8 利用戴维宁定理或诺顿定理求图 4-33 所示电路中的电流 I_2。

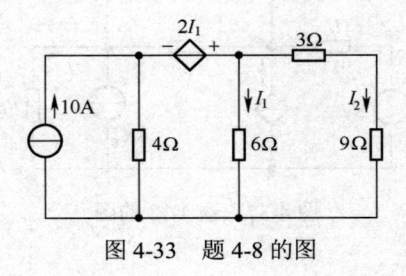

图 4-33 题 4-8 的图

4-9 电路如图 4-34 所示，AB 端口的伏安特性为 $U=2I+10$，已知 $I_S=2A$，求含源网络 N 的戴维宁等效电路。

4-10 电路如图 4-35 所示，已知 $u=8V$，求电阻 R。

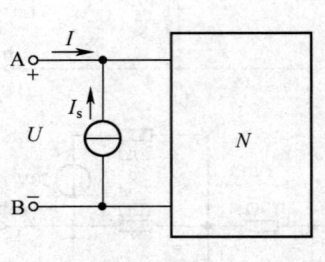

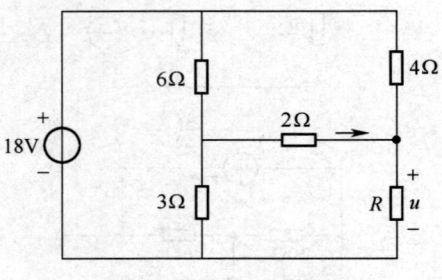

图 4-34 题 4-9 的图　　　　图 4-35 题 4-10 的图

4-11 电路如图 4-36 所示，已知负载电阻 R_x 可变，试问：（1）当 $R_x=6\Omega$ 时，电流 I_x 等于多少？（2）R_x 等于多少时可吸收最大功率？并求此功率值。

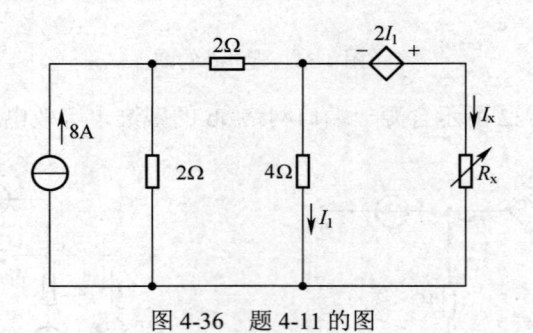

图 4-36 题 4-11 的图

4-12 电路如图 4-37 所示，试问当电阻 R_L 等于何值时可获得最大功率，最大功率等于多少？

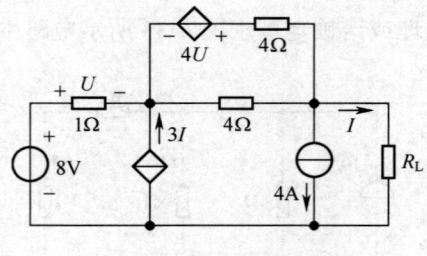

图 4-37 题 4-12 的图

4-13 图 4-38 所示的直流电路中，当电流 $I_L = 2A$ 时，负载电阻 R_L 消耗的功率最大，试求 U_S。

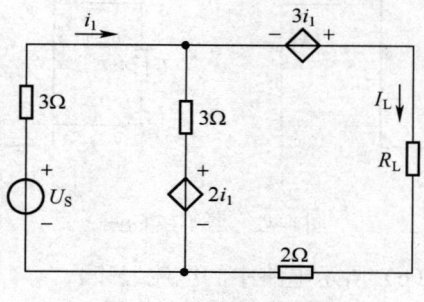

图 4-38 题 4-13 的图

4-14 图 4-39 所示的直流电路中，当开关 K 打开时开关两端的电压 u 为 8V；当开关 K 闭合时流过开关的电流 i 为 6A，求网络 N 的戴维宁等效电路。

4-15 图 4-40 所示的直流电路中，用诺顿定理求电流 I。

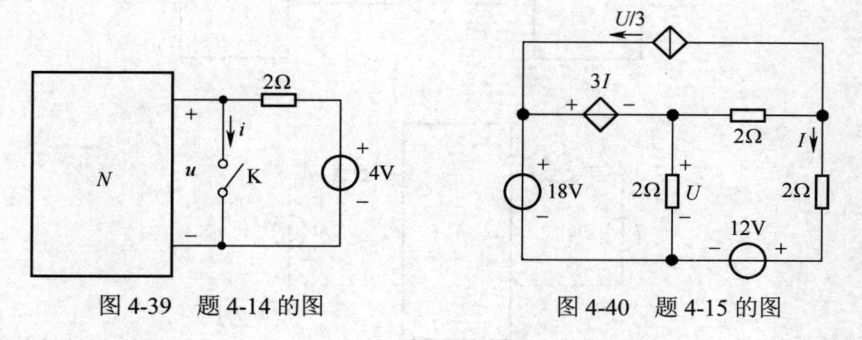

图 4-39 题 4-14 的图

图 4-40 题 4-15 的图

4-16 如图 4-41 所示电路中 N 为纯电阻网络，试求图 4-41（b）所示电路中的电流 I。

(a)

(b)

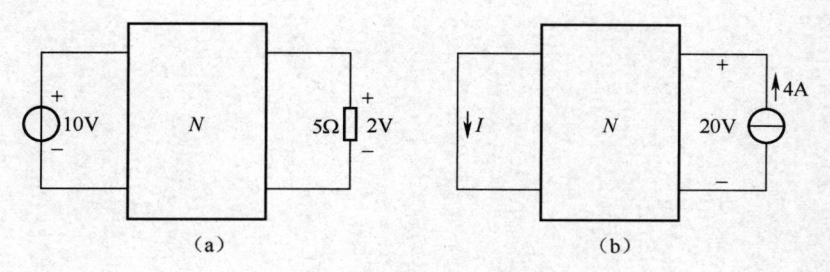

图 4-41 题 4-16 的图

4-17 图 4-42 中的 N_0 为线性无源网络，试求图 4-42（b）中电阻上的电压 U。

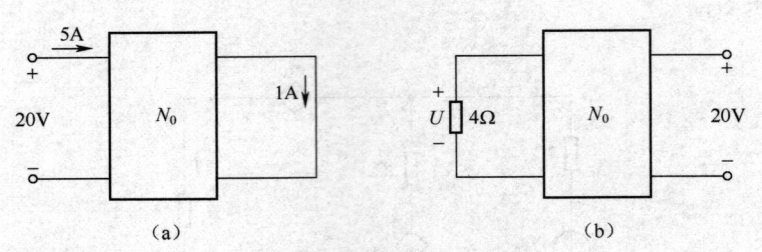

图 4-42 题 4-17 的图

4-18 试求图 4-43（c）所示电路中的电流 I_1 和 I_2。

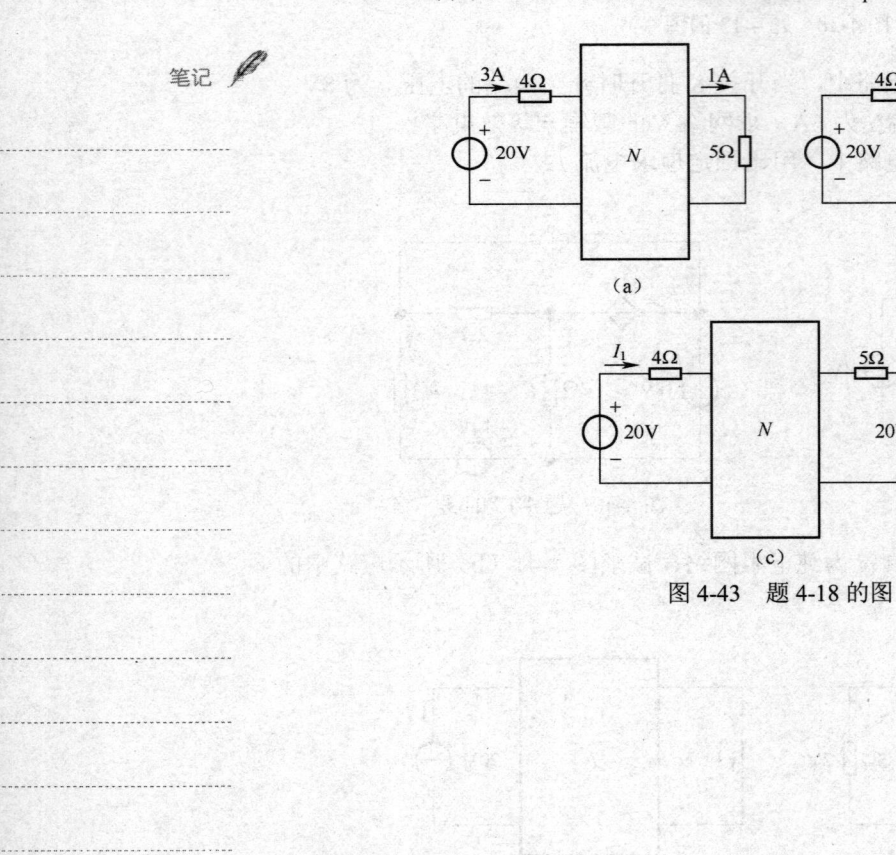

图 4-43 题 4-18 的图

第5章 相量法

内容提要

本章介绍相量法,相量法是线性电路正弦稳态分析的一种简便而有效的方法。主要内容有正弦量的基本概念、正弦量的相量表示和相量法的分析基础。

学习目标

（1）理解正弦量、复数、相量的概念以及它们之间的关系，理解相位差的概念。
（2）掌握正弦量的相量表示方法以及相量的运算。
（3）掌握电阻、电容、电感元件伏安关系的相量形式和相量模型。
（4）掌握电阻、电容、电感元件上电压与电流的相量关系图。
（5）理解基尔霍夫定律的相量形式。

本章知识结构图

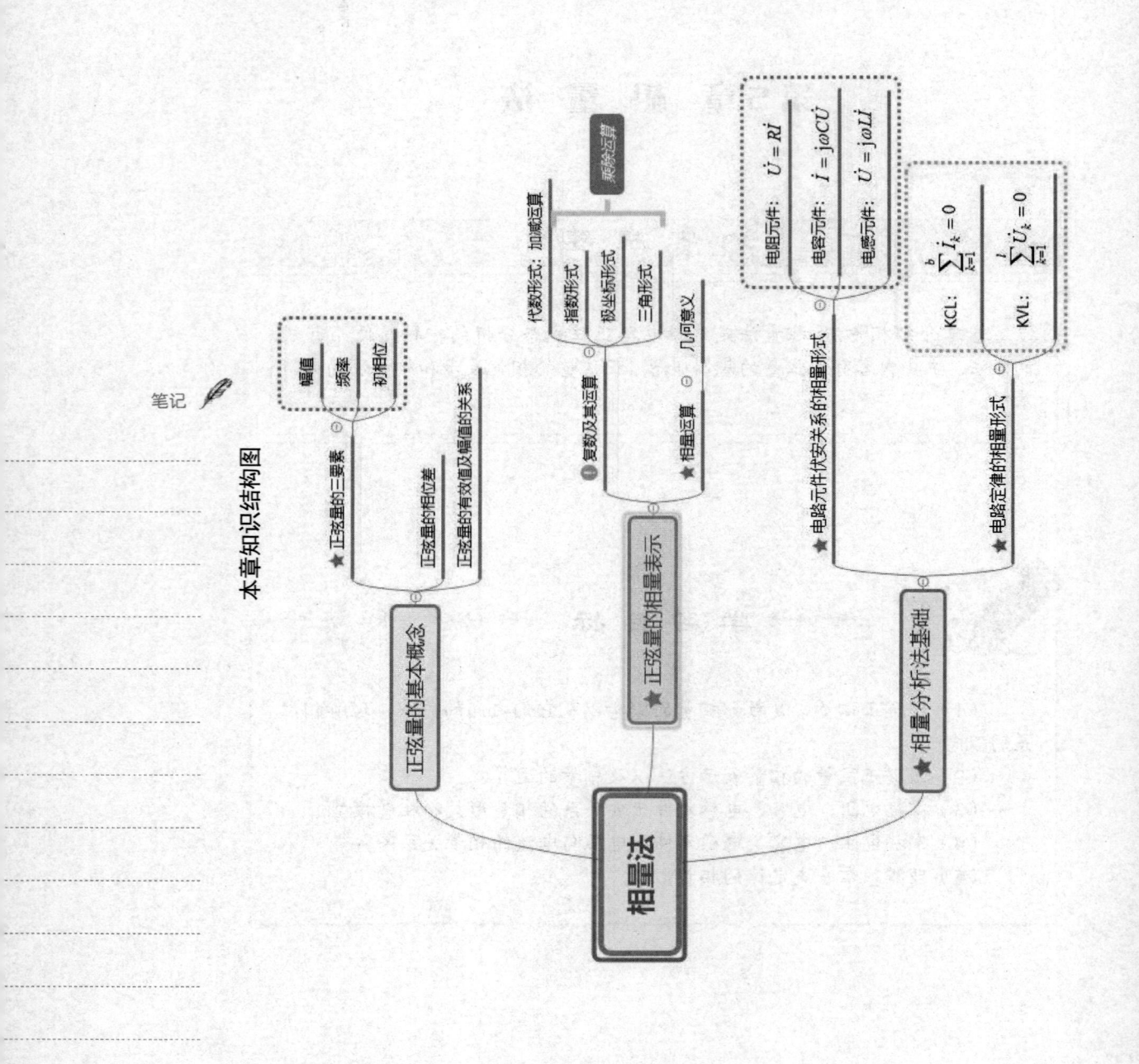

- **正弦量的基本概念**
  - ★ 正弦量的三要素
    - 幅值
    - 频率
    - 初相位
  - 正弦量的相位差
  - 正弦量的有效值及幅值的关系

- **正弦量的相量表示**
  - ● 复数及其运算
    - 代数形式
    - 指数形式
    - 极坐标形式
    - 三角形式
    - 加减运算
    - 乘除运算
  - ★ 相量运算
    - ● 几何意义

- **相量分析法基础**
  - ★ 电路元件伏安关系的相量形式
    - 电阻元件：$\dot{U} = R\dot{I}$
    - 电容元件：$\dot{I} = j\omega C \dot{U}$
    - 电感元件：$\dot{U} = j\omega L \dot{I}$
  - ★ 电路定律的相量形式
    - KCL：$\sum_{k=1}^{b} \dot{I}_k = 0$
    - KVL：$\sum_{k=1}^{l} \dot{U}_k = 0$

相量法

笔记

5.1 正弦量的基本概念

5.1.1 正弦量的三要素

随时间按正弦规律变化的电压、电流统称为正弦量。正弦量可用时间的 sin 函数和 cos 函数表示，本书采用 cos 函数。

图 5-1（a）所示为一段电路中端口正弦电压 $u(t)$ 和流过的电流 $i(t)$，在图示参考方向下可分别表示为

$$u(t) = U_m \cos(\omega t + \theta_u)$$
$$i(t) = I_m \cos(\omega t + \theta_i)$$
（5-1）

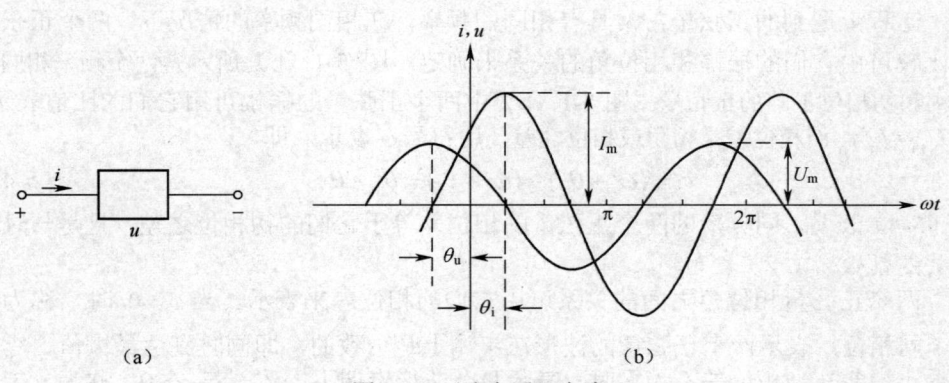

图 5-1 正弦电压、电流

式（5-1）中，U_m、I_m 分别称为正弦电压、电流的振幅或最大值，表示正弦函数在整个变化过程中电压、电流所能达到的最大值；$\omega t + \theta_u$、$\omega t + \theta_i$ 称为正弦电压、电流的相位，表示正弦函数的变化进程，单位用弧度（rad）或度（°）表示。ω 表示相位随时间变化的速率，即

$$\omega = \frac{d}{dt}(\omega t + \theta)$$
（5-2）

称为角频率，单位是弧角/秒（rad/s），与周期及频率的关系为

$$\omega = \frac{2\pi}{T} = 2\pi f$$
（5-3）

式（5-3）中，T 为正弦量的周期，单位为秒（s）；f 为正弦量的频率，单位为赫兹（Hz）。ω、T、f 三个参数讲的是同一个信息。我国电力系统提供的正弦电压频率是 50Hz，即角频率为 100πrad/s，约为 314rad/s，此频率一般称为工频。由于正弦函

数的许多性质都和角度有关,所以很多情况下用 ωt 作自变量更方便些。图 5-1（b）所示正弦量图形同时标出了以 ωt 为自变量的情况。

$t=0$ 时的相位为 θ_u（θ_i），称为初相位，即初始时刻的相位角,单位为弧度（rad）或度（°）。初相位通常在 $-\pi \leq \theta_u$（θ_i）$\leq \pi$ 的主值范围内取值,其大小与计时起点有关。初相位为正,意味着正弦量的最大值出现在起始时刻之前;初相位为负,意味着最大值出现在起始时刻之后。工程上常习惯于用角度作为初相位的单位。

由以上分析可知,一个正弦量可由三个参数所确定,即振幅（或最大值）、频率（或周期、角频率）和初相位。这三个参数称为正弦量的三要素。直流电压、电流可以看成是频率为零、初相位为零的正弦电压、电流。

【思政案例】

正弦交流电

5.1.2 正弦量的相位差

工程上遇到的正弦量常常具有相同的频率。在相同频率的情况下,两个正弦量的比较可由它们的振幅和相位角的关系来确定。图 5-1（b）所示是两个频率相同、振幅和初相位不同的正弦量。图 5-1（b）中两个正弦量的振幅可用它们的比值表示,即 U_m / I_m,而相位差是相角或相位之差,用符号 φ 表示,即

$$\varphi = (\omega t + \theta_u) - (\omega t + \theta_i) = \theta_u - \theta_i \quad (5-4)$$

式（5-4）表明,同频率的两个正弦量的相位差等于它们的初相位之差,且是与时间无关的常数。

两个正弦量相位角之间的关系可用它们的相位差来表示。当 $\varphi=0$ 时,称为 u 与 i 同相位,表示两个正弦量的波形在步调上是一致的,即同时到达最大值、零值和最小值等。当相位差不为零时,表示两个波形步调不一致。若 $\varphi>0$,称为 u 超前 i 一个角度 φ,即如果把 u 的波形向右平移一个角度 φ,就和 i 同相位了,如图 5-2（a）所示。这种关系也可称为 i 滞后 u 一个角度 φ。若 $\varphi<0$,称为 u 滞后 i 一个角度 φ,即如果把 i 的波形向左平移一个角度 φ,就和 u 同相位了,如图 5-2（a）所示。这种关系也可称为 u 滞后 i 一个角度 φ。由于正弦量的最大值是周期性出现的,所以两个正弦量在相位上的超前、滞后关系是不确定的,既可以说 u 超前 i 角度 φ,也可以说 u 滞后 i 角度 $2\pi - \varphi$。为了避免上述混乱,一般都规定相位差的绝对值必须在 0 与 π 之间,即 $|\varphi| \leq \pi$。应该指出,一个正弦量的初相位 θ 可以理解为该正弦量与 $A_m \cos \omega t$ 的相位差,所以初相位也应规定其绝对值在 0 与 π 之间,即 $|\theta| \leq \pi$。

除 $\varphi=0$ 时称两个正弦量同相外,还有两种特殊的相位差角,即当 $\varphi = \pm \pi$ 时,称两个正弦量反相;当 $\varphi = \pm \dfrac{\pi}{2}$ 时,称两个正弦量正交中,如图 5-3 所示。

(a) φ>0

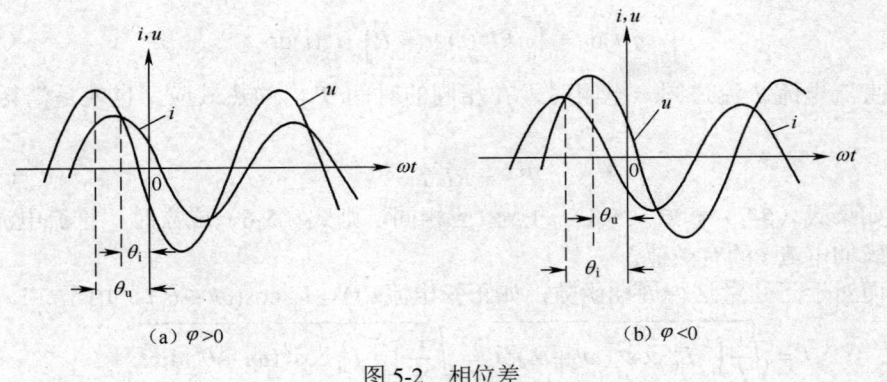

(b) φ<0

图 5-2 相位差

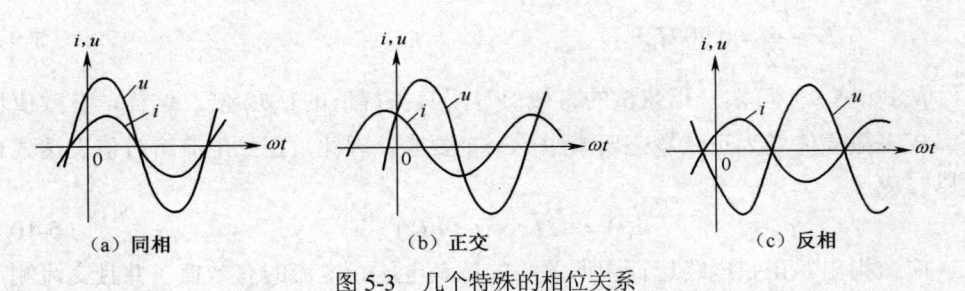

(a) 同相

(b) 正交

(c) 反相

图 5-3 几个特殊的相位关系

5.1.3 正弦量的有效值

正弦电压、电流的瞬时值是随时间不断变化的。在电工技术中，对于周期电压、电流，为了表征它们在电路中的某种平均的效果，常用它们的某种积分量作为其大小的表征，其中最常用的就是有效值。

以周期电流为例，其有效值的定义为

$$I = \sqrt{\frac{1}{T}\int_0^T i^2(t)dt} \tag{5-5}$$

其中，$i(t)$ 为周期电流，I 为 $i(t)$ 的有效值，有效值用与其瞬时值对应的大写字母表示，T 为周期。式（5-5）表明，周期量的有效值等于其瞬时值的平方在一周期中的平均值再开方，因此有效值又称为方均根值。同样，周期电压的有效值为

$$U = \sqrt{\frac{1}{T}\int_0^T u^2(t)dt} \tag{5-6}$$

有效值的单位与它的瞬时值的单位相同。

有效值是从电流的热效应来规定的，因为在电路中电流常表现出其热效应。如周期电流 $i(t)$ 流过电阻 R，在时间 T 内产生的热效应，即消耗的能量为

$$\int_0^T p(t)dt = \int_0^T Ri^2(t)dt = R\int_0^T i^2(t)dt \tag{5-7}$$

直流电流 I 流过同一电阻时，在相同的时间 T 内的热效应，也就是消耗的能量为

$$PT = RI^2T \tag{5-8}$$

如果式（5-7）和式（5-8）的热效应相同，则式（5-6）成立时，直流电流值 I 就为周期电流 i 的有效值。

而对于正弦量这种周期函数，如正弦电流 $i(t) = I_m \cos(\omega t + \theta_i)$，由于

$$I = \sqrt{\frac{1}{T}\int_0^T I_m^2 \cos^2(\omega t + \theta_i)dt} = \sqrt{\frac{1}{2\pi}\int_0^{2\pi} I_m^2 \cos^2(\omega t + \theta_i)d\omega t}$$

$$= \frac{I_m}{\sqrt{2}} = 0.707 I_m \tag{5-9}$$

从式（5-9）可知，正弦量的有效值等于其振幅值的 $1/\sqrt{2}$ 倍。这样，有效值便可以代表振幅值成为正弦量三要素中的一个要素。因此，正弦电流瞬时值表达式也可以写成

$$i(t) = \sqrt{2}I \cos(\omega t + \theta_i) \tag{5-10}$$

应该指出，正弦电路运行中所关心的都是电压、电流的有效值，并且交流测量仪表的读数也是按有效值刻度的。我们日常生活中用的交流电为 220V，也是指有效值，其振幅为 $\sqrt{2} \times 220 = 311V$。

例 5-1 写出以下正弦量的有效值：

（1）$u(t) = 120\cos 314t$ V

（2）$i(t) = 70.7\cos(6280t + 45°)$ A

解 （1）$U = \dfrac{120}{\sqrt{2}} = 84.85$ V

（2）$I = \dfrac{70.7}{\sqrt{2}} = 50$ A

5.2 正弦量的相量表示

在线性时不变正弦稳态电路中，电流和电压都是与激励电源具有相同角频率的正弦函数。由于电阻、电容和电感元件的伏安关系分别是代数关系、积分关系和微分关系，因此求解正弦稳态响应时需要反复进行三角函数的代数和微积分运算，此时电路方程为微分或积分方程形式。在人工方式下进行上述运算，除运算烦琐外，还容易出错，此法不宜采用。为此，利用数学工具将正弦量与复数之间建立一一对应

的关系，并在此基础上推出一种正弦稳态电路分析方法，即相量法，它是分析正弦稳态响应的简便方法。

5.2.1 复数及运算

进行正弦稳态分析，从数学上讲，就是一个求解非齐次线性常系数微分方程的特解问题。不难想象，当电路更复杂时，求解起来很麻烦。我们介绍一种进行正弦稳态分析的简便方法——相量法。利用这种方法可以避免求微分方程的特解。

相量法是建立在用复数代表正弦量以及复数和复值函数的某些性质的基础上的。因此，在介绍相量法之前，我们先来对复数、复数运算和复值函数的性质加以复习和补充。

一个复数有多种表示形式，复数的代数形式为

$$A = a_1 + ja_2 \tag{5-11}$$

其中，A 为复数，$j = \sqrt{-1}$，为虚数单位，a_1 为复数的实部，可为任意实数，a_2 为复数的虚部，也可为任意实数，亦即

$$\mathrm{Re}[A] = \mathrm{Re}[a_1 + ja_2] = a_1$$
$$\mathrm{Im}[A] = \mathrm{Im}[a_1 + ja_2] = a_2$$

其中 Re 为取实部的运算符号，Im 为取虚部的运算符号。

复数在复平面上可以找到与之对应的一个点，图 5-4 中的 A 点就是与复数 A 相对应的点。图中 +1 表示实轴，+j 表示虚轴，实轴与虚轴相互垂直，即是直角坐标系。A 点在实轴上投影的坐标是 A 的实部，在虚轴上投影的坐标就是其虚部。

根据图 5-4 可知复数 A 的三角形式为

$$A = r(\cos\theta + j\sin\theta) \tag{5-12}$$

其中

$$r = \sqrt{a_1^2 + a_2^2}$$
$$\theta = \arctan\frac{a_2}{a_1}$$
$$a_1 = r\cos\theta$$
$$a_2 = r\sin\theta$$

r 为复数的模，θ 为复数的辐角。显然，复数的模对应于坐标原点至 A 点的距离，辐角对应于坐标原点指向 A 点的射线与实轴的夹角。

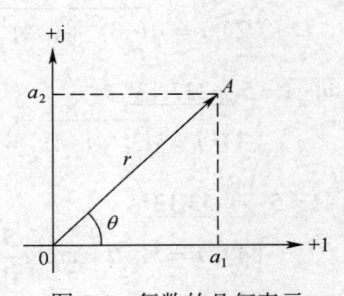

图 5-4 复数的几何表示

根据欧拉公式

$$e^{j\theta} = \cos\theta + j\sin\theta \tag{5-13}$$

则复数 A 的三角形式可改写为复数的指数形式，即

$$A = re^{j\theta} \tag{5-14}$$

有时也可以改写为极坐标形式，即

$$A = r\angle\theta \tag{5-15}$$

例 5-2 化下列复数为直角坐标形式：

（1） $A = 5\angle 233.13°$　　　　　　（2） $A = 5\angle -53.13°$
（3） $A = 5\angle 90°$　　　　　　　　（4） $A = 5\angle -180°$

解 运用式（5-12）、式（5-14）和式（5-15），有

（1） $A = 5\angle 233.13° = 5\cos 233.13° + j5\sin 233.13° = -3 - j4$
（2） $A = 5\angle -53.13° = 5\cos(-53.13°) + j5\sin(-53.13°) = 3 - j4$
（3） $A = 5\angle 90° = 5\cos 90° + j5\sin 90° = j5$
（4） $A = 5\angle -180° = 5\cos(-180°) + j5\sin(-180°) = -5$

例 5-3 化下列复数为极坐标形式：

（1） $A = -3 + j4$　　　　　　　　（2） $A = -3 - j4$
（3） $A = 3 - j4$　　　　　　　　　（4） $A = j5$

解 运用式（5-12）和式（5-15），有

（1） $r = \sqrt{(-3)^2 + 4^2} = 5$，$\theta = \text{arctg}\dfrac{4}{-3} = 180° - 53.13° = 126.87°$，故 $A = 5\angle 126.87°$。

注意：求辐角 θ 时，必须把 a_1 和 a_2 的符号分别保留在分母和分子内，以便判断 θ 角所在的象限。如本例虚部为正，实部为负，θ 角在第二象限，而主角 $\theta = \text{arctg}\dfrac{4}{3} = 53.13°$，因此 $\theta = 180° - 53.13° = 126.87°$。

（2） $r = \sqrt{(-3)^2 + (-4)^2} = 5$，$\theta = \text{arctg}\dfrac{-4}{-3} = 180° + 53.13° = 233.13°$（第三象限），即 $A = 5\angle 233.13°$。

（3） $r = \sqrt{3^2 + (-4)^2} = 5$，$\theta = \text{arctg}\dfrac{-4}{3} = -53.13°$（第四象限），即 $A = 5\angle -53.13°$。

（4） $r = 5$，$\theta = \text{arctg}\dfrac{5}{0} = 90°$，即 $A = 5\angle 90°$。

对于两个不同的复数，若它们的实部和虚部分别相等，则这两个复数相等。即若 $A = a_1 + ja_2$，$B = b_1 + jb_2$，则当 $a_1 = b_1$，$a_2 = b_2$ 时，$A = B$。

对于用极坐标形式表示的复数，若它们的模相等，辐角也相等，则两个复数相等。即若 $A = r_a\angle\theta_a$，$B = r_b\angle\theta_b$，则当 $r_a = r_b$，$\theta_a = \theta_b$ 时，$A = B$。

复数的四则运算包括加、减、乘、除运算，下面分别对它们进行简单介绍。

1. 加减运算

两个复数的和/差仍然是一个复数，其实部等于两复数实部之和/差，其虚部等于两复数虚部之和/差。即若 $A = a_1 + ja_2$，$B = b_1 + jb_2$，则

$$C = A \pm B = (a_1 \pm b_1) + j(a_2 \pm b_2) \tag{5-16}$$

这一法则也适用于多个复数相加减的运算。

复数的加减运算也可以在复平面上用作图的方法进行。图 5-5 所示为用"平行四边形法则"求复数 A 与 B 相加的例子。做法是：首先在复平面上作出代表 A 和 B 的有向线段 $\overline{OA}$ 和 $\overline{OB}$，然后以 $\overline{OA}$ 和 $\overline{OB}$ 为邻边作一平行四边形，其对角线 $\overline{OC}$ 对应的复数即为 A 与 B 之和。这种求复数和的图解方法可以推广到求多个复数之和。

注意，两个复数相减的作图法与两个复数相加的相似，只是减一复数相当于加一负的复数。图 5-6 所示为用平行四边形法则求两个复数相减即 $C = A - B$ 的示意图。

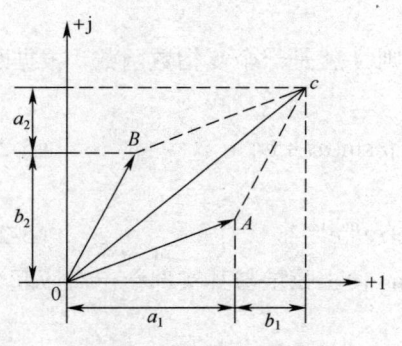

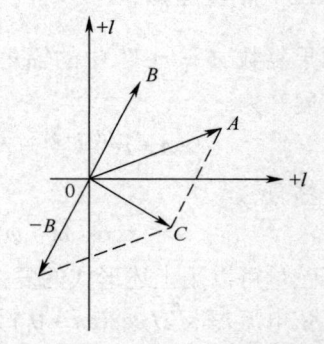

图 5-5 平行四边形法则　　　　图 5-6 用平行四边形法则作两数相减

2. 乘法运算

若 $A = a_1 + ja_2$，$B = b_1 + jb_2$，则有

$$A \cdot B = (a_1 + ja_2)(b_1 + jb_2) = (a_1 b_1 - a_2 b_2) + j(b_1 a_2 + a_1 b_2) \tag{5-17}$$

复数相乘用极坐标形式比较方便，即若 $A = r_a \underline{/\theta_a}$，$B = r_b \underline{/\theta_b}$，则

$$\begin{aligned}A \cdot B &= r_a \underline{/\theta_a} \cdot r_b \underline{/\theta_b} = r_a e^{j\theta_a} \cdot r_b e^{j\theta_b} = r_a r_b e^{j(\theta_a + \theta_b)} \\ &= r_a r_b \underline{/(\theta_a + \theta_b)}\end{aligned} \tag{5-18}$$

即复数相乘，其模相乘，其辐角相加。

3. 除法运算

若 $A = a_1 + ja_2$，$B = b_1 + jb_2$（B 不为零），则

$$\frac{A}{B} = \frac{a_1 + ja_2}{b_1 + jb_2} = \frac{(a_1 + ja_2)(b_1 - jb_2)}{(b_1 + jb_2)(b_1 - jb_2)}$$
$$= \frac{a_1b_1 + a_2b_2}{b_1^2 + b_2^2} + j\frac{a_2b_1 - a_1b_2}{b_1^2 + b_2^2} \tag{5-19}$$

即两复数相除，必须用分子分母同乘以分母的共轭复数的方法使分母变成实数，再进一步求得商的实部和虚部。如果复数用极坐标形式表示，即若 $A = r_a \angle \theta_a$，$B = r_b \angle \theta_b$，则

$$\frac{A}{B} = \frac{r_a \angle \theta_a}{r_b \angle \theta_b} = \frac{r_a e^{j\theta_a}}{r_b e^{j\theta_b}} = \frac{r_a}{r_b} e^{j(\theta_a - \theta_b)} = \frac{r_a}{r_b} \angle (\theta_a - \theta_b) \tag{5-20}$$

即复数相除，其模相除，其辐角相减。

一般来说，复数的乘、除运算用极坐标形式较为方便，但在做理论分析时往往需要用直角坐标形式进行乘、除运算。

5.2.2 相量运算

如果复数 $A = re^{j\theta}$ 中的辐角 $\theta = \omega t + \varphi$，则 A 就是一个复指数函数，根据欧拉公式可展开为

$$A = re^{j(\omega t + \varphi)} = r\cos(\omega t + \varphi) + jr\sin(\omega t + \varphi) \tag{5-21}$$

显然有

$$r\cos(\omega t + \varphi) = \text{Re}[A] = \text{Re}[re^{j\varphi}e^{j\omega t}] \tag{5-22}$$

所以正弦量可以用上述形式的复指数函数描述，使正弦量与其实部一一对应起来。如以正弦电流 $i = \sqrt{2}I\cos(\omega t + \theta_i)$ 为例，有

$$i = \text{Re}[\sqrt{2}Ie^{j\theta_i}e^{j\omega t}] \tag{5-23}$$

从式（5-23）可以看出，复指数函数中的 $Ie^{j\theta_i}$ 是以正弦量的有效值为模，以初相角为辐角的一个复常数，这个复常数定义为正弦量的相量，记为 $\dot{I}$。

$$\dot{I} = Ie^{j\theta_i} = I \angle \theta_i \tag{5-24}$$

$\dot{I}$ 是一个复数，它和上面给定频率的正弦量有一一对应的关系，用大写字母上面加一点来表示。代表正弦电流的相量叫电流相量，用 $\dot{I}$ 来表示；代表正弦电压的相量称为电压相量，用 $\dot{U}$ 表示。相量的引入使正弦稳态分析和计算大为简化。

必须指出，相量与正弦量之间只能说是存在对应关系或变换关系，但相量不是正弦量。在实际应用中，不必经过上述的变换步骤，可直接写出正弦量和相量的对应关系，即

$$\sqrt{2}I\cos(\omega t + \theta_i) \Longleftrightarrow I \angle \theta_i \tag{5-25}$$

例 5-4 写出下列各电流的相量：

（1）$i_1(t) = 5\cos(314t + 60°)$A

（2）$i_2(t) = 10\sin(314t + 30°)$A

解 （1）$\dot{I}_1 = \dfrac{5}{\sqrt{2}} \angle 60° = 3.536 \angle 60°$ A

（2）由于规定用 $1\angle 0°$ 代表 $\cos\omega t$，即用 $\cos\omega t$ 作为参考相量，所以决定初始相角时应该先把所给函数变为 $\cos\omega t$ 函数后再进行。这和例 5-2 中的情况是一样的，因此本例应该改写为 $i_2(t) = 10\cos(314t - 60°)$，故 $\dot{I}_2 = \dfrac{10}{\sqrt{2}} \angle -60° = 7.07 \angle -60°$ A。

例 5-5 求下列各电压相量所代表的正弦电压瞬时值表达式，已知 $\omega = 1000$rad/s：（1）$\dot{U}_1 = 50 \angle -30°$ V；（2）$\dot{U}_2 = 150 \angle 150°$ V。

解 （1）$u_1(t) = \sqrt{2} \times 50 \cos(1000t - 30°)$ V

（2）$u_2(t) = \sqrt{2} \times 150 \cos(1000t + 150°)$ V

正弦量乘以常数、同频正弦量的代数和、正弦量的微分和正弦量的积分，结果仍是一个同频的正弦量。下面将这些运算转换为相对应的相量运算。

1. 正弦量乘以实常数

设正弦电流 $i = \sqrt{2}I\cos(\omega t + \varphi)$，$R$ 为常数，则

$$u = Ri = \text{Re}[\sqrt{2}R\dot{I}e^{j\omega t}] = R\,\text{Re}[\sqrt{2}\dot{I}e^{j\omega t}]$$

即

$$\dot{U} = R\dot{I} \tag{5-26}$$

说明正弦量乘以实常数仍然是相量，其相量等于原相量的模乘以 k，辐角不变。

2. 同频率正弦量的代数和

设 $i_1 = \sqrt{2}I_1\cos(\omega t + \varphi_1)$，$i_2 = \sqrt{2}I_2\cos(\omega t + \varphi_2)$，…，这些正弦量的和设为正弦量 i，则

$$i = i_1 + i_2 + \cdots = \text{Re}[\sqrt{2}\dot{I}_1 e^{j\omega t}] + \text{Re}[\sqrt{2}\dot{I}_2 e^{j\omega t}] + \cdots$$
$$= \text{Re}[\sqrt{2}(\dot{I}_1 + \dot{I}_2 + \cdots)e^{j\omega t}]$$

而

$$i = \text{Re}[\sqrt{2}\dot{I}e^{j\omega t}]$$

有

$$\text{Re}[\sqrt{2}\dot{I}e^{j\omega t}] = \text{Re}[\sqrt{2}(\dot{I}_1 + \dot{I}_2 + \cdots)e^{j\omega t}]$$

上式对于任何时刻 t 都成立，故有

$$\dot{I} = \dot{I}_1 + \dot{I}_2 + \cdots \tag{5-27}$$

说明同频率正弦量的代数和仍然是一个同频率的正弦量，其相量等于 n 个正弦量相应相量的代数和。

3. 正弦量的微分

设正弦电流 $i = \sqrt{2}I\cos(\omega t + \varphi)$，对 i 求导，有

$$\frac{di}{dt} = \frac{d}{dt}\text{Re}[\sqrt{2}\dot{I}e^{j\omega t}] = \text{Re}\left[\frac{d}{dt}(\sqrt{2}\dot{I}e^{j\omega t})\right] = \text{Re}[\sqrt{2}(j\omega\dot{I})e^{j\omega t}] \qquad (5\text{-}28)$$

$$= \text{Re}[\sqrt{2}\omega I e^{j(\omega t + \varphi + \pi/2)}] = \sqrt{2}\omega I\cos(\omega t + \varphi + \pi/2)$$

可见正弦量的导数是一个同频率的正弦量，其相量等于原正弦量 i 的相量 $\dot{I}$ 乘以 $j\omega$，即此相量的模为 ωI，辐角则超前 $\pi/2$。

4. 正弦量的积分

设正弦电流 $i = \sqrt{2}I\cos(\omega t + \varphi)$，对于 i 求积分，则

$$\int i\,dt = \int \text{Re}[\sqrt{2}\dot{I}e^{j\omega t}]dt = \text{Re}\left[\int(\sqrt{2}\dot{I}e^{j\omega t})dt\right]$$

$$= \text{Re}\left[\sqrt{2}\frac{\dot{I}}{j\omega}e^{j\omega t}\right] \qquad (5\text{-}29)$$

$$= \sqrt{2}\frac{I}{\omega}\cos\left(\omega t + \varphi - \frac{\pi}{2}\right)$$

正弦量的积分结果为同频率的正弦量，其相量等于原正弦量 i 的相量除以 $j\omega$，即此相量的模为 I/ω，其辐角滞后 $\pi/2$。

通过以上的分析可以看出，采用相量来表示正弦量以后，正弦量的运算可以转化为对应相量间的运算，特别是正弦量的微积分运算转化为对应相量乘以 $j\omega$ 或除以 $j\omega$ 的运算，这样就使得微积分运算简化为代数运算，使相量法成为分析正弦交流电路的有力工具。

例 5-6 已知两个同频的正弦电压分别为 $u_1(t) = 6\sqrt{2}\cos(314t + 30°)\text{V}$，$u_2(t) = 4\sqrt{2}\cos(314t + 60°)\text{V}$，求：（1）$u_1(t) + u_2(t)$；（2）$du_1(t)/dt$；（3）$\int u_2\,dt$。

解 （1）设 $u(t) = u_1 + u_2 = \sqrt{2}U\cos(\omega t + \theta_u)$，其相量为 $\dot{U} = U\angle\theta_u$，可得

$$\dot{U} = \dot{U}_1 + \dot{U}_2 = 6\angle 30° + 4\angle 60° = 5.196 + j3 + 2 + j3.464$$

$$= 7.196 + j6.464 = 9.67\angle 41.9°\text{ V}$$

则对应的时域形式为 $u(t) = u_1(t) + u_2(t) = 9.67\sqrt{2}\cos(314t + 41.9°)\text{V}$。

（2）$\dfrac{du_1}{dt}$ 可直接用时域形式来求解，也可以用相量求解。

$$j\omega\dot{U}_1 = j\times 314\times 6\angle 30° = 1884\angle 120°$$

则对应的时域形式为 $\dfrac{du_1}{dt} = 1884\sqrt{2}\cos(314t + 120°)\text{V}$。

（3） $\int u_2 dt$ 的相量为

$$\frac{1}{j\omega}\dot{U}_2 = \frac{1}{j\times 314}\times 4\angle 60° = 0.01\angle -30°$$

则对应的时域形式为 $\int u_2 dt = 0.01\sqrt{2}\cos(314t-30°)$。

由本例可以看出，应用相量法可以将求解正弦函数的线性常系数非齐次微分方程的问题变成求解其相量的代数方程的问题。只要把微分方程中的未知量用它的相量 $\dot{U}$ 代替，未知量的导数用 $(j\omega)\dot{U}$ 代替，等号右边的正弦量也用它的相量代替，就可以得到相对应的代数方程，解此代数方程就可以得到未知量的相量解答，然后再根据正弦量及其相量间的对应关系写出瞬时值的表达式。

5.3 相量法的分析基础

本节讨论正弦交流电路中各基本元件伏安关系的相量形式以及电路基本定律 KCL、KVL 的相量形式，它们构成了相量分析法的基础。

5.3.1 电路元件伏安关系的相量形式

1. 电阻元件

设电阻元件 R 的电压、电流采用关联参考方向，图 5-7（a）所示的电阻元件伏安关系的时域形式为

$$u(t) = Ri(t) \tag{5-30}$$

设

$$\begin{aligned} u(t) &= \sqrt{2}U\cos(\omega t + \theta_u) \\ i(t) &= \sqrt{2}I\cos(\omega t + \theta_i) \end{aligned} \tag{5-31}$$

它们是同频率的正弦量，则正弦电压 u 和电流 i 对应的相量分别为 $\dot{U} = Ue^{j\theta_u}$ 和 $\dot{I} = Ie^{j\theta_i}$，对式（5-30）两边分别取相量，可得

$$\dot{U} = R\dot{I} \tag{5-32}$$

式（5-32）是电阻元件伏安关系的相量形式，如图 5-7（b）所示。

根据复数相等定义，可知

$$\begin{aligned} U &= RI \\ \theta_u &= \theta_i \end{aligned} \tag{5-33}$$

即：①在正弦稳态电路中，电阻元件两端电压有效值和电流有效值之比等于其电阻值；②电压和电流相位相同。它们的相量图和波形图分别如图 5-8 和图 5-9 所示。

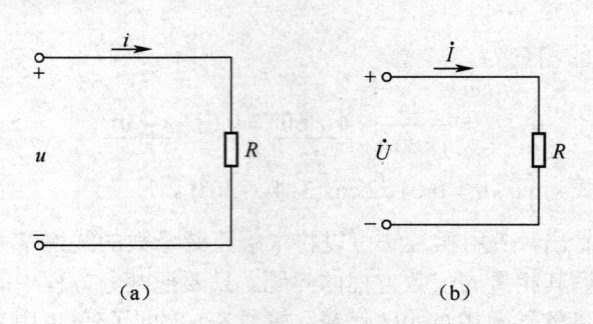

图 5-7 电阻元件的伏安关系

图 5-8 电阻元件电压电流的相量关系

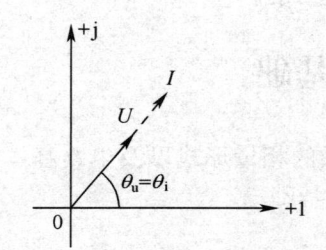

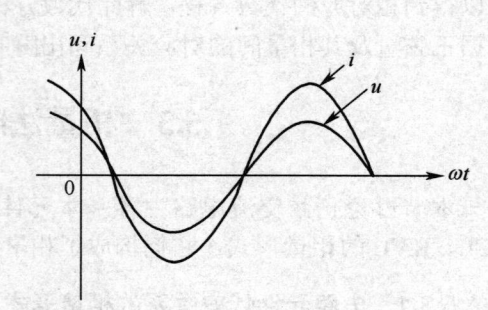

图 5-9 电阻元件电压电流波形

2. 电容元件

设电容元件 C 的电压、电流采用关联参考方向，如图 5-10（a）所示。当电容端电压为 $u(t) = \sqrt{2}U\cos(\omega t + \theta_u)$ 时，通过 C 的电流为

$$i(t) = C\frac{\mathrm{d}u(t)}{\mathrm{d}t} \tag{5-34}$$

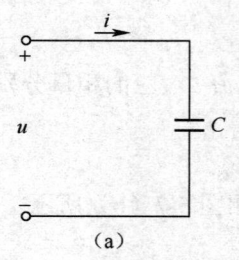

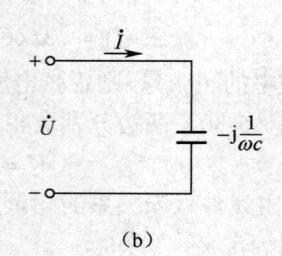

图 5-10 电容元件的伏安关系

式（5-34）表明，电容电压、电流是同频率的正弦量。对式（5-34）两边取相量，可得

$$\dot{I} = \mathrm{j}\omega C\dot{U} \tag{5-35}$$

式（5-35）就是电容元件伏安关系的相量形式，如图 5-10（b）所示，从式（5-35）可得

$$I = \omega C U$$
$$\theta_i = \theta_u + 90°$$
（5-36）

即：①在正弦稳态电路中，电容元件端钮电流有效值与电压有效值之比等于 ωC；②电容电流的相位超前电压 90°或电压的相位滞后电流 90°。它们的相量图和波形图分别如图 5-11 和图 5-12 所示。

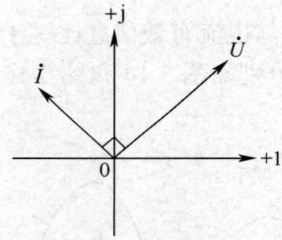

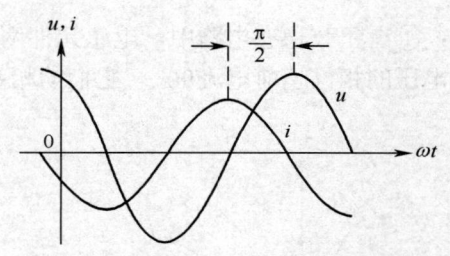

图 5-11 电容元件两端电压、电流相量关系　　图 5-12 电容元件两端电压、电流波形

式（5-36）表明，电容元件两端电流与电压有效值的比值不但与电容值 C 有关，而且与电源的频率 ω 有关，这是动态元件在正弦稳态电路中表现出的一个重要特点。当电容元件两端电压和电容值一定时，电源频率 ω 越高，电流 I 越大；反之，电源频率 ω 越低，电流 I 越小。当 $\omega = 0$（直流电）时，电容相当于开路，电路中将没有电流通过。电容元件具有通高频、阻低频的特性。在电子线路中，电容常起到隔直、旁路、滤波的作用。

3. 电感元件

设电感元件 L 的电压、电流采用关联参考方向，如图 5-13（a）所示。当流过电感元件的电流为 $i(t) = \sqrt{2} I \cos(\omega t + \theta_i)$ 时，其端电压为

$$u = L \frac{di}{dt}$$
（5-37）

式（5-37）表明，电感元件电压、电流是同频率的正弦量。对式（5-37）两边分别取相量，可得

$$\dot{U} = j\omega L \dot{I}$$
（5-38）

式（5-38）就是电感元件伏安关系的相量形式，如图 5-13（b）所示，从式（5-38）可得

$$U = \omega L I$$
$$\theta_u = \theta_i + 90°$$
（5-39）

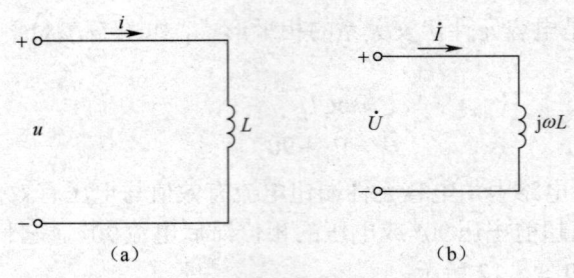

图 5-13 电感元件的伏安关系

即：①在正弦稳态电路中，电感元件两端电压有效值与电流有效值之比等于 ωL；②电压的相位超前电流 90°。它们的相量图和波形图分别如图 5-14 和图 5-15 所示。

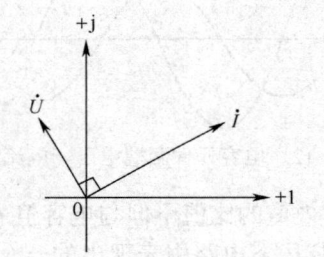

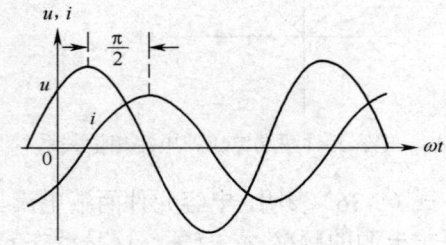

图 5-14 电感元件两端电压、电流相量关系

图 5-15 电感元件两端电压、电流波形

式（5-39）表明，电感元件两端电压与电流有效值的比值不但与电感值 L 有关，而且与频率 ω 有关，这同样是动态元件在正弦稳态电路中表现出的一个重要特点。当电感元件两端电压和电感值一定时，频率 ω 越高，电感的阻碍力越大，电流 I 越小。在直流时，即 $\omega=0$，电感元件相当于短路。在实际电路中，电感线圈常作扼流线圈，可以阻止高频电流的通过。

5.3.2 电路定律的相量形式

为了利用相量的概念来简化正弦稳态分析，需要建立电路定律的相量形式。有了 KCL、KVL 的相量形式和元件伏安关系的相量形式，它们将是我们进行正弦稳态分析的基本依据。

对电路中的任一结点，根据 KCL，有

$$\sum_{k=1}^{b} i_k = 0 \tag{5-40}$$

其中，i_k 为流出（或流进）结点的第 k 条支路的电流，b 为汇集于该结点的支路数。在正弦稳态电路中各支路的电流都是同频率的正弦量。假定 $i_k = \sqrt{2} I_k \cos(\omega t + \theta_{ik})$，则式(5-40)可写成 $\sum_{k=1}^{b}\text{Re}[\sqrt{2}\dot{I}_k e^{j\omega t}]=0$，式中 $\dot{I}_k = I_k \angle\theta_{ik}$，也就是 $\text{Re}\left[\sum_{k=1}^{b}\sqrt{2}\dot{I}_k e^{j\omega t}\right]=0$，因此

$$\sum_{k=1}^{b}\dot{I}_k = 0 \qquad (5-41)$$

这就是 KCL 的相量形式。它告诉我们，线性非时变电路在正弦稳态中流出（流进）任一结点的电流相量之和为 0。

同样可以得到 KVL 的相量形式为

$$\sum_{k=1}^{l}\dot{U}_k = 0 \qquad (5-42)$$

这说明，线性非时变电路在正弦稳态中沿任意回路的各支路电压降相量之和为 0。

例 5-7 图 5-16（a）所示为某一电路的一个结点，电路处于正弦稳态中，工作频率为 50Hz。已知 i_1 的有效值 $I_1=10\text{A}$，初相位为 $\theta_1 = 60°$，i_2 的有效值为 $I_2 = 5\text{A}$，初相位 $\theta_2 = -90°$，试求：（1）i_3 的有效值和初相位；（2）写出瞬时值的表达式；（3）画出包括上述三个电流的相量。

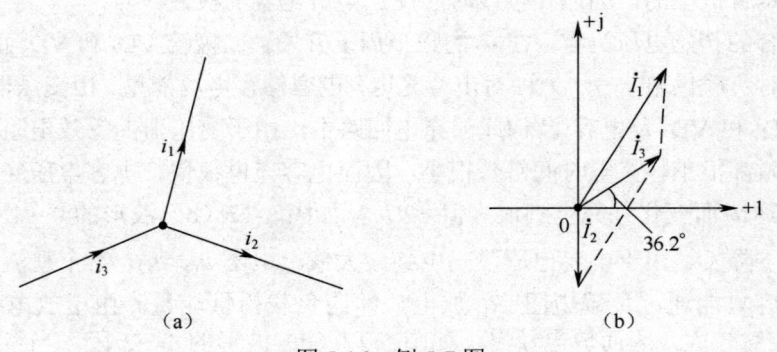

图 5-16 例 5-7 图

解（1）$\dot{I}_1 = 10 \angle 60°$，$\dot{I}_2 = 5 \angle -90°$

根据 KCL 的相量形式，可得

$$\dot{I}_3 = \dot{I}_1 + \dot{I}_2 = 10 \angle 60° + 5 \angle -90° = 6.19 \angle 36.2°$$

即有效值为 6.19A，初相位为 36.2°。

（2）$i_3(t) = \sqrt{2}*6.19\cos(2\pi*50 + 36.2°) = 8.75\cos(314t + 36.2°)$ A。

（3）根据已知结果和已知数据画出相量图，如图 5-16（b）所示。

5.4 应用实例：电容的滤波和分压作用

电容是电子、电力领域不可缺少的电子元件，它广泛应用于电源滤波、信号滤波、信号耦合、调节电压、谐振、补偿、充放电、储能、隔直流等电路中。熟悉电容器在不同电路中的名称意义有助于我们理解和分析电子电路图。

电容的滤波是根据电容器的特点：对直流电表现出的阻抗极大，相当于不通；对交流电，频率越高，阻抗越小。利用电容器的这个特点，我们就可以把混杂在直流电中的交流成分过滤出来。交流电经过整流后输出的直流电并不稳定，仍然存在较大的脉动电压，即还包含很大的交流分量，这种不平稳的直流电会对元件的使用寿命造成较大影响，由于大多数电子设备都是依赖平稳的直流电，因此在整流电路之后还需加滤波电路来过滤掉不平稳直流电中的交流成分，最终得到较平滑的直流输出电压。常用电容和电感构成低通滤波器。

图 5-17（a）所示是最常用的利用单个电容器进行低通滤波的电路，滤波电容接到整流桥的直流输出端，与负载电阻并联，电容通常为容量较大的电解电容，而电解电容是有极性的，因而在接线时应注意电解电容的极性。

设电容的初始电压为零，在 u_2 的正半周上升段，二极管 VD_1 和 VD_3 正偏导通，u_2 一方面对负载供电，另一方面对电容充电，电容储存电场能量。由变压器副绕组、二极管 VD_1 和 VD_3 及电容 C 构成的充电回路中，由于变压器的等效电阻及二极管的导通电阻都很小，充电时间常数很小，因而电容充电很快，电容电压（亦即输出电压）跟随 u_2 而变化并充电到最大值 $\sqrt{2}U_2$，如图 5-17（d）波形的 0~1 段。在 u_2 的正半周下降段，由于电容电压已充电到最大值，电压 $u_O > u_2$，4 个整流二极管都截止，电容只能通过负载电阻 R_L 放电，即向负载提供能量。由于放电时间常数 $\tau = R_L C$ 相对较大，因而放电较慢，如图 5-17（d）波形的 1~2 段。当整流输出脉动电压的下一个上升段来临并超过电容电压时，电容电压（亦即输出电压）又充电跟随该整流输出脉动电压到最大值，如图 5-17（d）波形的 2~3 段。由此可知，经电容滤波后的输出波形如图 5-17（d）所示，滤波后的波形显然更加平滑，交流纹波更小，更接近于直流，且直流分量提高了。

为了获得较好的滤波效果，在选择滤波电容时应满足条件 $R_L C \geqslant (3\sim5)\dfrac{T}{2}$，其中 T 为电源电压的周期，对于 50Hz 的交流电压，$T = 0.02$s。

(a) 单相桥式整流电容滤波电路

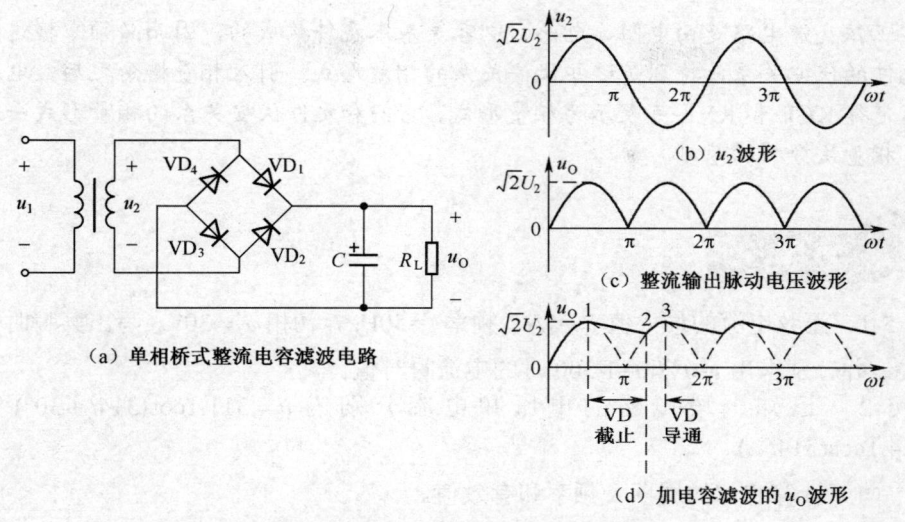

(b) u_2 波形

(c) 整流输出脉动电压波形

(d) 加电容滤波的 u_O 波形

图 5-17 单相桥式整流电容滤波电路与波形

电容除了滤波作用外，还可以进行分压。在交流电路中，可将电容与负载电阻串联，通过电容的分压作用将负载电阻的电压变小，从而实现对负载电阻的调压控制，图 5-18 所示是一种利用电容的分压作用实现调压控制的实用性可调照明电路。当波段开关 SW 依次选择电容 C_1、C_2、C_3、C_4 时，由于 $C_1 > C_2 > C_3 > C_4$，故 $U_{C1} < U_{C2} < U_{C3} < U_{C4}$，灯的亮度相应地由亮变暗。

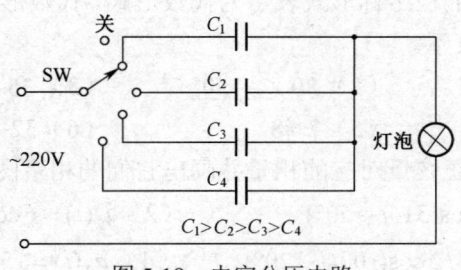

图 5-18 电容分压电路

典型例题讲解

本章小结

正弦量的三要素是构成正弦量的基础，而相量的概念是进行正弦稳态分析最重要的概念。任何一个正弦量都可以用一个相量来表示，它们之间存在一一对应的关系，通过引入相量可以将正弦量的微积分运算转化为相应相量之间的代数运算，使得正弦交流电路的分析大为简化。

正弦交流电路是由电阻、电感、电容等基本元件构成的，因而必须掌握这些基本元件的伏安关系，特别是这些伏安关系的相量形式。引入相量概念之后，电路的基本定律KCL和KVL可表示为相量形式，它们和元件伏安关系的相量形式一起构成了相量法分析的基础。

习题5

5-1 正弦电流的最大值 I_m=5A，频率 f=50Hz，初相 ϕ_1 = 30°。写出其瞬时值表达式，并分别求出 t=0 和 t=1/300 时的电流瞬时值。

5-2 已知一段电路的电压和电流分别为 $u = 311.1\cos(314t + 30°)$ V，$i = 14.1\cos(314t)$ A。

（1）计算它们的周期、频率和有效值。
（2）画出它们的波形图，求其相位差并说明超前或滞后关系。
（3）若电流的参考方向与前面相反，重新回答问题（2）。

5-3 已知正弦量如下，试求各正弦量的有效值、三要素及各组正弦量的相位差。

（1）$u(t) = 10\cos(314t + 45°)$V，$i(t) = 20\cos(314t - 20°)$A
（2）$u(t) = 4\cos(2t + 10°)$V，$u(t) = -15\cos(2t + 20°)$V
（3）$u(t) = 5\cos(314t + 5°)$V，$i(t) = 7\cos(314t - 20°)$A

5-4 把下列复数的极坐标形式表示为代数形式，代数形式表示为指数形式，并在复平面上用矢量图表示。

（1）22∠120°　　　（2）80∠−150°　　　（3）35∠45°
（4）8+j7　　　（5）7+j8　　　（6）32−j4.1

5-5 写出下列各正弦量对应的相量并画出它们的相量图。

（1）$i_1(t) = 4\sqrt{2}\cos(314t + 50°)$　　　（2）$i_2(t) = 6\cos(314t - 20°)$
（3）$u_1(t) = -100\sqrt{2}\cos(100t - 120°)$　　　（4）$u_2(t) = 150\sqrt{2}\sin(100t + 60°)$

5-6 写出下列各相量（有效值相量）对应的正弦量，假设正弦量的频率为50Hz。

（1）$\dot{I}_1 = -4 + j3$　　　（2）$\dot{I}_2 = 6e^{j20°}$
（3）$-10∠30°$　　　（4）$\dot{I}_4 = 20 - j18$

5-7 下列各式是否正确？为什么？

（1）$i = 10\sin(\omega t + 30°) = 10∠30°$A
（2）$i = 10\sin(\omega t - 53°) = \text{Im}[10e^{j(\omega t - 53°)}]$A
（3）$U = 380\sin 314t$V

(4) $\dot{I} = 20e^{30°}$ A

5-8 求下列正弦量对应的相量。

(1) $u = 150\sqrt{2}\cos(330t - 40°)$ V

(2) $i = 60\sqrt{2}\sin(1000t + 20°)$ A

(3) $i = 5\sqrt{2}\cos(\omega t + 36.87°) + 10\sqrt{2}\cos(\omega t - 53.13°)$ A

(4) $u = 300\sqrt{2}\cos(200t + 45°) - 100\sqrt{2}\cos(200t - 45°)$ V

5-9 已知 $u_1 = -5\cos(314t - 53.13°)$ V，$u_2 = 10(942t - 36.87°)$ V。

(1) 分别写出其相量形式；(2) 计算 $u_1 + u_2$；(3) 能否用相量方法计算 $u_1 + u_2$，为什么？

5-10 将 220V、50Hz 的电压分别加在电阻、电感和电容负载上，此时它们的电阻值、电感感抗值、电容容抗值均为 22Ω，试分别求出三个元件中的电流，写出各电流的瞬时值表达式，并以电压为参考相量画出相量图。若电压的有效值不变，频率由 50Hz 变到 500Hz，重新回答以上问题。

5-11 指出下列各式哪些是对的，哪些是错的。

(1) $\dfrac{u}{i} = X_L$ (2) $\dfrac{U}{I} = j\omega L$ (3) $\dfrac{\dot{U}}{\dot{I}} = X_L$ (4) $\dot{I} = -j\dfrac{\dot{U}}{\omega L}$

(5) $u = L\dfrac{\mathrm{d}i}{\mathrm{d}t}$ (6) $\dfrac{u}{i} = X_C$ (7) $\dfrac{U}{I} = \omega C$ (8) $\dot{U} = -j\dfrac{\dot{I}}{\omega C}$

5-12 电路如图 5-19 所示，已知电流源电流 $i(t) = 8\cos t - 11\sin t$ A，电压 $u(t) = \sin t + 2\cos t$ V。试求 $i_R(t)$、$i_L(t)$、$i_C(t)$ 和 L 并绘出相量图。

5-13 正弦稳态电路如图 5-20 所示，其中 $u_s(t) = 10\cos 100t$ V，$R = 10\Omega$，$C = 0.001$F，求 $i(t)$。

图 5-19 题 5-12 的图   图 5-20 题 5-13 的图

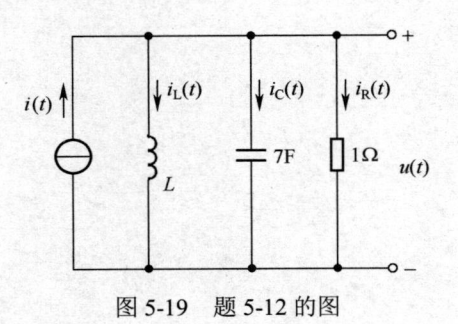

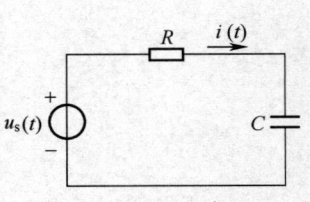

5-14 已知图 5-21（a）所示正弦交流电路中电压表读数为 V$_1$: 30V，V$_2$: 60V；图 5-21（b）中的 V$_1$: 15V，V$_2$: 80V，V$_3$: 100V（电压表的读数为正弦有效值）。求图中的电压 U_s。

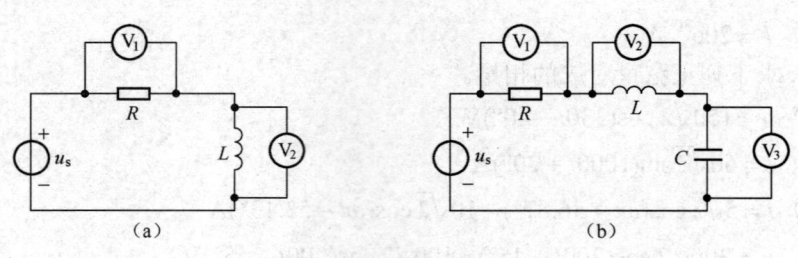

图 5-21 题 5-14 的图

5-15 已知图 5-22 所示正弦交流电路中电流表读数为 A1：5A，A2：20A，A3：25A。(1) 求图中电流表 A 的读数；(2) 如果维持 A$_1$ 的读数不变，而把电源的频率提高一倍，再求电流表 A 的读数。

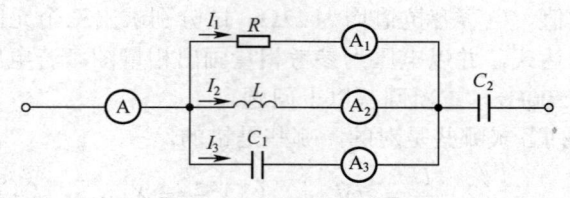

图 5-22 题 5-15 的图

5-16 电路由电压源 $u_s=100\cos(10^3 t)$V、R 和 $L=0.025$H 串联组成，电感端电压的有效值为 25V。求 R 值和电流的表达式。

5-17 把一个线圈接在 48V 的直流电源上，电流为 8A；将它改接于 50Hz、120V 的交流电源上，电流为 12A。求线圈的电阻和电感。

第6章　正弦稳态电路

内容提要

本章将在相量法的基础上系统介绍用相量法分析正弦稳态电路的响应。在引入阻抗、导纳的概念和电路的相量图后介绍正弦稳态电路的分析与计算，然后介绍正弦稳态电路的功率，最后介绍谐振电路的基本概念和电路谐振时的一些特征参数。

学习目标

（1）理解阻抗和导纳的概念及其计算。
（2）掌握相量图的画法并利用相量图和相量解析法对正弦稳态电路进行分析和计算。
（3）掌握正弦稳态电路功率的概念及其计算，理解各个功率间的关系。
（4）掌握有源一端口正弦稳态电路最大功率的计算。
（5）理解功率因数的概念和提高功率因数的实际意义。
（6）理解谐振的概念、谐振的条件、电路处于谐振时电路所具有的特征。
（7）了解谐振电路的应用。

本章知识结构图

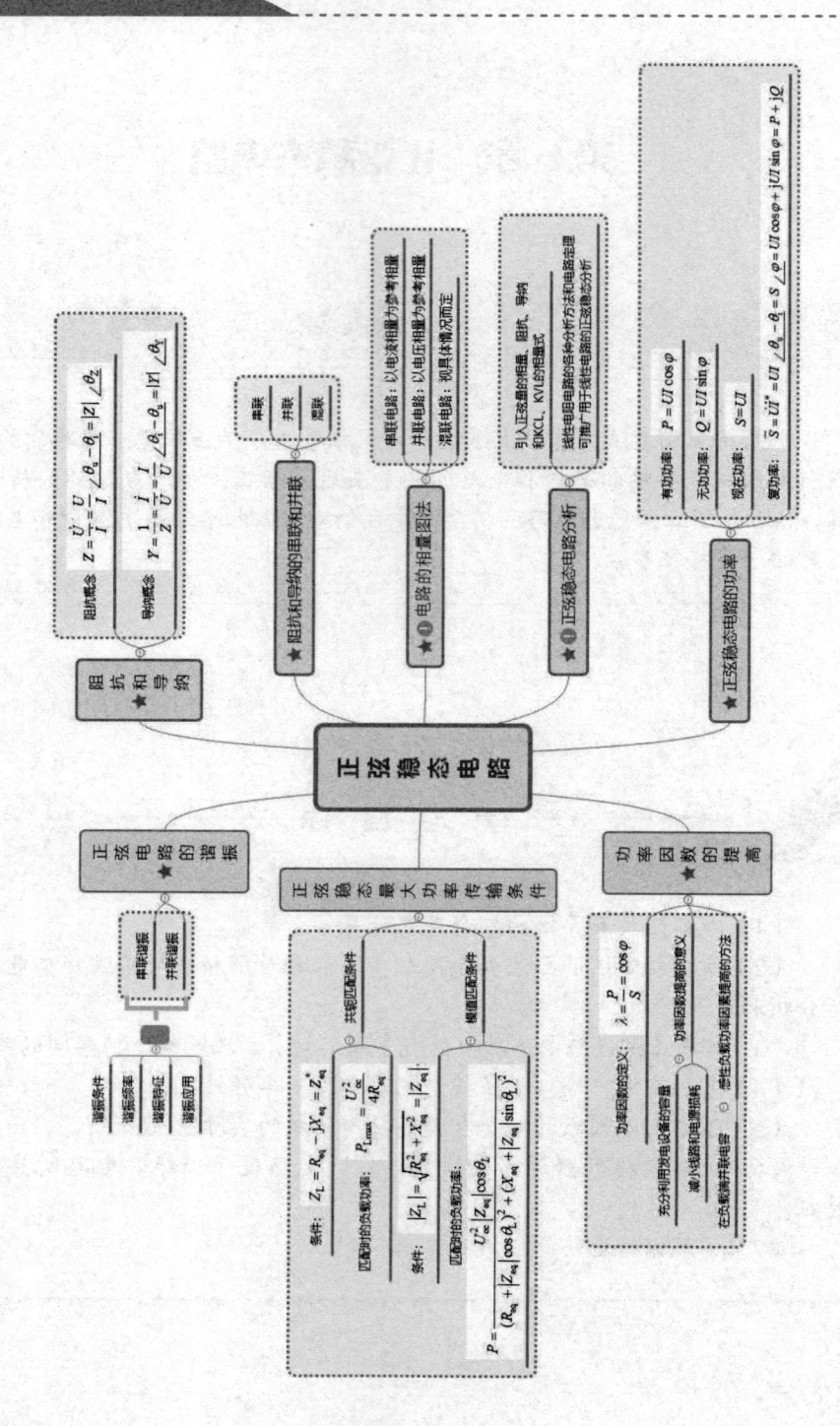

正弦稳态电路

阻抗和导纳 ★
- 阻抗概念：$Z = \dfrac{\dot{U}}{\dot{I}} = \dfrac{U}{I}\angle\theta_u - \theta_i = |Z|\angle\theta_Z$
- 导纳概念：$Y = \dfrac{1}{Z} = \dfrac{I}{U}\angle\theta_i - \theta_u = |Y|\angle\theta_Y$

★ 阻抗和导纳的串联和并联
- 串联
- 并联
- 混联

★ 电路的相量图法
- 串联电路：以电流相量为参考相量
- 并联电路：以电压相量为参考相量
- 混联电路：视具体情况而定

★ 正弦稳态电路的分析
- 引入正弦量的相量、阻抗、导纳和KCL、KVL的相量形式
- 线性电阻电路的各种分析方法求解电路定理可推广用于线性电路的正弦稳态分析

★ 正弦稳态电路的功率
- 有功功率：$P = UI\cos\varphi$
- 无功功率：$Q = UI\sin\varphi$
- 视在功率：$S = UI$
- 复功率：$\tilde{S} = \dot{U}\dot{I}^* = UI\angle\theta_u - \theta_i = S\angle\varphi = UI\cos\varphi + jUI\sin\varphi = P + jQ$

正弦电路的谐振 ★
- 串联谐振
- 并联谐振
  - 谐振条件
  - 谐振频率
  - 谐振特征
  - 谐振应用

正弦稳态最大功率传输条件
- 共轭匹配条件
  - 条件：$Z_L = R_{eq} - jX_{eq} = Z_{eq}^*$
  - 匹配时的负载功率：$P_{L\max} = \dfrac{U_{oc}^2}{4R_{eq}}$
- 模值匹配条件
  - 条件：$|Z_L| = \sqrt{R_{eq}^2 + X_{eq}^2} = |Z_{eq}|$
  - 匹配时的负载功率：
  $$P = \dfrac{U_{oc}^2|Z_{eq}||\cos\theta_L|}{(R_{eq} + |Z_{eq}|\cos\theta_L)^2 + (X_{eq} + |Z_{eq}|\sin\theta_L)^2}$$

功率因数的提高 ★
- 功率因数的定义：$\lambda = \dfrac{P}{S} = \cos\varphi$
- 功率因数提高的意义
  - 充分利用发电设备的容量
  - 减小线路和电源损耗
- 功率因数提高的方法
  - 感性负载并联电容

6.1 阻抗和导纳

阻抗和导纳的概念以及对它们的运算和等效变换是线性电路正弦稳态分析中的重要内容。对于含有多个元件但不含独立电源的一端口网络，可以求得端口的电压相量与电流相量的比值，从而得到阻抗的概念，相应引出导纳的定义。

6.1.1 阻抗的概念

图 6-1（a）所示为一个含线性电阻、电感和电容等元件，但不含独立源的一端口网络 N。当它在角频率为 ω 的正弦电压（或正弦电流）激励下处于稳态时，端口的电流（或电压）将是同频率的正弦量。应用相量法，端口的电压相量 $\dot{U}$ 与电流相量 $\dot{I}$ 的比值定义为该一端口的阻抗 Z，即

$$Z = \frac{\dot{U}}{\dot{I}} = \frac{U}{I} \angle \theta_u - \theta_i = |Z| \angle \theta_Z \quad (6\text{-}1)$$

式中，$\dot{U} = U \angle \theta_u$，$\dot{I} = I \angle \theta_i$。$Z$ 称为复阻抗，简称阻抗，其图形符号如图 6-1（b）所示。Z 的模值 $|Z|$ 称为阻抗模，它的辐角 θ_Z 称为阻抗角，且阻抗具有与电阻相同的量纲。

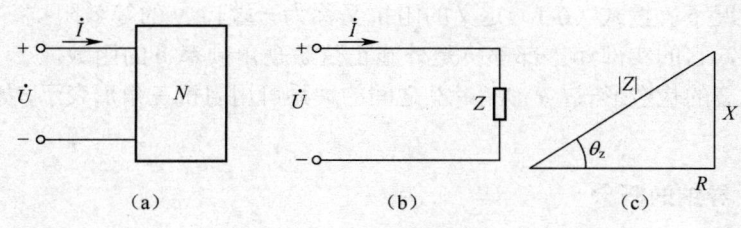

图 6-1 一端口阻抗

由式（6-1）可得

$$|Z| = \frac{U}{I}, \quad \theta_Z = \theta_u - \theta_i$$

阻抗 Z 的代数形式可写为

$$Z = R + jX \quad (6\text{-}2)$$

其实部 $\text{Re}[Z] = |Z|\cos\theta_Z = R$，称为电阻，虚部 $\text{Im}[Z] = |Z|\sin\theta_Z = X$，称为电抗。如果一端口 N 内部仅含单个元件 R、L 或 C，则对应的阻抗分别为

$$Z_R = R \quad (6\text{-}3)$$

$$Z_L = j\omega L \quad (6\text{-}4)$$

$$Z_C = -j\frac{1}{\omega C} \tag{6-5}$$

电阻 R 的阻抗 Z_R 实部为 R，虚部为零。电感 L 的阻抗 Z_L 实部为零，虚部为 ωL。$X_L = \omega L$，称为感抗。电容 C 的阻抗 Z_C 实部为零，虚部为 $-\dfrac{1}{\omega C}$。$X_C = -\dfrac{1}{\omega C}$，称为容抗。

如果 N 内部为 RLC 串联电路，则阻抗 Z 为

$$Z = \frac{\dot{U}}{\dot{I}} = R + j\omega L - j\frac{1}{\omega C} = R + j\left(\omega L - \frac{1}{\omega C}\right) = R + jX = |Z|\angle\theta_Z \tag{6-6}$$

Z 的实部就是电阻 R，它的虚部 X，即电抗为

$$X = X_L + X_C = \omega L - \frac{1}{\omega C}$$

Z 的模值和辐角分别为

$$|Z| = \sqrt{R^2 + X^2},\quad \varphi_Z = \arctan\left(\frac{X}{R}\right)$$

$$R = |Z|\cos\varphi_Z,\quad X = |Z|\sin\theta_Z$$

当 $X > 0$，即 $\omega L > \dfrac{1}{\omega C}$ 时，电路呈感性；当 $X < 0$，即 $\omega L < \dfrac{1}{\omega C}$ 时，电路呈容性。

一般情况下，按式（6-1）定义的阻抗又称为一端口 N 的等效阻抗、输入阻抗、驱动点阻抗，它的实部和虚部都将是外施正弦激励角频率 ω 的函数。

按阻抗 Z 的代数形式，R、X 和 $|Z|$ 之间的关系可用阻抗三角形表示，如图 6-1（c）所示。

6.1.2 导纳的概念

阻抗 Z 的倒数定义为导纳，用 Y 表示。

$$Y = \frac{1}{Z} = \frac{\dot{I}}{\dot{U}} = \frac{I}{U}\angle\theta_i - \theta_u = |Y|\angle\theta_Y \tag{6-7}$$

Y 的模值 $|Y|$ 称为导纳模，它的辐角 θ_Y 称为导纳角，即

$$|Y| = \frac{I}{U},\quad \theta_Y = \theta_i - \theta_u$$

导纳 Y 的代数形式可写为

$$Y = G + jB \tag{6-8}$$

Y 的实部 $\mathrm{Re}[Y] = |Y|\cos\theta_Y = G$，称为电导，虚部 $\mathrm{Im}[Y] = |Y|\sin\theta_Y = B$，称为电纳。

对于单个元件 R、L、C，它们的导纳分别为

$$Y_R = G = \frac{1}{R} \tag{6-9}$$

$$Y_L = \frac{1}{j\omega L} = -j\frac{1}{\omega L} \tag{6-10}$$

$$Y_C = j\omega C \tag{6-11}$$

称 $B_L = -\dfrac{1}{\omega L}$ 为感性电纳，简称感纳；称 $B_C = \omega C$ 为容性电纳，简称容纳。

如果一端口 N 内部为 RLC 并联电路，如图 6-2（a）所示，其导纳为 $Y = \dfrac{\dot{I}}{\dot{U}}$。根据 KCL 有

$$\dot{I} = \dot{I}_1 + \dot{I}_2 + \dot{I}_3 = \frac{\dot{U}}{R} + \frac{\dot{U}}{j\omega L} + j\omega C\dot{U}$$

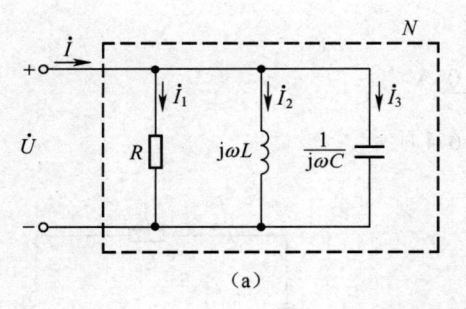

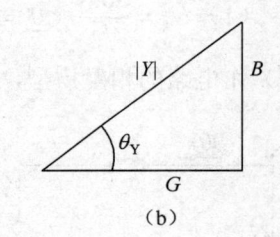

图 6-2 一端口的导纳

因此，一端口 N 可等效为

$$Y = \frac{1}{R} + \frac{1}{j\omega L} + j\omega C = \frac{1}{R} + j\left(\omega C - \frac{1}{\omega L}\right)$$

Y 的实部就是电导 $G\left(=\dfrac{1}{R}\right)$，虚部 $B = \omega C - \dfrac{1}{\omega L} = B_C + B_L$。$Y$ 的导纳模和导纳角分别为

$$|Y| = \sqrt{G^2 + B^2}, \quad \theta_Y = \arctan\left[\frac{\omega C - \dfrac{1}{\omega L}}{G}\right]$$

当 $B > 0$，即 $\omega C > \dfrac{1}{\omega L}$ 时，电路呈容性；当 $B < 0$，即 $\omega C < \dfrac{1}{\omega L}$ 时，电路呈感性。

一般情况下，按一端口定义的导纳又称为一端口 N 的等效导纳、输入导纳、驱动点导纳，它的实部和虚部都将是外施正弦激励的角频率 ω 的函数。

按导纳 Y 的代数形式，G、B 和 $|Y|$ 之间的关系可用导纳三角形表示，如图 6-2（b）所示。

阻抗和导纳互为倒数。若 $Y = G + jB$，其等效阻抗为

$$Z = \frac{G}{G^2 + B^2} - j\frac{B}{G^2 + B^2} \quad (6-12)$$

当一端口 N 中含有受控源时，可能会有 $\text{Re}[Z(j\omega)] < 0$ 或 $|\theta_z| > 90°$ 的情况出现，如果仅限于 R、L、C 元件的组合时一定有 $\text{Re}[Z(j\omega)] \geq 0$ 或 $|\theta_z| < 90°$。

综上所述可知，在正弦稳态电路中，阻抗或导纳体现了元件的性质，表明了元件两端电压相量和电流相量的关系。由 KCL、KVL 的相量形式和其时域形式的相似性，R、L、C 元件伏安关系的相量形式和时域中电阻元件的欧姆定律的相似性，完全可以仿照直流电阻电路的各种分析方法来分析正弦稳态电路。

例 6-1 图 6-3 所示的电路处于正弦稳态中，已知 $R=4\Omega$，$L=2\text{H}$，$u_s(t) = 56.6\cos 2t \text{V}$。求 $i(t)$，画出包括 $\dot{U}_s$、$\dot{I}$ 的相量图。

解 （1）$\dot{U}_s = \dfrac{56.6}{\sqrt{2}} \angle 0° = 40 \angle 0°$ V

（2）作电路的相量模型，如图 6-4 所示。

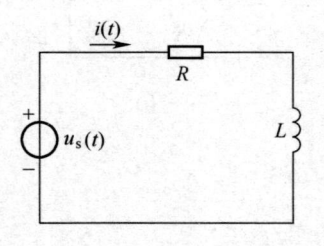

图 6-3 例 6-1 图

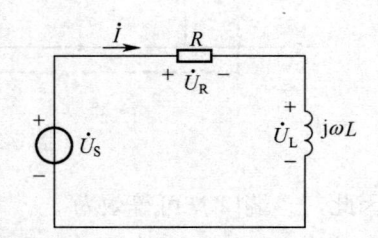

图 6-4 例 6-1 的相量模型

其中： $R = 4\Omega$，$j\omega L = j \times 2 \times 2 = j4\Omega$

根据 KVL 的相量形式，可得

$$\dot{U}_S = \dot{U}_R + \dot{U}_L$$

根据元件伏安关系的相量形式，可得

$$40 \angle 0° = 4\dot{I} + j4\dot{I}$$

故

$$\dot{I} = \frac{40 \angle 0°}{4 + j4} = \frac{10}{\sqrt{2}} \angle -45° \text{ A}$$

（3）$i(t) = \sqrt{2} \times \dfrac{10}{\sqrt{2}} \cos(2t - 45°) = 10\cos(2t - 45°) \text{A}$

根据所得结果和已知数据画出其相量图，如图 6-5 所示。

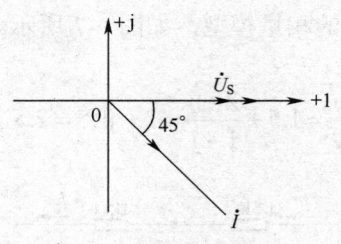

图 6-5　例 6-1 相量图

6.2　阻抗和导纳的串联和并联

对于 K 个阻抗串联而成的电路，其等效阻抗

$$Z_{eq} = Z_1 + Z_2 + \cdots + Z_K \tag{6-13}$$

各个阻抗的电压分配为

$$\dot{U}_k = \frac{Z_k}{Z_{eq}}\dot{U}, \quad k = 1, 2, \cdots, K \tag{6-14}$$

其中，$\dot{U}$ 为总电压，$\dot{U}_k$ 为第 k 个阻抗 Z_k 的电压。

同理，对于 K 个导纳并联而成的电路，其等效导纳

$$Y_{eq} = Y_1 + Y_2 + \cdots + Y_K \tag{6-15}$$

各个导纳的电流分配为

$$\dot{I}_k = \frac{Y_k}{Y_{eq}}\dot{I}, \quad k = 1, 2, \cdots, K \tag{6-16}$$

其中，$\dot{I}$ 为总电流，$\dot{I}_k$ 为第 k 个导纳 Y_k 的电流。

串联、并联和混联动态电路的正弦稳态分析，在作出电路的相量模型以后，完全可以按照串、并、混直流电阻电路的分析方法进行。

例 6-2　图 6-6 所示的电路处于正弦稳态中，已知 $u = \sqrt{2} \times 40\cos 3000t\,\text{V}$，试求 i、u_C 的有效值及其与 u 的相位差，并画出包括 $\dot{U}$、$\dot{I}$、$\dot{U}_C$ 的相量图。

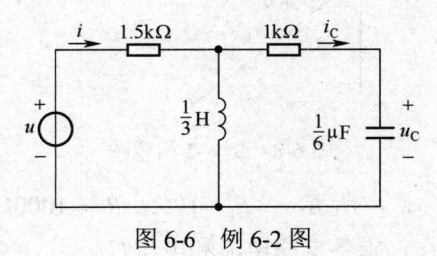

图 6-6　例 6-2 图

解 作图 6-6 所示电路的相量模型，如图 6-7 所示。从电源 $\dot{U}$ 向右看进去的等效阻抗为

$$Z = 1.5 + \frac{j(1-j2)}{j+1-j2} = 1.5 + \frac{2+j}{1-j} = 2 + j1.5 = 2.5 \angle 36.9° \text{ k}\Omega$$

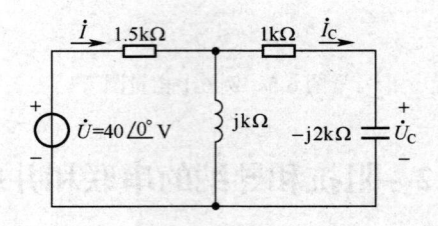

图 6-7 例 6-2 的相量模型

故

$$\dot{I} = \frac{\dot{U}}{Z} = \frac{40 \angle 0°}{2.5 \angle 36.9°} = 16 \angle -36.9° \text{ mA}$$

即 $I = 16 \text{ mA}$，$\theta_i - \theta_u = -36.9° - 0° = -36.9°$

电流 i 滞后电压 u 36.9°。

$\dot{U}_C$ 可用分流或分压的方法分别求出。以分流的方法为例，先由 $\dot{I}$ 通过分流关系求出 $\dot{I}_C$，再由 $\dot{I}_C$ 和容抗 $-j2\text{k}\Omega$ 求出 $\dot{U}_C$，即

$$\dot{I}_C = \frac{j}{j+1-j2}\dot{I} = \frac{j}{1-j} \times 16 \angle -36.9° = \frac{1}{\sqrt{2}} \angle 135° \times 16 \angle -36.9° = 11.31 \angle 98.1° \text{ mA}$$

故 $\dot{U}_C = -j2\dot{I}_C = -j2 \times 11.31 \angle 98.1° = 22.62 \angle 8.1° \text{ V}$

即 $\dot{U}_C = 22.62 \text{V}$，$\theta_C - \theta_u = 8.1° - 0° = 8.1°$

电容 u_C 超前电压 u 8.1°，其相量如图 6-8 所示。

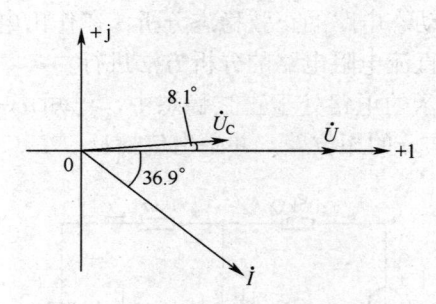

图 6-8 例 6-2 相量图

例 6-3 如图 6-9（a）所示，$R_1 = 10\Omega$，$R_2 = 1000\Omega$，$L = 0.5\text{H}$，$C = 10\mu\text{F}$，$U_s = 100\text{V}$，$\omega = 314 \text{rad/s}$，求各支路电流和电压 $\dot{U}_{10}$。

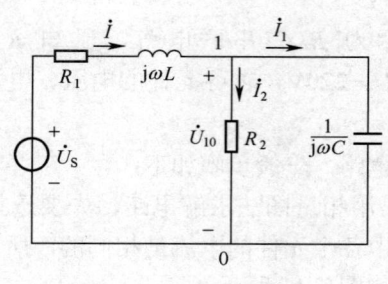

图 6-9 例 6-3 图

解 设 $\dot{U} = \dot{U}_s = 100 \angle 0°$ V，并联部分的等效阻抗为

$$Z_{10} = \frac{R_2 / j\omega C}{R_2 + \frac{1}{j\omega C}} = \frac{1000(-j318.47)}{1000 - j318.47} = 303.45 \angle -72.33° \Omega$$

总的输入阻抗为

$$Z_{eq} = (R_1 + j\omega L) + Z_{10} = 166.99 \angle -52.30° \Omega$$

各支路电流和并联部分的电压分别为

$$\dot{I} = \dot{U}_s / Z_{eq} = 0.6 \angle 52.30° \text{A}$$

$$\dot{U}_{10} = Z_{10}\dot{I} = 182.07 \angle -20.03° \text{V}$$

$$\dot{I}_1 = j\omega C\dot{U}_{10} = 0.57 \angle 69.97° \text{A}$$

$$\dot{I}_2 = \dot{U}_{10} / R_2 = 0.18 \angle -20.03° \text{A}$$

6.3 电路的相量图法

在正弦稳态电流电路的分析中，可以利用相关的电压和电流相量在复平面上组成电路的相量图。相量图不仅可以直观地显示各相量之间的关系，而且可用来辅助电路的分析计算。在相量图上，除了按比例反映各相量的模（有效值）以外，最重要的是根据各相量的相位相对地确定各相量在图上的位置（方位）。电路的相量图法的一般做法如下：

（1）对于串联电路，以电路串联部分的电流相量为参考，根据 VCR 确定有关电压相量与电流相量之间的夹角，再根据 KVL 方程，用相量平移求和的法则画出回路上各电压相量所组成的多边形。

（2）对于串并混联的电路，以电路并联部分的电压相量为参考，根据支路的 VCR 确定电流相量与电压相量之间的夹角，再根据结点上的 KCL 方程，用相量平移求和法则画出结点上各支路电流相量组成的多边形。

例6-4 图6-10所示为 RLC 串联电路，已知 $R = 10\Omega$，$X_L = 17.32\Omega$，$X_C = -7.32\Omega$，正弦电压 $U = 220V$，求各元件的电压、电流的有效值及其与 u 的相角差。

解 用相量图法求解电路，一般步骤如下：

（1）选择参考相量。用相量图法求解电路，先要选择一个参考相量作为相位的基准。由于在串联电路中各个元件的电流是相同的，所以本题我们选电流 $\dot{I}$ 为参考相量，取 $\dot{I} = I \angle 0°$A，如图6-11所示。

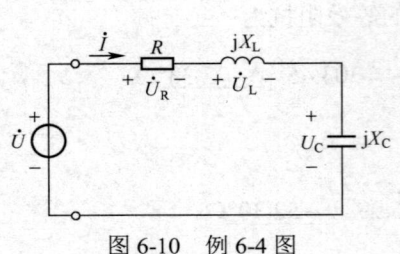

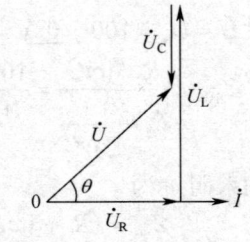

图6-10 例6-4图

图6-11 例6-4的相量图

（2）定性地画出相量图。根据 KVL 方程，即 $\dot{U} = \dot{U}_R + \dot{U}_L + \dot{U}_C$ 和 R、L、C 元件伏安关系的相量形式画出 $\dot{U}_R$、$\dot{U}_L$、$\dot{U}_C$，其中 $\dot{U}_R$ 与 $\dot{I}$ 同相位，长度为 $RI = 10I$；$\dot{U}_L$ 超前 $\dot{I}$ 90°，长度为 $17.32I$；考虑到 KVL 方程，把相量 $\dot{U}_L$ 的始端画在 $\dot{U}_R$ 有向线段的终端上，$\dot{U}_C$ 滞后 $\dot{I}$ 90°，长度为 $7.32I$。同样理由，把 $\dot{U}_C$ 的始端画在 $\dot{U}_L$ 的终端上，根据 KVL 方程可知，从 $\dot{U}_R$ 的起点到 $\dot{U}_C$ 的终点的有向线段就是电源电压 $\dot{U}$，即 $\dot{U}_R$、$\dot{U}_L$、$\dot{U}_C$、$\dot{U}$ 四个相量构成一个闭合多边形，这就完成了此电路的相量图，如图6-11所示。

（3）由相量图中所表示的几何关系求出各元件的电压、电流。

$$\theta = \text{arctg} \frac{U_L - U_C}{U_R} = \text{arctg} \frac{X_L - X_C}{R}$$

$$= \text{arctg} \frac{17.32 - 7.32}{10} = 45°$$

$$U_R = U\cos\theta = 220\cos 45° = 155.6\text{V}$$

由图6-11中看出，$\dot{U}_R$ 滞后 $\dot{U}$ θ，亦即 $\dot{U}_R$ 滞后 $\dot{U}$ 45°。

$$I = \frac{U_R}{R} = \frac{155.6}{10} = 15.56\text{A}$$

由图6-11中看出，$\dot{I}$ 滞后 $\dot{U}$ 45°。

$$U_L = X_L I = 17.32 \times 15.56 = 269.50\text{V}$$

由图 6-11 中看出，$\dot{U}_L$ 超前 $\dot{U}$ 45°
$$U_C = |X_C|I = 7.32 \times 15.56 = 113.90\text{V}$$
由图 6-12 中看出，$\dot{U}_C$ 滞后 $\dot{U}$ 135°。

应该指出，用相量图法求解电路时，也可以利用已知数据根据两类约束的相量形式作出尽量准确的相量图，然后量出代表未知量的有向线段的长度和角度，以获解答，而不用通过几何关系求解。

例 6-5 在图 6-12（a）所示的正弦稳态电路中，$U=100\text{V}$，$I_1 = I_2 = I_3 = 10\text{A}$，试求 R、X_L、X_C 的值。

解 选 $\dot{U}$ 为参考相量，即 $\dot{U} = 100\angle 0°\text{V}$。因电容的电流超前电压，故相量 $\dot{I}_2$ 垂直于 $\dot{U}$ 且处于超前 $\dot{U}$ 的位置；因 RL 串联支路为电感性支路，故相量 $\dot{U}$ 应超前 $\dot{I}_1$ 一个小于 90° 的 θ。根据 KCL，有 $\dot{I}_3 = \dot{I}_1 + \dot{I}_2$，由此可以画出如图 6-12（b）所示的相量图。由于 $I_1 = I_2 = I_3$，所以 △AOB 为等边三角形，由此可知 $\theta = 30°$，并得

$$|X_C| = \frac{U}{I_2} = \frac{100}{10} = 10\Omega, \quad 即 X_C = -10\Omega$$

$$|Z_{RL}| = \frac{U}{I_1} = \frac{100}{10} = 10\Omega$$

$$R = |Z_{RL}|\cos\theta = 10 \times \cos 30° = 8.66\Omega$$

$$X_L = |Z_{RL}|\sin\theta = 10 \times \sin 30° = 5\Omega$$

或

$$Z_{RL} = \frac{\dot{U}}{\dot{I}_1} = \frac{100\angle 0°}{10\angle -30°} = 10\angle 30° = (8.66 + \text{j}5)\Omega$$

故

$$R = 8.66\Omega, \quad X_L = 5\Omega$$

图 6-12 例 6-5 图

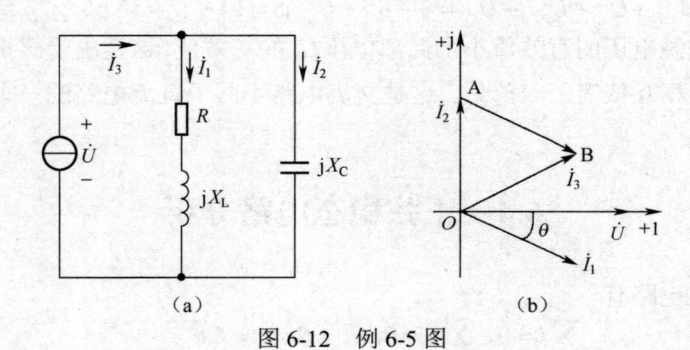

例 6-6 在图 6-13（a）所示的正弦稳态电路中，电流表 A 和电压表 V_1 与 V_2

的指示均为有效值,求电源电压的有效值。

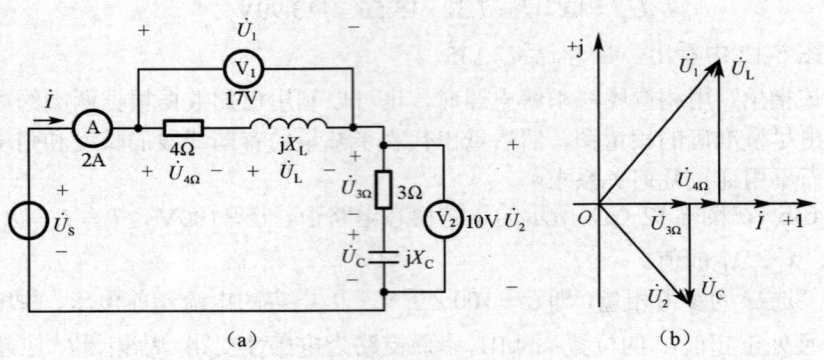

图 6-13 例 6-6 图

解 以电流 $\dot{I}$ 为参考相量,即 $\dot{I} = 2\angle 0°$ A,则

$$\dot{U}_{4\Omega} = 4\dot{I} = 4 \times 2\angle 0° = 8\angle 0° \text{ V}$$

$$\dot{U}_{3\Omega} = 3\dot{I} = 3 \times 2\angle 0° = 6\angle 0° \text{ V}$$

$$\dot{U}_L = U_L \angle 90° \text{ V}$$

$$\dot{U}_C = U_C \angle -90° \text{ V}$$

作如图 6-13(b)所示的相量图,可得

$$U_L = \sqrt{U_1^2 - U_{4\Omega}^2} = \sqrt{17^2 - 8^2} = 15 \text{V}$$

$$U_C = \sqrt{U_2^2 - U_{3\Omega}^2} = \sqrt{10^2 - 6^2} = 8 \text{V}$$

故

$$\dot{U}_L = 15 \angle 90° \text{ V}, \quad \dot{U}_C = 8 \angle -90° \text{ V}$$

根据 KVL,得

$$\dot{U}_S = \dot{U}_{4\Omega} + \dot{U}_L + \dot{U}_{3\Omega} + \dot{U}_C = 8 + \text{j}15 + 6 - \text{j}8 = 14 + \text{j}7 = 15.65 \angle 26.57° \text{ V}$$

本例中电源电压的有效值小于局部电压 U_1 的有效值,这是由于感抗上的电压和容抗上的电压相互抵消了一部分。这是交流电路不同于直流电路的一个值得注意的现象。

【思政案例】

交直之争

6.4 正弦稳态电路分析

对于电阻电路有

$$\sum i = 0, \quad \sum u = 0, \quad u = Ri, \quad i = Gu$$

对于正弦稳态电流电路有

$$\sum \dot{I} = 0, \quad \sum \dot{U} = 0, \quad \dot{U} = Z\dot{I}, \quad \dot{I} = Y\dot{U}$$

在用相量法分析计算时，引入正弦量的相量、阻抗、导纳和 KCL、KVL 的相量式，它们在形式上与线性电阻电路相似。因此，用相量法分析时，线性电阻电路的各种分析方法和电路定理可推广用于线性电路的正弦稳态分析，差别仅在于电路方程为以相量法形式表示的代数方程和用相量形式描述的电路定理，而计算则为复数运算。显然两者描述的物理过程之间有很大差别。应用于直流电阻电路计算和分析的方法，如等效变换、结点分析法、回路分析法、戴维宁等效电路、诺顿等效电路、叠加定理等均可应用于正弦稳态电路的分析和计算。

例 6-7 图 6-14 所示的电路处于正弦稳态中，已知 $i_{s1}(t) = \sqrt{2}\cos 1000t \mathrm{A}$，$i_{s2}(t) = \sqrt{2} \times 0.5\cos(1000t - 90°)\mathrm{A}$，求 u_{n1} 和 u_{n2}。

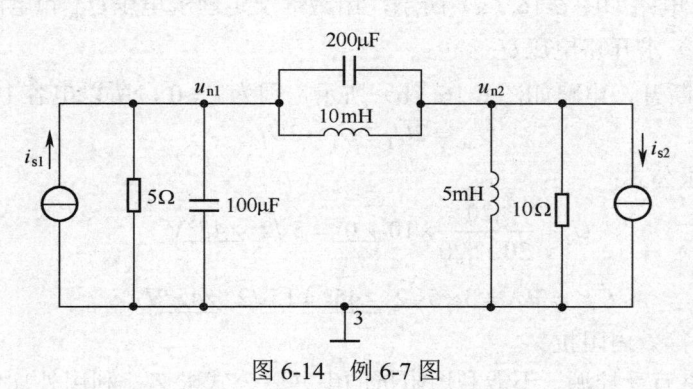

图 6-14 例 6-7 图

解 用结点分析法求解，以导纳形式表示的相量模型如图 6-15 所示，其结点方程的相量形式为

$$\begin{cases} (0.2 + j0.1 + j0.2 - j0.1)\dot{U}_{n1} - (j0.2 - j0.1)\dot{U}_{n2} = 1\angle 0° \\ -(j0.2 - j0.1)\dot{U}_{n1} + (j0.2 - j0.1 - j0.2 + 0.1)\dot{U}_{n2} = -0.5\angle -90° \end{cases}$$

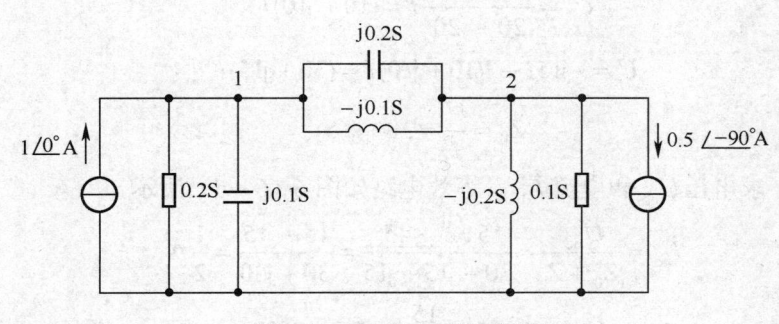

图 6-15 例 6-7 的相量模型

整理后得

$$(0.2 + j0.2)\dot{U}_{n1} - j0.1\dot{U}_{n2} = 1$$
$$-j0.1\dot{U}_{n1} + (0.1 - j0.1)\dot{U}_{n2} = j0.5$$

解得

$$\dot{U}_{n1} = 1 - j2 = 2.24 \angle -63.4°\text{V}$$
$$\dot{U}_{n2} = -2 + j4 = 4.47 \angle 116.6°\text{V}$$

故

$$u_{n1}(t) = \sqrt{2} \times 2.24\cos(1000t - 63.4°)\text{V}$$
$$u_{n2}(t) = \sqrt{2} \times 4.47\cos(1000t + 116.6°)\text{V}$$

例 6-8 电路如图 6-16（a）所示，用戴维宁定理求电压 $\dot{U}_{ab}$ 和电流 $\dot{I}_{ab}$。

解 （1）求开路电压 $\dot{U}_{oc}$。

将 ab 端断开，电路如图 6-16（b）所示，因为 $\dot{I} = 0$，所以电容上无电压。

$$\dot{U}_{oc} = 2\dot{U}_1 + \dot{U}_1 = 3\dot{U}_1$$

利用分压公式：

$$\dot{U}_1 = \frac{j20}{20 + j20} \times 10 \angle 0° = 5\sqrt{2} \angle 45°\text{V}$$

$$\dot{U}_{oc} = 3\dot{U}_1 = 3 \times 5\sqrt{2} \angle 45° = 15\sqrt{2} \angle 45°\text{V}$$

（2）求等效内阻抗 Z_0。

因为网络有受控源，不能利用阻抗的串并联公式求 Z_0。利用外加电压源法，将内部的独立源置零后得到等效电路，如图 6-16（c）所示，由阻抗定义 $Z_0 = \dfrac{\dot{U}}{\dot{I}}$，对端口利用 KVL，有

$$\dot{U} = -j15\dot{I} + 3\dot{U}_1$$

而

$$\dot{U}_1 = \frac{20 \times (j20)}{20 + j20}\dot{I} = (10 + j10)\dot{I}$$

$$\dot{U} = -j15\dot{I} + 3(10 + j10)\dot{I} = (30 + j15)\dot{I}$$

所以

$$Z_0 = \frac{\dot{U}}{\dot{I}} = 30 + j15$$

（3）求电压 $\dot{U}_{ab}$ 和电流 $\dot{I}_{ab}$，等效电路如图 6-16（d）所示。

$$\dot{I}_{ab} = \frac{\dot{U}_{oc}}{Z_0 + Z} = \frac{15\sqrt{2} \angle 45°}{30 + j15 + j15} = \frac{15 + j15}{30 + j30} = \frac{1}{2}\text{A}$$

$$\dot{U}_{ab} = \dot{I} \times 15j = \frac{15}{2}j = 7.5 \angle 90°\text{V}$$

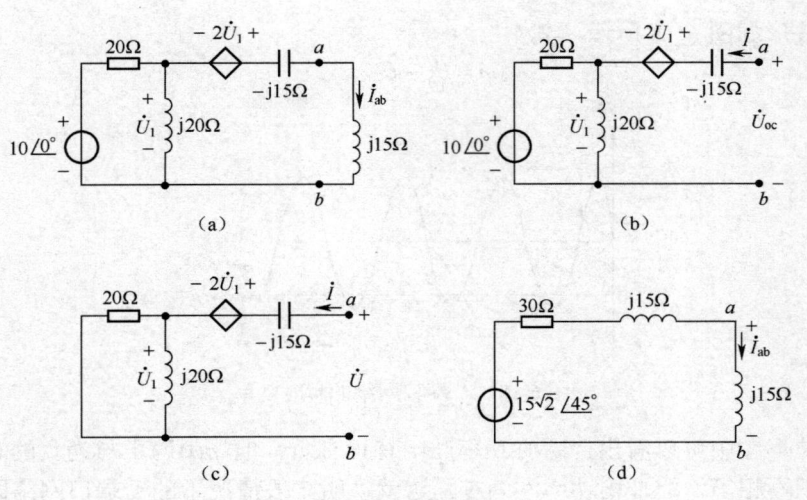

图 6-16 例 6-8 图

6.5 正弦稳态电路的功率

图 6-17 所示为一个一端口线性非时变电路，并假定它处于正弦稳态中，若

$$u = \sqrt{2}U\cos(\omega t + \theta_u)$$
$$i = \sqrt{2}I\cos(\omega t + \theta_i)$$

此一端口网络吸收的瞬时功率为

$$p(t) = ui = 2UI\cos(\omega t + \theta_u) \cdot \cos(\omega t + \theta_i) \tag{6-17}$$

考虑到

$$\cos\alpha \cdot \cos\beta = \frac{1}{2}[\cos(\alpha+\beta) + \cos(\alpha-\beta)]$$

可得

$$\begin{aligned}p(t) &= UI[\cos(2\omega t + \theta_u + \theta_i) + \cos(\theta_u - \theta_i)]\\ &= UI\cos\varphi + UI\cos(2\omega t + \theta_u + \theta_i)\end{aligned} \tag{6-18}$$

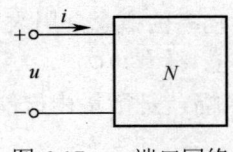

图 6-17 一端口网络

其波形如图 6-18 所示，其中
$$\varphi = \theta_u - \theta_i \tag{6-19}$$

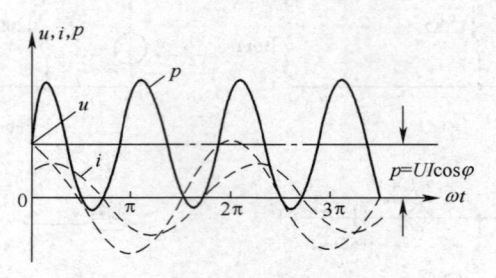

图 6-18 一端口网络的瞬时功率

从波形图中可以看出，瞬时功率 $p(t)$ 有正有负，但 $p(t)$ 为正与为负的时间段的积分面积不相等，即平均功率不为零，这就说明一般情况下的一端口网络既有能量消耗又有能量交换。

由式（6-18）可以看出，一端口网络的瞬时功率由两项组成，即常数项 $UI\cos(\theta_u - \theta_i)$ 和随时间按正弦规律变化的项 $UI\cos(2\omega t + \theta_u + \theta_i)$。

瞬时功率的实际意义不大，且不便于测量。通常引入平均功率的概念来反映此一端口网络消耗能量的情况。平均功率又称有功功率，是指瞬时功率在一个周期 $\left(T = \dfrac{2\pi}{\omega}\right)$ 内的平均值，用大写字母 P 表示。

$$P = \frac{1}{T}\int_0^T p(t)\mathrm{d}t = \frac{1}{T}\int_0^T UI[\cos(\theta_u - \theta_i) + \cos(2\omega t + \theta_u + \theta_i)]\mathrm{d}t$$
$$= UI\cos(\theta_u - \theta_i) \tag{6-20}$$

有功功率代表一端口网络实际消耗的功率，它就是式（6-18）的恒定分量，不仅与电压和电流的有效值的乘积相关，还与它们的相位差有关。

若一端口网络只由 R、L、C 等无源元件组成，一端口网络便可用一个阻抗 Z 来表征，即
$$\dot{U} = Z\dot{I}$$
其中 $Z = |Z|\angle\varphi$。这时，式（6-18）中 $\theta_u - \theta_i = \varphi$，则式（6-20）可写成
$$P = UI\cos\varphi \tag{6-21}$$

在电工技术中还引入了无功功率的概念，用大写字母 Q 表示，其定义为
$$Q = UI\sin\varphi \tag{6-22}$$

它是瞬时功率可逆部分的振幅，是衡量由储能元件引起的与外部电路交换的功率。

许多电力设备的容量由它们的额定电流和额定电压的乘积决定,为此引入了视在功率的概念,用大写字母 S 表示,其定义为

$$S = UI \tag{6-23}$$

有功功率、无功功率和视在功率都具有功率的量纲,为便于区分,有功功率的单位用 W,无功功率的单位用 var(乏,即无功伏安),视在功率的单位用 VA(伏安)。

定义一端口网络的平均功率与视在功率的比值为功率因数,记作 λ,即

$$\lambda = \frac{P}{S} = \cos\varphi \tag{6-24}$$

功率因数 λ 代表有功功率占视在功率的份额,即电源的利用率。用电设备一般是利用有功功率来进行能量转换的,功率因数越大,有功功率越大,电能利用率越高。

阻抗角 φ 是电压与电流的相位差角,又称为功率因数角。阻抗角或功率因数角能够反映网络的性质。但功率因数 λ 却不能完全做到这一点,因为不论 φ 为正还是为负,λ 总是正的,因此,一般在给出功率因数的同时,习惯上还加上"滞后"或"超前"的字样,以表示出网络的性质。"滞后"是指电流滞后电压,即 $\varphi>0$,是感性电路;"超前"是指电流超前电压,即 $\varphi<0$,是容性电路。

对无源一端口网络而言,平均功率除了可用式(6-21)计算外,还可用电流与阻抗、导纳或电压与阻抗、导纳来计算。考虑到 $U=|Z|I$,可得

$$P = I^2 |Z| \cos\theta_z \tag{6-25}$$

或

$$P = I^2 Re[Z] \tag{6-26}$$

考虑到 $I=|Y|U$,可得

$$P = U^2 |Y| \cos\theta_y \tag{6-27}$$

或

$$P = U^2 Re[Y] \tag{6-28}$$

根据能量守恒原理,一端口网络吸收的平均功率 P 应等于网络内各支路吸收的平均功率之和,因此一端口网络的平均功率还可以写成如下形式:

$$P = \Sigma P_k \tag{6-29}$$

式中,P_k 为第 k 条支路的平均功率。

如果一端口网络 N 分别为 R、L、C 单个元件,则从式(6-29)可以求得瞬时功率、有功功率和无功功率。

对于电阻 R,有 $\varphi = \theta_u - \theta_i = 0$,所以瞬时功率

$$P = UI \left| 1 + \cos[2(\omega t + \theta_u)] \right|$$

它始终大于或等于零,它的最小值为零,这说明电阻一直在吸收能量。平均功率为

$$P_R = UI = RI^2 = GU^2 \qquad (6\text{-}30)$$

P_R 表示电阻所消耗的功率。电阻的无功功率为零。

对电感 L，有 $\varphi = \pi/2$，瞬时功率

$$P = UI\sin\varphi\sin[2(\omega t + \theta_u)]$$

它的平均功率为零，所以不消耗能量，但是 P 正负交替变化，说明有能量的来回交换。电感的无功功率为

$$Q_L = UI\sin\varphi = UI = \omega L I^2 = \frac{U^2}{\omega L} \qquad (6\text{-}31)$$

对于电容 C，有 $\varphi = -\dfrac{\pi}{2}$，瞬时功率

$$p(t) = UI\sin\varphi\sin[2(\omega t + \theta_u)] = -UI\sin[2(\omega t + \theta_u)]$$

它的平均功率为零，所以电容也不能消耗能量，但是 p 正负交替变化，说明有能量的来回交换。电容的无功功率为

$$Q_C = -UI = -\frac{1}{\omega C}I^2 = -\omega C U^2 \qquad (6\text{-}32)$$

如果一端口 N 为 RLC 串联电路，它的有功功率

$$P = UI\cos\varphi \qquad (6\text{-}33)$$

无功功率

$$Q = UI\sin\varphi \qquad (6\text{-}34)$$

由于一端口 N 的阻抗为

$$Z = R + j\left(\omega L - \frac{1}{\omega C}\right) = R + jX, \varphi = \arctan\left(\frac{X}{R}\right)$$

另有 $U = |Z|I$，$R = |Z|\cos\varphi$，$X = |Z|\sin\varphi$，故

$$P = UI\cos\varphi = |Z|I^2\cos\varphi = RI^2$$

$$Q = UI\sin\varphi = |Z|I^2\sin\varphi = \left(\omega L - \frac{1}{\omega C}\right)I^2 = Q_L + Q_C$$

对于无源一端口，其等效阻抗的实部不会是负值，所以 $\cos\varphi \geq 0$。

正弦电流电路的瞬时功率等于两个同频正弦量的乘积，在一般情况下其结果是一个非正弦量，同时它的变动频率也不同于电压或电流的频率，所以不能用相量法讨论。但是正弦电流电路的有功功率、无功功率和视在功率三者之间的关系可以通过"复功率"表述。

设一个端口的电压相量为 $\dot{U}$，电流相量为 $\dot{I}$，复功率 $\overline{S}$ 定义为

$$\overline{S} = \dot{U}\dot{I}^* = UI\underline{/\theta_u - \theta_i} = S\underline{/\varphi} = UI\cos\varphi + jUI\sin\varphi = P + jQ$$

式中，$\dot{I}^*$ 是 $\dot{I}$ 的共轭复数。复功率的吸收或发出同样根据端口电压和电流的参考方向来判断。复功率是一个辅助计算功率的复数，它将正弦稳态电路的三个功率和功率因数统一用一个公式表示。只要计算出电路中的电压和电流相量，各种功率就可以很方便地计算出来。复功率的单位用 VA。

有功功率 P、无功功率 Q 和视在功率 S 之间存在下列关系：
$$P = S\cos\varphi, \quad Q = S\sin\varphi$$
$$S = \sqrt{P^2 + Q^2}, \quad \varphi = \arctan\left(\frac{Q}{P}\right)$$

应当注意，复功率 $\overline{S}$ 不代表正弦量，乘积 $\dot{U}\dot{I}$ 是没有意义的。复功率的概念适用于单个电路元件或任何电路。

可以证明，对任意线性一端口网络 N

$$\overline{S} = P + jQ = \sum P_k + j\sum Q_k \tag{6-35}$$

式中
$$P = \sum P_k \tag{6-36}$$
$$Q = \sum Q_k \tag{6-37}$$

P 为一端口网络的平均功率，P_k 为网络中第 k 条支路的平均功率，Q 为一端口网络的无功功率，Q_k 为第 k 条支路的无功功率。式（6-36）和式（6-37）说明正弦电流电路中总的有功功率是电路各部分有功功率之和，总的无功功率是电路各部分无功功率之和，即有功功率和无功功率分别守恒。电路中复功率也守恒，但视在功率不守恒。

例 6-9 一端口网络的相量模型如图 6-19 所示，已知 $\dot{U} = 100\underline{/0°}$ V，求此一端口网络的平均功率。

图 6-19 例 6-9 图

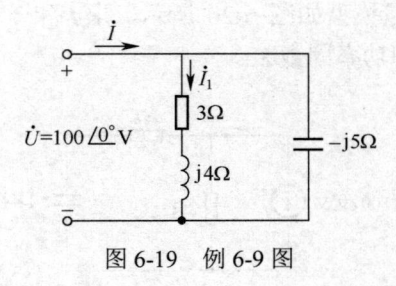

解 本例将说明可以通过多种途径求得一端口网络的平均功率。

解法 1：利用一端口网络的端钮电压、电流来计算。

$$\dot{I} = \frac{100\angle 0°}{\dfrac{(3+j4)(-j5)}{3-j}} = 12.65\angle 18.5° \text{A}$$

$$P = UI\cos(\theta_u - \theta_i) = 100\times 12.65\cos(-18.5°) = 1200\text{W}$$

解法 2：利用一端口网络的电压和阻抗来计算。

$$Z = \frac{(3+j)(-j5)}{3-j} = 7.91\angle -18.5° \text{ Ω}$$

故

$$P = U^2\operatorname{Re}[Y] = U^2\operatorname{Re}\left[\frac{1}{Z}\right] = (100)^2\operatorname{Re}\frac{1}{7.91\angle -18.5°}$$

$$= (100)^2\times\frac{1}{79.1}\cos 18.5 = 1200\text{W}$$

若已知 I 和 Z，可用

$$P = I^2|Z|\cos\theta_z = (12.65)^2\times 7.91\cos(-18.5°) = 1200\text{W}$$

解法 3：利用能量守恒原理来计算，一端口网络的功率等于网络内部各支路消耗功率之和。本网络只有 3Ω 电阻消耗功率，为求 3Ω 的功率，先求出电流 $\dot{I}_1$。

$$\dot{I}_1 = \frac{\dot{U}}{3+j4} = \frac{100}{3+j4} = 20\angle -53.1° \text{A}$$

故

$$P = I_1^2 R = (20)^2\times 3 = 1200\text{W}$$

解法 4：用某一支路来计算。由于电容支路不消耗功率，因此(3+j4)Ω 支路的平均功率就是一端口网络的平均功率，现已知 $\dot{U}$ 与支路阻抗 $Z_1=3+j4$，则

$$P = U^2\operatorname{Re}\left[\frac{1}{Z_1}\right] = (100)^2\operatorname{Re}\left[\frac{1}{3+j4}\right]$$

$$= (100)^2\operatorname{Re}\left[\frac{3-j4}{25}\right] = (100)^2\cdot\frac{3}{25} = 1200\text{W}$$

例 6-10 电路的相量模型如图 6-20 所示，求 $\dot{I}$ 和一端口网络的复功率 $\overline{S}$、平均功率 P、无功功率 Q 和功率因数 λ。

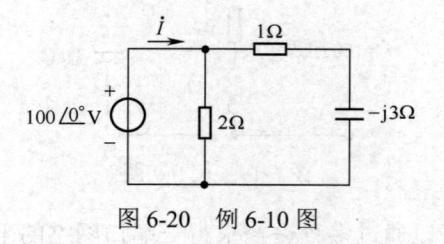

图 6-20 例 6-10 图

解 从电压源两端向右看的阻抗

$$Z = \frac{(1-j3) \times 2}{3-j3} = 1.49 \angle -26.57° \ \Omega$$

$$\dot{I} = \frac{100 \angle 0°}{1.49 \angle -26.57°} = 67.11 \angle 26.57° \text{A}$$

$$\bar{S} = 100 \angle 0° \times 67.11 \angle -26.57° = 6711 \angle -26.57°$$
$$= 6000 - j3000 \text{VA}$$

故
$$P = 6000\text{W}$$
$$Q = 3000\text{var}$$
$$S = 6711\text{VA}$$
$$\lambda = \frac{P}{S} = \frac{6000}{6711} = 0.894 \text{（超前）}$$

6.6 功率因数的提高

运行于正弦稳态电路中的电源设备都有一定的额定电压 U_e 和额定电流 I_e，它们是由设备的体积、材料等决定的。所谓额定电压、额定电流是指电源设备得以维持正常工作所允许的最大输出电压和输出电流。若电路超出额定电压或额定电流工作，设备将可能不正常，严重时还可能使设备损坏。额定电压与额定电流的乘积称为额定容量 S_e，即额定视在功率，$S_e = U_e I_e$。但是电源设备是否能输出额定容量那样大的功率呢？不一定。这要视负载网络的功率因数如何而定。若负载的功率因数为 $\cos\varphi$，则此电源可以输出 $P = U_e I_e \cos\varphi$ 大小的功率。例如一台发电机的容量为 75000kVA，若负载的功率因数 $\cos\varphi = 1$，则发电机可输出 75000kW 有功功率；若 $\cos\theta = 0.7$，则发电机最多只可输出 75000×0.7=52500kW 有功功率。这说明负载的 $\cos\varphi = 0.7$ 时，电源输出设备的功率能力没有被充分利用，有一部分被无功的能量交换所占有。因此，为了充分利用电源设备的容量，应该设法提高负载网络的功率因数。

此外，在实际电路中，提高功率因数还能提高效率。因为功率因数提高后能减少输电线路的功率损失。这是因为当负载的有功功率 P 和电压 U 一定的情况下，功率因数越大，在输电线中的电流 $I = \dfrac{P}{U\cos\theta}$ 就越小，因此消耗在输电线上的功率 $I^2 R_s$（R_s 为输电线的电阻）也就越小。

综上所述，提高电路的功率因数既可以充分利用发电设备的容量，又可以减小线路和电源损耗，因而是十分必要的且有很大的经济意义。

在工程实际中，大部分负载都是电感性负载。如何提高电路的功率因数呢？对于电感性负载，常用的方法是在负载端并联电容，其电路图和相量图如图 6-21 所示。

图 6-21（a）中，RL 支路表示电感性负载，因为并联电容后电源电压和负载参数均未改变，所以感性负载上的电流 I_1 和功率因数 $\cos\varphi_1$ 均未改变。但由图 6-21（b）所示的相量图可见，并联电容后，整个电路（包括感性负载和电容）的功率因数 $\cos\varphi$ 提高了，同时也减小了总电流 I，有利于降低线路损耗。

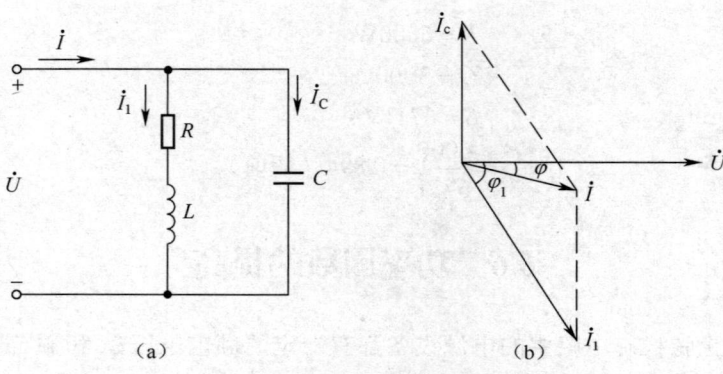

图 6-21　感性负载并联电容提高功率因数

从物理意义上说，并联电容后之所以能提高功率因数是因为在电容和电感性负载之间发生了能量互换，从而大大减少了电源和负载之间的能量互换，无功功率减少了，因而提高了功率因数。并联电容大小的选择应恰当，要遵循有效且经济的原则，即在保证提高功率因数的前提下，尽可能采用容量小的电容。设电感性负载的参数已知，并联电容前的功率因数是 $\cos\varphi_1$，要求并联电容后整个电路的功率因数提高至 $\cos\varphi$。由图 6-21（b）有

$$I_C = I_1 \sin\varphi_1 - I \sin\varphi$$

因为

$$I_1 = \frac{P}{U\cos\varphi_1}, \quad I = \frac{P}{U\cos\varphi}, \quad I_C = \omega CU$$

代入上式后，得出

$$\omega CU = \frac{P}{U}\tan\varphi_1 - \frac{P}{U}\tan\varphi$$

所以

$$C = \frac{P}{\omega U^2}(\tan\varphi_1 - \tan\varphi) \tag{6-38}$$

提高功率因数的基本思想是在保证负载获得的有功功率不变的情况下，减小与电源相接的网络的阻抗角，即减小其无功功率。工业企业中用得最广泛的动力装置是感应电动机，它相当于感性负载。为了提高其功率因数，可通过在负载上并联适

当的电容器来实现。

例 6-11 有一感性负载如图 6-22 中的 RL 支路所示，已知电源电压 $U=380\text{V}$，频率 $f=50\text{Hz}$，负载的功率 $P=20\text{kW}$，功率因数 $\lambda=0.6$（滞后），求：

（1）线路电流 I。

（2）如果在负载两端并联一电容，$C=374\mu\text{F}$，求负载功率、线路电流 I 和整个电路的功率因数。

（3）如果要将功率因数从 0.9 提高到 1，并联的电容值还需要增加多少？

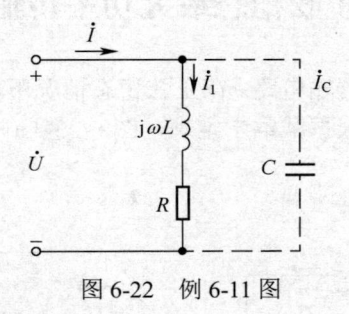

图 6-22 例 6-11 图

解 （1）不并联电容时：由于 $P=UI_1\lambda$，故

$$I=I_1=\frac{P}{U\lambda}=\frac{20\times 10^3}{380\times 0.6}=87.7\text{A}$$

假定
$$\dot{U}=380\angle 0°\text{V}$$
$$\dot{I}_1=I_1\angle\theta_i$$
$$\lambda=\cos(-\theta_i)=0.6$$
$$\theta_i=-53.1°$$
$$\dot{I}_1=87.7\angle -53.1°\text{A}$$

（2）并联电容器后：$\dot{U}$ 不变，故 RL 支路的有功功率也不变。

$$\dot{I}_C=\text{j}\omega C\dot{U}=\text{j}2\pi\times 50\times 374\times 10^{-6}\times 380\angle 0°=44.6\angle 90°$$

故
$$\dot{I}=\dot{I}_1+\dot{I}_C=87.7\angle -53.1°+44.6\angle 90°=58.5\angle -25.8°\text{A}$$

即
$$I=58.5\text{A}$$

整个电路的功率因数 $\lambda'=\cos 25.8°=0.9$。

可见，并联电容器后，整个网络的功率因数提高，线路电流减小。

（3）要将 λ 由 0.9 提高到 1，需要增加的电容值：

$$\varphi=\arccos 0.9=25.8°$$

由式（6-38）

$$C = \frac{P}{\omega U^2}(\tan\varphi_1 - \tan\varphi) = \frac{20\times 10^3}{2\pi\times 50\times 380^2}(\tan 25.8° - \tan 0°) = 637\mu F$$

实际生产中，并不要求把功率因数提高到 1。因为这样做需要并联的电容较大，将增加设备的投资。功率因数提高到什么程度为宜，只有在做具体的技术经济比较后才能决定。

6.7　正弦稳态最大功率传输条件

图 6-23 所示是一功率传输电路。在正弦稳态情况下，一个有源一端口网络向阻抗为 Z_L 的负载传输功率。根据戴维宁定理，图 6-23（a）电路可等效为图 6-23（b）电路。

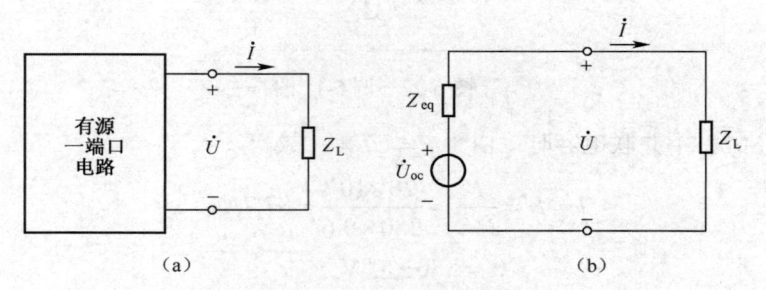

图 6-23　最大功率传输条件

对于图 6-23（b）的电路，在其电压 U_{oc} 和内阻抗 Z_{eq} 一定的情况下，负载获得功率的大小将与负载阻抗有关。电工技术中，常常要求负载能从给定的电源信号中获得尽可能大的功率。如何使负载能从给定的电源中获得最大的功率，称为最大功率传输问题。

下面我们讨论最大功率传输的条件以及在这样的条件下负载获得的最大功率值。由图 6-23（b）可知，电路中的电流为

$$\dot{I} = \frac{\dot{U}_{oc}}{(R_{eq}+R_L)+j(X_{eq}+X_L)}$$

故电流有效值为

$$I = \frac{U_{oc}}{\sqrt{(R_{eq}+R_L)^2+(X_{eq}+X_L)^2}}$$

由此可得负载获得的功率为

$$P_L = I^2 R_L = \frac{U_{oc}^2 \cdot R_L}{(R_{eq}+R_L)^2+(X_{eq}+X_L)^2} \tag{6-39}$$

式中，U_{oc}、R_{eq}、X_{eq} 是常量，负载阻抗是变量，可以在两种情况下求得最大功率传输的条件和获得的最大功率。

1. 共轭匹配条件

设负载阻抗中的 R_L、X_L 均可独立改变，对式（6-39），求 P 为最大值时变量 R_L、X_L 的值。

先求 X_L，由于 X_L 只出现在分母中，显然，当 $X_L = -X_{eq}$ 时分母中 $(X_L+X_{eq})^2$ 为零，整个分母值最小，相对 P 大，即 $X_L = -X_{eq}$ 为所求的值。

再求 R_L 的值，将 $X_L = -X_{eq}$ 代入式（6-39），可得

$$P_L = \frac{U_{oc}^2 R_L}{(R_{eq}+R_L)^2}$$

通过上式对 R_L 求导，再令其等于零

$$\frac{dP_L}{dR_L} = U_{oc}^2 \frac{(R_{eq}+R_L)^2 - 2(R_{eq}+R_L)R_L}{(R_{eq}+R_L)^4} = 0$$

可以求得 P 获得最大值的又一条件是 $R_L = R_{eq}$。

综上分析可得，在这种情况下负载获得最大功率的条件为

$$Z_L = R_{eq} - jX_{eq} = Z_{eq}^* \tag{6-40}$$

满足这一条件时，我们说负载阻抗为最大功率匹配或共轭匹配。

显然，共轭匹配时负载获得的功率为

$$P_{Lmax} = \frac{U_{oc}^2}{4R_{eq}} \tag{6-41}$$

2. 模值匹配条件

当负载阻抗角固定而模可变时，负载获得最大功率的条件是负载阻抗的模等于电源内阻抗的模，即 $|Z_L| = |Z_{eq}|$。

模值匹配条件下获得的最大功率比共轭匹配时获得的功率要小。

例 6-12 电路如图 6-24 所示，求下列情况下负载获得的功率：

（1）$Z_L = 5\Omega$。

（2）共轭匹配。

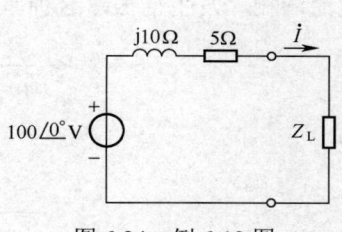

图 6-24 例 6-12 图

（3）Z_L 为纯电阻并等于电源内阻抗的模。

解 （1）当 $Z_L = 5\Omega$ 时

$$I = \frac{100}{\sqrt{(5+5)^2 + 10^2}} = \frac{10}{\sqrt{2}} \text{A}$$

$$P = I^2 \cdot 5 = \left(\frac{10}{\sqrt{2}}\right)^2 \times 5 = 250\text{W}$$

（2）共轭匹配时

$$Z_L = Z_{eq}^* = 5 - \text{j}5\Omega$$

根据式（6-41）

$$P = \frac{100^2}{4 \times 5} = 500\text{W}$$

（3）当 $R_L = \sqrt{5^2 + 10^2} = 11.18\Omega$ 时

$$I = \frac{100}{\sqrt{(5+11.18)^2 + 10^2}} = 5.26\text{A}$$

$$P = I^2 \times R_L = (5.26)^2 \times 11.18 = 309\text{W}$$

可见共轭匹配时获得的功率最大。

6.8 正弦电路的谐振

谐振现象是正弦电路中可能发生的一种特殊现象。这种现象在通信技术中得到广泛的应用，但另一方面，发生谐振时又有可能破坏系统的正常工作状态。所以，对谐振现象的研究有重要的实际意义。本节主要分析典型串联谐振电路和并联谐振电路，引出谐振电路的主要特征和参数。

6.8.1 串联谐振

如图 6-25 所示的 *RLC* 串联电路，在某一特定频率正弦激励下，端口的电压和电流同相，发生谐振，这种串联电路的谐振现象就称为串联谐振。

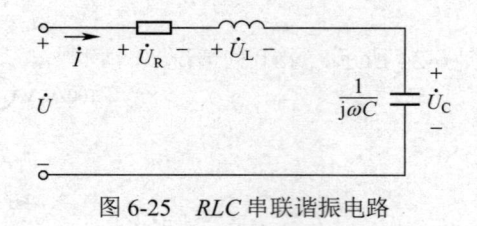

图 6-25 *RLC* 串联谐振电路

1. 串联谐振发生的条件

如图 6-25 所示的串联电路，输入端口接于正弦电源。发生谐振时，端口电压与电流同相，电路呈阻性。由图可知，整个电路的阻抗为

$$Z(j\omega) = R + j\left(\omega L - \frac{1}{\omega C}\right)$$

根据谐振的定义，当 $\text{Im}[Z(j\omega)] = 0$ 时，电压 $\dot{U}$ 和电流 $\dot{I}$ 同相，由此得出串联谐振的条件是

$$\omega L - \frac{1}{\omega C} = 0$$

则发生谐振时的角频率 ω_0 和频率 f_0 分别是

$$\omega_0 = \frac{1}{\sqrt{LC}}, \quad f_0 = \frac{1}{2\pi\sqrt{LC}} \tag{6-42}$$

谐振频率 f_0 又称为固有谐振频率，它只取决于电路的结构和参数，而与外加电源电压无关。当改变 L 或 C 或者改变电源频率使式（6-43）成立时，电路就产生谐振。

2. 串联谐振电路的特征

（1）谐振时阻抗的模 $|Z(j\omega)| = R + j\left(\omega_0 L - \frac{1}{\omega_0 C}\right) = R$，达到最小值。在电源电压 U 不变的情况下，谐振时电路的电流将达到最大值，即

$$I_{\max} = I_0 = \frac{U}{R} \tag{6-43}$$

如图 6-26 所示。

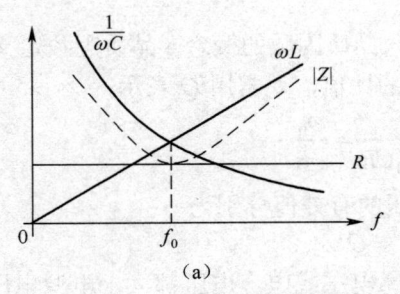

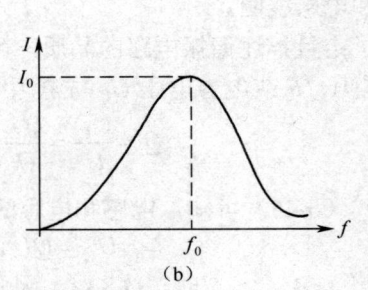

图 6-26 阻抗模与电流随频率变化的曲线

（2）串联谐振时电路呈现纯阻性（$\phi = 0$），电源提供的能量全部为电阻所消耗，电源和电路之间不发生能量的互换，能量的互换只发生在电感与电容之间。

（3）串联谐振时各元件的电压分别为

$$\dot{U}_R = R\dot{I}_0 = R\frac{\dot{U}}{R} = \dot{U}$$

$$\dot{U}_L = j\omega_0 L\dot{I}_0 = \frac{j\omega_0 L\dot{U}}{R}$$ （6-44）

$$\dot{U}_C = -j\frac{1}{\omega_0 C}\dot{I}_0 = -j\frac{1}{\omega_0 C}\frac{\dot{U}}{R}$$

由式（6-44）可知，电感和电容上的电压 $\dot{U}_L$ 和 $\dot{U}_C$ 的有效值相等、相位相反，相互抵消，外加电压 $\dot{U}$ 全部降落到电阻 R 上，电阻电压 $\dot{U}_R$ 与电源电压 $\dot{U}$ 相等且达到最大数值。相量图如图 6-27 所示。

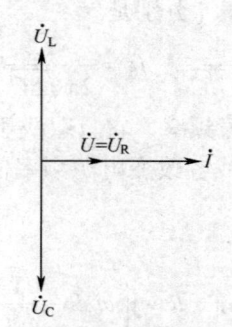

图 6-27　串联谐振的相量图

可见，当 $X_L = X_C \gg R$ 时，U_L 和 U_C 将远远高于 U，即谐振时电感和电容上可能出现高电压，因而串联谐振又称为电压谐振。这种现象在无线电工程中是有用的，因为它能获得较高的信号电压。而在电力工程中则可能是有害的，因为它可能击穿电容器和电感线圈。

为了定量描述谐振电路的品质，可引入品质因数的概念。品质因数定义为谐振时电感电压 U_L 或电容电压 U_C 与电源电压的比值，通常用 Q 表示。

$$Q = \frac{U_C}{U} = \frac{U_L}{U} = \frac{1}{\omega_0 CR} = \frac{\omega_0 L}{R}$$ （6-45）

由式（6-45）可知，电感和电容的电压的有效值分别为

$$U_L = QU, \quad U_C = QU$$

当 $X_L = X_C \gg R$ 时，$Q \gg 1$，因此电感电压或电容电压都大于电源电压，甚至可能大于电源电压的几十倍至几百倍。在无线电通信技术中，正是利用串联谐振的这一特点使微弱的信号电压输入到串联谐振回路后在电容或电感上获得比输入电压大许多倍的输出电压，以达到选择所需要的通信信号的目的。但是，另一方面，由于串联谐振会使电路中某些元件上产生过高的电压，可能损坏设备，应尽量避免

这一现象的发生，如在电力系统中一般都应避免谐振现象的发生。

3. 串联谐振电路的功率和能量

串联谐振时，电路吸收的有功功率为

$$P = UI\cos\varphi = UI = I^2R$$

而无功功率则等于零，即

$$Q = UI\sin\varphi = 0$$

亦即，因 $Q_L = U_L I$，$Q_C = -U_C I$，且 $U_L = U_C$，$|Q_L| = |Q_C|$，则

$$Q = Q_L + Q_C = 0$$

上式表明，谐振时电路中只有电感与电容之间进行能量交换，而电路与电源之间没有能量交换。电源只向电阻元件提供有功功率。下面来看谐振时电路中电感的磁场能量 W_L 与电容的电场能量 W_C 的总和与品质因数 Q 的关系。为此，设

$$u_C = U_{Cm}\sin\omega_0 t$$

则

$$i = C\frac{\mathrm{d}u_C}{\mathrm{d}t} = \omega_0 C U_{Cm}\cos\omega_0 t = \sqrt{\frac{C}{L}}U_{Cm}\cos\omega_0 t$$

磁场能量与电场能量的总和为

$$\begin{aligned}W &= W_L + W_C = \frac{1}{2}Li^2 + \frac{1}{2}Cu_C^2 \\ &= \frac{1}{2}CU_{Cm}^2\cos^2\omega_0 t + \frac{1}{2}CU_{Cm}^2\sin^2\omega_0 t \\ &= \frac{1}{2}CU_{Cm}^2 = \frac{1}{2}CQ^2U_m^2\end{aligned}$$

由此可见，串联谐振时，在电感和电容中所存储的磁场能量与电场能量的总和 W 是不随时间变化的常量，且与回路的品质因数 Q 值的平方成正比。虽然，磁场能量 W_C 和电场能量 W_L 之和不变，但是就单独的磁场能量 W_C 和电场能量 W_L 而言都是随时间变化的。如图 6-28 所示，做出 W_C 和 W_L 随时间变化的曲线。可以看出，在电感中的磁场能量增加时间内，如 $t_0 \sim t_1$ 期间，电容中的电场能量减少，前者增加的速率与后者减少的速率相等。在电感中的磁场能量减少时间内，如 $t_1 \sim t_2$ 期间，电容中的电场能量增加，而且前者减少的速率与后者增加的速率相等。以后的时间它们均按此作周期性的重复变化。这表明，电容与电感之间进行电磁能量的交换，形成周期性的电磁振荡。

总之，串联谐振时，电路的阻抗值最小，电流值最大，电感电压与电压的数值相等，电容与电感之间进行电磁振荡。显然，电路的品质因数越大，电场与磁场之间交换的能量就越大，电磁振荡的幅度也就越大。

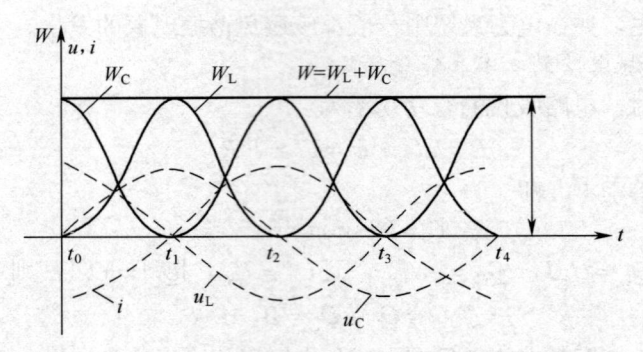

图 6-28 谐振时 W_L 和 W_C 变化曲线

4. 串联谐振电路的谐振曲线

对于串联谐振电路，除了讨论阻抗 $Z(j\omega)$ 的特性之外，还应分析电流和电压随频率变化的特性，这些特性称为频率特性。当频率改变时电流 $I(\omega)$ 的变化规律即 $I(\omega) \sim \omega$ 曲线通常称为谐振曲线。$I(\omega)$ 的表达式可推导如下：

$$I(\omega) = \frac{U}{|Z(j\omega)|} = \frac{U}{\sqrt{R^2 + \left(\omega L - \frac{1}{\omega C}\right)^2}}$$

$$= \frac{U/R}{\sqrt{1 + \left(\frac{\omega L}{R} - \frac{1}{\omega CR}\right)^2}} = \frac{I_0}{\sqrt{1 + \left(\frac{\omega_0 L}{R} \cdot \frac{\omega}{\omega_0} - \frac{1}{\omega_0 CR} \cdot \frac{\omega_0}{\omega}\right)^2}}$$

$$= \frac{I_0}{\sqrt{1 + Q^2 \left(\frac{\omega}{\omega_0} - \frac{\omega_0}{\omega}\right)^2}}$$

定义 $\eta = \dfrac{\omega}{\omega_0}$，上式变为

$$\frac{I(\eta)}{I_0} = \frac{I_0}{\sqrt{1 + Q^2 \left(\eta - \dfrac{1}{\eta}\right)^2}} \tag{6-46}$$

据此可作出不同 Q 值下的 $I(\eta)/I_0 \sim \eta$ 曲线，如图 6-29 所示，并由图得出以下结论：

（1）串联谐振电路可以选择谐振频率附近的信号，而抑制远离谐振频率的信号，这种特性称为选择性。

（2）Q 越大，ω_0 附近曲线的变化越尖锐，也就是说，稍有偏离谐振频率 f_0 的信号就大大减弱，说明选择性越好。

（3）通常定义电流 I 值等于最大值 I_0 的 $\frac{1}{\sqrt{2}}$（70.7%）处频率的上下限之间的宽度为通频带宽度，如图 6-30 所示，可表示为 $\Delta f = f_2 - f_1$。显然 Q 越大，谐振曲线变化越尖锐，通频带会越窄。

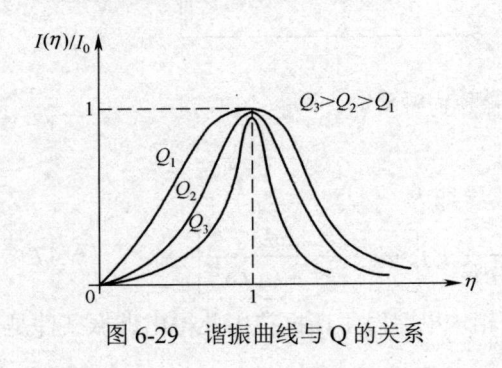

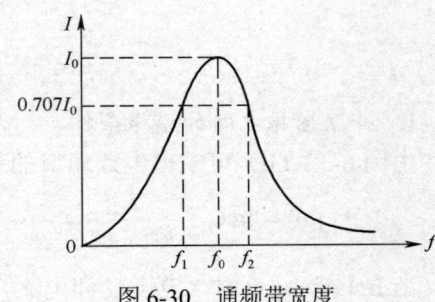

图 6-29　谐振曲线与 Q 的关系

图 6-30　通频带宽度

串联谐振时电压的频率特性如图 6-31 所示。可以证明，当 $Q > \frac{1}{\sqrt{2}}$ 时，曲线出现峰值，且 $U_{Cm} = U_{Lm}$。Q 值越大，峰值越大，出现峰值的两个频率越接近谐振频率。

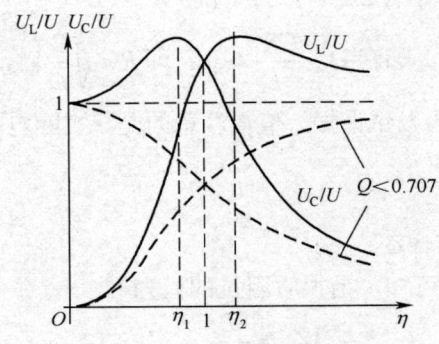

图 6-31　串联谐振电压频率特性

6.8.2　并联谐振

由 R、L、C 等元件组成的并联电路，在某一特定频率的正弦激励下，端口的电压电流同相，发生谐振，这类并联电路的谐振称为并联谐振。如图 6-32（a）所示的 RLC 并联电路的谐振问题，可以用上述类似串联电路谐振的方法进行分析，其谐振频率仍为 $1/\sqrt{LC}$。现在我们来分析工程中常用的电感线圈与电容并联的谐振电路，如图 6-32（b）所示。图中电阻 R 表示线圈的损耗。

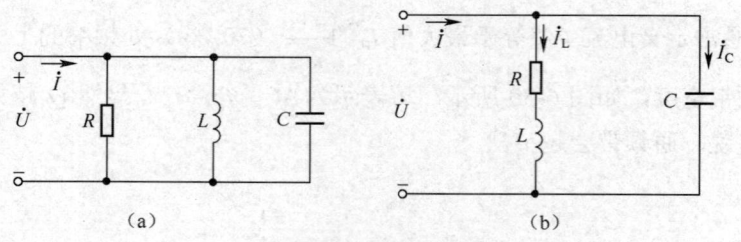

图 6-32 并联谐振电路

1. 并联谐振电路的谐振条件

由图 6-32（b）可求出电路端口的等效导纳为

$$Y(j\omega) = j\omega C + \frac{1}{R + j\omega L} = \frac{R}{R^2 + (\omega L)^2} + j\left[\omega C - \frac{\omega L}{R^2 + (\omega L)^2}\right] \quad (6-47)$$

当 $\text{Im}[Y(j\omega)] = 0$ 时，电压 $\dot{U}$ 和电流 $\dot{I}$ 同相，电路发生谐振。由此得出谐振条件是

$$\omega C - \frac{\omega L}{R^2 + (\omega L)^2} = 0 \quad (6-48)$$

由式（6-48）可求出谐振频率为

$$\omega_0 = \sqrt{\frac{1}{LC} - \frac{R^2}{L^2}} = \frac{1}{\sqrt{LC}}\sqrt{1 - \frac{CR^2}{L}} \quad (6-49)$$

由式（6-49）可见，只有当 $1 - \frac{CR^2}{L} > 0$，即 $R < \sqrt{\frac{C}{L}}$ 时，ω_0 才是实数，电路才会发生谐振，反之则不会发生谐振。值得注意的是，实际电路中一般 R 很小，满足 $\frac{CR^2}{L} \ll 1$，所以 $\omega_0 = \frac{1}{\sqrt{LC}}$。

2. 并联谐振电路的特征

（1）由式（6-49）可知，谐振时阻抗的模为

$$|Z_0| = \frac{L}{RC} \quad (6-50)$$

（2）谐振时，电路对电源呈现纯阻性（$\varphi = 0$），电路与电源间无能量互换，能量的互换发生在电感与电容之间，电路的无功功率等于零（$Q_L + Q_C = 0$）。

（3）谐振时各并联支路的电流为

$$I_L = \frac{U_0}{\sqrt{R^2 + (\omega_0 L)^2}} \approx \frac{U_0}{\omega_0 L} = \frac{\frac{L}{RC} I_S}{\omega_0 L} = \frac{I_S}{\omega_0 RC} \quad (\omega_0 L \gg R)$$

$$I_C = \omega_0 C U_0 = \omega_0 C \frac{L}{RC} I_S = \frac{\omega_0 L}{R} I_S$$

因为谐振时

$$\omega_0 L \approx \frac{1}{\omega_0 C}$$

所以 $I_1 \approx I_C$,且当 $\omega_0 L \approx \frac{1}{\omega_0 C} \gg R$ 时,I_1 和 I_C 将远远大于 I_S。这说明:并联谐振时,在一定条件下,各并联支路的电流近似相等,且远远大于总电流。

并联谐振的相量图如图 6-33 所示,并联谐振一般称为电流谐振。

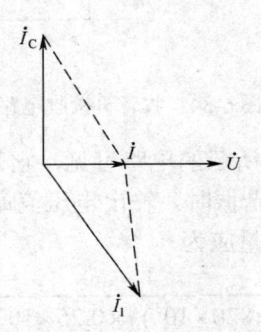

图 6-33 并联谐振的相量图($\omega_0 L \gg R$ 时)

3. 并联谐振时的功率和能量

由于并联谐振时电路呈现电阻性,因此电路吸收的无功功率 Q 为零,电源与电路之间没有能量交换。电路中的能量交换只是在电感和电容之间进行,能量交换的过程与串联谐振时能量交换的过程相同,即在电感中的磁场能量与电容中的电场能量进行交换,形成周期性的电磁振荡,而电磁场能量的总和总是保持不变。电源向电路提供的能量只是补充在电磁振荡过程中电阻元件所消耗的能量。

6.9 应用实例:收音机接收电路

图 6-34(a)所示为收音机的接收电路,L 和 C 组成谐振电路。图 6-34(b)所示为它的等效电路,其中 $R = 13\Omega$,$L = 0.25\text{mH}$。

(1)现欲收到某一广播电台频率为 820kHz,电压为 $U_1 = 0.1\text{mV}$ 的节目信号 u_1,可变电容器 C 调谐到何值?品质因数 Q 值是多少?电路中的电流 I_0 和电压 U_{C1} 为何值?

(2)这时收到另一电台频率为 1530kHz 相同幅值的广播节目信号 u_2,电路中的电流和输出电压又为何值?

（a）　　　　　　　　　（b）

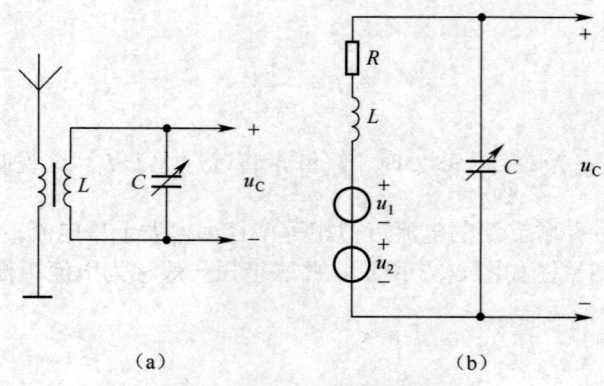

图 6-34　收音机接收电路

解　（1）从图 6-34（b）所示的电路可见，它是一个 RLC 串联电路，输出电压从电容端取出。当发生串联谐振时，输出电压值最大。电路对 820kHz 频率发生谐振时，可变电容器 C 的电容量应为

$$C = \frac{1}{\omega_0^2 L} = \frac{1}{(2\pi \times 820 \times 10^3)^2 \times 0.25 \times 10^{-3}} = 150\text{pF}$$

这时电路中的电流为

$$I_1 = I_0 = \frac{U_1}{R} = \frac{0.1 \times 10^{-3}}{13} = 7.7\mu\text{A}$$

电路的品质因数为

$$Q = \frac{\omega_0 L}{R} = \frac{2\pi \times 820 \times 10^3 \times 0.25 \times 10^{-3}}{13} = 99.08$$

电容器两端的输出电压为

$$U_{C1} = QU_1 = 99.08 \times 0.1 \times 10^{-3} = 9.9\text{mV}$$

（2）对于频率为 1530kHz 的信号电压 u_2，这时电路的阻抗为

$$|Z| = \sqrt{R^2 + \left(\omega_2 L - \frac{1}{\omega_2 C}\right)^2}$$

$$= \sqrt{13^2 + \left(2\pi \times 1530 \times 10^3 \times 0.25 \times 10^{-3} - \frac{1}{2\pi \times 1530 \times 10^3 \times 150 \times 10^{-12}}\right)^2}$$

$$= 1710.36\Omega$$

电路中的电流为

$$I_2 = \frac{U_2}{|Z|} = \frac{0.1 \times 10^{-3}}{1710.36} = 0.0585\mu\text{A}$$

电容两端的输出电压为

$$U_{C2} = \frac{1}{\omega_2 C} I_2 = \frac{1}{2\pi \times 1530 \times 10^3 \times 150 \times 10^{-12}} \times 0.0585 \times 10^{-6} = 0.041 \text{mV}$$

两种情况时输出电压的比值为

$$\frac{U_{C1}}{U_{C2}} = \frac{9.9 \times 10^{-3}}{0.041 \times 10^{-3}} = 241$$

本例的计算结果表明，当电容 C 调谐到 150pF 时有 820kHz 频率的广播信号 u_1，收音机的接收电路发生串联谐振，电容 C 两端的输出电压为 9.9mV，是输入电压 U_1 的 99 倍。对另一频率为 1530kHz 的广播信号 u_2，虽然它的数值仍与 U_1 相同，但是收音机接收电路不发生谐振，电容 C 两端的输出电压仅为 0.041mV，只是输入电压的 0.41 倍，两者有 241 倍的差别。这样由于串联谐振电路的选频作用即可显著地收到 u_1 的信号，而同时又抑制了 u_2 信号。

本章小结

本章主要介绍正弦交流电路的一些特殊现象和某些特殊交流电路的分析计算。

正弦稳态分析所采用的方法是相量法，它的基本思想是用相量表示电路中的电压和电流，用阻抗表示电路中的元件，利用 KCL 和 KVL 的相量形式以及元件伏安关系的相量形式进行分析与计算，而且可以采用类似于直流电阻电路的计算方法和定理，如支路电流法、结点电压法、叠加定理、戴维宁定理等。特别值得注意的是相量图在正弦交流电路分析中的作用，利用相量图和解析法结合，在某些情况下会简化电路的分析过程。

正弦交流电路中功率的概念比较复杂，包括瞬时功率、有功功率、无功功率、视在功率和复功率等。要注意平均功率和无功功率的守恒性，即电路中各部分（包括电源）的平均功率之和等于零，电路中各部分的无功功率之和等于零。

谐振是正弦交流电路中的一种特殊现象，它是指在某些特定条件下，电路两端的电压和电流出现同相的现象。根据产生谐振的电路的不同，谐振分为串联谐振和并联谐振。谐振电路的特性可以通过选择性的概念来描述，而决定选择性优劣的是电路的品质因数 Q。

习题6

6-1 电路如图 6-35 所示，无源网络 N 的电压 $u(t)$ 和电流 $i(t)$ 取关联参考方向，求每种情况时的阻抗和导纳：

(1) $u(t) = 200\cos(314t + 30°)\text{V}$, $i(t) = 10\cos(314t)\text{A}$。

(2) $u(t) = 10\sin(10t + 45°)\text{V}$, $i(t) = 2\cos(10t + 35°)\text{A}$。

(3) $u(t) = 100\cos(\pi t - 15°)\text{V}$, $i(t) = \sin(\pi t + 45°)\text{A}$。

(4) $u(t) = [-5\cos(2t) + 12\sin(2t)]\text{V}$, $i(t) = 1.3\cos(2t + 40°)\text{A}$。

6-2 电路如图 6-36 所示，求：（1）电路的总阻抗 Z；（2）各电流相量。

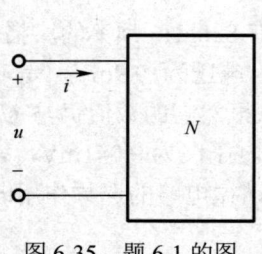

图 6-35 题 6-1 的图 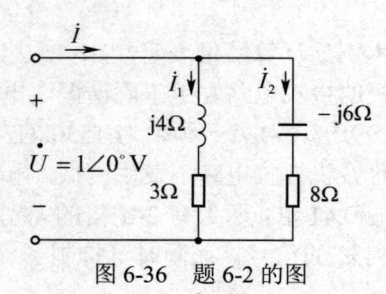 　　图 6-36 题 6-2 的图

6-3 电路如图 6-37 所示，求图中各电路的端口输入阻抗 Z。

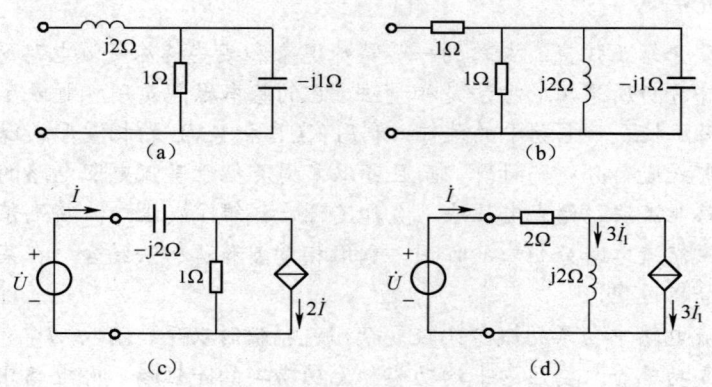

图 6-37 题 6-3 的图

6-4 电路如图 6-38 所示，在图（a）所示的电路中，求 $\dot{U}_C$ 与 $\dot{U}$ 的相位差；在图（b）所示的电路中，求 $\dot{I}_L$ 与 $\dot{I}$ 的相位差。

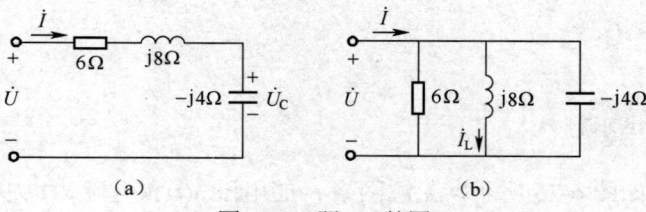

图 6-38 题 6-4 的图

6-5 电路如图 6-39 所示，两个二端网络在 $\omega =100$rad/s 时互为等效，已知 $R=10\Omega$，$R'=12.5\Omega$，求 L 和 L'。

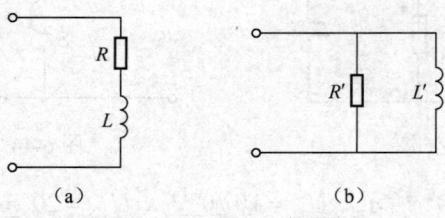

图 6-39 题 6-5 的图

6-6 电路如图 6-40 所示，已知 $Z_1=(2+j4)\Omega$，$Z_2=-j5\Omega$，$Z_3=(4+j5)\Omega$，Z_3 两端电压有效值 $U_3=220$V，求等效阻抗 Z、电流 $\dot{I}$ 和电压 $\dot{U}$。

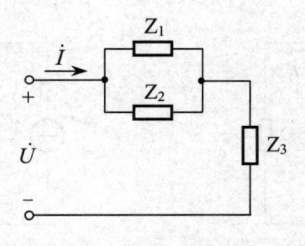

图 6-40 题 6-6 的图

6-7 电路如图 6-41 所示，求电压 $\dot{U}$。

6-8 电路如图 6-42 所示，已知 $\dot{U}_{ab}=4\underline{/0°}$V，求 $\dot{U}_S$。

图 6-41 题 6-7 的图　　图 6-42 题 6-8 的图

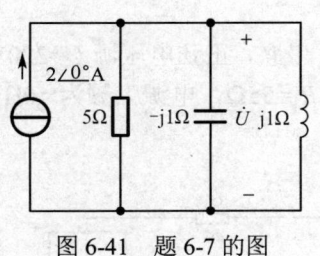

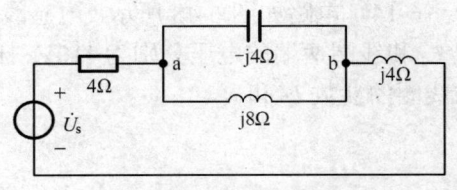

6-9 电路如图 6-43 所示，已知 $u_S=50\sqrt{2}\cos\omega t$V，$i_S=10\sqrt{2}\cos(\omega t+30°)$A，$R=5\Omega$，$jX_L=j5\Omega$，$-jX_C=-j3\Omega$，求电容电压 u_C（可用支路电流法、叠加定理、戴维宁定理等多种方法求解）。

6-10 电路如图 6-44 所示，已知 $R=X_L=X_C$，电流表 A_3 的读数为 5A，试问电流表 A_1 和 A_2 的读数各为多少？

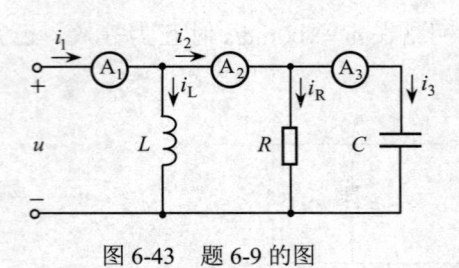

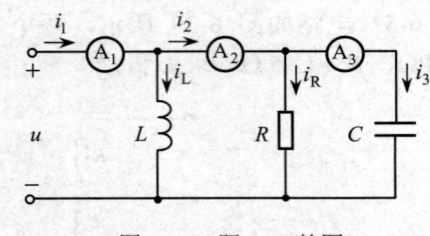

图 6-43 题 6-9 的图　　　　图 6-44 题 6-10 的图

6-11　电路如图 6-45 所示，$\dot{U}_{s1}=10\underline{/0°}\text{V}$，$\dot{U}_{s2}=20\underline{/60°}\text{V}$，试用回路电流法求 $\dot{I}_1$ 和 $\dot{I}_2$。

6-12　电路如图 6-46 所示，$\dot{I}_{s1}=2\underline{/0°}\text{A}$，$\dot{I}_{s2}=\sqrt{2}\underline{/45°}\text{A}$，试用结点电压法求 $\dot{I}_1$ 和 $\dot{I}_2$。

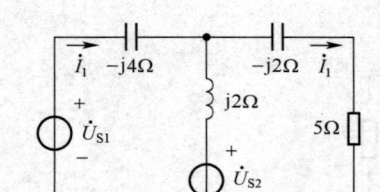

图 6-45 题 6-11 的图　　　　图 6-46 题 6-12 的图

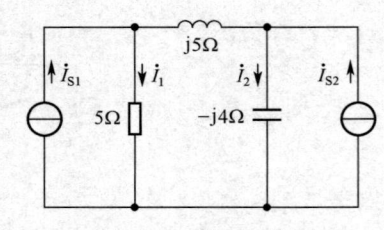

6-13　电路如图 6-47 所示，已知 $U_s=200\sqrt{2}\cos(314t+\pi/3)\text{V}$，电流表 A 的读数为 2A，电压表 V_1、V_2 的读数均为 200V。求参数 R、L、C，并作出该电路的相量图（提示：可先作相量图辅助计算）。

6-14　电路如图 6-48 所示，电感线圈与电阻 R_1 串联，正弦电压源 $U=220\text{V}$，电阻 R_1 和线圈两端的电压分别为 110V、176V。已知 $R_1=55\Omega$，电源工频为 50Hz，试求线圈的参数 L_2 和 R_2。

图 6-47 题 6-13 的图　　　　图 6-48 题 6-14 的图

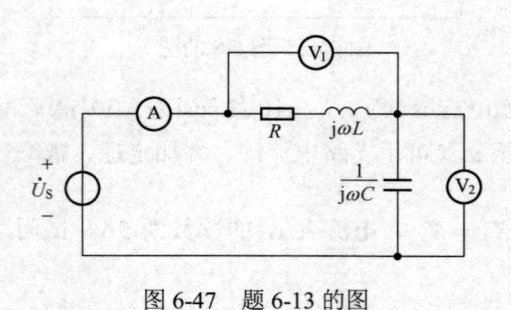

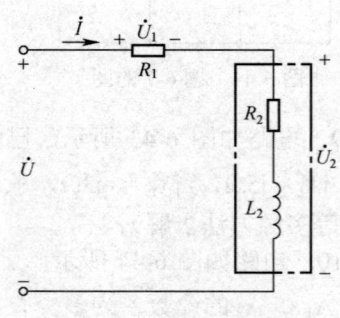

6-15 电路如图 6-49 所示，已知电压源为正弦量，L=1mH，R=1kΩ，Z_L=(3+j5)Ω，试求：(1) 当电流为零时，电容 C 应为多大？(2) 当条件 (1) 满足时，试证明输入阻抗为 R。

6-16 电路如图 6-50 所示，已知 $\dfrac{1}{\omega C_2}=1.5\omega L_1$，$R$=1Ω，$\omega=10^4$rad/s，电压表的读数为 10V，电流表 A_1 的读数为 30A，求图中电流表 A_2、功率表 W 的读数和电路的输入阻抗 Z_{in}。

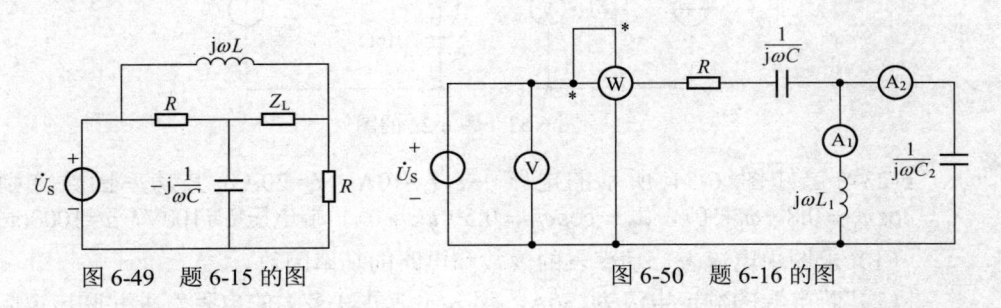

图 6-49 题 6-15 的图

图 6-50 题 6-16 的图

6-17 电路如图 6-51 所示，已知 I_1=10A，$I_2=10\sqrt{2}$ A，U=100V，R=5Ω，$R_2=X_L$，试求：I、X_C、X_L。

6-18 电路如图 6-52 所示，若 R=5Ω，L=0.03H，电源频率 f=50Hz，现在要求开关 S 接通与断开时电流表的读数不变，问 C 应等于多大？

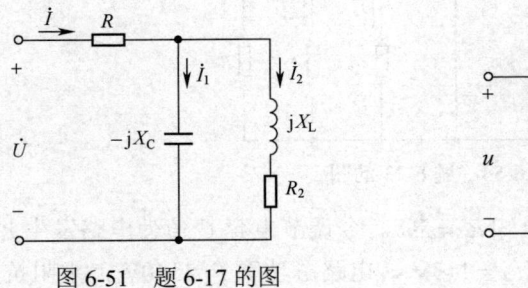

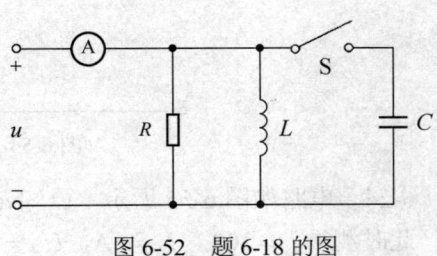

图 6-51 题 6-17 的图

图 6-52 题 6-18 的图

6-19 某二端网络的端口电压 $u=10\sqrt{2}\sin(\omega t+45°)$V，端口电流 $i=5\sqrt{2}\sin(\omega t+15°)$A，求二端网络的等效复阻抗 Z、有功功率 P、无功功率 Q、视在功率 S 和功率因数 λ。

6-20 两支路并联电路，支路阻抗 $Z_1=(2-j5)$Ω，$Z_2=1+j1$Ω，如果 2Ω电阻消耗的功率为 20W，求完整的功率三角形（即求 P、Q、λ）。

6-21 某 RL 串联负载，两端施加正弦交流电压 $u=220\sqrt{2}\sin 314t$V，测得有功

功率 P=40W，电阻电压 U_R=110V，试求电路的功率因数。若将电路的功率因数提高到 0.85，则应并联多大的电容，并计算补偿前后输电线路中的电流。

6-22 电路如图 6-53 所示，电路中的独立电源为同频正弦量，当 S 打开时电压表的读数为 25V，电路中的阻抗为 Z_1=(6+j12)Ω，Z_2=2Z_1，求 S 闭合后电压表的读数。

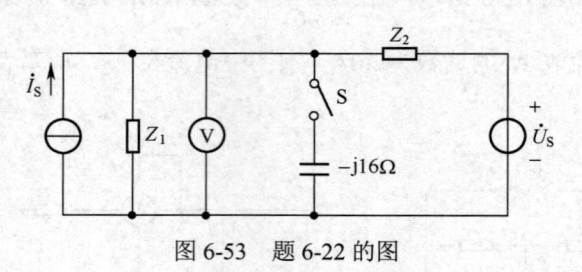

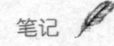

图 6-53 题 6-22 的图

6-23 已知图 6-54 所示的电路中，I_1=10A，I_2=20A，其功率因数分别为 $\lambda_1 = \cos\varphi_1 = 0.8$（$\varphi_1 < 0$），$\lambda_2 = \cos\varphi_2 = 0.5$（$\varphi_2 > 0$），端电压 U=100V，ω=1000rad/s。

（1）求图中电流表、功率表的读数和电路的功率因数。

（2）若电源的额定电流为 30A，那么还能并联多大的电阻？求并联该电阻后功率表的读数和电路的功率因数。

（3）如使原电路的功率因数提高到 λ=0.9，需要并联多大的电容？

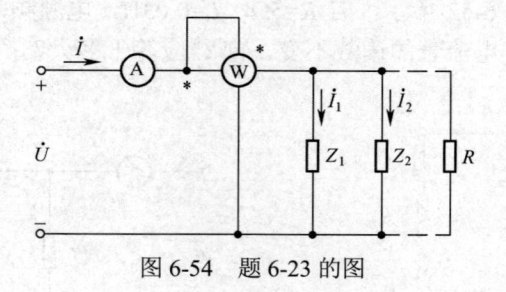

图 6-54 题 6-23 的图

6-24 电路如图 6-55 所示，已知 R_1 = 5Ω。今调节电容 C 值使电路发生并联谐振，此时测得 I_1=10A，I_2=6A，U_Z=113V，电路总功率 P=1140W，求阻抗 Z。

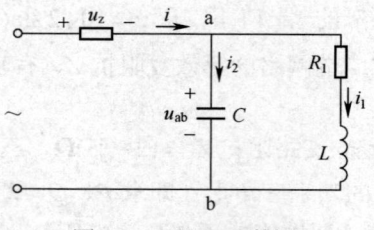

图 6-55 题 6-24 的图

6-25 电路如图 6-56 所示，当调节 C 使电流与端电压同相时，测出 U=100V，U_C=180V，I=1A，电源的频率 f=50Hz，求电路中的 R、L、C。

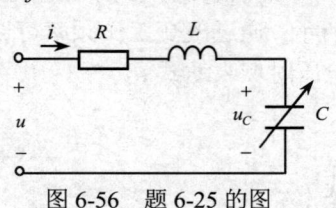

图 6-56 题 6-25 的图

6-26 将一线圈（L=4mH，R=50Ω）与电容器（C=160pF）串联，接在 U=25V 的正弦交流电源上。
（1）求电路的谐振频率。
（2）求谐振时电路的电流和电容器两端的电压。
（3）计算电路的品质因数。

6-27 求图 6-57 所示电路的谐振频率。

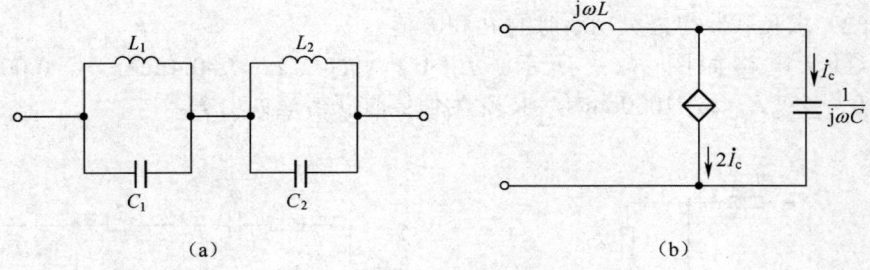

（a） （b）

图 6-57 题 6-27 的图

6-28 电路如图 6-58 所示，$u = 220\sqrt{2}\sin 314t \text{V}$，$i_1 = 22\sin(314t - 45°)\text{A}$，$i_2 = 11\sqrt{2}\sin(314t + 90°)\text{A}$，试求各表读数及参数 R、L 和 C。

6-29 在图 6-59 所示的电路中，欲使电感和电容器上的电压有效值相等，试求 R 值及各部分电流。

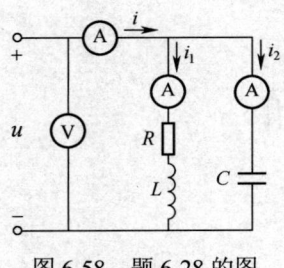

图 6-58 题 6-28 的图

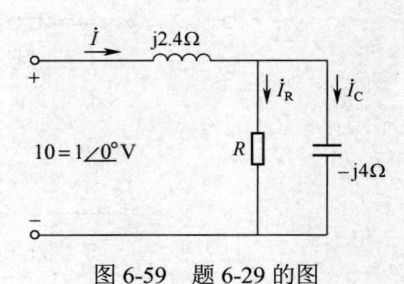

图 6-59 题 6-29 的图

6-30 电路如图 6-60 所示，调节电容 C，可以使电流 $\dot{I}$ 和电压 $\dot{U}$ 同相，已知 $u=250\cos 100t$ V，计算电容 C 的值和电流 i 的表达式。

6-31 电路如图 6-61 所示，通过改变工作频率可以使电流 $\dot{I}$ 和电压 $\dot{U}$ 同相，试计算 $\dot{I}$、$\dot{U}$ 同相时的 ω 和电压时域表达式 u。

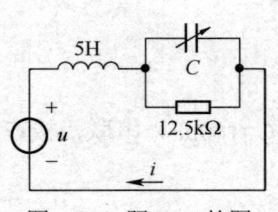

图 6-60 题 6-30 的图

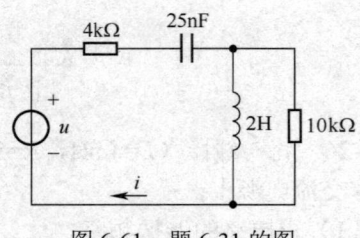

图 6-61 题 6-31 的图

6-32 电路如图 6-62 所示，正弦电压源的有效值 U=150V，周期 T=200μs，负载中可调电阻 $0\leqslant R\leqslant 20\Omega$，可调电感 $0\leqslant L\leqslant 8$mH，计算：
（1）在 R=10Ω 和 L=6mH 时负载吸收的功率 P。
（2）求负载获得最大功率时的 R 和 L 值。

6-33 电路如图 6-63 所示，R_1=1Ω，R_2=2Ω，L=0.4mH，C=0.001F，$\dot{U}_s=10\angle-45°$V，ω=1000rad/s，求 Z_L 为何值时获得最大功率。

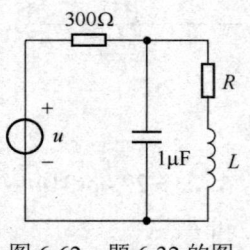

图 6-62 题 6-32 的图

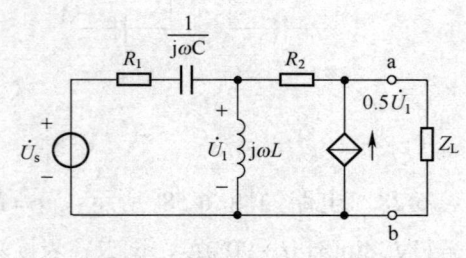

图 6-63 题 6-33 的图

6-34 如图 6-64 所示的电路是一种 RC 移相电路，试分析 $\dot{U}_2$ 与 $\dot{U}_1$ 同相位的条件。

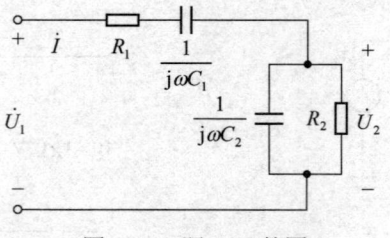

图 6-64 题 6-34 的图

第 7 章　耦合电感电路

内 容 提 要

本章主要介绍耦合电感的伏安特性和去耦等效电路、含耦合电感电路正弦稳态分析、空芯变压器模型和理想变压器特性。

学 习 目 标

（1）理解耦合电感的参数和同名端以及端口电压的伏安关系。
（2）理解自感电压、互感电压的概念和电压正负的判断。
（3）掌握耦合电感电路的去耦分析法。
（4）理解空芯变压器电路的分析法。
（5）掌握理想变压器的端口伏安关系及应用。

本章知识结构图

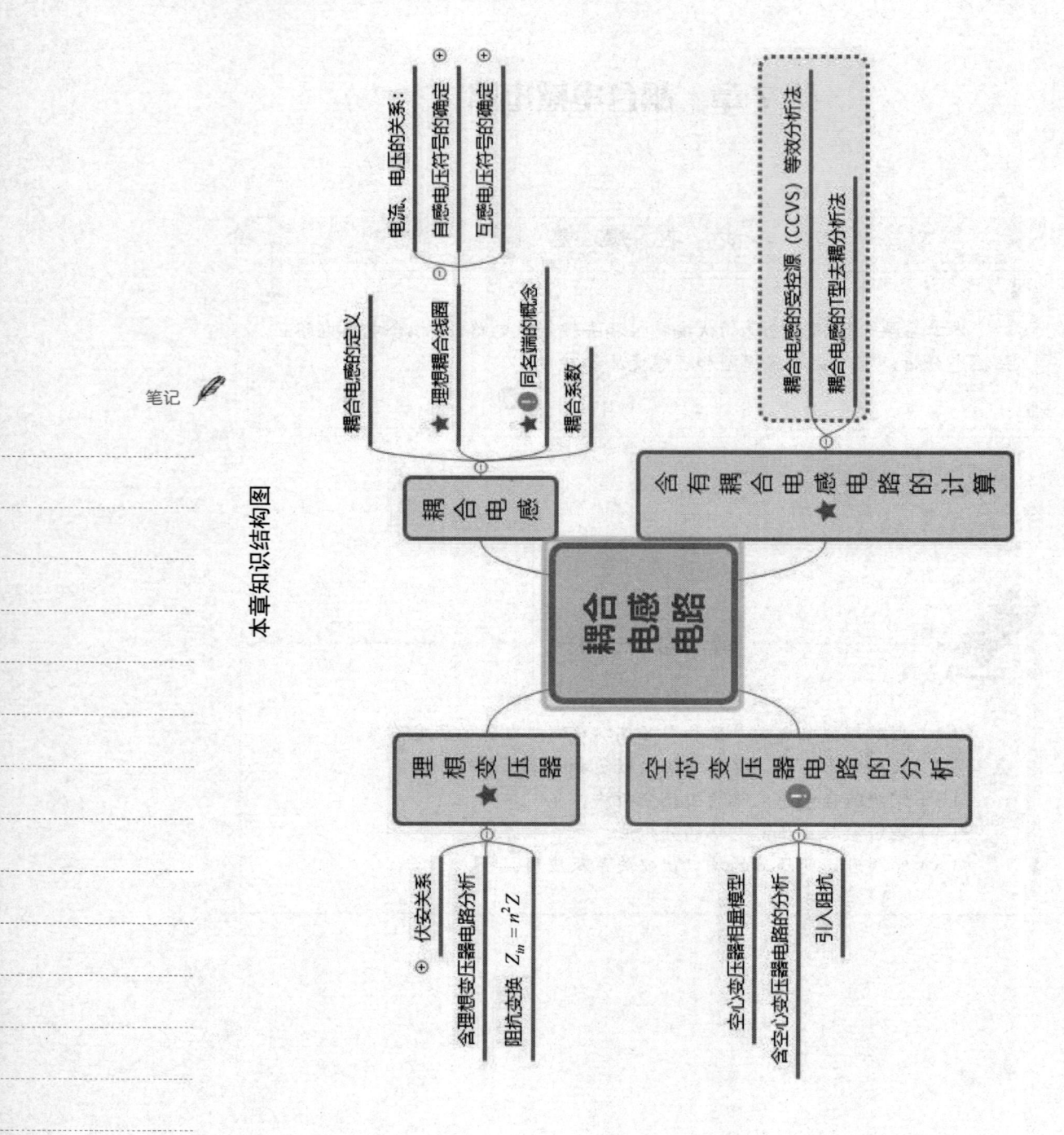

耦合电感电路
- 耦合电感
  - 耦合电感的定义 ★
  - 理想耦合线圈
    - 电流、电压的关系：
      - 自感电压符号的确定
      - 互感电压符号的确定
  - 同名端的概念 ●
  - 耦合系数
- 含有耦合电感电路的计算 ★
  - 耦合电感的受控源（CCVS）等效分析法
  - 耦合电感的T型去耦分析法
- 理想变压器 ★
  - 伏安关系
  - 合理想变压器电路分析
  - 阻抗变换 $Z_{in} = n^2 Z$
- 空心变压器电路的分析 ●
  - 空心变压器相量模型
  - 含空心变压器电路的分析
  - 引入阻抗

笔记

7.1 耦 合 电 感

7.1.1 基本概念

相距较近的两个线圈，若其中一个通以电流时，所产生的磁通部分或者全部交链另一个线圈，则称这两个线圈有磁的耦合。图7-1（a）所示为两个有耦合的线圈。线圈1有N_1匝，线圈2有N_2匝。当线圈1中通以电流i_1时，由它激发并穿过自身线圈的磁通Φ_{11}称为自感磁通，穿过线圈2的磁通Φ_{21}称为互感磁通。在线圈密绕时，穿过各自线圈中的每匝磁通相同，故与两线圈交链的磁链有

$$\begin{cases} \psi_{11} = N_1\Phi_{11} = L_1 i_1 \\ \psi_{21} = N_1\Phi_{21} = M_{21} i_1 \end{cases} \quad (7\text{-}1)$$

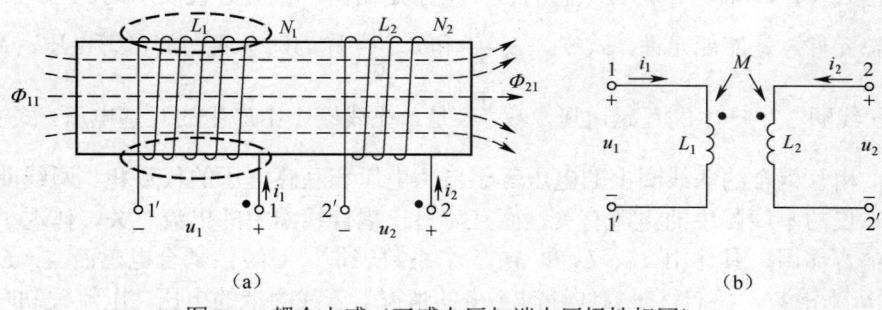

图7-1 耦合电感（互感电压与端电压极性相同）

式中，ψ_{11}和L_1称为线圈1的自感磁链和自感系数，ψ_{21}和M_{21}称为线圈1中电流i_1对线圈2的互感磁链和互感系数（简称"互感"）。同样，当线圈2中通以电流i_2时，由它激发并穿过自身线圈的磁通Φ_{22}称为自感磁通，穿过线圈1的磁通Φ_{12}称为互感磁通。

$$\begin{cases} \psi_{22} = N_2\Phi_{22} = L_2 i_2 \\ \psi_{12} = N_2\Phi_{12} = M_{12} i_2 \end{cases} \quad (7\text{-}2)$$

式中，ψ_{22}和L_2称为线圈2的自感磁链和自感系数，ψ_{12}和M_{12}称为线圈2中电流i_2对线圈1的互感磁链和互感系数。线性电路中，可以证明$M_{12} = M_{21} = M$，若只有两个线圈耦合时，可以去掉下标，统一记为M。若M为常数且不随时间、电流变化，则称为线性时不变互感。互感的单位与自感的单位相同，为亨利（H）。

当有耦合的两个线圈都通以电流时，穿过每一个线圈的磁链可看成自感磁链和互感磁链的代数和，其磁通的交链方向由右手螺旋法则确定。图7-1（a）中，根据

两线圈电流方向和右手螺旋法则，两线圈的自感磁链和互感磁链方向一致。

$$\begin{cases} \psi_1 = \psi_{11} + \psi_{12} = L_1 i_1 + M_{12} i_2 \\ \psi_2 = \psi_{22} + \psi_{21} = L_2 i_2 + M_{21} i_1 \end{cases} \tag{7-3}$$

7.1.2 耦合电感的电压、电流关系

当流过线圈的电流为时变电流时，磁通将随时间变化，从而在线圈两端产生感应电压。图 7-1（b）中，两线圈的电压、电流方向关联，两线圈产生的磁通方向相同，根据电磁感应定律，有

$$\begin{cases} u_1 = \dfrac{d\psi_1}{dt} = L_1 \dfrac{di_1}{dt} + M \dfrac{di_2}{dt} \\ u_2 = \dfrac{d\psi_2}{dt} = L_2 \dfrac{di_2}{dt} + M \dfrac{di_1}{dt} \end{cases} \tag{7-4}$$

由式（7-4）看出，耦合电感的伏安关系是由两个微分方程表示的。因此，它是个动态元件，是储能元件。式中，$L_1 \dfrac{di_1}{dt}$ 和 $L_2 \dfrac{di_2}{dt}$ 称为两个线圈的自感电压，$M \dfrac{di_1}{dt}$ 是 i_1 在线圈 2 中产生的互感电压，$M \dfrac{di_2}{dt}$ 是 i_2 在线圈 1 中产生的互感电压。式（7-4）表明，相互耦合的两线圈上的电压等于自感电压和互感电压的代数和。两线圈上的电压不仅与本线圈中的电流有关，而且与另一耦合线圈中的电流有关，体现了线圈间的耦合作用，具体由 L_1、L_2 和 M 三个系数表征。对线性耦合电感而言，L_1、L_2 和 M 皆为常数，我们只研究线性时不变的情况。若线圈上的电压、电流关联时，其中的自感电压取正号，对于互感电压，线圈上的自感磁通和互感磁通方向相同时取正号，相反时取负号。

磁通的方向与线圈的位置和绕向及电流的参考方向有关。工程实际中，耦合线圈往往是密封的，看不见线圈的相对位置及绕向，况且在电路图中真实地绘出线圈的绕向也不方便。为了解决这一问题，引入了同名端的标记。同名端又称为对应端，根据同名端与电流参考方向可方便地判定自感磁通和互感磁通的方向是否一致，从而方便地确定互感电压极性。所谓同名端，是指具有耦合的两个线圈的一对端子，当电流分别从这对端子流入（或流出）时，所产生的磁通方向一致，则称这对端子为耦合电感的同名端，并用相同的符号标记，如用"●"或"*"等。如图 7-1 所示，1 端和 2 端为同名端，而 1′ 端和 2′ 端也为同名端，非同名端的端子称为异名端，如 1 端和 2′ 端为异名端。当有两个以上耦合电感时，同名端应当两两标记，每一对同名端使用不同的符号。

理想耦合线圈的电路模型如图 7-1（b）所示，称为耦合电感元件，简称互感。

有了同名端，在表示两线圈相互作用时就不用考虑线圈实际的位置和绕向，而只画出同名端及电流参考方向即可。互感电压的极性与产生它的变化电流的参考方向对同名端是一致的。例如，图 7-2（a）中线圈 2 的电流 i_2 从标"●"的端钮流入，则它在线圈 1 中产生的互感电压 $M\dfrac{\mathrm{d}i_2}{\mathrm{d}t}$ 在线圈 1 标"●"端也是+极性。而图 7-2（b）中线圈 2 的电流 i_2 从不标"●"的端钮流入，则它在线圈 1 中产生的互感电压 $M\dfrac{\mathrm{d}i_2}{\mathrm{d}t}$ 在线圈 1 不标"●"端也是+极性。应该注意的是，在耦合电感伏安关系式中，互感电压 $M\dfrac{\mathrm{d}i_1}{\mathrm{d}t}$、$M\dfrac{\mathrm{d}i_2}{\mathrm{d}t}$ 前的正负号还要看上述极性与端钮电压的参考极性是否一致而定，一致者为正号，否则为负号。

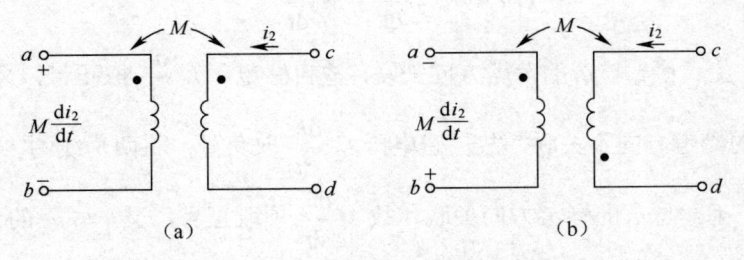

图 7-2 互感电压的极性与同名端的关系

综上所述，理想耦合线圈的电压、电流关系可归纳表示为

$$\begin{cases} u_1 = \pm L_1 \dfrac{\mathrm{d}i_1}{\mathrm{d}t} \pm M \dfrac{\mathrm{d}i_2}{\mathrm{d}t} \\ u_2 = \pm L_2 \dfrac{\mathrm{d}i_2}{\mathrm{d}t} \pm M \dfrac{\mathrm{d}i_1}{\mathrm{d}t} \end{cases} \tag{7-5}$$

表达式中符号的确定是耦合电感伏安关系式的关键，对自感电压而言，若对应端口 u、i 关联时，自感电压 $L_1\dfrac{\mathrm{d}i_1}{\mathrm{d}t}$、$L_2\dfrac{\mathrm{d}i_2}{\mathrm{d}t}$ 取正号，否则取负号。对互感电压，先由同名端确定其正极性，若正极性与端口电压参考极性一致取正号，否则取负号。介绍一个互感电压极性的简单判定方法：将两个线圈的同名端叠在一起，即"●"对"●"，若 i_1 与 u_2 的参考方向关联时 $M\dfrac{\mathrm{d}i_1}{\mathrm{d}t}$ 项取正号，否则取负号。同理可确定 $M\dfrac{\mathrm{d}i_2}{\mathrm{d}t}$ 的极性。

例 7-1 耦合电感元件如图 7-3 所示，试列出该耦合电感的伏安关系式。

170　电路分析

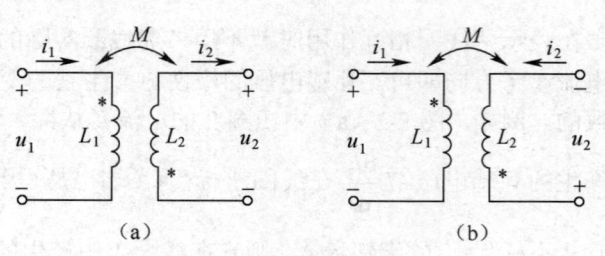

图7-3　例7-1图

解　图（a）有

$$\begin{cases} u_1 = L_1 \dfrac{di_1}{dt} + M \dfrac{di_2}{dt} \\ u_2 = -L_2 \dfrac{di_2}{dt} - M \dfrac{di_1}{dt} \end{cases}$$

线圈1上，因i_1与u_1的参考方向关联，故自感电压$L_1\dfrac{di_1}{dt}$取正号，又线圈2上，因i_2与u_2的参考方向不关联，故自感电压$L_2\dfrac{di_2}{dt}$取负号；将两个线圈"*"对"*"叠在一起，因i_2与u_1的参考方向关联，故$M\dfrac{di_2}{dt}$项取正号，又i_1与u_2的参考方向不关联，故$M\dfrac{di_1}{dt}$项取负号。

图（b）同样分析可得

$$\begin{cases} u_1 = L_1 \dfrac{di_1}{dt} - M \dfrac{di_2}{dt} \\ u_2 = -L_2 \dfrac{di_2}{dt} + M \dfrac{di_1}{dt} \end{cases}$$

例7-2　电路如图7-4所示，已知$R_1=10\Omega$，$L_1=5H$，$L_2=2H$，$M=1H$，且已知$i_1(t)$，求$u(t)$和$u_2(t)$。

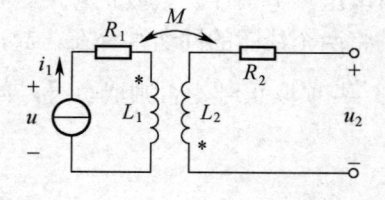

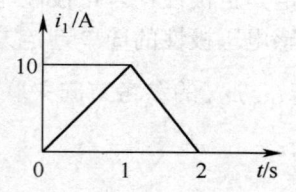

图7-4　例7-2图

$$i_1 = \begin{cases} 10t & 0 \leq t \leq 1\text{s} \\ 20-10t & 1 \leq t \leq 2\text{s} \\ 0 & 2 \leq t \end{cases}$$

解

$$u(t) = R_1 i_1 + L\frac{di_1}{dt} = \begin{cases} 100t + 50\text{V} & 0 \leq t \leq 1\text{s} \\ -100t + 150\text{V} & 1 \leq t \leq 2\text{s} \\ 0 & 2 \leq t \end{cases}$$

$$u_2(t) = -M\frac{di_1}{dt} = \begin{cases} -10\text{V} & 0 \leq t \leq 1\text{s} \\ +10\text{V} & 1 \leq t \leq 2\text{s} \\ 0 & 2 \leq t \end{cases}$$

若含耦合电感的元件应用在正弦电压或电流激励下的稳态电路中，则耦合电感的端电压、电流、自感电压和互感电压也都是正弦形式。图 7-1（b）对应的耦合电感的相量模型如图 7-5 所示，其耦合电感伏安关系相量形式为

$$\begin{cases} \dot{U}_1 = j\omega L_1 \dot{I}_1 + j\omega M \dot{I}_2 \\ \dot{U}_2 = j\omega M \dot{I}_1 + j\omega L_2 \dot{I}_2 \end{cases} \tag{7-6}$$

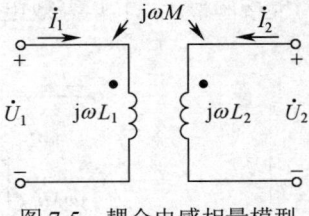

图 7-5 耦合电感相量模型

7.2 含有耦合电感电路的计算

含耦合电感电路的计算和分析，除要考虑自感电压外，还要考虑互感电压，其电路方程因同名端位置不同，各线圈上电压、电流参考方向是否关联等因素往往具有不同的表达式，这给含耦合电感电路的分析计算带来不便。常采用受控源（CCVS）等效分析方法和 T 型去耦分析方法，将含耦合电感电路等效为常规的无耦合电路，以简化这类电路的分析和计算。

7.2.1 耦合电感的受控源（CCVS）等效分析法

耦合电感是一个具有两个端口的元件，从其伏安关系看出，可以把它看成两个

含有受控源的单口元件，每个端口的电压都包括有自感电压和互感电压两部分。其中自感电压的作用可用各自线圈的自感来表示，反映线圈间耦合作用的互感电压用电流控制电压源（CCVS）元件来等效。图 7-6（a）所示的电路可用图 7-6（b）所示的电路来代替，即互感电压用一个电流控制电压源来代替。在正弦稳态时，相应于图 7-6（b）所示电路的相量模型如图 7-6（c）所示。

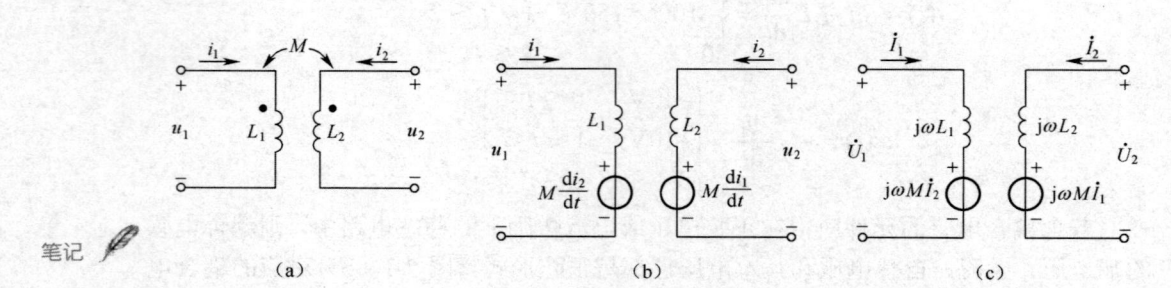

图 7-6 用 CCVS 等效的耦合电感电路

例 7-3 图 7-7（a）和（c）所示为两个串联的耦合线圈（其中图 7-7（a）中电流都从同名端流入，这种形式的串联称为顺接串联；图 7-7（c）中电流都是从异名端流入，这种形式的串联称为反接串联），求其等效电感。

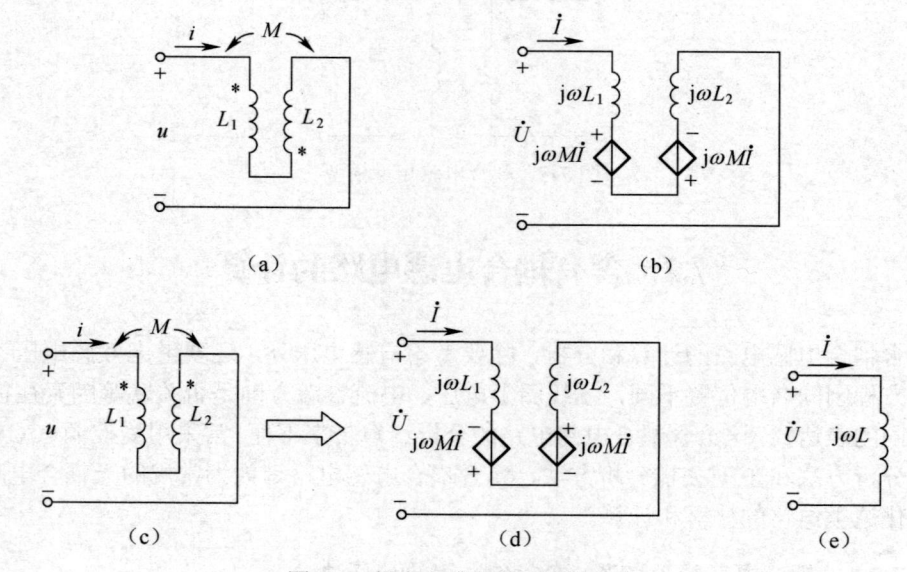

图 7-7 耦合电感串联及等效电路

解 图 7-7（a）根据端口电流参考方向和同名端的位置可给出其受控源等效电

路如图 7-7（b）所示，由端口 KVL：
$$\dot{U} = j\omega L_1 \dot{I} + j\omega M\dot{I} + j\omega M\dot{I} + j\omega L_2 \dot{I}$$
$$= j\omega(L_1 + L_2 + 2M)\dot{I} \tag{7-7}$$
$$= j\omega L \dot{I}$$

其端口的等效电感：
$$L = L_1 + L_2 + 2M \tag{7-8}$$

同理，可给出图 7-7（c）的受控源等效电路如图 7-7（d）所示，由端口 KVL：
$$\dot{U} = j\omega L_1 \dot{I} - j\omega M\dot{I} - j\omega M\dot{I} + j\omega L_2 \dot{I}$$
$$= j\omega(L_1 + L_2 - 2M)\dot{I}$$
$$= j\omega L \dot{I}$$

其端口的等效电感：
$$L = L_1 + L_2 - 2M \tag{7-9}$$

由此可知，耦合电感串联后形成的二端电路可用一个等效电感代替，如图 7-7（e）所示。

例 7-4 图 7-8（a）和（c）所示为两个并联的耦合线圈（其中图 7-8（a）中耦合电感的同名端相连，这种并联形式称为同侧并联；图 7-8（c）中耦合电感的异名端相连，这种并联形式称为异侧并联），求其等效电感。

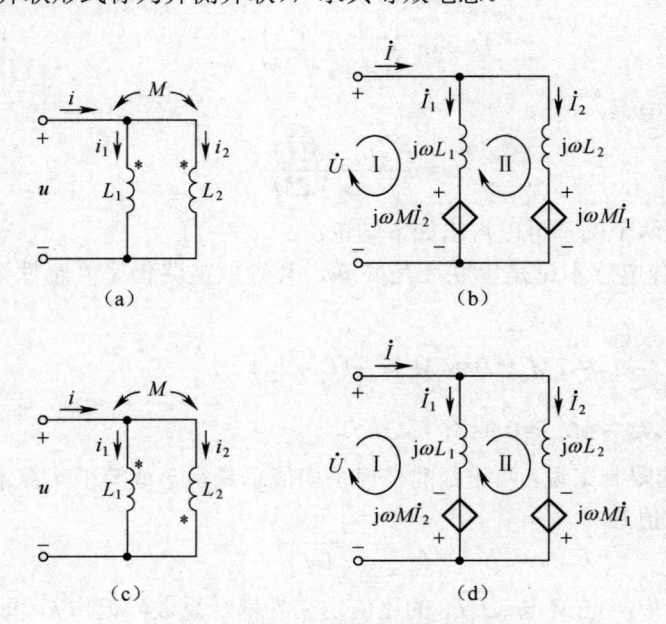

图 7-8 耦合电感并联及等效电路

解 图 7-8（a）根据耦合电感电流参考方向和同名端的位置可给出其受控源等效电路如图 7-8（b）所示，由网孔电流法求解：

$$j\omega L_1(\dot{I} - \dot{I}_2) = \dot{U} - j\omega M \dot{I}_2$$
$$(j\omega L_1 + j\omega L_2)\dot{I}_2 - j\omega L_1 \dot{I} = j\omega M \dot{I}_2 - j\omega M \dot{I}_1$$
$$\dot{I} = \dot{I}_1 + \dot{I}_2$$

解上述方程

$$\dot{U} = j\omega \frac{(L_1 L_2 - M^2)}{L_1 + L_2 - 2M} \dot{I}$$

其端口的等效电感：

$$L = \frac{L_1 L_2 - M^2}{L_1 + L_2 - 2M} \tag{7-10}$$

同理，可给出图 7-8（c）的受控源等效电路如图 7-8（d）所示，由网孔电流法求解：

$$j\omega L_1(\dot{I} - \dot{I}_2) = \dot{U} + j\omega M \dot{I}_2$$
$$(j\omega L_1 + j\omega L_2)\dot{I}_2 - j\omega L_1 \dot{I} = -j\omega M \dot{I}_2 + j\omega M \dot{I}_1$$
$$\dot{I} = \dot{I}_1 + \dot{I}_2$$

解上述方程

$$\dot{U} = j\omega \frac{(L_1 L_2 - M^2)}{L_1 + L_2 + 2M} \dot{I}$$

其端口的等效电感：

$$L = \frac{(L_1 L_2 - M^2)}{L_1 + L_2 + 2M} \tag{7-11}$$

通过上述两个例子可以得出如下结论：

（1）耦合电感不论是串联还是并联，其等效电路仍呈"感性"，其等效电感 $L \geq 0$。

（2）有 $L_1 + L_2 - 2M \geq 0$ 或 $M \leq \frac{1}{2}(L_1 + L_2)$。

（3）有 $L_1 L_2 - M^2 \geq 0$ 或 $M \leq \sqrt{L_1 L_2}$。

就对 M 的限制来说，两正数的几何平均值总是小于或等于其算术平均值，因此 M 的最大可能值是

$$M_{max} = \sqrt{L_1 L_2} \tag{7-12}$$

电路分析中，把 M 与 $\sqrt{L_1 L_2}$ 的比值定义为耦合系数，记作 k，即

$$k = \frac{M}{\sqrt{L_1 L_2}} \tag{7-13}$$

可见，k 或 M 都可表征耦合电感中两线圈的耦合程度。$k=1$ 时，称为全耦合，即 M 达最大可能的值；k 接近 1 时，称为紧耦合；k 较小时，称为松耦合；$k=0$ 时，即无耦合。

7.2.2 耦合电感的 T 型去耦分析法

图 7-9（a）所示的耦合电感，两线圈上电压、电流参考方向关联，电流均从同名端流出，根据图 7-9（b）所示的耦合电感 CCVS 等效电路，其伏安方程有

$$\begin{cases} \dot{U}_{13} = j\omega L_1 \dot{I}_1 + j\omega M \dot{I}_2 \\ \dot{U}_{23} = j\omega L_2 \dot{I}_2 + j\omega M \dot{I}_1 \end{cases} \tag{7-14}$$

经数学变换，式（7-14）可改写为

$$\begin{cases} \dot{U}_{13} = j\omega (L_1 - M)\dot{I}_1 + j\omega M(\dot{I}_1 + \dot{I}_2) = j\omega (L_1 - M)\dot{I}_1 + j\omega M\dot{I} \\ \dot{U}_{23} = j\omega (L_2 - M)\dot{I}_2 + j\omega M(\dot{I}_1 + \dot{I}_2) = j\omega (L_2 - M)\dot{I}_2 + j\omega M\dot{I} \end{cases} \tag{7-15}$$

由式（7-15）可得等效电路如图 7-9（c）所示。该电路中三个电感相互间无耦合，它们的自感量分别为 $(L_1 - M)$、$(L_2 - M)$ 和 M，且连接成 T 型结构，所以称为耦合电感的 T 型去耦等效电路。图 7-9（a）中耦合电感的同名端连接在一起，所以将这种情况的 T 型去耦等效称为同名端为共端的 T 型去耦等效。

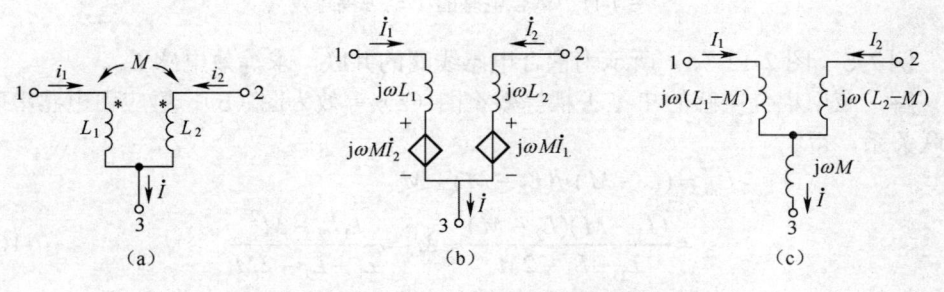

图 7-9 同名端为公共端的 T 型去耦等效

图 7-10（a）是耦合电感中两线圈电流从异名端流入的情形，用同样的方法可推得其 T 型等效电路，如图 7-10（b）和（c）所示。图 7-10（a）中耦合电感的异名端连接在一起，所以将这种情况的 T 型去耦等效称为异名端为公共端的 T 型去耦等效。

综上所述，耦合电感的 T 型去耦等效可简单归结为用图 7-11（a）和（b）表示。注意，T 型去耦等效与耦合电感的电压极性和电流方向无关。

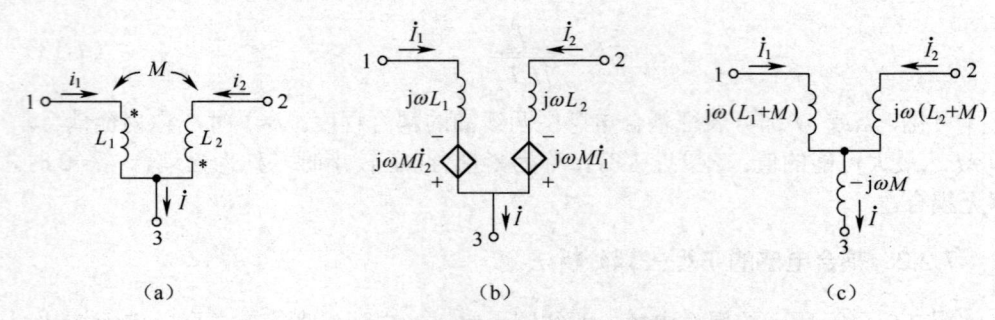

图 7-10 异名端为公共端的 T 型去耦等效

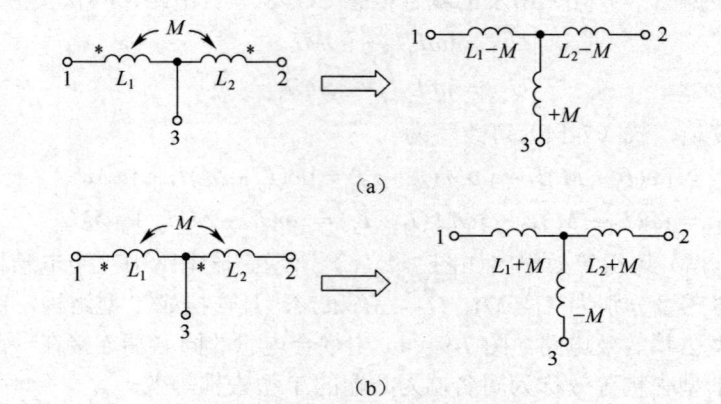

图 7-11 耦合电感的 T 型去耦等效

例 7-5 图 7-12（a）所示为耦合电感线圈的并联，求等效电感 L_{ab}。

解 应用耦合电感的 T 型去耦等效将图（a）等效为图（b），再应用电感串联、并联关系，得

$$L_{ab} = (L_1 - M)//(L_2 - M) + M$$
$$= \frac{(L_1 - M)(L_2 - M)}{L_1 + L_2 - 2M} + M = \frac{L_1 L_2 - M^2}{L_1 + L_2 - 2M} \quad (7\text{-}16)$$

图 7-12 耦合电感线圈同侧并联 T 型去耦等效

式（7-16）为图 7-12（a）所示两耦合线圈同侧并联相连情况下求等效电感的公式。其结果与采用耦合电感的 CCVS 等效方法所得的完全相同。对于异名端相连情况的异侧线圈并联，可采用与上述类似的推导过程，推导出求等效电感的结果为

$$L_{ab} = \frac{L_1 L_2 - M^2}{L_1 + L_2 + 2M}$$

例 7-6 图 7-13（a）所示的电路处于正弦稳态中，已知 $L_1 = 2\text{H}$，$L_2 = 8\text{H}$，$R_1 = 6\Omega$，$R_2 = 10\Omega$，$u_s(t) = 10\sqrt{2}\cos 2t \text{V}$，耦合系数 $k = 0.5$，求电阻 R_1 吸收的平均功率。

解 首先根据耦合系数求互感：

$$M = k\sqrt{L_1 L_2} = 0.5 \times \sqrt{2 \times 8} = 2\text{H}$$

然后进行去耦等效，图 7-13（a）所示的电路为异名端为公共端的耦合电感，T 型去耦等效后得到图 7-13（b）所示的等效电路。再计算各元件阻抗，给出相量模型电路如图 7-13（c）所示。通过阻抗串并联关系求得 Z_{ab}：

$$Z_{ab} = (6 + j8) // (10 + j20) = \frac{10 \angle 53.1° \times 22.36 \angle 63.4°}{32.25 \angle 60.3°}$$

$$= (3.86 + j5.76)\Omega$$

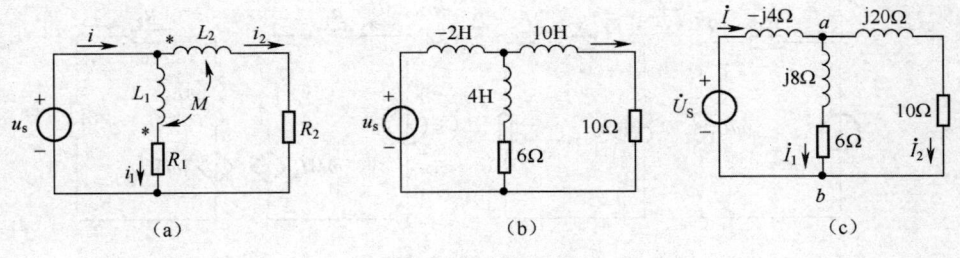

图 7-13 例 7-6 图

通过分压公式计算 $\dot{U}_{ab}$：

$$\dot{U}_{ab} = \frac{Z_{ab}}{-j4 + Z_{ab}} \cdot \dot{U}_S = \frac{6.93 \angle 56.2° \times 10 \angle 0°}{3.86 + j1.76}$$

$$= \frac{69.3 \angle 56.2°}{4.24 \angle 24.5°} = 16.34 \angle 31.7° \text{V}$$

求支路电流 $\dot{I}_1$：

$$\dot{I}_1 = \frac{\dot{U}_{ab}}{6 + j8} = \frac{16.34 \angle 31.7°}{10 \angle 53.1°} = 1.634 \angle -21.4° \text{A}$$

则 R_1 吸收的平均功率为

$$P_{R1} = I_1^2 R_1 = 1.634^2 \times 6 = 16.02\text{W}$$

7.3 空芯变压器电路的分析

在电工技术中，变压器得到了广泛的应用，它一般由两个或两个以上的有磁场耦合的线圈组成。线圈可分为两类，用来连接电源的称为原边线圈或初级线圈，用来连接负载的称为副边线圈或次级线圈。能量通过磁场的耦合由电源传递给负载。

变压器就有无铁芯来分，可分为铁芯变压器和空芯变压器两种，所谓铁芯变压器是指以铁磁性物质作为芯子的变压器，一般来讲，这种变压器的电磁特性是非线性的。所谓空芯变压器是指以空气或其他任何非铁磁性物质作为芯子的变压器，这种变压器的电磁特性是线性的，故也称为线性变压器。耦合电感可作为线性变压器的模型。本节即讨论这种变压器在正弦稳态中的分析方法。我们将从含耦合电感电路的基本分析方法出发，最后获得分析此种特定电路比较简单的分析方法——反映阻抗法。

设空芯变压器的相量模型如图 7-14（a）所示。R_1、R_2 为原、副边线圈电阻，Z_L 为负载阻抗。互感电压用受控电压源代替后的电路如图 7-14（b）所示。

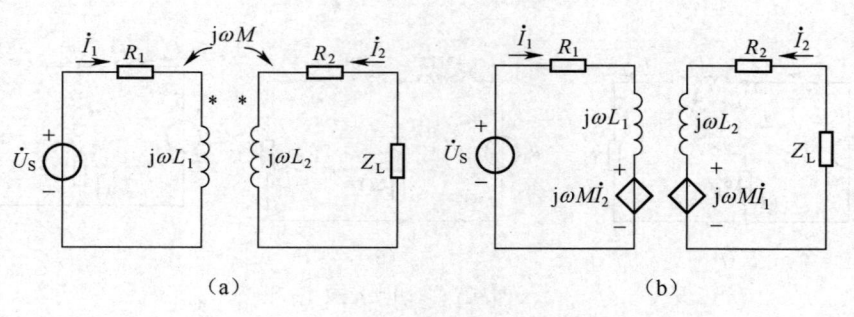

图 7-14 空芯变压器电路

设图中已知电路参数 R_1、R_2、L_1、L_2、ω、Z_L 和 $\dot{U}_S$，求原、副边电流 $\dot{I}_1$、$\dot{I}_2$。从图 7-14 中可以看出，用网孔法比较方便。设网孔电流为 $\dot{I}_1$、$\dot{I}_2$，网孔方程为

$$\begin{cases} (R_1 + j\omega L_1)\dot{I}_1 + j\omega M \dot{I}_2 = \dot{U}_S \\ j\omega M \dot{I}_1 + (R_2 + j\omega L_2 + Z_L)\dot{I}_2 = 0 \end{cases}$$

或写成

$$\begin{cases} Z_{11}\dot{I}_1 + Z_{12}\dot{I}_2 = \dot{U}_S \\ Z_{21}\dot{I}_1 + Z_{22}\dot{I}_2 = 0 \end{cases} \qquad (7\text{-}17)$$

其中 $Z_{11} = R_1 + j\omega L_1$，$Z_{22} = R_2 + j\omega L_2 + Z_L$，$Z_{12} = Z_{21} = j\omega M$，故解得

$$\dot{I}_1 = \frac{Z_{22}\dot{U}_S}{Z_{11}Z_{22} - Z_{12}Z_{21}} \tag{7-18}$$

$$\dot{I}_2 = -\frac{Z_{21}}{Z_{22}}\dot{I}_1 \tag{7-19}$$

由式（7-18）看出，原边线圈电流 $\dot{I}_1$ 与同名端位置无关，因为无论 Z_{12}、Z_{21} 为 $+j\omega M$ 还是 $-j\omega M$，其平方皆为 $-\omega^2 M^2$，故式（7-18）还可写成

$$\dot{I}_1 = \frac{\dot{U}_S}{Z_{11} + \frac{(\omega M)^2}{Z_{22}}} \tag{7-20}$$

令

$$Z_{\text{ref}} = \frac{(\omega M)^2}{Z_{22}} \tag{7-21}$$

代入式（7-20）中

$$\dot{I}_1 = \frac{\dot{U}_S}{Z_{11} + Z_{\text{ref}}} \tag{7-22}$$

根据式（7-22）可作出空芯变压器的原边等效电路，如图 7-15（a）所示。只要设电流 $\dot{I}_1$ 的参考方向从电源正极流出，不必考虑耦合线圈的同名端，可以直接由式（7-22）计算原边电流 $\dot{I}_1$。

式（7-21）表述的 Z_{ref} 体现了由于耦合而造成的副边回路对原边电流 $\dot{I}_1$ 的影响，称为副边回路对原边回路的反映阻抗。反映阻抗从物理意义上讲，虽然原、副边没有电的联系，但由于互感作用使闭合的副边产生电流，反过来这个电流又影响原边电流和电压。

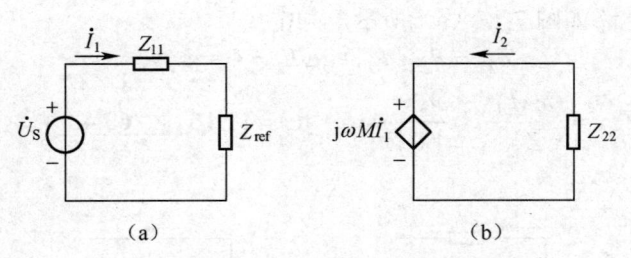

图 7-15 空芯变压器原、副边等效电路

反映阻抗 Z_{ref} 的说明：①若副边开路，即 $\dot{I}_2 = 0$，这时 $Z_{22} \to \infty$，$Z_{\text{ref}} = 0$，$\dot{I}_1 = \dot{U}_S/Z_{11}$；②若 $\dot{I}_2 \neq 0$，则副边电流存在，一定会对原边电流发生影响，这一影响就是通过 Z_{ref} 来体现的；③Z_{ref} 与 Z_{22} 元件性质相反，若 Z_{22} 为感性，则 Z_{ref} 为容

性；④若副边不是接 Z_L，而是接电源，则反映阻抗法不能使用，必须通过两个回路联立电路方程求解。

由式（7-19）看出，副边电流 $\dot{I}_2$ 的方向与同名端的位置有关，亦即与图 7-14（b）中副边回路的受控电压源 $j\omega M\dot{I}_1$ 的极性有关。因此，副边等效电路可根据原电路的电流参考方向和同名端的位置作出。图 7-15（b）即为图 7-14（b）所示空芯变压器的副边等效电路。

这样，对于空芯变压器或者线性变压器这种特定的含耦合电感的电路，我们可以利用反映阻抗的概念，通过作其原、副边等效电路的方法使其分析得到简化。

例 7-7 含耦合电感电路如图 7-16（a）所示，电路处于正弦稳态中，已知 $R_1 = 10\Omega$，$R_2 = R_L = 2\Omega$，$L_1 = 15H$，$L_2 = 4H$，$M = 5H$，$u_s = 100\sqrt{2}\cos 2t$ V，求副边电路吸收的功率和 $i_1(t)$ 与 $i_2(t)$。

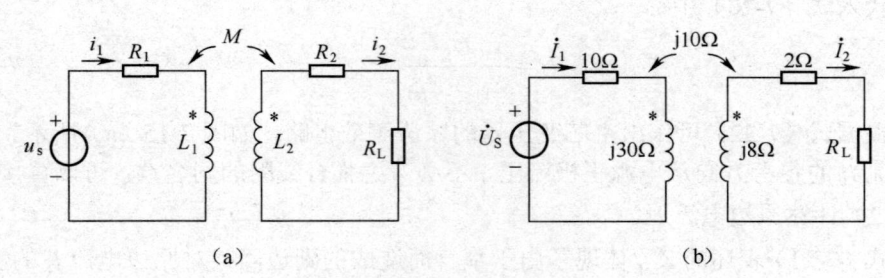

图 7-16 例 7-7 图

解 相量模型如图 7-16（b）所示，其中

$$\dot{U}_S = 100\angle 0°, \quad j\omega L_1 = j30\Omega, \quad j\omega L_2 = j8\Omega, \quad j\omega M = j10\Omega$$

原边等效电路如图 7-17（a）所示，其中

$$Z_{22} = R_2 + R_L + j\omega L_2 = 4 + j8$$

$$Z_{\text{ref}} = \frac{(\omega M)^2}{Z_{22}} = \frac{100}{4 + j8} = 5 - j10 = 11.16\angle -63.43°$$

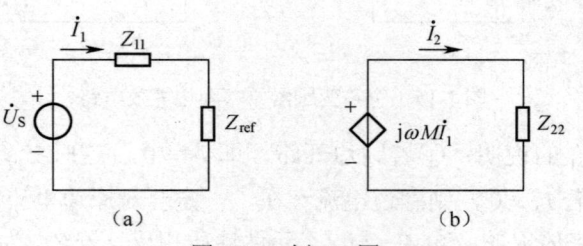

图 7-17 例 7-7 图

故由图 7-17（a）计算原边电流：

$$\dot{I}_1 = \frac{\dot{U}_S}{Z_{11} + Z_{ref}} = \frac{100}{(10+j30)+(5-j10)} = 4\angle -53.1° \text{ A}$$

给出副边等效电路如图 7-17（b）所示，其中

$$j\omega M\dot{I}_1 = j10 \times 4\angle -53.1° = 40\angle 36.9°$$

故

$$\dot{I}_2 = \frac{j\omega M\dot{I}_1}{Z_{22}} = \frac{40\angle 36.9°}{4+j8} = 4.47\angle -26.5°$$

因此，副边电路吸收的功率

$$P_2 = (R_2 + R_L)I_2^2 = 4 \times 4.47^2 = 80\text{W}$$

$$i_1(t) = 4\sqrt{2}\cos(2t-53.1°)\text{A}$$

$$i_2(t) = 4.47\sqrt{2}\cos(2t-26.5°)\text{A}$$

7.4 理想变压器

理想变压器的电路符号如图 7-18 所示。在图示的电压、电流参考方向和同名端位置有关的情况下，其伏安关系是

$$\begin{cases} u_1 = nu_2 \\ i_1 = -\frac{1}{n}i_2 \end{cases} \quad (7-23)$$

式中，n 称为变比，是一个常数。理想变压器符号中的同名端也是为确定伏安关系表达式中的正负号而标注的。原则是：①两端口电压的极性对同名端是一致的，即若 u_1 在"·"端是+极性，则 u_2 在另一端口的"·"端也是+极性；②两端口电流的方向对同名端是相反的，即若 i_1、i_2 皆从"·"端流入或相反，则关系式中为负号或者为正号。根据上述原则，图 7-19 所示理想变压器的伏安关系为

$$\begin{cases} u_1 = -nu_2 \\ i_1 = \frac{1}{n}i_2 \end{cases} \quad (7-24)$$

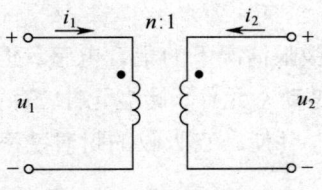

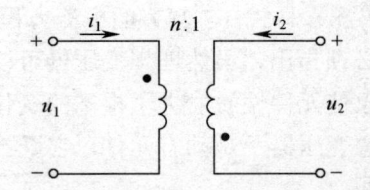

图 7-18 理想变压器　　　　图 7-19 理想变压器（同名端不同）

理想变压器可以看成是实际铁芯变压器的一种抽象。更一般地讲，理想变压器可以看成是耦合系数 $k = 1$，电感 L_1、L_2 都趋于无穷大，且 L_2/L_1 为一常数这一极限情况下的耦合电感。为方便起见，用耦合电感的相量模型来说明这个问题。图 7-5 所示耦合电感相量模型的伏安关系为

$$\begin{cases} j\omega L_1 \dot{I}_1 + j\omega M \dot{I}_2 = \dot{U}_1 \\ j\omega M \dot{I}_1 + j\omega L_2 \dot{I}_2 = \dot{U}_2 \end{cases} \tag{7-25}$$

若 $k = 1$，即 $M = \sqrt{L_1 L_2}$，则

$$\begin{cases} j\omega L_1 \dot{I}_1 + j\omega \sqrt{L_1 L_2} \dot{I}_2 = \dot{U}_1 \\ j\omega \sqrt{L_1 L_2} \dot{I}_1 + j\omega L_2 \dot{I}_2 = \dot{U}_2 \end{cases} \tag{7-26}$$

由式（7-26）得

$$\sqrt{\frac{L_2}{L_1}}(j\omega L_1 \dot{I}_1 + j\omega \sqrt{L_1 L_2} \dot{I}_2) = \dot{U}_2$$

由上式和式（7-26）得

$$\frac{\dot{U}_1}{\dot{U}_2} = \sqrt{\frac{L_1}{L_2}} = n \tag{7-27}$$

式中

$$n = \sqrt{\frac{L_1}{L_2}}$$

式（7-27）与式（7-23）的电压方程是一致的。

由式（7-26）可得

$$\dot{I}_1 = \frac{\dot{U}_1}{j\omega L_1} - \sqrt{\frac{L_2}{L_1}} \dot{I}_2$$

当 $L_1 \to \infty$ 时

$$\dot{I}_1 = -\sqrt{\frac{L_2}{L_1}} \dot{I}_2$$

故

$$\dot{I}_2 = -\sqrt{\frac{L_1}{L_2}} \dot{I}_1 = -n \dot{I}_1 \tag{7-28}$$

式（7-28）与式（7-23）的电流方程是一致的。

必须指出，虽然理想变压器可以看成是一种极限情况下的耦合电感。但是，这一抽象使元件性质发生了根本的变化。耦合电感是动态元件、储能元件，有记忆性，而理想变压器不是动态元件，它既不能储能，也不耗能。它吸收的瞬时功率恒等于零，即

$$p = u_1i_1 + u_2i_2 = u_1i_1 + \frac{1}{n}u_1(-ni_1) = 0$$

理想变压器是一个无损耗无记忆元件。因此，用理想变压器作为实际变压器的模型时，只能近似地分析变压器的稳态行为，不能来分析其动态行为。此外还需明确，表征耦合电感需要 L_1、L_2、M 三个参数，而表征理想变压器只用 n 一个参数。它们的电路符号十分近似，只能从参数的标注来判断是哪种元件。

若理想变压器处于正弦稳态中，也可以用相量法进行分析，与图 7-18 对应的理想变压器的相量模型如图 7-20 所示，其伏安关系的相量形式为

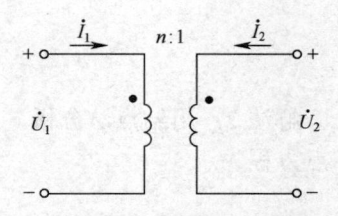

图 7-20　理想变压器的相量模型

$$\begin{cases} \dot{U}_1 = n\dot{U}_2 \\ \dot{I}_1 = -\dfrac{1}{n}\dot{I}_2 \end{cases} \qquad (7-29)$$

注意，当同名端位置改变时，上式中的正负号要作相应的改变。

含理想变压器电路的基本分析方法与含耦合电感电路的基本分析方法相似，即把这个双端口元件作为两个单端口元件处理。每个端口可根据理想变压器的伏安关系看成是电压控制电压源或电流控制电流源。然后按只含二端元件的电路进行分析。

例 7-8　电路如图 7-21（a）所示，已知 $\dot{U}_S = 10\angle 0°$，求 $\dot{I}_2$ 和 $\dot{I}_3$。

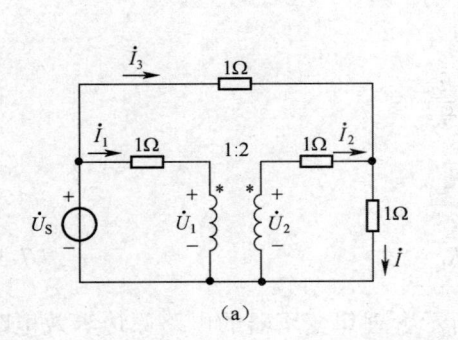

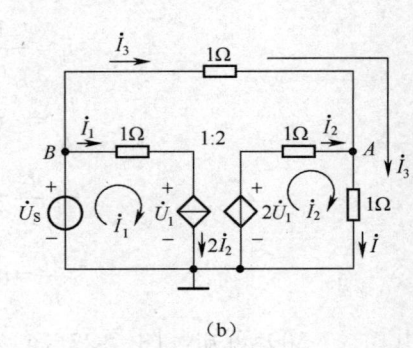

图 7-21　例 7-8 图

解　解法 1：用受控源代替理想变压器后的电路如图 7-21（b）所示，用回路法分析，各回路电流如图中所示，其回路方程为

$$\begin{cases} 2\dot{I}_2 + \dot{I}_3 = 2\dot{U}_1 \\ \dot{I}_2 + 2\dot{I}_3 = 10 \end{cases}$$

附加方程: $$\dot{U}_1 = -2\dot{I}_2 + 10$$

解得 $$\dot{I}_2 = 2\frac{8}{11} \text{A}$$

$$\dot{I}_3 = 3\frac{7}{11} \text{A}$$

解法 2：用结点法分析，参考结点如图 7-21（b）所示，假设电压源为 $10\angle 0°$。结点方程为

$$3\dot{U}_A - 10 = 2\dot{U}_1$$
$$\dot{U}_1 = -2\dot{I}_2 + 10$$

附加方程: $$\dot{I}_2 = 2\dot{U}_1 - \dot{U}_A$$

解得 $\dot{I}_2 = 2\frac{8}{11}\text{A}$, $\dot{U}_1 = \frac{50}{11}\text{V}$, $\dot{U}_A = \frac{70}{11}\text{V}$, $\dot{I} = \frac{70}{11}\text{A}$

$$\dot{I}_3 = \dot{I} - \dot{I}_2 = 3\frac{7}{11}\text{A}$$

既然理想变压器有变换电压、变换电流的作用，那么也就有变换电阻或变换阻抗的作用。

图 7-22（a）所示的电路由理想变压器副边接一负载组成。若已知 u_1，求 i_1。根据理想变压器的伏安关系可得

$$u_1 = nu_2$$
$$i_1 = -\frac{1}{n}i_2$$

则 $$\frac{u_1}{i_1} = -n^2 \frac{u_2}{i_2}$$

而 $$-\frac{u_2}{i_2} = R_L$$

故 $$\frac{u_1}{i_1} = n^2 R_L \qquad (7-30)$$

由式（7-30）可知，图 7-22（a）所示含理想变压器的电路原边等效电路如图 7-22（c）所示。即理想变压器副边接电阻 R_L，对原边而言，相当于在原边接电阻 $n^2 R_L$。即变压器起着变换电阻的作用。若 $n<1$，电阻变换后数值减小，若 $n>1$，电阻变换后数值增大，$n^2 R_L$ 称为副边电阻对原边的折合值，简称折合电阻。

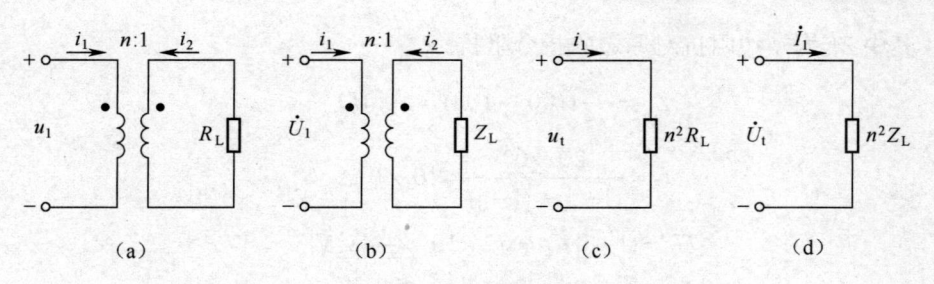

图 7-22 折合电阻与折合阻抗

如果理想变压器工作在正弦稳态中,并在副边接有负载阻抗 Z_L,如图 7-22(b)所示。与上面同样分析可得原边的电压、电流关系为

$$\frac{\dot{U}_1}{\dot{I}_1} = n^2 Z_L$$

其中,$n^2 Z_L$ 称为副边阻抗对原边的折合值,简称折合阻抗。

应该指出,折合电阻或折合阻抗的计算与同名端无关。

利用折合阻抗的概念可以简化某些含理想变压器的电路的分析。在电子技术中,也常利用变压器变换阻抗的作用来实现最大功率匹配。

例 7-9 图 7-23 所示的电路处于正弦稳态中,试求 $\dot{I}_1$、$\dot{I}_2$ 和 $\dot{U}_2$。

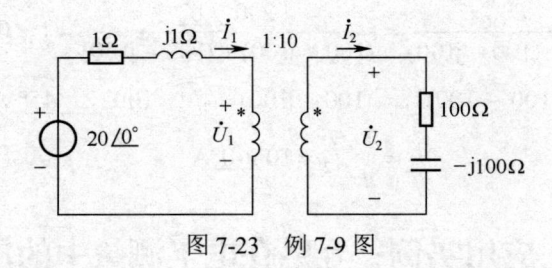

图 7-23 例 7-9 图

解 解法 1:利用折合阻抗的概念。图 7-23 所示电路的原边等效电路如图 7-24(a)所示。

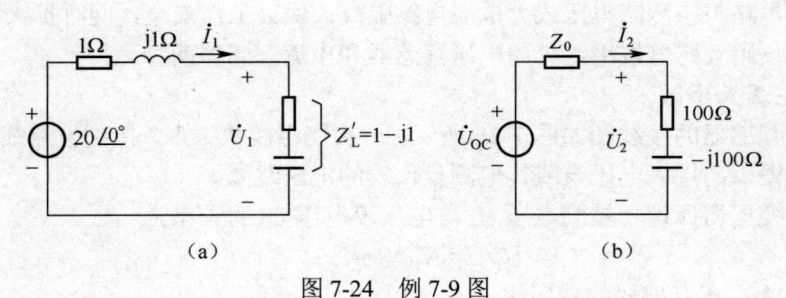

图 7-24 例 7-9 图

其中 Z'_L 为副边阻抗对原边的折合阻抗。

$$Z'_L = \frac{1}{n^2}(100 - j100) = 1 - j1\,\Omega$$

$$\dot{I}_1 = \frac{20\angle 0°}{(1+j)+(1-j)} = 10\angle 0°\,\text{A}$$

$$\dot{U}_1 = (1-j1)\dot{I}_1 = \sqrt{2}\times 10\angle -45°\,\text{V}$$

$$\dot{U}_2 = \frac{1}{n}\cdot\dot{U}_1 = \sqrt{2}\times 100\angle -45°\,\text{V}$$

$$\dot{I}_2 = n\dot{I}_1 = 1\angle 0°\,\text{A}$$

解法 2：利用戴维宁等效电路求解。可先求出 $\dot{I}_2$ 和 $\dot{U}_2$，再求 $\dot{I}_1$。

在图 7-23 中，将负载阻抗 $100-j100$ 两端断开，令其开路电压为 $\dot{U}_{OC}$。

$$\dot{U}_{OC} = \frac{1}{n}\cdot 20\angle 0° = 200\angle 0°\,\text{V}$$

注意此时 $\dot{I}_2 = 0$，$\dot{I}_1 = 0$，再利用折合阻抗的概念求戴维宁等效阻抗为

$$Z_0 = \left(\frac{1}{n}\right)^2(1+j1) = 100 + j100\,\Omega$$

其戴维宁等效电路如图 7-24（b）所示。

$$\dot{I}_2 = \frac{\dot{U}_{OC}}{Z_0 + (100-j100)} = \frac{200\angle 0°}{(100+j100)+(100-j100)} = 1\angle 0°\,\text{A}$$

$$\dot{U}_2 = (100-j100)\dot{I}_2 = (100-j100) = \sqrt{2}\times 100\angle -45°\,\text{V}$$

$$\dot{I}_1 = \frac{1}{n}\cdot\dot{I}_2 = 10\angle 0°\,\text{A}$$

7.5 应用实例：互感在电工测量中的应用

在工程电工测量中经常使用的一种专用双绕组变压器称为仪用互感器。它的主要作用是电路与待测高电压或大电流电路隔离，保证工作安全，同时扩大测量仪器的量程。仪用互感器按用途分为电压互感器和电流互感器两种。

1. 电压互感器

电压互感器的接线图如图 7-25 所示。一次绕组匝数很多，接到被测线路；二次绕组匝数很少，接入电压表或其他测量仪表的电压线圈。

根据变压器原理，被测电压 U_1 与电压表电压 U_2 的关系为

$$U_1/U_2 = N_1/N_2 = K_u \tag{7-31}$$

式中，K_u 为电压互感器的变压比。

因为电压表和其他测量仪表的电压线圈阻抗很高,所以电压互感器在使用时相当于一台空载运行的变压器。运行时,二次绕组不能短路,否则将产生比额定电流大几百倍甚至几千倍的短路电流而烧坏互感器。另外,为安全起见,电压互感器的铁芯和二次绕组的一端要可靠接地,以防止当绕组间绝缘损坏时二次侧绕组上有高压出现。

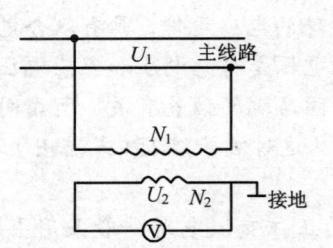

图 7-25 电压互感器的接线图

2. 电流互感器

电流互感器的接线图如图 7-26 所示,它的一次绕组的匝数很少,串联接在被测主线路中。二次绕组的匝数较多,它与电流表或其他仪表及继电器的电流线圈相连接。由于电流表的阻抗很小,因此二次侧接了很小的阻抗,相当于变压器的短路状态,励磁电流 I_0 可忽略不计,被测电流 I_1 与电流表的电流 I_2 的关系为

$$I_1/I_2 = N_1/N_2 = K_i \tag{7-32}$$

式中,K_i 为电流互感器的变流比。

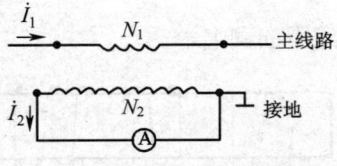

图 7-26 电流互感器的接线图

由式(7-32)可见,利用电流互感器可将大电流变换为小电流。电流表的读数 I_2 乘以变换系数 K_i 即为被测电流 I_1(在电流表的刻度上可直接标出被测电流值)。通常电流互感器二次侧绕组的额定电流规定为 5A 或 1A。

为了使用安全,电流互感器的铁芯和二次绕组的一端与电压互感器一样要可靠接地。此外,电流互感器的二次绕组绝对不允许开路。因为它的一次绕组是与被测电路串联的,一次绕组中的电流 I_1 的大小是由被测电路决定而不是由二次绕组的电流 I_2 决定。因此,当二次绕组开路时,二次绕组的电流和磁动势当即消失,但一次绕组的电流 I_1 却不变,这时铁芯内的磁通全由一次绕组磁动势 I_1N_1 产生,使得磁通比正常情况猛增几十倍。这样一方面使铁芯内磁感应强度增大,铁耗大大增加,致

使铁芯过热而烧毁互感器；另一方面较大的磁通又会在二次绕组感应出很高的电动势，有可能损坏仪表的绝缘并危及人身安全。

本章小结

耦合电感元件是一种特殊的电感元件，具有耦合电感元件的多个线圈在磁场上相互耦合。耦合电感元件的电压是自感电压和互感电压的代数和，互感电压的符号与电压、电流的参考方向及同名端的位置有关。所谓同名端是指具有耦合的两个线圈的一对端子，当电流分别从这对端子流入（或流出）时所产生的磁通方向一致时，称这对端子为同名端。

分析含耦合电感元件的正弦交流电路一般采用去耦法。两个耦合电感串联可以等效为一个电感，具有一端相连的两个耦合电感可以按两个耦合电感并联的方式去耦。

空芯变压器是由两个耦合线圈绕在一个非铁磁材料做成的芯子上制成的。对于空芯变压器电路，可分别用原边等效电路和副边等效电路来分析。

理想变压器可被认为是一种特殊的耦合电感元件，它具有电压变换、电流变换和阻抗变换的特性，对含理想变压器电路的分析一般采用理想变压器的端部特性。

习题7

7-1 标出图 7-27 所示线圈的同名端。

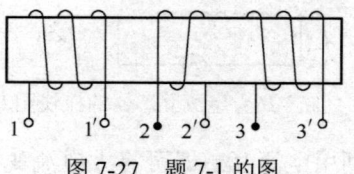

图 7-27 题 7-1 的图

7-2 两个具有耦合的线圈如图 7-28 所示，①标出它们的同名端；②当图中开关 S 闭合或闭合后再打开时，试根据毫伏表的偏转方向来确定同名端。

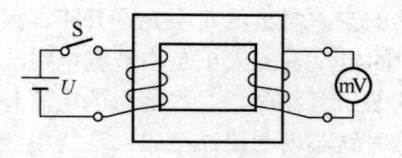

图 7-28 题 7-2 的图

7-3 求图 7-29 所示电路的输入阻抗。已知图（a），$k=0.5$；图（b），$k=0.9$；图（c），$k=0.95$；图（d），$k=1$，$L_1=1H$，$L_2=2H$，$L_1'=3H$，$L_2'=4H$。

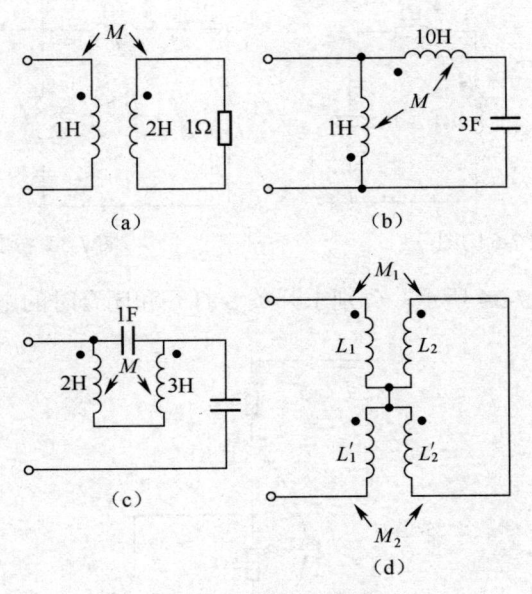

图 7-29 题 7-3 的图

7-4 求图 7-30 所示电路的输入阻抗 Z（$\omega=1\text{rad/s}$）。

7-5 已知图 7-31 所示互感电路的耦合系数 $k=\dfrac{1}{2}$，求 $\dot{U}_2$（提示：$k=M/\sqrt{L_1L_2}$）。

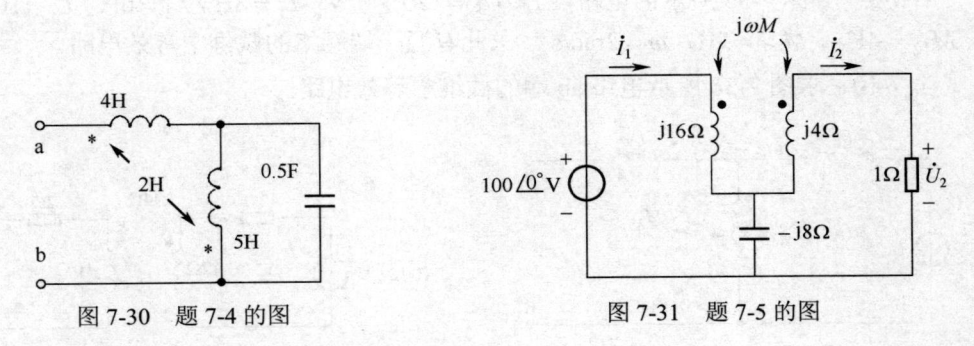

图 7-30 题 7-4 的图

图 7-31 题 7-5 的图

7-6 求图 7-32 所示电路的输入阻抗 Z_{AB}。

7-7 在图 7-33 所示的电路中，已知 $u_s(t)=\sqrt{2}\cos t\,\text{V}$，$M=1\text{H}$，求 $u(t)$。

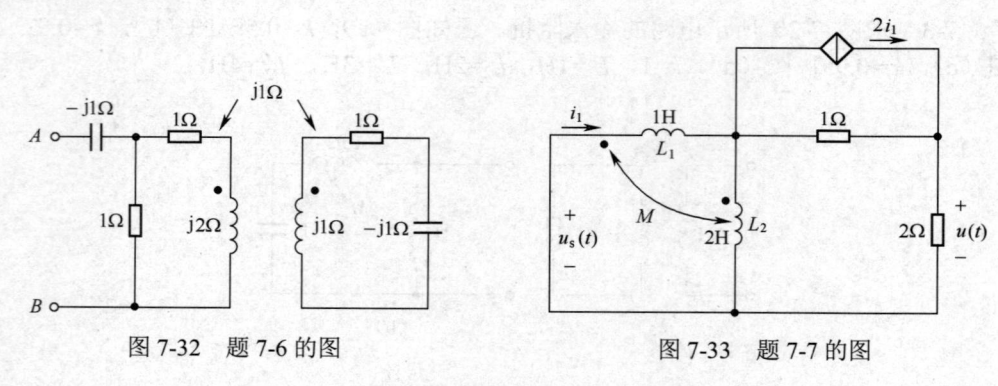

图 7-32 题 7-6 的图　　　　　图 7-33 题 7-7 的图

7-8　电路如图 7-34 所示，分别求开关 S 打开和闭合时的电流 $\dot{I}$。

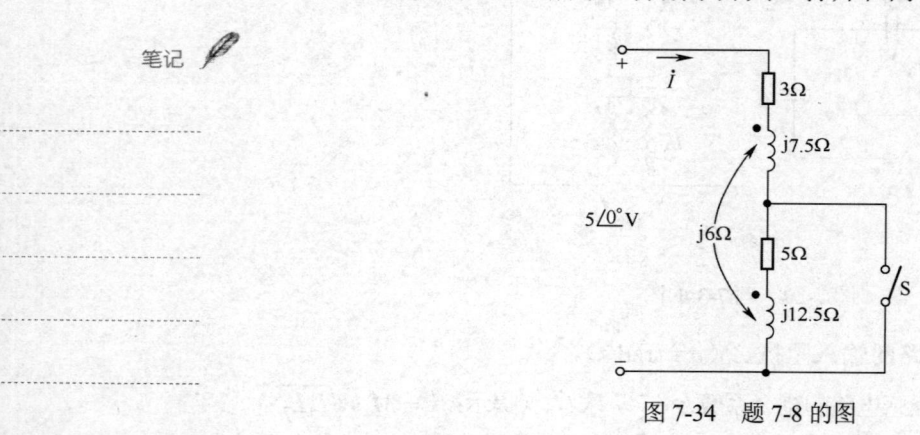

图 7-34 题 7-8 的图

7-9　如图 7-35 所示的电路，已知 $\dot{U}_S = 120\angle 0°\text{V}$，$L_1 = 8\text{H}$，$L_2 = 6\text{H}$，$L_3 = 10\text{H}$，$M_{12} = 4\text{H}$，$M_{23} = 5\text{H}$，$\omega = 2\text{rad/s}$，求此有源二端网络的戴维宁等效电路。

7-10　求图 7-36 所示电路 ab 端的戴维宁等效电路。

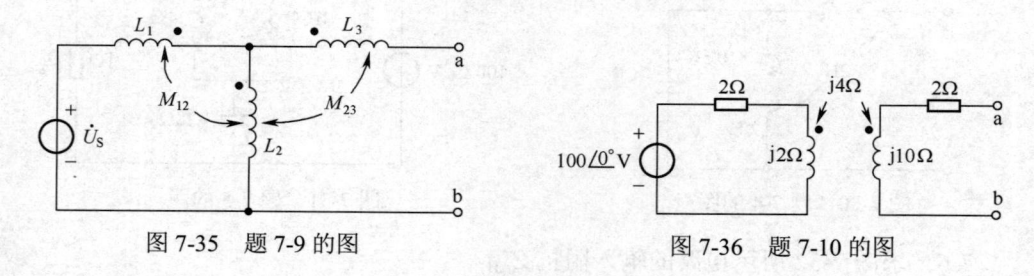

图 7-35 题 7-9 的图　　　　　图 7-36 题 7-10 的图

7-11　在图 7-37 所示的正弦稳态电路中，$R_1 = 1\Omega$，$L_1 = 1\text{H}$，$R_2 = 2\Omega$，$L_2 = 2\text{H}$，$L_3 = 3\text{H}$，$C_3 = 3\text{F}$，电压表与功率表的读数分别为 $V_1 = 10\text{V}$，$V_2 = 5\text{V}$，$P = 100\text{W}$，试确定互感 M 的值。

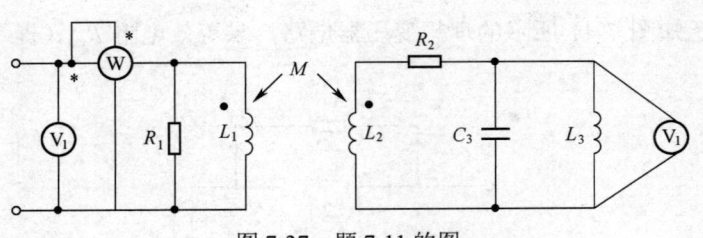

图 7-37 题 7-11 的图

7-12 电路如图 7-38 所示，$U_S(t)$ 和 $i(t)$ 同相，$u_S(t)=10\cos\omega t$ V，求电源的角频率 ω 和功率表的读数。

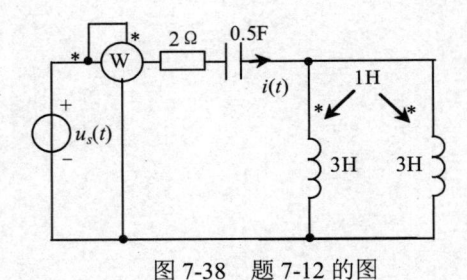

图 7-38 题 7-12 的图

7-13 求图 7-39 所示电路中理想变压器的匝比 $n:1$，若：（1）10Ω 电阻的功率为 2Ω 电阻功率的 25%；（2）$\dot{U}_1 = \dot{U}_2$；（3）a、b 端的输入电阻为 8Ω。

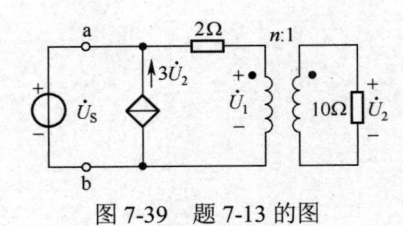

图 7-39 题 7-13 的图

7-14 已知图 7-40 所示理想变压器电路中 $u_s=\sin 2t$ V，求当 C 为何值时负载电阻 R 可获得最大功率，并求出最大功率（提示：求 ab 端处戴维宁等效阻抗，当负载 R 和 C 并联的等效阻抗与戴维宁等效阻抗为共轭关系时负载可获得最大功率）。

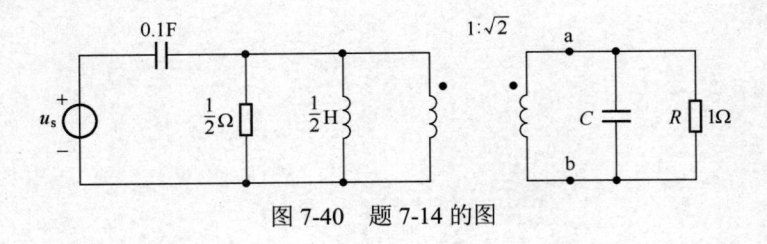

图 7-40 题 7-14 的图

7-15　已知图 7-41 所示的理想变压器电路，求等效电阻 R_{eq}（提示：用外加电压法）。

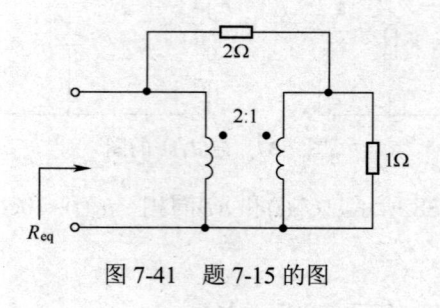

图 7-41　题 7-15 的图

第8章 三相电路

内容提要

本章介绍三相电路的基本概念及其特点、对称三相电路的一相计算方法、不对称三相电路的分析、三相电路功率的计算与测量方法。

学习目标

（1）理解三相电源和三相负载的两种连接方式，理解对称三相电路的概念。
（2）理解相电压和线电压、相电流和线电流的概念。
（3）掌握对称三相电源、三相负载分别是星形连接和三角形连接时线电压和相电压、线电流和相电流的关系。
（4）掌握对称三相电路的一相计算方法。
（5）了解不对称三相电路的分析方法。
（6）掌握对称三相电路功率的计算方法。
（7）掌握三相电路功率的测量方法，重点掌握用二瓦法测量平均功率。

电路分析

笔记

本章知识结构图

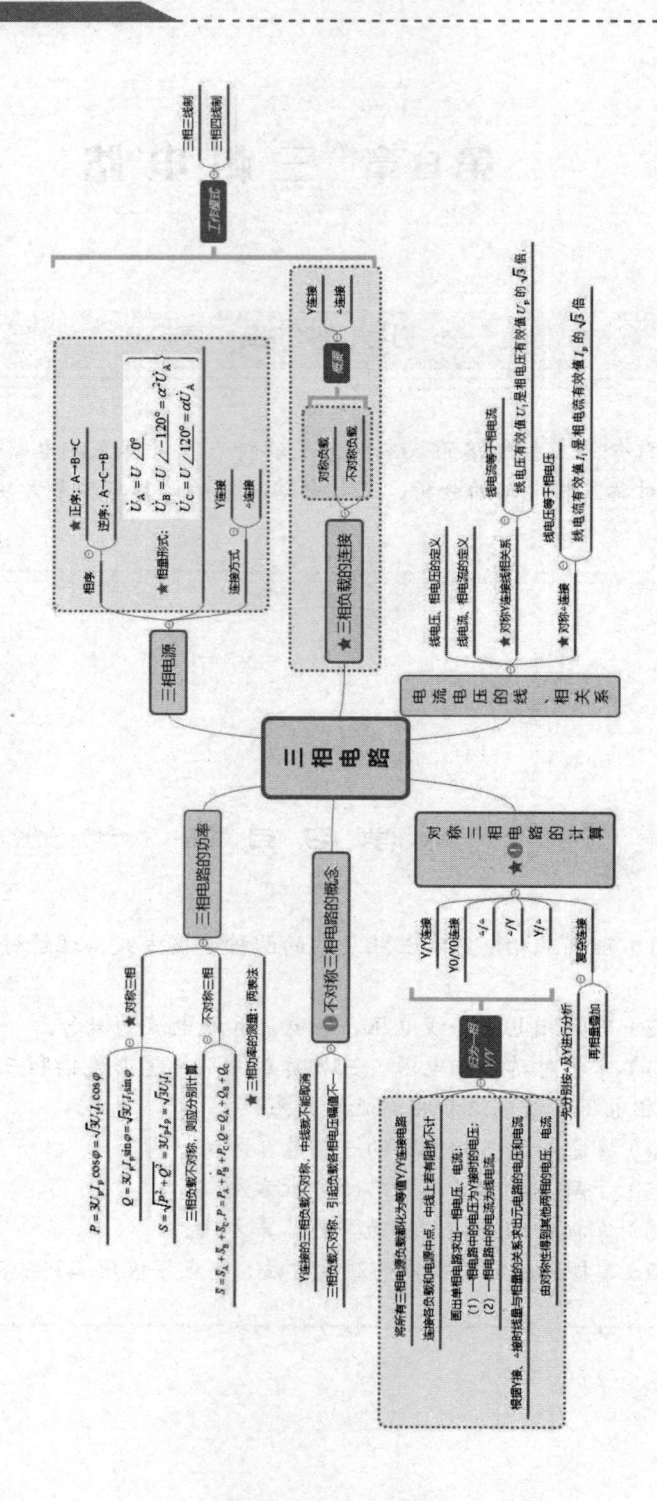

（三相电路知识结构思维导图，内容包括：三相电源、三相负载的连接、电流电压的线、相关系、三相电路的功率、不对称三相电路的概念、对称三相电路的计算等分支）

8.1 三相电路

8.1.1 三相电源

三相交流电源是由三相交流发电机产生的。如图 8-1 所示,在发电机定子(固定不动的部分)上嵌放了三个结构完全相同的线圈 AX、BY、CZ(通称绕组),A、B、C 称为首端,X、Y、Z 称为末端,三个绕组在空间位置上互差 120°。当发电机的转子磁场以 ω 匀速旋转时,三个绕组中就感应出随时间按正弦规律变化且相位彼此相差 120° 的三相电压,这三个绕组就相当于三个独立的正弦电压源。

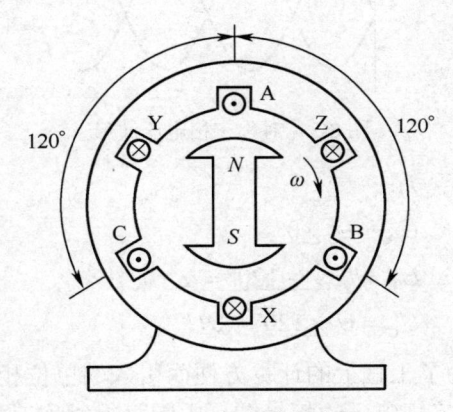

图 8-1 三相交流发电机

若三个正弦电压源 u_A、u_B、u_C 的幅值相等,频率相同,相位互差 120°,则这三个电压源的组合称为对称三相电压源,简称三相电源(图 8-2),其正极性端标记为 A、B、C,负极性端标记为 X、Y、Z。每一个电压源称为一相,依次称为 A 相、B 相、C 相。

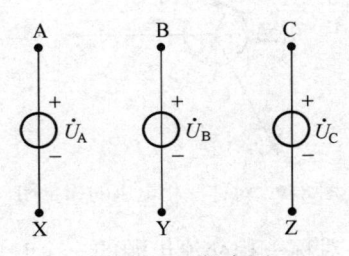

图 8-2 三相电源

三相电源的波形如图 8-3 所示，若以 u_A 为参考正弦量，则时域表示式为

$$\left.\begin{array}{l} u_A = \sqrt{2}U\cos\omega t \\ u_B = \sqrt{2}U\cos(\omega t - 120°) \\ u_C = \sqrt{2}U\cos(\omega t + 120°) \end{array}\right\}$$

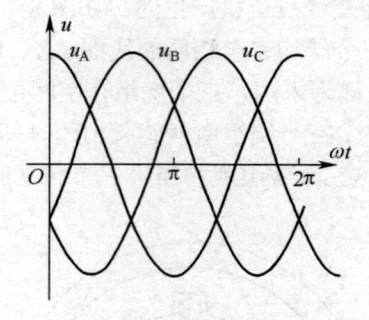

图 8-3 对称三相电压波形

其对应的电压相量式为

$$\left.\begin{array}{l} \dot{U}_A = U \angle 0° \\ \dot{U}_B = U \angle -120° = \alpha^2 \dot{U}_A \\ \dot{U}_C = U \angle 120° = \alpha \dot{U}_A \end{array}\right\}$$

式中，$\alpha = 1\angle 120°$ 是为了工程上的计算方便而引入的单位相量因子。

图 8-4 所示为对称三相电压的相量图，由图可得对称三相交流电源的电压相量和等于零，即

$$\dot{U}_A + \dot{U}_B + \dot{U}_C = 0 \tag{8-1}$$

图 8-4 对称三相电压的相量图

相应地，在任一瞬间，对称三相交流电源的三个时域电压和也为零，即

$$u_A + u_B + u_C = 0 \tag{8-2}$$

三相电压到达最大值的先后次序称为相序。图 8-4 中，A 相超前 B 相 120°，B 相超前 C 相 120°，C 相又超前 A 相 120°，即相序为 A→B→C，属正序（或顺序）。反之，若 A 相超前 C 相 120°，C 相又超前 B 相 120°，B 相又超前 A 相 120°，即相序为 A→C→B，则属负序（或逆序）。电力系统一般采用正序，本章如无特殊说明，三相电源的相序均是正序。

8.1.2 三相电路的结构

一般地，将三相交流电源按照一定的方式连接成一个整体向外输电，连接的方法通常为星形（Y 接）和三角形（△接）。

如图 8-5（a）所示，星形连接从三相电压源的正极端 A、B、C 向外引出三条线，称为端线（也称火线）；将负极端 X、Y、Z 连接在一起而形成一个结点，记为 N，称为中性点；有时中性点 N 也引出一根线，称为中线（也称零线）。

如图 8-5（b）所示，三角形连接将三相电压源的 X 与 B、Y 与 C、Z 与 A 连接在一起，再从 A、B、C 三端向外引出三条端线。显然，三角形电源是不能引出中线的，而且如果任何一相电源接反，在三角形连接的闭合回路中，三个电源电压之和将不为零，绕组中将产生很大的环行电流，造成严重恶果。

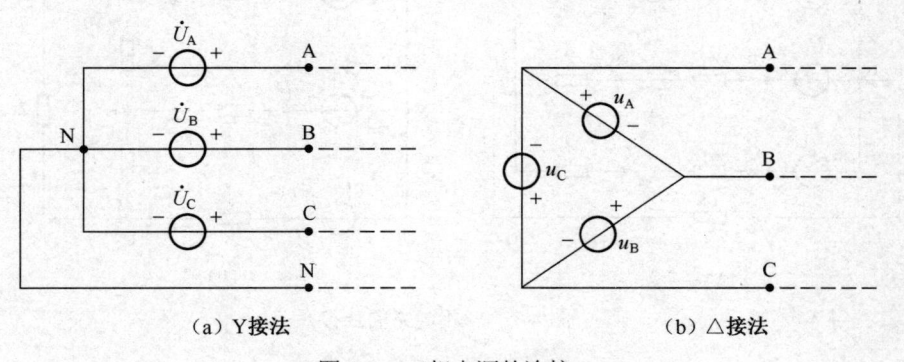

(a) Y 接法　　　　　　　　　　(b) △接法

图 8-5　三相电源的连接

由三相电源供电的负载称三相负载。三相负载通常有两类：一类是由三个单相负载（如电灯、电烙铁等）各自作为一相组成的三相负载；另一类则本身就是三相负载（如三相电动机、三相变压器等）。

如图 8-6 所示，三相负载连接也采用星形和三角形两种方法。在三相负载中，如果每相负载的阻抗均相等，例如图 8-6（a）中 $Z_A = Z_B = Z_C = Z$，则称为三相对称负载；如果各相负载的阻抗不同，则称为不对称的三相负载，如三相低压照明电路中的负载。

(a) Y接法　　　　　　　　　(b) △接法

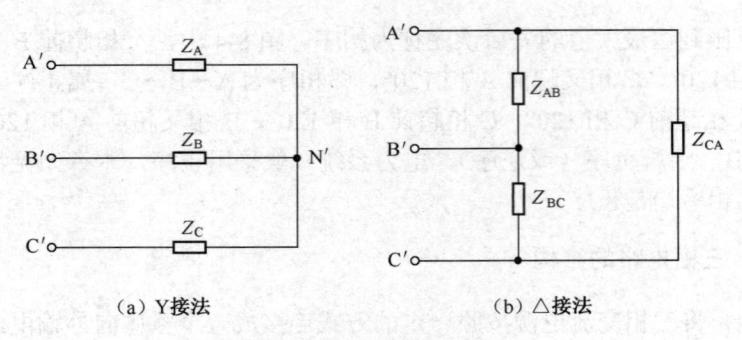

图 8-6　三相负载的连接

由三相电源、三相负载及连接电源和负载的线路所组成的系统称为三相电路。按电源和负载接成 Y 形或△形，基本三相电路分为 Y_0/Y_0、Y/Y、Y/△、△/Y 和 △/△五种类型，其中斜杠的左边表示电源的连接，右边表示负载的连接，下标"0"表示有中性线。例如图 8-7（a）是 Y/Y（若 N 与 N′间有中线时为 Y_0/Y_0）接三相电路，图 8-7（b）是 Y/△接三相电路。

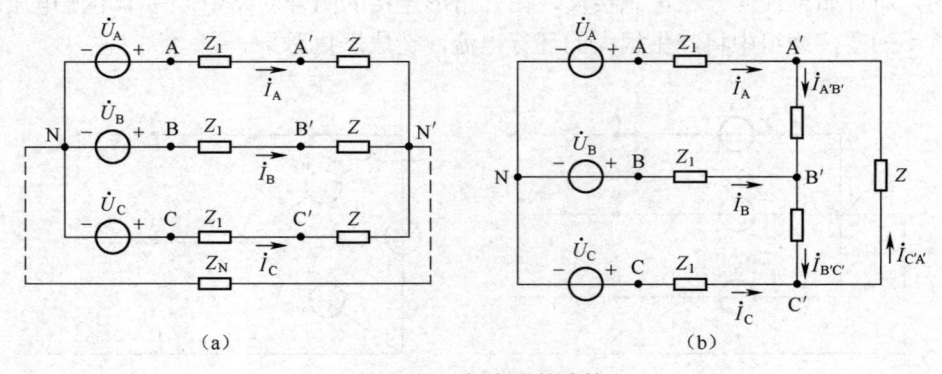

图 8-7　三相电路的连接

工程应用中，由三根端线和一根中线所组成的输电方式称为三相四线制（通常在低压配电系统中采用）。而不引出中线，只由三根端线所组成的输电方式称为三相三线制（在高压输电时采用较多）。图 8-7（a）除了用三根端线接成三相三线制电路外，也可接有中线而构成三相四线制；图 8-7（b）所示的三相电路，因为负载三角形连接而不可能有中线，所以是三相三线制。

8.1.3　电压（电流）的线相关系

三相电路中，三相电源一般都是对称的，如果三相负载对称，三相输电线各端线阻抗也相等，那么就构成了对称三相电路。

关于三相电路中的电压和电流，不论是电源侧还是负载侧，定义均相同。

相电压：每相电源或负载元件两端的电压（或端线与中线之间的电压），用符号 $\dot{U}_A$、$\dot{U}_B$、$\dot{U}_C$ 或 $\dot{U}_{AN}$、$\dot{U}_{BN}$、$\dot{U}_{CN}$ 表示，参考方向由首端指向末端。

线电压：端线之间的电压，用 $\dot{U}_{AB}$、$\dot{U}_{BC}$、$\dot{U}_{CA}$ 表示，参考方向规定由 A 线指向 B 线，B 线指向 C 线，C 线指向 A 线。

线电流：端线中流过的电流，用 $\dot{I}_A$、$\dot{I}_B$、$\dot{I}_C$ 表示，参考方向如图 8-7 所示。

相电流：流过每相电源或负载元件中的电流，用 $\dot{I}_{A'N'}$、$\dot{I}_{B'N'}$、$\dot{I}_{C'N'}$（Y 连接）或 $\dot{I}_{AB}$、$\dot{I}_{BC}$、$\dot{I}_{CA}$（△连接）表示，参考方向如图 8-7 所示。

对于星形连接的三相电源或负载，其电压（电流）的线相关系叙述如下。

如图 8-8（a）所示星形连接三相电源，可见线电流等于相电流，即
$$\dot{I}_A = \dot{I}_{NA},\ \dot{I}_B = \dot{I}_{NB},\ \dot{I}_C = \dot{I}_{NC}$$

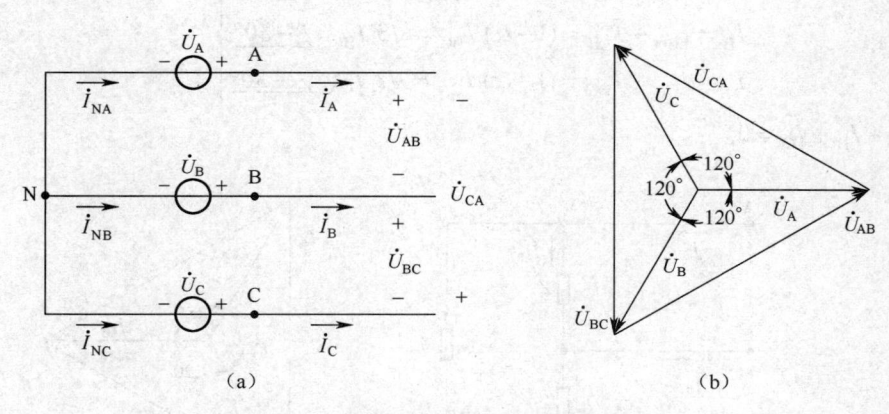

图 8-8 星形连接时的线值与相值关系

若图 8-8（a）为对称三相电源，设对称相电压为 $\dot{U}_A$、$\dot{U}_B$、$\dot{U}_C$，线电压为 $\dot{U}_{AB}$、$\dot{U}_{BC}$、$\dot{U}_{CA}$，由相量形式的 KVL 有

$$\left.\begin{aligned}\dot{U}_{AB} &= \dot{U}_A - \dot{U}_B = (1-\alpha^2)\dot{U}_A = \sqrt{3}\,\dot{U}_A\angle 30°\\ \dot{U}_{BC} &= \dot{U}_B - \dot{U}_C = (1-\alpha^2)\dot{U}_B = \sqrt{3}\,\dot{U}_B\angle 30°\\ \dot{U}_{CA} &= \dot{U}_C - \dot{U}_A = (1-\alpha^2)\dot{U}_C = \sqrt{3}\,\dot{U}_C\angle 30°\end{aligned}\right\} \quad (8\text{-}3)$$

且 $\dot{U}_{AB} + \dot{U}_{BC} + \dot{U}_{CA} = 0$。

由式（8-3）可知，星形连接的对称三相电源，其线电压有效值 U_l 是相电压有效值 U_p 的 $\sqrt{3}$ 倍，相位均依次超前对应相电压 30°，一般记为
$$\dot{U}_l = \sqrt{3}\dot{U}_p\angle 30°$$

【仿真研究】

星形接法线电压与相电压，线电流与相电流关系

图 8-8（b）所示的相量图是线电压与相电压关系的直观表示，由图可知，由于相电压对称，线电压也依序对称，构成一个对称三相组，因此只需算出 $\dot{U}_{AB}$ 即可依序写出 $\dot{U}_{BC} = \alpha^2 \dot{U}_{AB}$、$\dot{U}_{CA} = \alpha \dot{U}_{AB}$。

以上有关对称星形电源的电压关系和电流关系也适用于对称星形负载。

对于三角形连接的三相电源或负载，其电压（电流）的线相关系叙述如下。

如图 8-9（a）所示三角形连接三相负载，可见线电压就是相应的相电压，即

$$\dot{U}_{AB} = \dot{U}_A, \quad \dot{U}_{BC} = \dot{U}_B, \quad \dot{U}_{CA} = \dot{U}_C$$

但线电流不等于相电流，下面分析对称三角形负载中两者之间的关系。若图 8-9（a）所示为对称三相负载且同时外施对称三相电源，设负载中的对称相电流为 $\dot{I}_{AB}$、$\dot{I}_{BC} = \alpha^2 \dot{I}_{AB}$、$\dot{I}_{CA} = \alpha \dot{I}_{AB}$，依据相量形式的 KCL，有线电流

$$\left. \begin{array}{l} \dot{I}_A = \dot{I}_{AB} - \dot{I}_{CA} = (1-\alpha)\dot{I}_{AB} = \sqrt{3}\,\dot{I}_{AB}\angle -30° \\ \dot{I}_B = \dot{I}_{BC} - \dot{I}_{AB} = (1-\alpha)\dot{I}_{BC} = \sqrt{3}\,\dot{I}_{BC}\angle -30° \\ \dot{I}_C = \dot{I}_{CA} - \dot{I}_{BC} = (1-\alpha)\dot{I}_{CA} = \sqrt{3}\,\dot{I}_{CA}\angle -30° \end{array} \right\} \tag{8-4}$$

且 $\dot{I}_A + \dot{I}_B + \dot{I}_C = 0$。

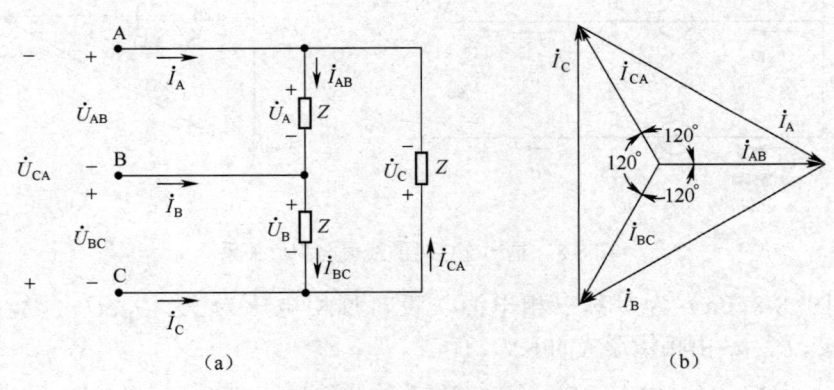

图 8-9 三角形连接时的线值与相值关系

【仿真研究】
三角形接法线电压与相电压，线电流与相电流关系

由式（8-4）可知，三角形连接的三相对称负载，其线电流有效值 I_l 是相电流有效值 I_p 的 $\sqrt{3}$ 倍，且相位依次滞后对应相电流 $30°$，一般记为

$$\dot{I}_l = \sqrt{3}\dot{I}_p \angle -30°$$

图 8-9（b）所示的相量图是线电流与相电流关系的直观表示，由图可见，对称三相负载三角形连接时，如果相电流对称，线电流也对称。因此实际计算时，只需算出 $\dot{I}_A$ 即可依次写出 $\dot{I}_B = \alpha^2 \dot{I}_A$、$\dot{I}_C = \alpha \dot{I}_A$。

以上对称三角形负载的电压关系和电流关系也适用于对称三角形电源。

例 8-1 图 8-7（b）所示为 Y/△对称三相电路，已知电源相电压为 110V，负载阻抗 $Z = 4+j3\Omega$，线路阻抗 $Z_l = 0$，求负载的相电流和线电流。

解 电源线电压 $U_l = \sqrt{3}U_p = \sqrt{3} \times 110 = 190 \text{ V}$

设 $\dot{U}_{AB} = 190 \angle 0° \text{V}$

负载相电流 $\dot{I}_{A'B'} = \dfrac{\dot{U}_{AB}}{Z} = \dfrac{190 \angle 0°}{4+j3} = 38 \angle -36.9° \text{A}$

由对称性得 $\dot{I}_{B'C'} = 38 \angle -156.9° \text{A}$

$\dot{I}_{C'A'} = 38 \angle 83.1° \text{A}$

负载线电流 $\dot{I}_A = \sqrt{3}\dot{I}_{A'B'} \angle -30° = 66 \angle -66.9° \text{A}$

$\dot{I}_B = 66 \angle -186.9° = 66 \angle 173.1° \text{A}$

$\dot{I}_C = 66 \angle 53.1° \text{A}$

8.2　对称三相电路的计算

三相电路是正弦交流电路的一种特殊类型，因此前述的正弦稳态电路分析方法对三相电路完全适用，而且可以利用对称三相电路的一些特点简化这类电路的分析计算。

分析图 8-10 所示的对称三相四线制电路，Z_l 为输电线的阻抗，Z_N 为中线阻抗，Z 为对称三相负载阻抗。

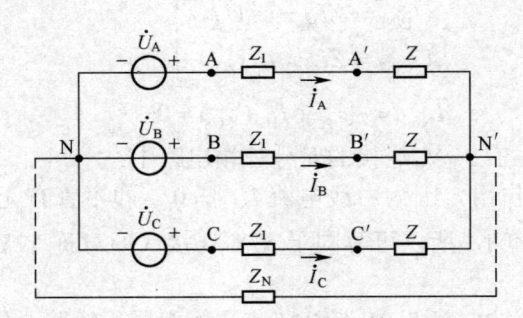

图 8-10　三相四线制 Y_0/Y_0 电路

选用结点电压法来分析。以 N 为参考结点，列结点电压方程可得

$$\left(\dfrac{1}{Z_N} + \dfrac{3}{Z+Z_l}\right)\dot{U}_{N'N} = \dfrac{1}{Z+Z_l}(\dot{U}_A + \dot{U}_B + \dot{U}_C)$$

由于 $\dot{U}_A + \dot{U}_B + \dot{U}_C = 0$，所以解得 $\dot{U}_{N'N} = 0$。

依据 $\dot{U}_{N'N} = 0$，可将 N 点和 N' 点之间处理成短路，如图 8-11 所示，原电路分解为三个单相电路，分别计算各相负载的电压和电流。注意，在各单相电路中没有中线阻抗 Z_N，因此各相之间是互相独立的。

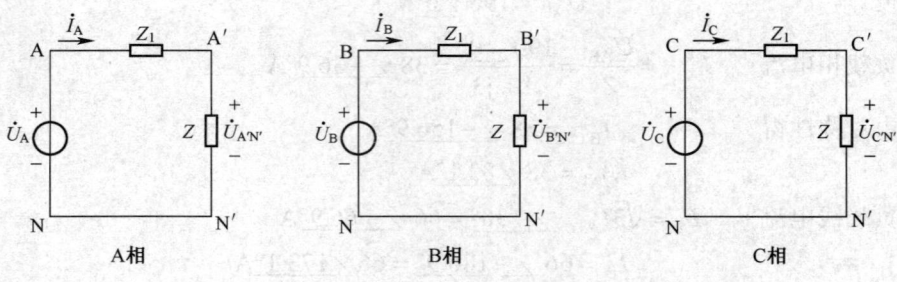

图 8-11 三个独立的单相电路

$$\left.\begin{aligned}\dot{I}_A &= \frac{\dot{U}_A - \dot{U}_{N'N}}{Z + Z_1} = \frac{\dot{U}_A}{Z + Z_1} \\ \dot{I}_B &= \frac{\dot{U}_B - \dot{U}_{N'N}}{Z + Z_1} = \frac{\dot{U}_B}{Z + Z_1} = \alpha^2 \dot{I}_A \\ \dot{I}_C &= \frac{\dot{U}_C - \dot{U}_{N'N}}{Z + Z_1} = \frac{\dot{U}_C}{Z + Z_1} = \alpha \dot{I}_A\end{aligned}\right\}$$

$$\left.\begin{aligned}\dot{U}_{A'N'} &= Z\dot{I}_A \\ \dot{U}_{B'N'} &= Z\dot{I}_B = \alpha^2 \dot{U}_{A'N'} \\ \dot{U}_{C'N'} &= Z\dot{I}_C = \alpha \dot{U}_{A'N'}\end{aligned}\right\}$$

而且 $\dot{I}_{NN'} = -(\dot{I}_A + \dot{I}_B + \dot{I}_C) = 0$

计算结果表明，在 Y_0/Y_0 连接的对称三相电路中：

（1）中线不起作用。因为中线电流 $\dot{I}_{NN'} = 0$，即不管有无中线、中线阻抗多大，对电路都没有影响，所以可等同于 Y/Y 连接（即对称 Y/Y 与 Y_0/Y_0 三相电路分析相同）。

（2）因为 $\dot{U}_{N'N} = 0$，所以 N 点和 N' 点之间等同于短路，各相负载的电压和电流均由该相的电源和负载决定，与其他两相无关，各相具有独立性。

（3）$\dot{I}_A$、$\dot{I}_B$、$\dot{I}_C$ 构成对称组，各相电压、电流均是与其电源同相序的对称三相正弦量。

在对称 Y_0/Y_0 与 Y/Y 连接中，由于各相计算具有独立性，各组电压、电流也都对称，因此只要求得一相中的电压、电流，其他两相的值即可根据对称性写出。即对称三相电路的计算可以简单地归结为一相计算，故这种方法称一相计算法。

需要特别注意的是，各相电流仅由各相电源和各相阻抗决定，中线阻抗不出现在一相计算法中，如图 8-12 所示为一相计算（A 相）电路。

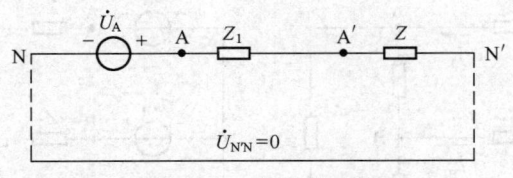

图 8-12 一相计算电路

对于其他连接方式的对称三相电路，可以根据星形和三角形的等效互换化成 Y/Y 三相电路，然后使用一相计算法。具体的求解步骤如下：

（1）将所有三角形连接的电源或负载用等效星形连接的电源或负载代替。

对电源部分：$\dot{U}_Y = \dfrac{1}{\sqrt{3}} \dot{U}_\triangle \angle -30°$

对阻抗部分：由△接转换为 Y 接时采用 $Z_Y = \dfrac{Z_\triangle}{3}$

（2）将各电源及负载的中点短接，抽出一相的计算电路，求此相的电压和电流值。

（3）利用对称性写出其余两相的电压及电流值，此时电路中原为星形连接部分的各电压和电流值均已求得。

（4）对于电路中原为三角形连接的电源及负载，可依据 Y 接或△接电路的电压（电流）线相关系，先求出其线电压和线电流，再得其相电压和相电流。

例 8-2 已知 $u_{AB} = 380\sqrt{2}\cos(\omega t + 30°)$ V，$Z_1 = 1 + j2\Omega$，$Z = 5 + j6\Omega$，求图 8-10 中负载的各电流相量。

解 依据电源线电压和相电压的关系得电源相电压：

$$\dot{U}_A = \dfrac{\dot{U}_{AB}}{\sqrt{3}} \angle -30° = 220 \angle 0° \text{V}$$

画一相计算（A 相）电路如图 8-12 所示，可求得 A 相电流相量：

$$\dot{I}_A = \dfrac{\dot{U}_A}{Z + Z_1} = \dfrac{220 \angle 0°}{6 + j8} = 22 \angle -53.1° \text{ A}$$

根据对称性，可得另两相的电流相量：

$$\dot{I}_B = \alpha^2 \dot{I}_A = 22 \angle -173.1° \text{A}$$
$$\dot{I}_C = \alpha \dot{I}_A = 22 \angle 66.9° \text{A}$$

例 8-3 图 8-13（a）所示的 Y/△对称三相电路中，线电压 $U_{AB}=380\text{V}$，$Z=(19.2+\text{j}14.4)\Omega$，$Z_1=3+\text{j}4\Omega$，求负载端的线电压和线电流。

解 利用 Y/△变换将原电路等效为图 8-13（b）所示的 Y/Y 连接电路。

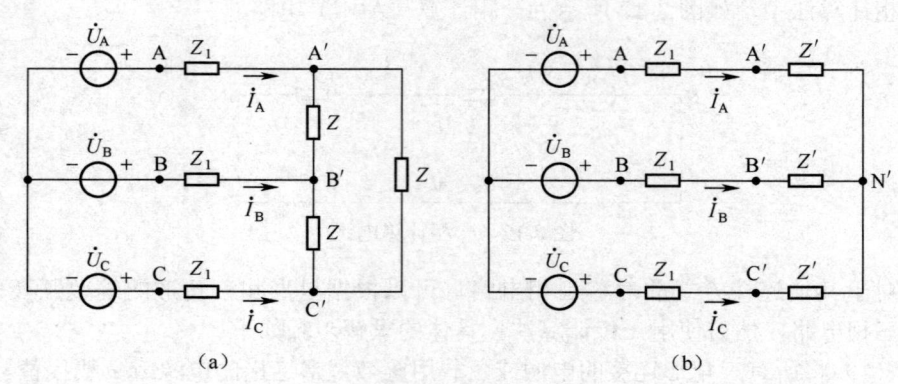

图 8-13 例 8-3 图

等效 Y 形负载的每相阻抗为

$$Z'=\frac{Z}{3}=\frac{19.2+\text{j}14.4}{3}=6.4+\text{j}4.8=8\angle 36.9°\Omega$$

设电源相电压：

$$\dot{U}_A=\frac{1}{\sqrt{3}}U_1=220\angle 0°\text{V}$$

根据一相计算电路和对称性，计算线电流为

$$\dot{I}_A=\frac{\dot{U}_A}{Z_1+Z'}=\frac{220\angle 0°}{3+\text{j}4+6.4+\text{j}4.8}=17.1\angle -43.1°\text{A}$$

$$\dot{I}_B=\alpha^2\dot{I}_A=17.1\angle -163.1°\text{A}$$

$$\dot{I}_C=\alpha\dot{I}_A=17.1\angle 76.9°\text{A}$$

等效 Y 形负载的相电压为

$$\dot{U}_{A'N'}=Z'\dot{I}_A=8\angle 36.9°\times 17.1\angle -43.1°=136.8\angle -6.2°\text{V}$$

利用 Y 接的线电压与相电压关系及对称性可得负载端的线电压：

$$\dot{U}_{A'B'}=\sqrt{3}\dot{U}_{A'N'}\angle 30°=236.9\angle 23.8°\text{V}$$

$$\dot{U}_{B'C'}=\alpha^2\dot{U}_{A'B'}=236.9\angle -96.2°\text{V}$$

$$\dot{U}_{C'A'}=\alpha\dot{U}_{A'B'}=236.9\angle 143.8°\text{V}$$

因此，图 8-13（a）中△接负载的相电流即可求得

$$\dot{I}_{A'B'}=\frac{\dot{U}_{A'B'}}{Z}=9.9\angle -13.2°\text{A}$$

$$\dot{I}_{B'C'} = \alpha^2 \dot{I}_{A'B'} = 9.9 \angle -133.2° \text{A}$$

$$\dot{I}_{C'A'} = \alpha \dot{I}_{A'B'} = 9.9 \angle 106.8° \text{A}$$

△接负载的相电流也可通过式（8-4）电流的线相关系求得。

例 8-4 图 8-14（a）所示为对称三相电路，经变换后可得图 8-14（b）所示的一相计算电路，试说明变换的步骤并给出必要的关系。

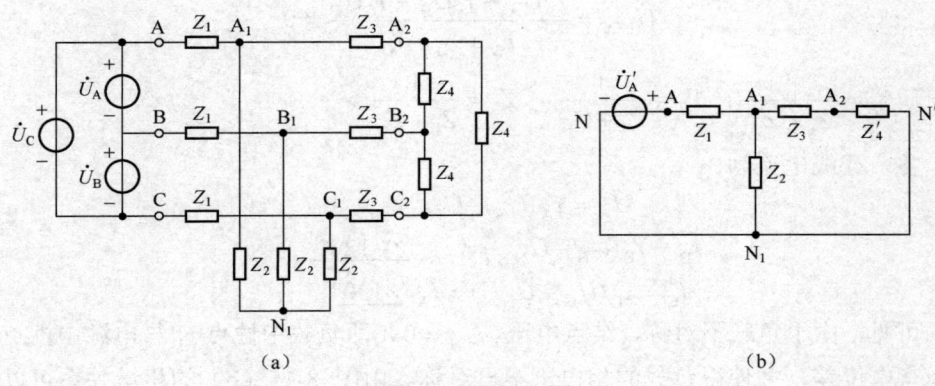

图 8-14 例 8-4 图

解 先将图 8-14（a）电路变换为对称的 Y/Y 三相电路，然后再化为一相计算电路，变换步骤如下：

（1）将三相电源由原来的三角形连接变换为星形连接，有

$$\dot{U}_A' = \frac{\dot{U}_{AB}}{\sqrt{3}} \angle -30° = \frac{\dot{U}_A}{\sqrt{3}} \angle -30°$$

（2）将图 8-14（a）电路负载端三角形连接的阻抗 Z_4 变换为星形连接，即有 $Z_4' = \frac{1}{3}Z_4$，并增加了此负载端处的中性点 N′。

（3）可以证明中性点 N、N′ 和 N_1 是等电位点，即短接中性点，抽出单相，得图 8-14（b）所示的一相计算电路。

8.3 不对称三相电路的概念

不对称三相电路是指电源、负载及线路中有一个部分或几个部分三相不对称的三相电路。例如对称三相电路的某一条端线断开，或某一相负载发生短路或开路，就成为不对称三相电路。一般地，三相电路中电源总是对称的，不对称多是由三相负载不对称而造成。

对于各种不对称三相电路，由于对称的特点不再成立，就不能采用一相计算法分析，但可运用电路的一般分析方法求解。

如图 8-15 所示是电源对称负载不对称的三相 Y/Y（Y_0/Y_0）电路。

当不接中线（开关 S 打开），即采用三相三线制供电时，设 N 为参考结点，用结点法求解 $\dot{U}_{N'N}$：

$$\dot{U}_{N'N} = \frac{Y_A \dot{U}_A + Y_B \dot{U}_B + Y_C \dot{U}_C}{Y_A + Y_B + Y_C} \neq 0$$

其中，$Y_A = \dfrac{1}{Z_1 + Z_A}$，$Y_B = \dfrac{1}{Z_1 + Z_B}$，$Y_C = \dfrac{1}{Z_1 + Z_C}$。

各负载线电流为

$$\dot{I}_A = Y_A(\dot{U}_A - \dot{U}_{N'N})$$
$$\dot{I}_B = Y_B(\dot{U}_B - \dot{U}_{N'N}) \neq \dot{I}_A \angle -120°$$
$$\dot{I}_C = Y_C(\dot{U}_C - \dot{U}_{N'N}) \neq \dot{I}_A \angle 120°$$

可见，由于负载不对称，结点电压 $\dot{U}_{N'N} \neq 0$，即负载中性点 N′ 与电源中性点 N 之间有电位差，并使得负载的相电压不再对称。由图 8-15（b）的相量关系可以看出，N 点和 N′ 点不重合，这一现象称为中性点位移或中性点漂移。在电源对称时，中性点位移的情况反映了负载端不对称的程度，当中性点的位移较大时，可造成负载端相电压严重不对称，从而使负载不能正常工作。

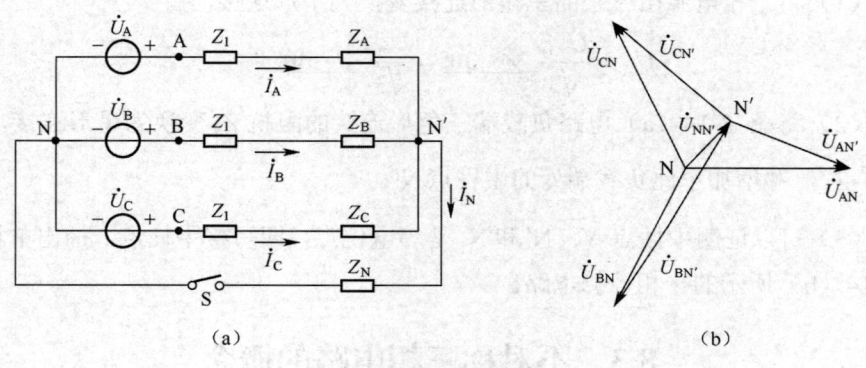

图 8-15　不对称三相电路

解决这一问题的有效方法是增设一条中线，采用三相四线制供电并减小中线阻抗，甚至接近于零。这样，负载各相电压与电源各相电压相差很小，甚至接近相等。如图 8-15（a）中，闭合开关 S 接通中线时，如果 $Z_N \approx 0$，可强使 $\dot{U}_{N'N} = 0$，尽管电路不对称，但中线可使各相保持独立，各相状态互不影响，因此各相可以分别计算。

此时由于负载不对称，导致相电流也不对称，使得中线电流一般不为零。

$$\dot{I}_N = \dot{I}_A + \dot{I}_B + \dot{I}_C \neq 0$$

一般而言，在对称三相电路中，当负载采用星形连接时，由于流过中线的电流为零，取消中线也不会影响到各相负载的正常工作，这样三相四线制供电就可以变成三相三线制供电。如高压输电时，由于三相负载都是对称的三相变压器，所以都采用三相三线制供电。

若星形连接的三相负载不对称，中线就不能取消。因为中线可确保不对称的各相负载仍有对称的电源相电压，从而能正常工作。如果中线断开变成三相三线制供电，将导致各相负载的相电压分配不均，严重时将使得用电设备不能运行，故三相四线制供电时中线决不允许断开，在中线上也不能安装开关、熔断器，而且中线本身强度要好，接头处应连接牢固。

另外，接在三相四线制电网上的单相负载，如照明电路、单相电动机、各种家用电器等，在设计安装供电线路时应把各单相负载均匀地分配给三相电源，以保证供电电压的对称和减少中线电流。

例 8-5 在 Y/Y 连接的对称三相电路中，负载阻抗 $Z = 80+j60\Omega$，电源线电压有效值 $U_1 = 380$V，试求在 A 相负载短路或断路的情况下，各相负载的电压和电流值。

解 （1）图 8-16（a）所示的电路，A 相负载短路后，A 点与 N' 点等电位，B、C 两相负载的电压分别为

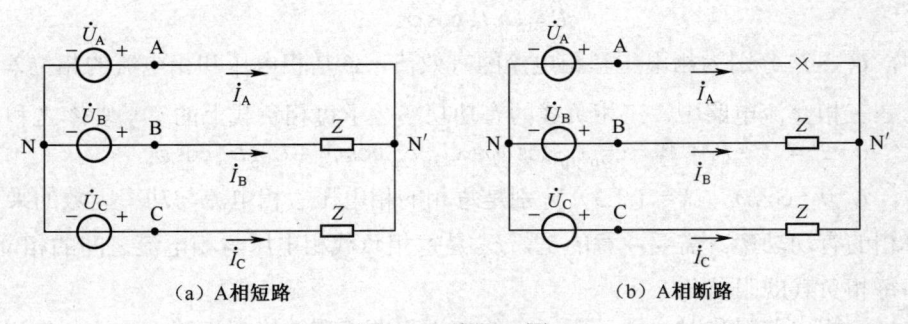

$$U_{BN'} = U_{BA} = U_1 = 380\text{V}$$
$$U_{CN'} = U_{CA} = U_1 = 380\text{V}$$

(a) A相短路　　　　　　　　(b) A相断路

图 8-16　例 8-5 图

应用欧姆定律可求得 B、C 两相负载的相电流（也是线电流）：

$$I_B = \frac{U_{BN'}}{|Z|} = \frac{380}{\sqrt{80^2 + 60^2}} = 3.8\text{A}$$

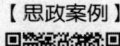

$$I_C = \frac{U_{CN'}}{|Z|} = \frac{380}{\sqrt{80^2+60^2}} = 3.8\text{A}$$

应用基尔霍夫电流定律可求得 A 相的线电流：

$$\dot{I}_A = -(\dot{I}_B + \dot{I}_C) = -\left(\frac{\dot{U}_B - \dot{U}_A}{Z} + \frac{\dot{U}_C - \dot{U}_A}{Z}\right)$$

$$= \frac{2\dot{U}_A - \dot{U}_B - \dot{U}_C}{Z} = \frac{3\dot{U}_A}{Z}$$

其有效值为

$$I_A = \frac{3U_A}{|Z|} = \sqrt{3}\,\frac{380}{\sqrt{80^2+60^2}} = 6.6\text{A}$$

（2）图 8-16（b）所示的电路 A 相负载断路后，这时 B、C 两相电源与 B、C 两相负载串联，形成独立的闭合回路。此时 B、C 两相负载电压为

$$U_{BN'} = U_{CN'} = \frac{1}{2}U_{BC} = \frac{1}{2} \times 380 = 190\text{V}$$

各相负载的相电流为

$$I_A = 0,\ I_B = I_C = \frac{U_{BN'}}{|Z|} = \frac{190}{\sqrt{80^2+60^2}} = 1.9\text{A}$$

8.4 三相电路的功率

前述正弦稳态电路中，计算单相电路有功功率的公式为

$$P = U_p I_p \cos\varphi$$

式中，U_p、I_p 分别为相电压和相电流的有效值，φ 是相电压和相电流的相位差。

在三相交流电路中，三相负载的有功功率等于每相负载上的有功功率之和，即

$$P = P_1 + P_2 + P_3 = U_{1p}I_{1p}\cos\varphi_1 + U_{2p}I_{2p}\cos\varphi_2 + U_{3p}I_{3p}\cos\varphi_3$$

其中，$U_{kp}I_{kp}\cos\varphi_k$（$k=1,2,3$）分别是每相的相电压、相电流与功率因数的乘积，即每相的有功功率。需要注意的是，φ_k 是每相负载相电压与相电流之间的相位差，亦即每相负载的阻抗角。

当三相电路对称时，由于每一相的电压和电流有效值都相等，阻抗角也相同，所以各相电路的有功功率必定相等，因此对称三相电路的有功功率等于三倍的单相有功功率，即

$$P = 3P_p = 3U_p I_p \cos\varphi \tag{8-5}$$

在一般情况下，相电压和相电流不容易测量。例如，三相电动机绕组接成三角

形时，要测量它的相电流就必须把绕组端部拆开。因此，有时也采用线电压和线电流来计算功率。

当对称三相负载星形连接时，线、相电压（电流）的关系为
$$U_l = \sqrt{3}U_p, \quad I_l = I_p$$

当对称三相负载三角形连接时，线、相电压（电流）的关系为
$$U_l = U_p, \quad I_l = \sqrt{3}I_p$$

因此，对称三相负载下均可推得总有功功率为
$$P = 3U_p I_p \cos\varphi = \sqrt{3}U_l I_l \cos\varphi \tag{8-6}$$

必须注意，式中 φ 仍是相电压与相电流之间的相位差（也是负载的阻抗角），而不是线电压与线电流间的相位差。

同理可得，对称三相负载的无功功率和视在功率为
$$Q = 3U_p I_p \sin\varphi = \sqrt{3}U_l I_l \sin\varphi \tag{8-7}$$
$$S = \sqrt{P^2 + Q^2} = 3U_p I_p = \sqrt{3}U_l I_l \tag{8-8}$$

显然，三相负载所吸收的复功率等于各相复功率之和，即复功率守恒。
$$\bar{S} = \bar{S}_A + \bar{S}_B + \bar{S}_C$$

而且在对称三相电路中有 $\bar{S}_A = \bar{S}_B = \bar{S}_C$，$\bar{S} = 3\bar{S}_A$。

如果三相负载不对称，则应分别计算。不对称三相电路的有功功率、无功功率和复功率均为每相对应功率之和，即
$$\bar{S} = \bar{S}_A + \bar{S}_B + \bar{S}_C, \quad P = P_A + P_B + P_C, \quad Q = Q_A + Q_B + Q_C$$

三相电源或三相负载的瞬时功率等于各相瞬时功率之和。若以图 8-10 所示的对称三相电路为例，瞬时功率为
$$\begin{aligned} p &= p_A + p_B + p_C = u_A i_A + u_B i_B + u_C i_C \\ &= \sqrt{2}U_p \cos\omega t \cdot \sqrt{2}I_p \cos(\omega t - \varphi) \\ &\quad + \sqrt{2}U_p \cos(\omega t - 120°) \cdot \sqrt{2}I_p \cos(\omega t - 120° - \varphi) \\ &\quad + \sqrt{2}U_p \cos(\omega t + 120°) \cdot \sqrt{2}I_p \cos(\omega t + 120° - \varphi) \\ &= 3U_p I_p \cos\varphi = \sqrt{3}U_l I_l \cos\varphi = P = 常数 \end{aligned}$$

此式表明，对称三相电路的瞬时功率是一个常数，其值等于平均功率。对三相电动机而言，瞬时功率不随时间变化意味着机械转矩不随时间变化，这样可以避免电动机在运转时因转矩变化而产生震动。这是对称三相电路的一个优越性能，习惯上把这一性能称为瞬时功率平衡。

例8-6 某三相异步电动机每相绕组的等值阻抗$|Z|$=27.74Ω,功率因数$\cos\varphi = 0.8$,正常运行时绕组作三角形连接,电源线电压为380V,试求:

(1) 正常运行时相电流、线电流和电动机的输入功率。

(2) 为了减小起动电流,在起动时改接成星形,试求此时的相电流、线电流和电动机的输入功率。

解 (1) 正常运行时,电动机作三角形连接。

$$I_p = \frac{U_1}{|Z|} = \frac{380}{27.74} = 13.7\text{A}$$

$$I_1 = \sqrt{3}I_p = \sqrt{3} \times 13.7 = 23.7\text{A}$$

$$P = \sqrt{3}U_1 I_1 \cos\varphi = \sqrt{3} \times 380 \times 23.7 \times 0.8 = 12.51\text{kW}$$

(2) 起动时,电动机作星形连接。

$$I_p = \frac{U_P}{|Z|} = \frac{380/\sqrt{3}}{27.74} = 7.9\text{A}$$

$$I_1 = I_p = 7.9\text{A}$$

$$P = \sqrt{3}U_1 I_1 \cos\varphi = \sqrt{3} \times 380 \times 7.9 \times 0.8 = 4.17\text{kW}$$

由此例可知,同一个对称三相负载接入电路,当负载作△连接时其线电流是Y连接时线电流的3倍,作△连接时的功率也是作Y连接时功率的3倍。

在三相四线制电路中,若三相不对称,则用三个瓦特计分别测量每相负载的有功功率,三个表测出的读数之和就是三相负载的总有功功率。若三相对称,则可只用一个瓦特计测量,此时瓦特计测得的读数的3倍就是三相负载的总有功功率。

在对称或不对称的三相三线制电路中,可采用两瓦特计法测量三相负载的平均功率。其接法为:两个功率表的电流线圈分别串入任意两端线中,例如图8-17(b)中的 A、B 线;电压线圈的电源端(*端)与电流线圈的电源端(*端)连接到火线端子上;电压线圈的非电源端(无*端)共同接到第三条端线上,例如图8-17(b)中的 C 线。这种测量方法中功率表的接线只触及端线,与电源和负载的连接方式(Y接或△接)无关。

由功率表的工作原理,图8-17(b)中两块功率表的读数为

$$P_1 = \text{Re}[\dot{U}_{AC} \dot{I}_A^*], \quad P_2 = \text{Re}[\dot{U}_{BC} \dot{I}_B^*]$$

$$P_1 + P_2 = \text{Re}[\dot{U}_{AC} \dot{I}_A^*] + \text{Re}[\dot{U}_{BC} \dot{I}_B^*] = \text{Re}[\dot{U}_{AC} \dot{I}_A^* + \dot{U}_{BC} \dot{I}_B^*]$$

若设被测三相负载为星形连接,负载中性点为N,则

$$\dot{U}_{AC} = \dot{U}_{AN} - \dot{U}_{CN}, \quad \dot{U}_{BC} = \dot{U}_{BN} - \dot{U}_{CN}, \quad \dot{I}_A^* + \dot{I}_B^* = -\dot{I}_C^*$$

$$P_1 + P_2 = \text{Re}[(\dot{U}_{AN} - \dot{U}_{CN})\dot{I}_A^* + (\dot{U}_{BN} - \dot{U}_{CN})\dot{I}_B^*]$$
$$= \text{Re}[\dot{U}_{AN}\dot{I}_A^* + \dot{U}_{BN}\dot{I}_B^* + \dot{U}_{CN}(-\dot{I}_A^* - \dot{I}_B^*)]$$
$$= \text{Re}[\dot{U}_{AN}\dot{I}_A^* + \dot{U}_{BN}\dot{I}_B^* + \dot{U}_{CN}\dot{I}_C^*] = \text{Re}[\overline{S}_A + \overline{S}_B + \overline{S}_C]$$
$$= \text{Re}[\overline{S}]$$

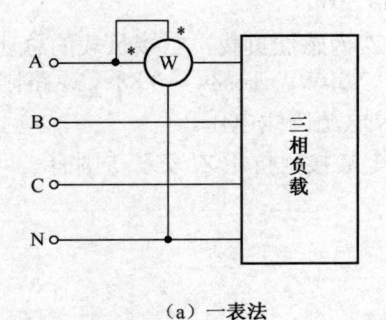

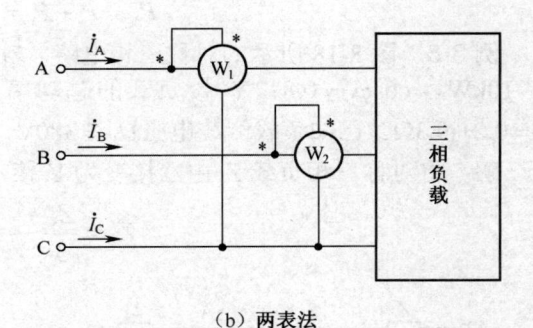

(a) 一表法　　　　(b) 两表法

图 8-17　三相功率的测量

上式说明，图 8-17（b）中两个功率表的读数和即为三相负载吸收的有功功率。需要注意的是，在一定条件下，两个功率表之一的读数可能为负，求和时读数亦应取负值。

若图 8-17（b）所示为对称三相电路，还可以证明：

$$P_1 = \text{Re}[\dot{U}_{AC}\dot{I}_A^*] = U_{AC}I_A\cos(\varphi - 30°) \tag{8-9}$$
$$P_2 = \text{Re}[\dot{U}_{BC}\dot{I}_B^*] = U_{BC}I_B\cos(\varphi + 30°) \tag{8-10}$$

式中，φ 为对称负载的阻抗角。

例 8-7　利用图 8-17（b）所示的电路测量三相电动机的功率，已知电动机的功率为 2.5kW，功率因数 $\lambda = \cos\varphi = 0.866$（感性），线电压为 380V，求图中两个功率表的读数。

解　要求功率表的读数，需先求出它们相关联的电压、电流相量。

$$P = 3U_A I_A \cos\varphi = \sqrt{3}UI\cos\varphi, \quad \varphi = \cos^{-1}\lambda = 30°（感性）$$

$$I_A = \frac{P}{\sqrt{3}U_{AB}\cos\varphi} = 4.386\text{A}$$

令 $\dot{U}_A = 220\angle 0°\text{V}$，则有

$$\dot{I}_A = 4.386\angle -30°\text{A}$$
$$\dot{I}_B = 4.386\angle -150°\text{A}$$
$$\dot{U}_{BC} = 380\angle -90°\text{V}$$

$$\dot{U}_{AC} = 380 \angle -30°\text{V}$$
$$P_1 = \text{Re}[\dot{U}_{AC}\dot{I}_A^*] = 380 \times 4.386 \times \cos 0° = 1666.7\text{W}$$
$$P_2 = \text{Re}[\dot{U}_{BC}\dot{I}_B^*] = 380 \times 4.386 \times \cos 60° = 833.3\text{W}$$

P_2 的读数也可以通过下式求取：
$$P_2 = P - P_1 = 833.3\text{W}$$

例 8-8 图 8-18 所示的对称三相电路，Z_1、Z_2 为感性负载，△接负载的总功率为 10kW，$\cos\varphi_1 = 0.8$；Y 接负载的总功率为 7.5kW，$\cos\varphi_2 = 0.88$；线路阻抗 $Z = 0.2+\text{j}0.3\Omega$。已知负载侧线电压 $U_{l'} = 380\text{V}$，求电源侧线电压。

解 将对称三相负载 Z_1 由△接变为 Y 接，其 Y 接阻抗用 Z_1' 表示，则有
$$Z_1' = \frac{Z_1}{3}$$

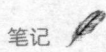

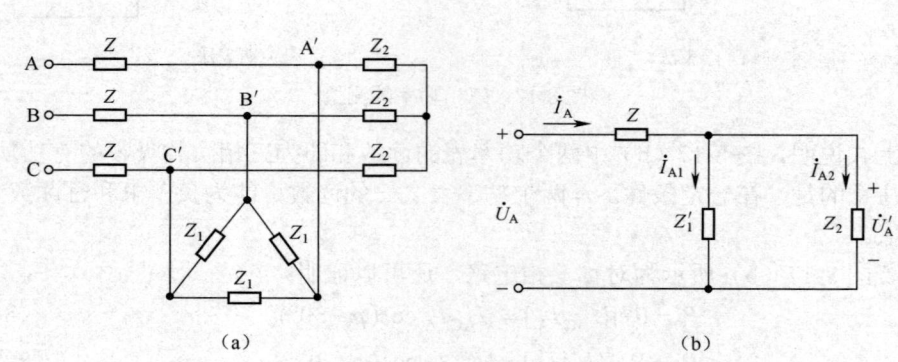

图 8-18 例 8-7 图

画一相计算电路如图 8-18（b）所示。

（1）求 Z_1'，设△的相电流为 I_{P1}。
$$I_{P1} = \frac{P_1}{3U_{P1}\cos\varphi_1} = \frac{10000}{3 \times 380 \times 0.8} = 10.96\text{A}$$
$$|Z_1| = \frac{U_{P1}}{I_{P1}} = \frac{380}{10.96} = 34.67\Omega$$
$$\varphi_1 = \cos^{-1} 0.8 = 36.87°$$
$$Z_1 = 34.67 \angle 36.78°\Omega$$
$$Z_1' = 11.56 \angle 36.78°\Omega$$

（2）求 Z_2，Y 接的相电压为 220V，设 Y 接的相电流为 I_{P2}。
$$I_{P2} = \frac{P_2}{3U_{P2}\cos\varphi_2} = \frac{7500}{3 \times 220 \times 0.88} = 12.95\text{A}$$

$$|Z_2| = \frac{U_{P2}}{I_{P2}} = \frac{220}{12.95} = 16.94\Omega$$

$$\varphi_2 = \cos^{-1} 0.88 = 28.36°$$

$$Z_2 = 16.94 \angle 28.36°\Omega$$

（3）设负载侧相电压 $U_{A'} = \frac{U_{l'}}{\sqrt{3}} \angle 0° = 220 \angle 0°\text{V}$，有

$$\dot{I}_{A1} = \frac{\dot{U}_{A'}}{Z'_1} = 19.03 \angle -36.78°$$

$$\dot{I}_{A2} = \frac{\dot{U}_{A'}}{Z'_2} = 12.98 \angle -28.36°$$

则负载总电流：

$$\dot{I}_A = \dot{I}_{A1} + \dot{I}_{A2} = 31.92 \angle -33.42°\text{A}$$

$$\dot{U}_A = Z\dot{I}_A + \dot{U}_{A'} = (0.2 + j0.3) \times 31.92 \angle -33.42° + 220 \angle 0°$$
$$= 230.6 \angle 1.1°\text{V}$$

电源侧的线电压应为

$$U_1 = 230.6 \times \sqrt{3} = 399.5\text{V}$$

8.5 应用实例：安全用电和相序指示器电路

8.5.1 安全用电

安全电压只是在特殊情况下采用的安全用电措施。事实上，目前大多数电气设备都是采用 380/220V 低压供电系统供电的，其工作电压不是安全电压。因而，当电气设备使用日久，绝缘老化而出现漏电，或者某一相绝缘损坏而使该相的带电体与外壳相碰而造成一相碰壳时，都会使外壳带电，人体触及外壳便有触电的危险。这是工矿企业和日常生活中常见的触电事故。为防止这类事故的发生，应该按供电系统接地形式的不同，分别采用接地或接零保护措施。

1. IT 系统

在电源的中性点不接地的三相三线制供电系统（用 I 表示）中，将用电设备的金属外壳通过接地装置与大地作良好的导电连接（用 T 表示），这种保护措施称为保护接地。这一系统称为 IT 系统（图 8-19）。接地装置是由埋入地下的接地体和将接地体引出的接地线组成。接地体是由埋入地下的钢管、角钢、扁钢等金属导体制成，有时也可利用埋入地下的金属管道（易燃、易爆的管道除外）或钢筋混凝土建

筑物的基础。接地装置的电阻称为接地电阻，在 380V 的低压供电系统中，一般要求接地电阻不超过 4Ω。

由于采用了保护接地，即使在出现漏电或一相碰壳时，外壳的对地电压也接近于零。人体触及外壳时比较安全。IT 系统在我国的煤矿等处普遍采用，其余地方因普遍采用的是电源中性点接地的三相四线制供电系统而很少采用。

2. TN 系统

在电源的中性点接地的三相四线制供电系统（用 T 表示）中，将用电设备的金属外壳与零线可靠连接（用 N 表示），这种保护措施称为保护接零。这一系统称为 TN 系统（图 8-20）。由于外壳与零线连接，如果出现漏电或一相碰壳时，该相线与零线之间形成短路或接近短路，接于该相线上的短路保护装置或过电流保护装置便会动作，迅速切断电源，消除触电危险。

图 8-19　IT 系统　　　　图 8-20　TN 系统

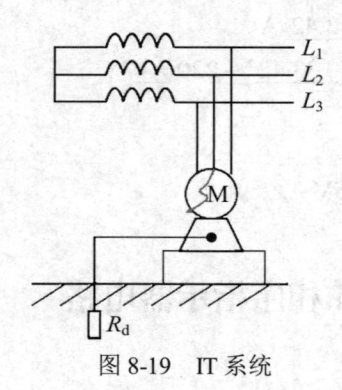

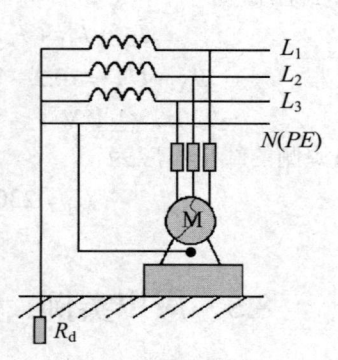

采用这种保护措施时，最好是从电源中性点引出两根零线：一为工作零线，用 N 表示；另一为保护零线，用 PE 表示。工作零线即中性线，正常工作时有电流通过。保护零线供保护接零用，正常工作时是没有电流通过的，只是在发生设备漏电或一相碰壳时才有故障电流通过。但是，由于经济上的和线路敷设等方面的原因，现实中常将 N 线和 PE 线部分或全部合而为一，因而 TN 系统又分为以下三种：保护零线与工作零线完全分开的称为 TN-S 系统；保护零线与工作零线合而为一的称为 TN-C 系统，这时的零线用 PEN 表示；保护零线与工作零线前一部分合用，后一部分分开的称为 TN-C-S 系统。为了改善 TN-C 或 TN-C-S 系统的保护效果，可采用重复接地措施，即将 PEN 和 PE 线上的多点与地连接。但工作零线 N 是不允许重复接地的。

8.5.2　相序指示器电路

在三相交流系统中，很多负载设备的运行和三相交流电源的相序有关。相序不同，三相电动机的转动方向就不同，假如电源相序不正确，则电动机就会向相反的方向运转，此时会发生电动机带动减速器和机械装置撞击机箱或设备等，轻则造成设备不能正常工作，重则烧坏设备，甚至危及人身安全。

三相电源的相序可用相序检测仪测定，图 8-21 所示的电路是一测定三相电源相序的相序指示器，当 $\dfrac{1}{\omega C}=R$ 时，试说明在线电压对称的情况下，根据两个灯泡的亮度确定电源的相序。

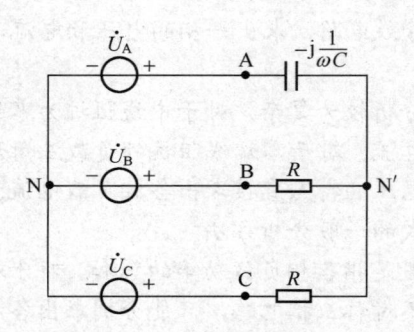

图 8-21 相序指示器电路

解 设 $G=\dfrac{1}{R}$，由结点电压法得

$$\dot{U}_{N'N}=\dfrac{j\omega C\dot{U}_A+G(\dot{U}_B+\dot{U}_C)}{j\omega C+2G}$$

$\dot{U}_A$、$\dot{U}_B$、$\dot{U}_C$ 对称，令 $\dot{U}_A=U\angle 0°$，并假设电源相序为正序，则

$$\dot{U}_{N'N}=(-0.2+j0.6)U=0.63U\angle 108.4°\text{V}$$

三相负载的各相电压为

$$\dot{U}_{AN'}=\dot{U}_{AN}-\dot{U}_{N'N}=U\angle 0°-0.63U\angle 108.4°=1.34U\angle -26.6°\text{V}$$

$$\dot{U}_{BN'}=\dot{U}_{BN}-\dot{U}_{N'N}=U\angle -120°-0.63U\angle 108.4°=1.5U\angle -101.5°\text{V}$$

$$\dot{U}_{CN'}=\dot{U}_{CN}-\dot{U}_{N'N}=U\angle 120°-0.63U\angle 108.4°=0.4U\angle 138.4°\text{V}$$

结果表明，由于三相负载不对称，引起负载各相电压幅值不一。若电容所在的那一相为 A 相，则灯泡较亮的一相为 B 相，灯泡较暗的一相为 C 相。

实际上，可根据 $\dot{U}_{N'N}$ 结合相量图直接判断 $U_{BN'}>U_{CN'}$。

本章小结

三相电源由三相交流发电机产生，一般情况下都是对称的。三相电源和三相负载的连接方式均有星形连接和三角形连接两种。

三相电路由三相电源、三相负载和三相线路组成。三相电源和三相负载多种连接方式的组合可构成多种类型的三相电路。

对称三相电源或负载作星形连接和三角形连接时,线电压与相电压、线电流与相电流之间有不同的线相对应关系。

对称三相电路的分析方法需要根据电路结构和参数特点来选择。一般是利用等效变换将电路变换成 Y/Y 连接后再采用对称三相电路归为一相负载计算的简便分析方法。即先画出一相等效电路,求出一相的电压和电流,再依据对称关系推出其余两相的电压和电流。

不对称三相电路的分析较为复杂。对于中线阻抗为零的三相四线制电路,可以直接计算各相的电压和电流;对于零端线阻抗的负载三角形连接电路,可利用负载端线电压等于电源端线电压的特点直接求出各相负载电流;其他类型的不对称三相电路,则常采用相量形式的一般分析方法。

三相电路的功率一般是指各相负载功率的总和。对于对称三相电路,有统一的功率计算公式。而对于不对称三相电路,只能分别求出各相的功率后再求和。

对于三相四线制电路,可利用一瓦计法或三瓦计法测量三相负载的有功功率。对于三相三线制电路,可采用二瓦计法测量三相负载的有功功率。

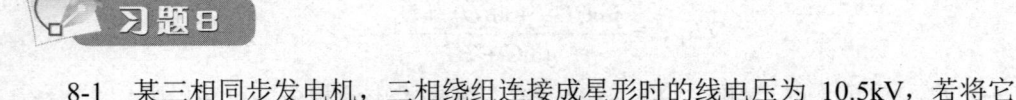

习题 8

8-1 某三相同步发电机,三相绕组连接成星形时的线电压为 10.5kV,若将它连接成三角形,则线电压是多少?若连接成星形时 B 相绕组的首末端接反了,则三个线电压的有效值 U_{AB}、U_{BC}、U_{CA} 各是多少?

8-2 对称三相电路的线电压 U_l=230V,负载阻抗 $Z = (12 + j16)\Omega$,试求:(1)星形连接负载时的线电流、相电流和吸收的总功率;(2)三角形连接负载时的线电流、相电流和吸收的总功率;(3)比较(1)和(2)的结果,能得到什么结论?

8-3 对称三相电路如图 8-22 所示,电源线电压为 380V,$Z_L = j1\Omega$,$Z = (12 + j6)\Omega$,求 $\dot{I}_1$、$\dot{I}_2$ 和 $\dot{I}_3$。

8-4 对称三相 Y/Y 电路如图 8-23 所示,电路中电压表的读数为 1143.2V,$Z = (15 + j15\sqrt{3})\Omega$,$Z_l = (1 + j2)\Omega$,求图中电流表的读数和线电压 U_{AB}。

8-5 图 8-24 所示的对称三相电路中,$U_{A'B'} = 380V$,三相电动机吸收的功率为 1.4kW,其功率因数 $\lambda_D = 0.866$(滞后),$Z_l = -j55\Omega$,求 U_{AB} 和电源端的功率因数 λ。

图 8-22 题 8-3 的图

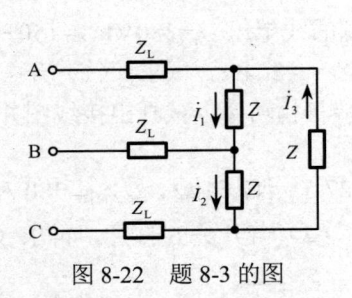

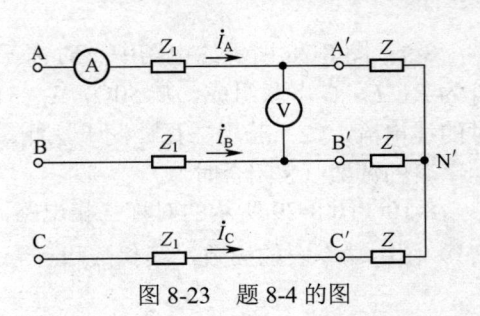

图 8-23 题 8-4 的图

8-6 图 8-25 所示的对称三相电路，电源线电压为 380V。Y 连接负载阻抗 $Z_1=(8+j6)\Omega$，△连接负载阻抗 $Z_2=(24+j18)\Omega$，线路阻抗 $Z_L=(1+j2)\Omega$。试求线电流及三相电源的功率。

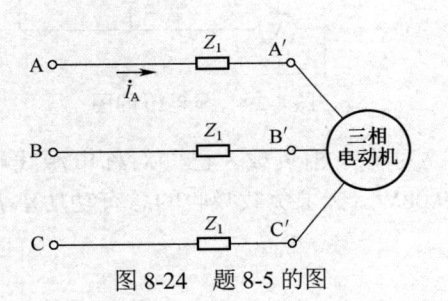

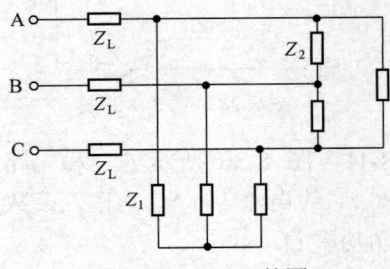

图 8-24 题 8-5 的图

图 8-25 题 8-6 的图

8-7 三相电路如图 8-26 所示，电路正常工作时，电流表的读数是 26A，电压表的读数是 380V，电源电压对称。在下列情况之一时求各相的负载电流：(1) 正常工作；(2) AB 相负载断路；(3) A 相传输线断路。

8-8 图 8-27 所示的对称 Y/Y 三相电路，电源相电压为 220V，负载阻抗 $Z=(30+j20)\Omega$。求：(1) 图中电流表的读数；(2) 三相负载吸收的功率；(3) 如果 A 相的负载阻抗等于零（其他不变），再求（1）和（2）；(4) 如果 A 相负载开路，再求（1）和（2）。

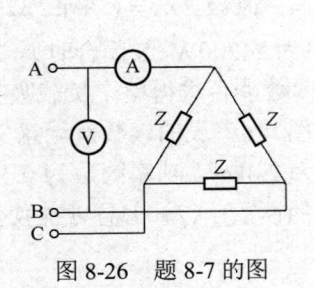

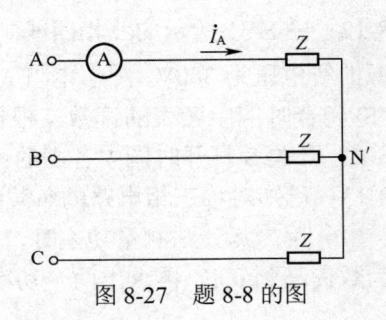

图 8-26 题 8-7 的图

图 8-27 题 8-8 的图

8-9 图 8-28 所示的电路中，对称三相电源的线电压 U_l=380V，Z=(50+j50)Ω，Z_1 为 R、L、C 串联组成，R=50Ω，X_L=314Ω，X_C=−264Ω。试求：（1）开关 S 打开时的线电流；（2）若用二瓦计测量法测量电源端三相功率，试画出接线图并求两个功率表的读数（S 闭合时）。

8-10 图 8-29 所示的对称三相电路，$Z = (27.5 + j47.64)$Ω，$U_{AB} = 380$V。试求：（1）图中功率表的读数，其代数和有无意义？（2）若开关 S 打开，再求（1）。

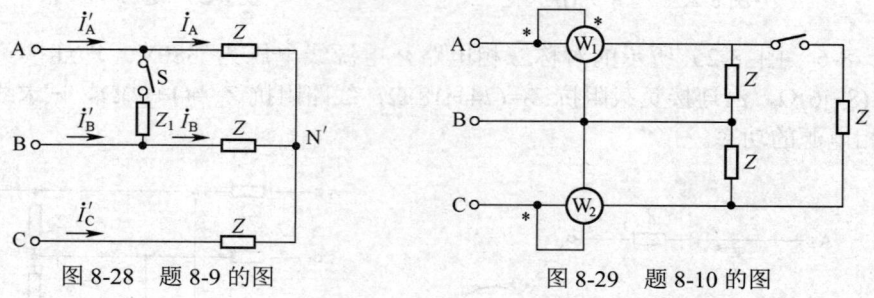

图 8-28 题 8-9 的图　　　　　图 8-29 题 8-10 的图

8-11 图 8-30 所示的三相电路，N 为对称三相负载。已知对称电源线电压 U_l=380V，线电流 I_l=1A，功率表读数为 329.08W。试求负载吸收的总有功功率 P 和总无功功率 Q。

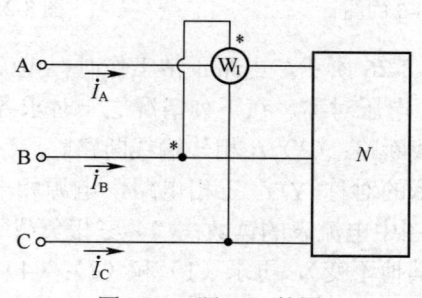

图 8-30 题 8-11 的图

8-12 图 8-31 所示的三相四线制电路中，$Z_1 = -j10$Ω，$Z_2 = (5 + j12)$Ω，对称三相电源的线电压为 380V，图中电阻 R 吸收的功率为 24200W（S 闭合时）。试求：（1）开关 S 闭合时图中各表的读数，根据功率表的读数能否求得整个负载吸收的总功率？（2）开关 S 打开时图中各表的读数有无变化，功率表的读数有无意义？

8-13 已知对称三相电路的负载吸收的功率为 2.4kW，功率因数为 0.4（感性）。试求：（1）用二瓦计法测量功率时，两个功率表的读数；（2）怎样才能使负载端的功率因数提高到 0.8？再求出两个功率表的读数。

图 8-31 题 8-12 的图

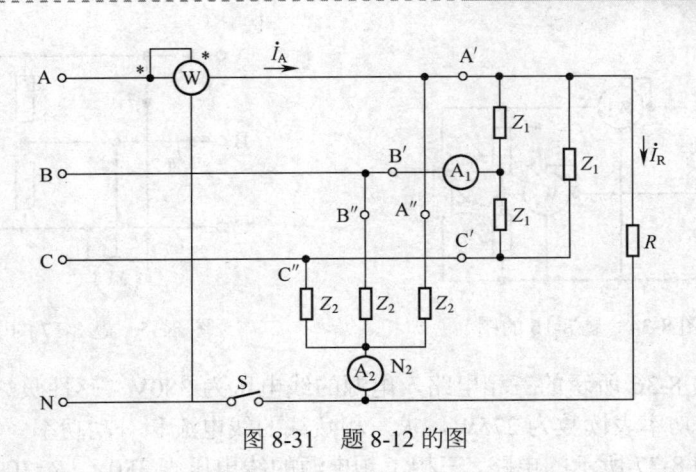

8-14 图 8-32 所示的对称三相电路，线电压为 380V，$R=200\Omega$，负载吸收的无功功率为 $1520\sqrt{3}$ var。试求：(1) 各线电流；(2) 电源发出的复功率。

8-15 图 8-33 所示的不对称三相电路，$Z_1=10\angle 30°\ \Omega$，$Z_2=20\angle 60°\ \Omega$，$Z_3=15\angle -45°\ \Omega$，由负相序三相四线制供电，线电压为 440V。求：(1) 电流 $\dot{I}_A$、$\dot{I}_B$、$\dot{I}_C$ 和 $\dot{I}_N$；(2) 取消中线后的线电流 $\dot{I}_A$、$\dot{I}_B$、$\dot{I}_C$ 和电压 $\dot{U}_{N'N}$。

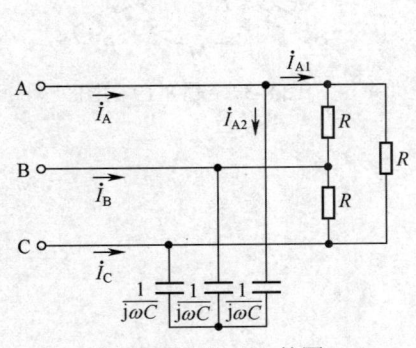

图 8-32 题 8-14 的图   图 8-33 题 8-15 的图

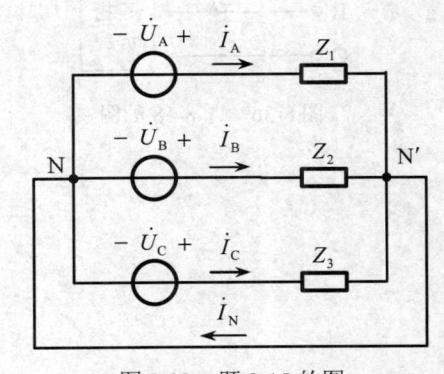

8-16 图 8-34 所示的对称三相电路，P_1 和 P_2 是两个功率表的示数。(1) 证明：对称三相负载吸收的总无功功率 $Q=\sqrt{3}(P_1-P_2)$；(2) 已知电源线电压为 380V，两个功率表的示数分别为 $P_1=866W$ 和 $P_2=433W$，求该电路的有功功率、无功功率、功率因数和阻抗 Z。

8-17 图 8-35 所示的三相电路，电源的线电压为 380V，电动机的三相负载总功率为 1.7kW，功率因数为 0.8（感性），电阻 $R=100\Omega$，求电路总的功率因数。

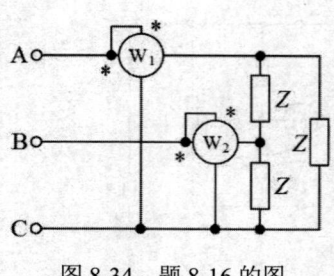

图 8-34 题 8-16 的图

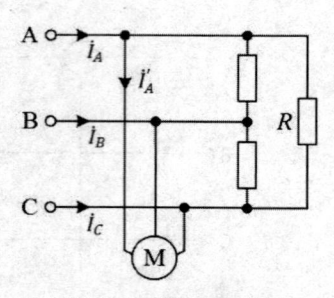

图 8-35 题 8-17 的图

8-18 图 8-36 所示的三相电路，电源的线电压为 380V，感性负载功率因数为 0.6（感性），功率表读数为 275W，求三相负载的线电流和有功功率。

8-19 图 8-37 所示的电路，三相工频电源的线电压为 380V，$R=30\Omega$，$L=0.29H$，$M=0.12H$，求负载的相电流和有功功率。

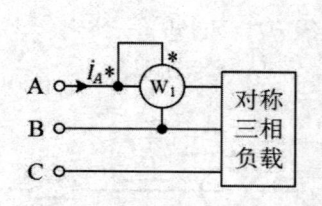

图 8-36 题 8-18 的图

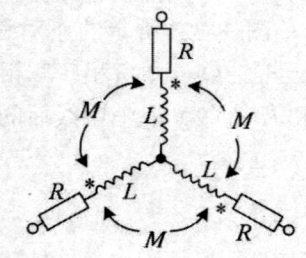

图 8-37 题 8-19 的图

第 9 章 非正弦周期电流电路

内 容 提 要

本章介绍非正弦周期电流电路的谐波分析法，内容包括周期函数分解为傅里叶级数，有效值、平均值和平均功率的概念，非正弦周期的计算、滤波器的概念。

学 习 目 标

（1）理解非正弦周期信号的概念。
（2）了解傅里叶级数展开法。
（3）掌握有效值、平均值和平均功率的概念及其计算。
（4）掌握非正弦周期电流电路的谐波分析法。

本章知识结构图

非正弦周期电流电路

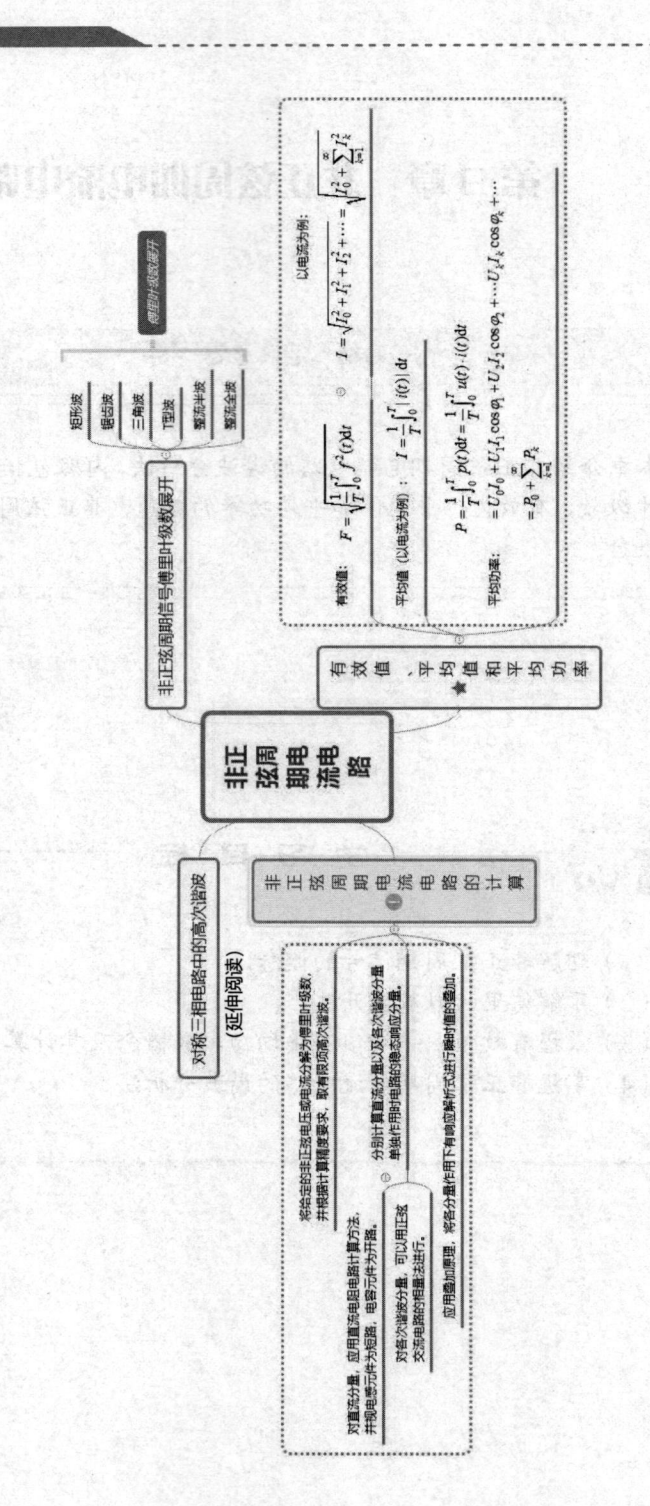

- **有效值、平均值和平均功率**
  - 非正弦周期信号傅里叶级数展开
    - 矩形波
    - 锯齿波
    - 三角波
    - T 型波
    - 整流半波
    - 整流全波

  （以电流为例）:
  $$F = \sqrt{\frac{1}{T}\int_0^T f^2(t)\,dt} \qquad I = \sqrt{I_0^2 + I_1^2 + I_2^2 + \cdots} = \sqrt{I_0^2 + \sum_{k=1}^{\infty} I_k^2}$$

  平均值（以电流为例）: $I = \frac{1}{T}\int_0^T |i(t)|\,dt$

  平均功率:
  $$P = \frac{1}{T}\int_0^T p(t)\,dt = \frac{1}{T}\int_0^T u(t)\cdot i(t)\,dt$$
  $$= U_0 I_0 + U_1 I_1 \cos\varphi_1 + U_2 I_2 \cos\varphi_2 + \cdots + U_k I_k \cos\varphi_k$$
  $$= P_0 + \sum_{k=1}^{\infty} P_k$$

- 对称三相电路中的高次谐波（延伸阅读）

- **非正弦周期电流电路的计算**
  - 将给定的非正弦电压或电流分解为傅里叶级数，并根据计算精度要求，取前限项频率次谐波。
  - 分别计算直流分量以及各次谐波分量单独作用时电路的稳态响应分量。
    - 对直流分量，应用直流电阻电路计算方法，并把电感元件作为短路，电容元件作为开路。
    - 对各次谐波分量，可以用正弦交流电路的相量法进行。
  - 应用叠加原理，将各分量作用下的响应解析式进行叠加，即为电路响应瞬时值表达式的叠加。

笔记

9.1　非正弦周期信号傅里叶级数展开

　　产生非正弦信号的因素是多种多样的。电力系统中发电机发出的电压波形，严格来说是"非正弦"周期波形，如果电路存在二极管、铁芯线圈等非线性元件，即使激励电压、电流是"理想"的正弦波形，经过非线性元件后，电路中也会产生非正弦的电压和电流，如常见的整流电压波形和励磁电流波形。另外电路中如有几个不同频率的正弦电源作用，叠加后其等效电源就不再是正弦波。

　　例如实践中，人们经常会遇到一些不按正弦周期变化的电信号。如实验室用的电子示波器中是锯齿波，收音机或电视机所收到的信号电压或电流的波形是显著非正弦形，在自动控制、电子计算机等领域大量用到的脉冲电路中，电压和电流的波形也是非正弦的，这些非正弦电压或电流可分为周期与非周期两种。图 9-1 绘出的是几种常见的非正弦周期波形，它们的波形虽然形状各不相同，但变化规律都是周期性的，含有周期性非正弦信号的电路称为非正弦周期性电流电路。

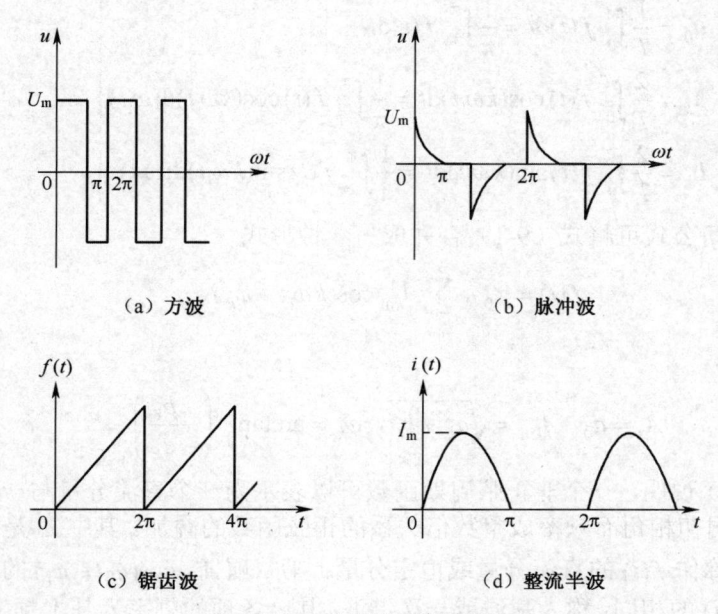

(a) 方波

(b) 脉冲波

(c) 锯齿波

(d) 整流半波

图 9-1　非正弦周期波形

　　本章仅讨论在非正弦周期性电压、电流作用下线性电路的分析和计算方法，主要是利用数学中学过的傅里叶级数展开法将非正弦电压（电流）分解为一系列不同频率的正弦量之和，然后对不同频率的正弦量应用以前的分析方法分别求解，最后再根据线性电路的叠加原理把所得分量的时域形式叠加,就可以得到电路中实际的稳态电流和电压,这就是分析非正弦周期电流电路的基本方法,称为谐波分析法,实质上是把非正弦周期电路的计算化为一系列正弦电路计算,这样我们就能充分利用相量法这个有效的工具。

周期电流、电压信号等都可以用一个周期函数表示,周期函数的一般定义是设有一时间函数 $f(t)$,若满足

$$f(t+nT) = f(t) \quad (n=0, \pm 1, \pm 2, \cdots)$$

则称 $f(t)$ 为周期函数,其中 T 为常数,称作 $f(t)$ 的重复周期,简称周期。

数学上已知任何一个周期为 T 的函数 $f(t)$,如果满足狄里赫利条件,即函数 $f(t)$ 在一周期时间内连续,或具有有限第一类间断点两侧函数有极限存在,并且函数只有有限个极大值和极小值,那么它能展开成一个收敛傅里叶级数,即

$$f(t) = a_0 + \sum_{k=1}^{\infty}[a_k\cos(k\omega_1 t) + b_k\sin(k\omega_1 t)] \tag{9-1}$$

式(9-1)中各项系数确定如下:

$$\left. \begin{aligned} a_0 &= \frac{1}{T}\int_0^T f(t)\mathrm{d}t = \frac{1}{\pi}\int_{-\pi}^{\pi} f(t)\mathrm{d}t \\ a_k &= \frac{2}{T}\int_0^T f(t)\cos(k\omega_1 t)\mathrm{d}t = \frac{1}{\pi}\int_{-\pi}^{\pi} f(t)\cos(k\omega_1 t)\mathrm{d}(\omega_1 t) \\ b_k &= \frac{2}{T}\int_0^T f(t)\sin(k\omega_1 t)\mathrm{d}t = \frac{1}{\pi}\int_{-\pi}^{\pi} f(t)\sin(k\omega_1 t)\mathrm{d}(\omega_1 t) \end{aligned} \right\} \tag{9-2}$$

利用三角公式可将式(9-1)合并成另一种形式

$$f(t) = A_0 + \sum_{k=1}^{\infty} A_{km}\cos(k\omega_1 t + \varphi_k) \tag{9-3}$$

其中

$$A_0 = a_0, \quad A_{km} = \sqrt{a_k^2 + b_k^2}, \quad \varphi_k = \arctan^{-1}\left(-\frac{b_k}{a_k}\right) \tag{9-4}$$

式(9-4)说明,一个非正弦周期函数可以表示为一个直流分量与一系列具有不同振幅、不同初相角而频率成整数倍关系的正弦函数的叠加。其中 A_0 是不随时间变化的常数,称作 $f(t)$ 的直流分量或恒定分量;第二项 $A_{1m}\cos(\omega_1 t + \varphi_1)$ 的角频率与原信号函数 $f(t)$ 的相同,称为基波或一次谐波;其余各项的频率为基本频率的整数倍,分别为二次、三次、…,k 次谐波,统称为高次谐波。k 为奇数时称为奇次谐波,k 为偶数时称为偶次谐波。

把非正弦周期函数 $f(t)$ 展开成傅里叶级数也称为谐波分析。往往理论上用数学分析的方法来求解函数的傅里叶级数,而工程上经常采用查表的方法来获得周期函数

的傅里叶级数。

利用傅里叶级数展开式的系数计算式可以得出以下结论：对于偶函数，$b_k=0$，展开式只有恒定分量和余弦项，不含正弦分量，偶函数具有沿纵坐标对称的性质，偶函数之和仍为偶函数，偶函数之积仍为偶函数，奇函数与偶函数之积仍为偶函数；对于奇函数，$a_k=0$，展开式只有正弦项，不含恒定分量和余弦分量，奇函数具有沿原点对称的性质；对奇谐波函数而言，$a_{2k}=b_{2k}=0$，展开式只有奇次谐波分量，不含恒定分量和偶次谐波分量。

需要注意的是，由于式（9-2）中系数 a_k 和 b_k 与初相 φ_k 有关，所以它们也随计时起点即坐标原点的选择而改变，同一波形可能由于原点的选择不同而表现出偶函数对称或奇函数对称或没有对称性，这就说明，一个周期函数是奇函数还是偶函数与坐标原点有关。在式（9-3）中，A_{km} 与坐标原点是无关的，而 φ_k 与坐标原点有关，坐标原点的变动只能使各次谐波的初相作相应的改变，因而一个周期函数是否是奇谐波函数，则与计时起点无关。另外不要把奇函数和具有奇次谐波的函数混淆，前者只有正弦分量，而后者一般既含正弦分量又含余弦分量，但只含有奇次谐波。

以上介绍了周期函数分解为傅里叶级数的方法。工程中为了更直观清晰地表示一个非正弦周期量所含各次谐波分量的大小和相位及其与频率的关系，通常采用频谱图的方法。

$f(t)$ 分解为傅里叶级数后包含哪些频率分量和各分量所占的"比重"用长度与各次谐波振幅大小相对应的线段进行表示，并按频率高低把它们依次排列起来所得到的图形称为 $f(t)$ 的幅度频谱，如图 9-2（a）所示；如用长度与各次谐波相位大小成比例的线段按照谐波频率的次序排列起来的图形，则为 $f(t)$ 的相位频谱，如图 9-2（b）所示。

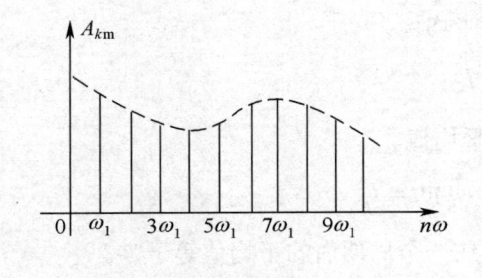

（a）幅度频谱 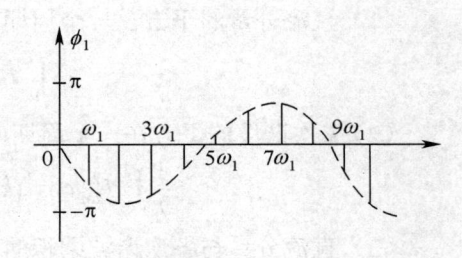　　　　　　　　（b）相位频谱

图 9-2　周期信号的频谱图

由图 9-2 可见，周期信号的频谱有以下特点：

（1）离散性，即谱线的分布是离散的而不是连续的，所以有时也称为线频谱。

（2）谐波性，沿着频率轴，谱线在频率轴（$\omega = n\omega_1$ 的轴）上的位置刻度一定是 ω_1 的整数倍，且任意两根谱线之间的间隔为 $\Delta\omega = \omega_1$。

（3）收敛性，也称衰减性，即随着谐波次数的增高，各次谐波的振幅总趋势是减小的。

研究信号的频谱，对认识信号本身的特性有重要意义，也是电路设计的重要依据之一。

9.2 有效值、平均值和平均功率

对于任何周期性的电压（电流）$f(t)$，不论是正弦的还是非正弦的，有效值定义都为

$$F = \sqrt{\frac{1}{T}\int_0^T f^2(t)\mathrm{d}t} \tag{9-5}$$

因此，非正弦周期量的有效值就是周期函数在一个周期里的均方根值。设有非正弦周期电流量 $i(t)$，其傅里叶级数展开式为

$$i = I_0 + \sum_{k=1}^{\infty} I_{km}\cos(k\omega_1 t + \varphi_k)$$

其中 I_0 和 I_{km} 分别为直流分量与第 k 次谐波的振幅，代入式（9-5），即得

$$I = \sqrt{\frac{1}{T}\int_0^T [I_0 + \sum_{k=1}^{\infty} I_{km}\cos(k\omega_1 t + \varphi_k)]^2 \mathrm{d}t}$$

将上式中的方括号展开后有以下 4 种类型：

（1）直流分量的平方在一个周期内的平均值。

$$\frac{1}{T}\int_0^T I_0^2 \mathrm{d}t = I_0^2$$

（2）k 次谐波的平方在一个周期内的平均值。

$$\frac{1}{T}\int_0^T I_{km}^2 \cos^2(k\omega_1 t + \varphi_k)\mathrm{d}t = I_k^2$$

（3）直流分量与各次谐波乘积的 2 倍在一个周期内的平均值等于零。

$$\frac{1}{T}\int_0^T 2I_0 I_{km}\cos(k\omega_1 t + \varphi_k)\mathrm{d}t = 0$$

（4）两个不同频率谐波分量乘积的 2 倍在一个周期内的平均值，根据三角函数的正交性，其结果为零。

$$\frac{1}{T}\int_0^T 2I_{km}\cos(k\omega_1 t+\varphi_k)\cdot I_{qm}\cos(q\omega_1 t+\varphi_q)\mathrm{d}t=0 \quad (k\neq q)$$

经过运算推导，即得

$$I=\sqrt{I_0^2+I_1^2+I_2^2+\cdots}=\sqrt{I_0^2+\sum_{k=1}^{\infty}I_k^2} \tag{9-6}$$

可见，非正弦周期电流的有效值 I 等于直流分量和各次谐波电流有效值平方和的平方根。

同理，非正弦周期电压 $u(t)$ 的有效值为

$$U=\sqrt{U_0^2+U_1^2+U_2^2+\cdots}=\sqrt{U_0^2+\sum_{k=1}^{\infty}U_k^2} \tag{9-7}$$

用普通的电压表、电流表测量非正弦周期电流电路中的电压、电流，如无特别声明，均为其有效值。

我们已经知道：若任意一端口的端口电压 $u(t)$ 和电流 $i(t)$ 取关联参考方向，则一端口电路吸收的瞬时功率和平均功率分别为

$$p(t)=u(t)\cdot i(t), \quad P=\frac{1}{T}\int_0^T p(t)\mathrm{d}t$$

显然，当端口电压 $u(t)$ 和电流 $i(t)$ 均为非正弦周期量时，一端口的瞬时功率为

$$p(t)=u(t)\cdot i(t)=[U_0+\sum_{k=1}^{\infty}U_{km}\cos(k\omega_1 t+\varphi_{uk})]\times[I_0+\sum_{k=1}^{\infty}I_{km}\cos(k\omega_1 t+\varphi_{ik})]$$

将上式进行积分再取周期内的平均，并利用三角函数的正交性，得一端口电路吸收的平均功率为

$$P=\frac{1}{T}\int_0^T p(t)\mathrm{d}t=\frac{1}{T}\int_0^T u(t)\cdot i(t)\mathrm{d}t$$
$$=U_0 I_0+U_1 I_1\cos\varphi_1+U_2 I_2\cos\varphi_2+\cdots+U_k I_k\cos\varphi_k+\cdots$$

其中

$$U_k=\frac{U_{km}}{\sqrt{2}}, \quad I_k=\frac{I_{km}}{\sqrt{2}}, \quad \varphi_k=\varphi_{uk}-\varphi_{ik}, \quad k=1,2,\cdots$$

记为

$$P=P_0+\sum_{k=1}^{\infty}P_k \tag{9-8}$$

式（9-8）表明，不同频率的电压与电流只能构成瞬时功率，不能构成平均功率，只有同频率的电压与电流才能构成平均功率，电路的平均功率等于直流分量和各次谐波分量各自产生的平均功率的代数和，即平均功率守恒。

若流过电阻 R 中的非正弦周期电流 $i(t)$ 的有效值为 I，则该电阻 R 消耗的平均功率可直接由式 $P=I^2 R$ 求得。

例 9-1 一端口网络如图 9-3 所示,已知端口电压 $u(t) = 40 + 180\cos\omega t + 60\cos(3\omega t + 45°)$V,电流为 $i(t) = [1.43\cos(\omega t + 85.3°) + 6\cos(3\omega t + 45°)]$A。求该一端口网络吸收的平均功率 P。

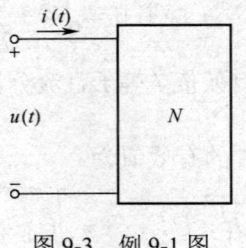

图 9-3 例 9-1 图

解 端口电压与电流的参考方向关联,则有
$$P_0 = U_0 I_0 = 40 \times 0 = 0\text{W}$$

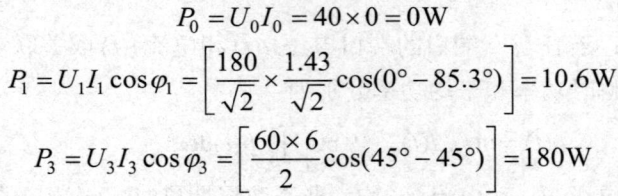

$$P_1 = U_1 I_1 \cos\varphi_1 = \left[\frac{180}{\sqrt{2}} \times \frac{1.43}{\sqrt{2}} \cos(0° - 85.3°)\right] = 10.6\text{W}$$

$$P_3 = U_3 I_3 \cos\varphi_3 = \left[\frac{60 \times 6}{2}\cos(45° - 45°)\right] = 180\text{W}$$

即得 $P = P_0 + P_1 + P_3 = 0 + 10.6 + 180 = 190.6$W。

9.3 非正弦周期电流电路的计算

按照傅里叶级数展开法,任何一个满足狄里赫利条件的非正弦周期信号可以分解为一个恒定分量与无穷多个频率为非正弦周期信号频率的整数倍、不同幅值的正弦分量的和。因此根据线性电路的叠加原理,非正弦周期信号作用下的线性电路稳态响应可以视为一个恒定分量和上述无穷多个正弦分量单独作用下各稳态响应分量的叠加,各响应的计算分别用直流和正弦稳态电路的分析方法进行。电工技术的工程计算中,通常将这种方法叫作谐波分析法,具体步骤如下:

(1)按前面所讲的方法将给定的非正弦电压或电流分解为傅里叶级数,并根据计算精度要求取有限项高次谐波,若给出已是信号的级数表达式,则可免除这一步。

(2)分别计算直流分量以及各次谐波分量单独作用时电路的稳态响应分量。对直流分量,应用直流电阻电路计算方法,并视电感元件为短路,电容元件为开路;对各次谐波分量,可以用正弦交流电路的相量法进行。但是要注意,感抗、容抗与频率有关,其值分别为 $X_{Lk}=k\omega L$, $X_{Ck}=-\dfrac{1}{k\omega C}$。

(3)应用叠加原理,将各分量作用下的响应解析式进行叠加。需要注意的是,必须先将各次谐波分量响应写成瞬时值表达式后才可以叠加,而不能把表示不同频率的谐波正弦量的相量进行加减。

例 9-2 图 9-4 所示的电路中,$R=3\Omega$,$\dfrac{1}{\omega_1 C}=9.45\Omega$,输入电源为 $u_s(t)=(10+141.4\cos\omega_1 t+47.13\cos3\omega_1 t+28.2\cos5\omega_1 t+\cdots)\text{V}$,求电流 i 和电阻吸收的平均功率。

图 9-4 例 9-2 的图

解 已给出信号的级数表达式,无须展开,各分量作用下电流相量的一般表达式为

$$\dot{I}_{m(k)}=\dfrac{\dot{U}_{sm(k)}}{R-j\dfrac{1}{k\omega_1 C}}$$

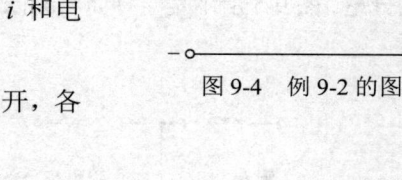

$k=0$,直流分量作用时

$$U_0=10\text{V},\quad I_0=0,\quad P_0=0$$

$k=1$,$\dot{U}_{sm(1)}=141.4\angle 0°\text{V}$,$\dot{I}_{m(1)}=\dfrac{141.4\angle 0°}{3-j9.45}=14.26\angle 72.39°\text{A}$

$$P_{(1)}=\dfrac{1}{2}I_{m(1)}^2 R=305.2\text{W}$$

$k=3$,$\dot{U}_{sm(3)}=47.13\angle 0°\text{V}$,$\dot{I}_{m(3)}=\dfrac{47.13\angle 0°}{3-j3.15}=10.83\angle 46.4°\text{A}$

$$P_{(3)}=\dfrac{1}{2}I_{m(3)}^2 R=175.93(\text{W})$$

$k=5$,$\dot{U}_{sm(5)}=28.28\angle 0°\text{V}$,$\dot{I}_{m(5)}=7.98\angle 32.21°\text{A}$

$$P_{(5)}=\dfrac{1}{2}I_{m(5)}^2 R=95.52\text{W}$$

各稳态响应按时域形式叠加可求 $i(t)$ 和 P 分别为

$$i(t)=[14.26\cos(\omega_1 t+72.39°)+10.83\cos(3\omega_1 t+46.4°)$$
$$+7.98\cos(5\omega_1 t+32.21°)+\cdots]\text{A}$$
$$P\approx P_0+P_{(1)}+P_{(3)}+P_{(5)}=576.65\text{W}$$

9.4 应用实例：简单谐振滤波器

非正弦周期电流电路在多个领域有着广泛的应用，包括电源变换器、谐振电路、滤波器、信号发生器等。如在非正弦周期电路中，感抗和容抗对各次谐波的反应是不同的，电感元件对高次谐波有较强的抑制作用，而电容元件对高次谐波电流有畅通作用。利用电感、电容对各种谐波具有不同电抗的特点可以组成含有电感和电容的各种不同滤波电路，连接在输入和输出之间，让某些所需的频率分量顺利地通过而抑制某些不需要的分量。图 9-5 所示是一种简单的低通滤波器和高通滤波器，其工作原理请读者自行分析。

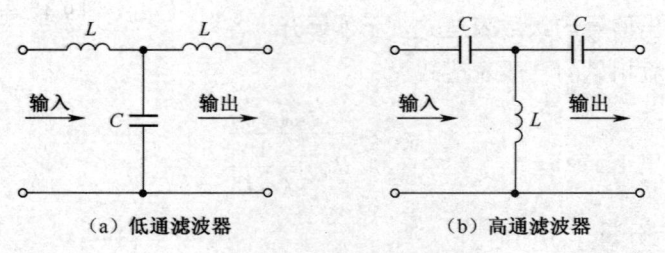

图 9-5 简单滤波器

在工程实践中，往往还利用调谐到不同频率上 LC 串联支路和 LC 并联支路构成所谓的谐振滤波器，以实现对非正弦周期信号的分解，这种滤波器可以用来滤除信号中的某个或某些谐波分量，使这个或者这些谐波分量不能进入负载。例如，只要将图 9-6 中的 L_1C_1 并联支路和 L_2C_2 串联支路分别调谐到对 p 次谐波和 q 次谐波发生谐振，那么 p 次谐波电流不能通过 L_1C_1 并联谐振到电路，而 q 次谐波电流又从 L_2C_2 串联谐振电路旁路，因此滤波器就能滤除信号中的 p 次谐波和 q 次谐波。

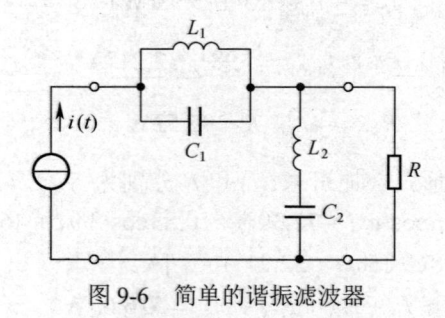

图 9-6 简单的谐振滤波器

当然，谐振滤波器还能用来选择信号中的某个或某些谐波分量，使网络仅允许这个或这些谐波分量进入负载。

例 9-3 如图 9-7 所示，已知 $\omega = 10^4 \text{rad/s}$，$L = 1\text{mH}$，$R = 1\text{k}\Omega$。若要求 $u_o(t)$ 中不含基波，并与 $u_i(t)$ 中的三次谐波完全相同，试确定参数 C_1 和 C_2。

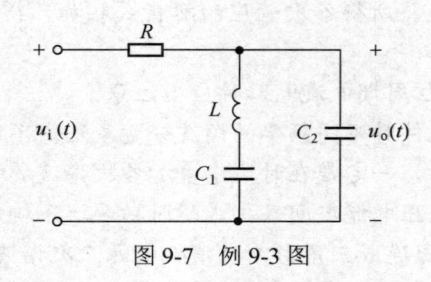

图 9-7 例 9-3 图

解 要求 $u_o(t)$ 中不含基波，则 L、C_1 对基波频率发生串联谐振，有

$$C_1 = \frac{1}{\omega^2 L} = 10\mu\text{F}$$

$u_o(t)$ 输出与 $u_i(t)$ 中的三次谐波完全相同，L、C_1、C_2 对三次谐波产生并联谐振，所以有

$$\frac{C_1 C_2}{C_1 + C_2} = \frac{1}{(3\omega)^2 L}, \quad C_2 = 1.11\mu\text{F}$$

本章小结

本章讨论的非正弦周期电流电路是指非正弦周期信号作用于线性电路的稳定状态，电路中的激励和响应是周期量，而且响应的波形与激励不相似。

非正弦周期量的有效值等于直流分量和各次谐波分量有效值平方和的平方根，其平均值则为非正弦周期信号绝对值在一个周期内的平均值，有

$$U = \sqrt{U_0^2 + \sum_{k=1}^{\infty} U_k^2}$$

或者

$$I = \sqrt{I_0^2 + \sum_{k=1}^{\infty} I_k^2}$$

非正弦周期电路的平均功率等于直流分量和各次谐波分量各自产生的平均功率的代数和，只有同频率的电压与电流才能构成平均功率，有

$$P = U_0 I_0 + U_1 I_1 \cos\varphi_1 + U_2 I_2 \cos\varphi_2 + \cdots + U_k I_k \cos\varphi_k + \cdots$$

非正弦周期电流电路的分析计算方法是基于正弦电路的相量法和叠加定理，称

为谐波分析法，可归结为以下 3 个步骤：
（1）将给定的非正弦周期信号分解成傅里叶级数。
（2）应用相量法分别计算各次谐波单独作用时所产生的响应。
（3）应用叠加定理将所得各次响应的解析式相加，得到用时间函数表示的总响应。

在分析与计算非正弦周期电流电路时应当注意：
（1）电感和电容元件对不同频率的谐波分量表现出不同的感抗和容抗。
（2）求最终响应时，一定是在时域中叠加各次谐波的响应。
（3）不同频率的电压电流之间只构成瞬时功率，不构成平均功率。

对称三相非正弦电源连成三角形，可消除电源三次谐波对外部负载的影响。

习题 9

第 9 章习题解答

第 9 章典型例题

9-1 求图 9-8 所示波形的有效值和平均值。

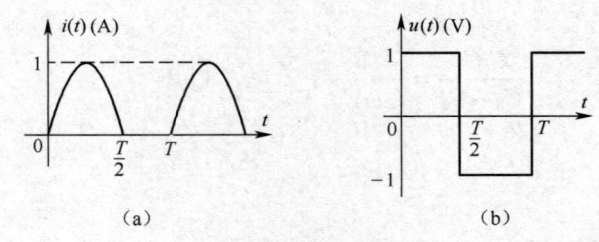

图 9-8 题 9-1 的图

9-2 电路如图 9-9 所示，已知 $u(t) = 10 + 3\cos(2\omega t) + 4\sin(2\omega t)$，$i(t) = 5 - 5\cos(2\omega t)$，求电压 u 的有效值和端口的平均功率。

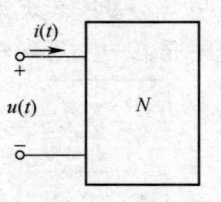

图 9-9 题 9-2 的图

9-3 一个 RLC 串联电路，其中 $R=11\Omega$，$L=0.015H$，$C=70\mu F$，外加电压 $u(t)= 11+141.4\cos(1000t)-35.4\sin(2000t)$V，求电路中的电流 $i(t)$ 和电路消耗的功率。

9-4 有效值为 100V 的正弦电压加在电感 L 两端时，得电流 $I=10$A；当电压中有三次谐波分量时，电压有效值仍为 100V，得电流 $I=8$A，试求这一电压的基波和三次谐波电压的有效值。

9-5 已知一端口网络端口电压 $u(t) = (5 + 14.14\cos t + 7.07\cos 3t)$V，电流为 $i(t) = [(10\cos(t-60°) + 2\cos(3t-135°)]$A，求：（1）端口电压的有效值；（2）端口电流的有效值；（3）该一端口网络吸收的平均功率。

9-6 图 9-10 所示的电路中，已知 $X_L = \omega L = 2\Omega$，$X_C = -1/\omega C = -15\Omega$，$R_1 = 5\Omega$，$R_2 = 10\Omega$，电压信号为 $u(t) = [10 + 141.4\cos\omega t + 70.7\cos(3\omega t + 30°)]$V，求各支路电流瞬时值及 R_1 支路的平均功率。

9-7 在图 9-11 所示的电路中，已知 $R = 10\Omega$，$1/\omega C = 90\Omega$，$\omega L = 10\Omega$，$u(t) = [100 + 150\cos\omega t + 100\cos(2\omega t - 90°)]$V，求图示电路中各仪表的读数。

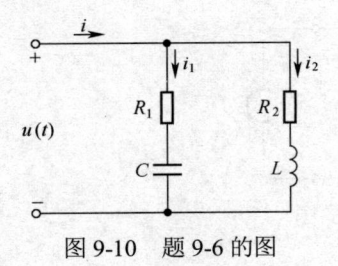

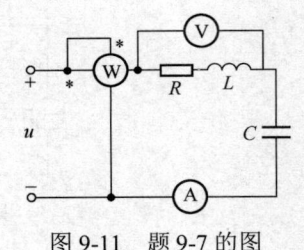

图 9-10 题 9-6 的图

图 9-11 题 9-7 的图

9-8 在图 9-12 所示的电路中，$u_{s1}(t) = [1.5 + 5\sqrt{2}\sin(2t + 90°)]$V，$i_{s2} = 2\sin 1.5t$A，求 u_R 和 u_{s1} 发出的功率。

9-9 如图 9-13 所示的电路中，$L = 1$H，$\omega = 100$rad/s，滤波器的输入电压 $u_i = (U_{m(1)}\cos\omega t + U_{m(3)}\cos 3\omega t)$V，如果要使输出电压 $u_o = U_{m(1)}\cos\omega t$V，问 C_1 和 C_2 应如何选择？

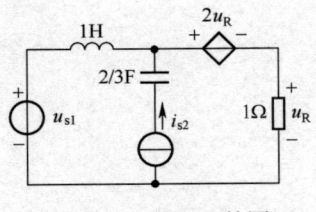

图 9-12 题 9-8 的图

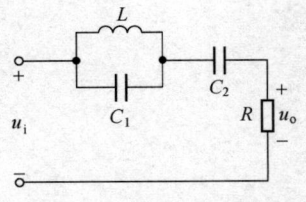

图 9-13 题 9-9 的图

9-10 图 9-14 所示的电路中，已知 $u_s = [141\cos\omega t + 14.1\cos(3\omega t + 30°)]$V，基波频率 $f=50$Hz，$C_1 = C_2 = 3.18\mu$F，$R = 10\Omega$，电压表内阻视为无限大，电流表内阻视为零。已知基波电压单独作用时电流表读数为零，三次谐波电压单独作用时电压表读数为零。求电感 L_1、L_2 和电容 C_2 两端的电压 u_o。

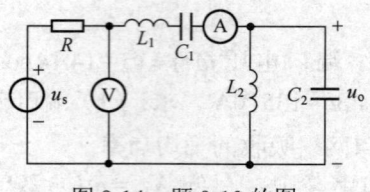

图9-14 题9-10的图

9-11 图 9-15 所示的电路中，$i_s = [5 + 10\cos(10t - 20°) - 5\sin(30t + 60°)]$A，$L_1 = L_2 = 2$H，$M = 0.5$H，求图中交流电表的读数。

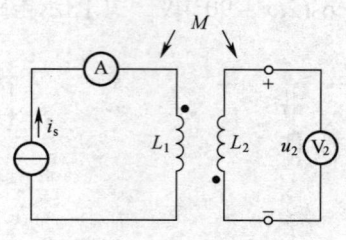

图9-15 题9-11的图

第10章 动态电路

内容提要

本章介绍用微分方程描述的电路的响应的求解方法,内容包括电路的零输入响应、零状态响应、全响应、阶跃响应、冲激响应等概念,以及一阶电路的三要素法和二阶电路的时域分析方法。

学习目标

(1) 理解动态元件、动态电路、换路及过渡过程的概念。
(2) 掌握初始值的计算方法。
(3) 掌握 RC 电路和 RL 电路的零输入响应、零状态响应、全响应的概念以及用微分方程求解电路响应的方法。
(4) 掌握用三要素法求解一阶电路的响应。
(5) 理解阶跃响应、冲激响应等概念。
(6) 了解二阶动态电路的时域分析方法。

本章知识结构图

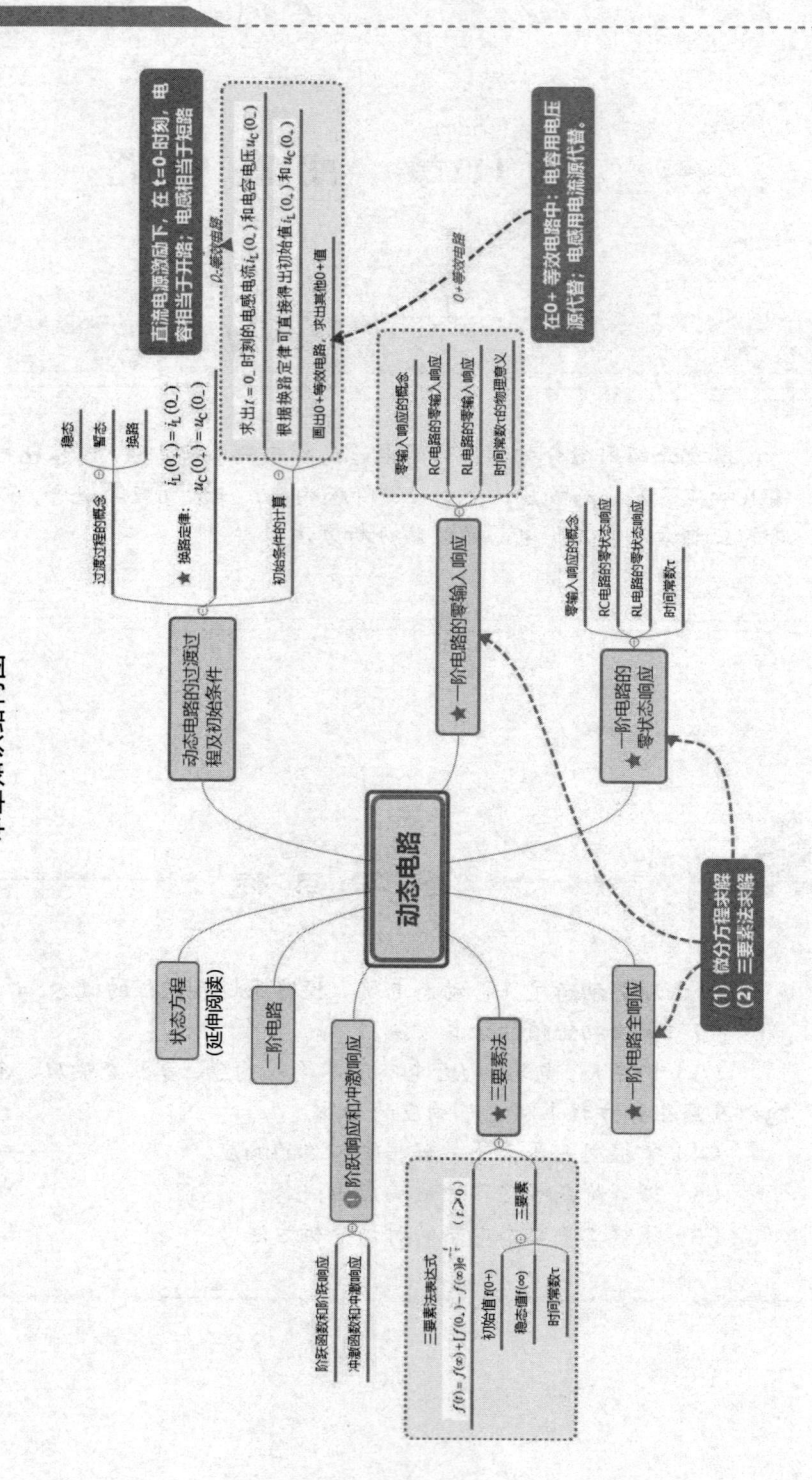

动态电路

动态电路的过渡过程及初始条件
- 过渡过程的概念
  - 稳态
  - 暂态
  - 换路
- ★ 换路定律：$i_L(0_+) = i_L(0_-)$，$u_C(0_+) = u_C(0_-)$
- 初始条件的计算
  - 求出 $t=0_-$ 时刻的电感电流 $i_L(0_-)$ 和电容电压 $u_C(0_-)$
  - 根据换路定律可直接得出初始值 $i_L(0_+)$ 和 $u_C(0_+)$，求出其他的 0_+ 值
  - 画出 0_+ 等效电路，求解

直流电源激励下，在 $t=0$ 时刻，电容相当于开路；电感相当于短路

0_+ 等效电路

在 0_+ 等效电路中：电容用电压源代替；电感用电流源代替。

一阶电路的零输入响应 ★
- 零输入响应的概念
- RC 电路的零输入响应
- RL 电路的零输入响应
- 时间常数τ的物理意义

一阶电路的零状态响应 ★
- 零输入响应的概念
- RC 电路的零状态响应
- RL 电路的零状态响应
- 时间常数τ

一阶电路全响应
(1) 微分方程求解
(2) 三要素法求解

三要素法 ★
- 三要素法表达式
  $$f(t) = f(\infty) + [f(0_+) - f(\infty)]e^{-\frac{t}{\tau}} \quad (t \geq 0)$$
- 三要素
  - 初始值 $f(0_+)$
  - 稳态值 $f(\infty)$
  - 时间常数τ

一阶正弦响应和冲激响应
- 阶跃函数和阶跃响应
- 冲激函数和冲激响应

二阶电路

状态方程（延伸阅读）

笔记

10.1　动态电路的过渡过程及初始条件

10.1.1　动态电路的过渡过程

在前面几章中，对所研究的直流电路和周期电流电路的分析都是假定在稳定状态下进行的。所谓"稳定状态"，就是直流电路在恒定直流电流激励下，电路中的电流和电压都是不随时间变化的恒定值；正弦交流电路在单一频率正弦电源激励下，电路中的电流和电压都是按电源频率作正弦变化，它们的振幅都是恒定不变的。电路的这种工作状态称为稳定状态，简称"稳态"。但是，在含有电感元件或电容元件等的电路中，当刚接通电源或断开电源、或电路中的元件参数突然发生变化时，各支路中的电流和电压可能发生与稳态完全不同的随时间变化的过渡过程。

例如，RC 串联电路，在接通直流电源之前，电容 C 未充电，两极板上没有电荷，电容电压为零。当电路接通直流电源时，电容开始充电，电容器两极板上的电压从零值逐渐增长到稳态值。用示波器来观察，在荧光屏上显示如图 10-1 所示电容电压随时间变化的波形图。

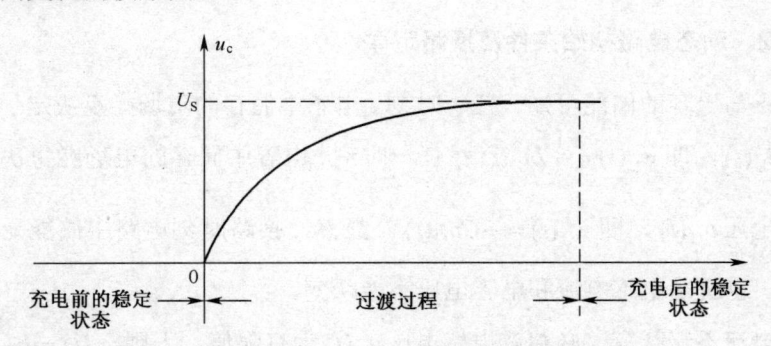

图 10-1　示波器荧光屏上显示电容充电电压变化过程波形图

从图中可见，电容的充电过程不能瞬间完成，而需要经历一个过程。这个过程就是电容从原来未充电状态过渡到充满电荷稳定状态的一种中间过程。电路从一个稳定状态过渡到另一个稳定状态，所经历随时间变化的电磁过程，就称为过渡过程或暂态过程，简称"暂态"。

电路中为什么会发生过渡过程呢？含有储能元件如电感、电容或耦合电感元件的电路，称为动态电路。动态电路发生换路后就会引起过渡过程，换路就是电路结构和元件参数的突然改变，如电路的接通、断开、短接、改接、元件参数的突然改变等各种运行操作，以及电路容然发生的短路、断路等各种故障情况。换路是电路发生过渡过程必要的前提条件，而电路中含有储能元件则是发生过渡过程的内在条件。为什么含有储能元件的电路，在换路后会发生过渡过程呢？其根本原因在于电路中储能元件的能量不能跃变的缘故。否则，假如元件中的能量发生跃变，那么能量变化的速率为 $\dfrac{\mathrm{d}w}{\mathrm{d}t}$，则功率 P 就需要无穷大，即 $p = \dfrac{\mathrm{d}w}{\mathrm{d}t} \to \infty$，而这是不可能的。由于电路中储能元件能量的储存与释放不能跃变，而只能连续变化，故能量的变化需要经历一定时间，因此必然导致电路中发生过渡过程。

研究电路过渡过程的目的就在于认识和掌握电路产生过渡过程的规律，以便在工程技术中充分利用过渡过程的特性，同时采取措施防止过渡过程中可能出现的过电压和过电流带来的危害。

研究电路中过渡过程的基本方法有时域分析的经典法和应用拉普拉斯变换的复频域分析法。本章讨论用经典法分析电路中的过渡过程，复频域分析法将在第 11 章中介绍。线性非时变动态电路过渡过程的特性通常使用常系数线性微分方程来描述。所谓经典法，就是直接求解这类微分方程来分析电路过渡过程的方法。经典法的优点在于，分析步骤清晰，便于理解物理概念和求解过程规律，掌握过渡过程规律，容易与工程实际相联系。

10.1.2 动态电路初始条件及换路定律

从电感与电容的储能可知，任一时刻 t 电感中储存的磁场能量决定于该时刻的电感电流 $i_L(t)$，即 $w_L(t) = \dfrac{1}{2} L i_L^2(t)$；任一时刻 t 电容中储存的电场能量决定于该时刻的电容电压 $u_C(t)$，即 $w_C(t) = \dfrac{1}{2} C u_C^2(t)$。显然，换路时刻电路中储能元件的储能不能跃变，也就是电感电流和电容电压不能跃变。

电感电流不能跃变，必然有电感电压 $u_L(t)$ 为有限值，否则 $u_L(t) = L \dfrac{\mathrm{d}i_L}{\mathrm{d}t} \to \infty$，但这是不可能的，也就是说，在换路时刻电感电压为有限值的条件下，电感电流不能发生跃变，而只能连续变化。

电容电压不能跃变，必然有电容电流 $i_C(t)$ 为有限值，否则 $i_C(t) = C \dfrac{\mathrm{d}u_C}{\mathrm{d}t} \to \infty$，这是不可能的，也就是说，在换路时刻电容电流为有限值的条件下，电容电压不能发生跃变，而只能连续变化。

由此得出，在电感电压和电容电流为有限值条件下，电路换路时刻电感电流和电容电压不能发生跃变。即在换路后的最初一瞬间的电感电流和电容电压都保持换路前最后一瞬间的原有数值不变，换路之后就以此初始值而连续变化。这就是换路定律。为了用数学形式表示换路定律，假定 $t=0$ 时刻电路进行换路，以 $t=0_+$（指 t 由正值趋近于零为极限）代表换路后的最初一瞬间，以 $t=0_-$（指 t 由负值趋近于零为极限）代表换路前的最后一瞬间，则换路定律可以表示为

$$i_L(0_+) = i_L(0_-)$$
$$u_C(0_+) = u_C(0_-)$$ （10-1）

由于 $t=0$ 时刻电感电流和电容电压保持不变，所以电感电流和电容电压在 $t=0$ 的数值可以记为 $i_L(0)$ 和 $u_C(0)$。换路定律只反映了电路中换路时刻电感电流和电容电压不能发生跃变，而该时刻电感电压、电容电流和电阻中的电流与电压却是可以发生跃变的。也就是说，电路中电感电压、电容电流和电阻的电压与电流在换路瞬间的前后数值可以是不相等的。

动态电路中，电感电流和电容电压反映了某一时刻电路的储能状态，因此某一时刻电路中的电感电流和电容电压值就称为该时刻电路的状态。因而，$t=0$ 时刻换路，$i_L(0)$ 和 $u_C(0)$ 的数值就称为该电路的初始状态。如果换路前电路中没有储能，即 $i_L(0)=0$ 和 $u_C(0)=0$，则该电路就称为零状态电路。

用经典法分析电路过渡过程微分方程的求解中，必须知道解的初始值。对于电感电流和电容电压的初始值，只要求出 $t=0_-$ 时刻的电感电流 $i_L(0_-)$ 和电容电压 $u_C(0_-)$，根据换路定律可直接得出初始值 $i_L(0_+)$ 和 $u_C(0_+)$。至于除 $i_L(0_+)$、$u_C(0_+)$ 以外各电量的初始值，如电感电压 $u_L(0_+)$、电容电流 $i_C(0_+)$、电阻电压 $u_R(0_+)$ 和电流 $i_R(0_+)$，需要在确定 $i_L(0_+)$ 和 $u_C(0_+)$ 后作出 $t=0_+$ 时的电路，再按基尔霍夫定律及元件伏安关系来计算得出。在 $t=0_+$ 电路中，电容用大小为 $u_C(0_+)$ 的电压源表示，极性与 $u_C(0_+)$ 相同；电感用大小为 $i_L(0_+)$ 的电流源表示，方向与 $i_L(0_+)$ 相同。

在应用换路定律计算电路中电压或电流的初始值时，有些情况下换路前电路已处于稳态。如果是有直流电源激励的电路，在 $t=0_-$ 时刻，电路处于直流稳态，这时电容电流为零，电容相当于开路；电感电压也为零，电感相当于短路，这是直流稳态电路的重要特征。

例 10-1 如图 10-2（a）所示的电路，$t=0$ 时刻换路，开关 S 触头由 a 闭合至 b，换路前电路处于稳态。试求换路后的初始值 $i_L(0_+)$、$u_C(0_+)$、$i_C(0_+)$、$i_1(0_+)$、$i_2(0_+)$、$u_{R1}(0_+)$、$u_{R2}(0_+)$、$u_{R3}(0_+)$、$u_{R4}(0_+)$ 和 $u_L(0_+)$。

解 （1）计算 $i_L(0_+)$ 和 $u_C(0_+)$。

由于换路前电路处于直流稳态，所以电容相当于开路，电感相当于短路，这时有 $i_C(0_-)=0$，$u_L(0_-)=0$，则

$$i_L(0_-) = \frac{20}{8+2} = 2\text{A}$$

$$u_C(0_-) = 2 \times i_L(0_-) = 4\text{V}$$

根据换路定律得出

$$i_L(0_+) = i_L(0_-) = 2\text{A}, \quad u_C(0_+) = u_C(0_-) = 4\text{V}$$

（2）计算 $i_C(0_+)$、$i_1(0_+)$、$i_2(0_+)$、$u_{R1}(0_+)$、$u_{R2}(0_+)$、$u_{R3}(0_+)$、$u_{R4}(0_+)$ 和 $u_L(0_+)$。

作 $t=0_+$ 时刻电路如图 10-2（b）所示，图中电容用数值为 $u_C(0_+)$ 的电压源表示，电感用数值为 $i_L(0_+)$ 的电流源表示。应用网孔分析法，以 $i_1(0_+)$ 和 $i_L(0_+)$ 为网孔电流，列网孔方程为

$$(8+4+2)i_1(0_+) - 4i_L(0_+) = -4$$

$$i_1(0_+) = \frac{-4 + 4i_L(0_+)}{14} = \frac{-4 + 4 \times 2}{14} = \frac{2}{7}\text{A}$$

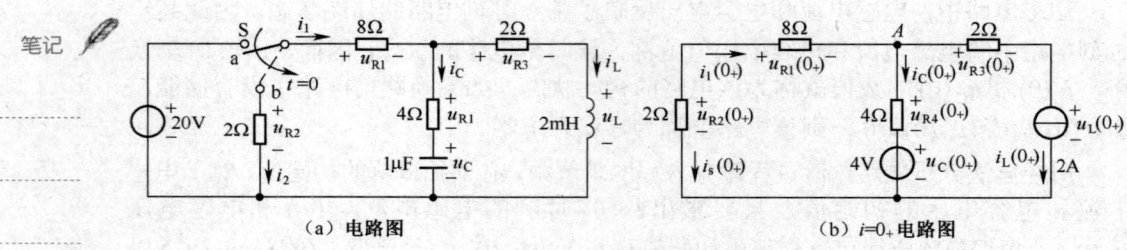

图 10-2 例 10-1 图

(a) 电路图

(b) $t=0_+$ 电路图

则

$$i_2(0_+) = -i_1(0_+) = -\frac{2}{7}\text{A}$$

在结点 A，根据 KCL 有

$$i_C(0_+) = i_1(0_+) - i_L(0_+) = \frac{2}{7} - 2 = -\frac{12}{7}\text{A}$$

计算各电阻元件的初始电压：

$$u_{R1}(0_+) = 8i_1(0_+) = 8 \times \frac{2}{7} = \frac{16}{7}\text{V}$$

$$u_{R2}(0_+) = 2i_2(0_+) = 2 \times \left(-\frac{2}{7}\right) = -\frac{4}{7}\text{V}$$

$$u_{R3}(0_+) = 2i_L(0_+) = 2 \times 2 = 4\text{V}$$

$$u_{R4}(0_+) = 4i_C(0_+) = 4 \times \left(-\frac{12}{7}\right) = -\frac{48}{7}\text{V}$$

$$u_L(0_+) = u_C(0_+) + u_{R4}(0_+) - u_{R3}(0_+) = 4 - \frac{48}{7} - 4 = -\frac{48}{7}\text{V}$$

10.2 一阶电路的零输入响应

所谓零输入响应就是动态电路在没有外加电源激励时，由电路初始储能产生的响应。在工程实际中典型的有无电源一阶电路，有电容的放电电路和发电机磁场的灭磁回路。前者是 RC 电路，后者是 RL 电路。

10.2.1 RC 电路的零输入响应

如图 10-3 所示的 RC 电路，在开关 S 未闭合前电容已经充电，电容电压 $u_C(0_-) = U_0$。$t = 0$ 时刻开关 S 闭合，RC 电路接通。分析开关闭合后即 $t \geq 0$ 时电容电压 $u_C(t)$ 和电路中的电流 $i(t)$ 的变化规律，也就是 $t = 0$ 为计时起点电路的响应。

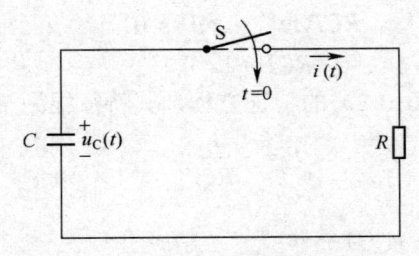

图 10-3 RC 电路的零输入响应

在开关闭合前即 $t = 0_-$，电容电压 $u_C(0_-) = U_0$。在 $t = 0$ 时刻开关闭合，显然此时电容电流只能为有限值，根据换路定理，在换路时刻 $t = 0$ 电容电压不能跃变，即

$$u_C(0_+) = u_C(0_-)$$

在 $t = 0_+$ 时刻，电路在 $u_C(0_+)$ 的作用下产生电流为 $i(0_+) = \dfrac{U_0}{R}$，即电容电流在换路时刻从 0 跃变为 $\dfrac{U_0}{R}$，电阻电压 $u_R(0_+) = R \times i(0_+) = U_0$，这时电容开始放电。在放电过程中电容储存的电场能量通过电流消耗在电阻元件 R 中转换为热能，故随着时间的增加，电阻消耗的能量逐渐增加，而电容的储能逐渐减少，电容电压随之逐渐下降，因而电流也就逐渐减小，最后电容的储能被电阻消耗殆尽，这时电容电压为零，电流也为零，放电过程全部结束。所以，电容放电的过程就是电容的磁场能量释放转换为热能的过程。在这个过程中，要准确地说明电容电压和电流随时间的变化规律，需要进行数学分析才能确定。

根据图 10-3 所示电路电压、电流的参考方向列出 t 时刻的电路方程。根据 KVL 有

$$u_C(t) - u_R(t) = 0$$

电阻和电容的伏安关系为

$$u_R(t) = Ri(t) = u_C(t)$$

$$i(t) = -C\frac{du_C(t)}{dt}, \quad u_C(0_+) = U_0$$

电容伏安关系中的负号是因为电流与电压为非关联参考方向的缘故。将电阻、电容的伏安关系式代入 KVL 方程中，便可得出描述电路特性的一阶齐次微分方程为

$$RC\frac{du_C(t)}{dt} + u_C(t) = 0 \quad (t \geqslant 0) \tag{10-2}$$

满足初始条件 $u_C(0_+) = U_0$，可以求得方程的解答。

令

$$u_C(t) = Ae^{pt} \quad (t \geqslant 0)$$

式中 A 是常数，代入式（10-2）得出

$$RCPAe^{pt} + Ae^{pt} = 0$$

则有

$$RCP + 1 = 0$$

上式称为微分方程（10-2）的特征方程，其特征根为

$$P = -\frac{1}{RC}$$

于是有

$$u_C(t) = Ae^{-\frac{t}{RC}} \quad (t \geqslant 0) \tag{10-3}$$

根据初始条件 $u_C(0_+) = U_0$ 来确定积分常数 A。当 $t = 0$ 时，式（10-3）为

$$u_C(0_+) = Ae^0 = A$$

故得

$$A = U_0$$

因此，得出满足初始条件的微分方程（10-2）的解答为

$$u_C(t) = U_0 e^{-\frac{t}{RC}} \quad (t \geqslant 0) \tag{10-4}$$

式（10-4）就是在放电过程中电容电压随时间变化的表达式，它是一个随时间衰减的指数函数，$u_C(t)$ 随时间的变化曲线如图 10-4 所示，是一指数衰减曲线。在 $t=0$ 时刻初始值为 U_0。然后按指数规律衰减，最后为零。

电路中的放电电流为

$$i(t) = -C\frac{du_C(t)}{dt} = -C\frac{d}{dt}\left(U_0 e^{-\frac{t}{RC}}\right) = \frac{U_0}{R} e^{-\frac{t}{RC}} \quad (t \geqslant 0) \tag{10-5}$$

式（10-5）就是放电电流随时间变化的表达式，其波形图如图 10-5 所示，曲线按指数规律衰减，在 $t=0$ 时刻由零值跃变为初始值 $\dfrac{U_0}{R}$，然后按指数规律衰减，最后趋于零值。

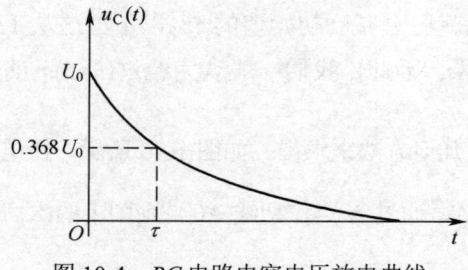

图 10-4 RC 电路电容电压放电曲线

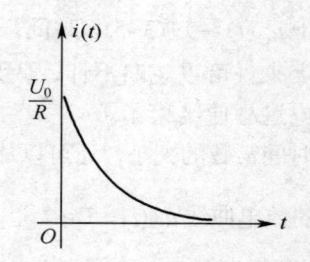

图 10-5 RC 放电电路 i(t) 曲线

【仿真研究】

零输入响应

电阻电压为

$$u_R(t) = u_C(t) = U_0 e^{-\frac{t}{RC}} \quad (t \geq 0) \quad (10\text{-}6)$$

从式（10-4）中可以看出，电压 $u_C(t)$、$u_R(t)$ 和电流 $i(t)$ 都是按同样的指数规律衰减的，它们衰减的快慢取决于函数式中 e 的指数 $\frac{1}{RC}$ 的大小，其值由分母 RC 的乘积来确定。RC 的乘积具有时间的量纲，因此 RC 的乘积称为时间常数，用 τ 表示，即

$$\tau = RC \quad (10\text{-}7)$$

τ 的单位为秒。若电阻 $R = 1\Omega$，电容 $C = 1F$，则时间常数 $\tau = 1s$。显然 $u_C(t)$、$u_R(t)$ 和电流 $i(t)$ 衰减的快慢取决于时间常数 τ 值的大小。τ 越小，电流、电压的衰减越快；反之，τ 越大，衰减越慢。

现以电容电压为例来说明时间常数 τ 的意义。按式（10-4）计算得：

$t = 0$ 时刻：$u_C(0) = U_0 e^0 = U_0$

$t = \tau$ 时刻：$u_C(\tau) = U_0 e^{-1} = 0.368 U_0$

这就是说经过 τ 的时间，电容电压值就衰减到初始值 U_0 的 36.8%。因此我们又称时间常数 τ 是电路零输入响应衰减到初始值的 36.8% 所需要的时间。对于 $t = 2\tau$、3τ、4τ 等经历不同时间的电容电压值同样可以计算得出，列于表 10-1 中。

表 10-1 电容电压值

t	0	τ	2τ	3τ	4τ	5τ	...	∞
$e^{-\frac{t}{\tau}}$	$e^0=1$	$e^{-1}=0.368$	$e^{-2}=0.135$	$e^{-3}=0.005$	$e^{-4}=0.018$	$e^{-5}=0.0067$	...	$e^{-\infty}=0$
$u_C(t)$	U_0	$0.368U_0$	$0.135U_0$	$0.05U_0$	$0.018U_0$	$0.0067U_0$	...	0

由表 10-1 可见，在理论上要经历无限长的时间 $u_C(t)$ 才能衰减为零值。但是在

实际上$u_C(t)$经过$(3\sim5)\tau$时间，电容电压值就已衰减到初始值的5%以下，这从工程角度上来说可以忽略不计，认为衰减趋于零。因此，我们一般认为经过$(3\sim5)\tau$的时间放电过程便结束了。

时间常数的大小，还可以从指数曲线用几何方法来求得。如图10-6所示，在电容电压的放电曲线$u_C(t)=Ue^{-\frac{t}{\tau}}$上有任意一点A，通过A点作切线AC，则图中的次切线

$$BC = \frac{AB}{tg\alpha} = \frac{u_C(t)}{-\frac{du_C(t)}{dt}} = \frac{U_0 e^{-\frac{t}{\tau}}}{\frac{1}{\tau}U_0 e^{-\frac{t}{\tau}}} = \tau$$

即在时间坐标上次切线BC的长度等于时间常数τ。

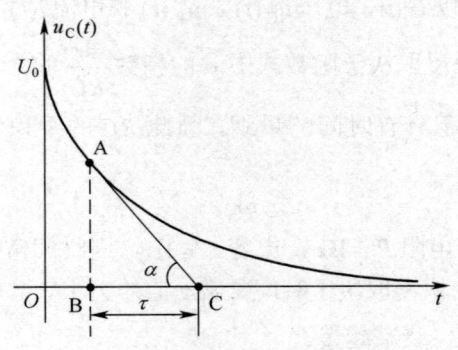

图10-6 时间常数τ的几何表示

还要指出，RC电路的时间常数τ是由电路本身的参数R和C来决定的，与电路的初始储能无关，它反映电路本身的固有性质，是电路特征方程根P的负倒数。

我们再来看在RC电路放电过程中的能量特性。电容的初始储能为$W_C(0)=\frac{1}{2}Cu_C^2(t)=\frac{1}{2}CU_0^2$，在放电过程中逐渐转换到电阻元件R中，变换为热能而散失。电阻元件所吸收的能量为

$$W_R = \int_0^\infty Ri^2(t)dt = \int_0^\infty R\cdot\left(\frac{U_0}{R}e^{-\frac{t}{RC}}\right)^2 dt = -\frac{1}{2}CU_0^2\left(e^{-\frac{2t}{RC}}\right)\Big|_0^\infty = \frac{1}{2}CU_0^2 \text{J}$$

上式表明，电阻元件消耗的能量正好等于电容的初始储能。也就是说，在放电过程中电容的储能全部被电阻元件所吸收。

例10-2 如图10-7（a）所示的电路，$t=0$时刻换路，开关S触头闭合，S闭合前电路处于直流稳态。试求$t\geqslant0$时的初始值$i_1(t)$、$i_2(t)$和$i_C(t)$。

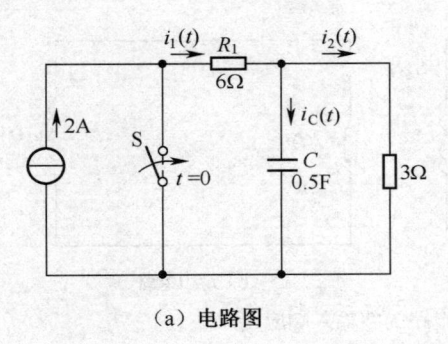

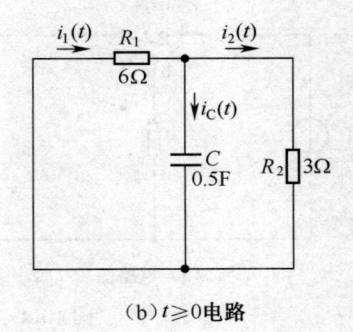

(a) 电路图　　(b) $t \geqslant 0$ 电路

图 10-7　例 10-2 图

解　在 $t=0$ 时，电路已处于直流稳态，电路内的各电流、电压都不随时间变化，电容相当于开路，故得

$$u_C(0_-) = 2 \times 3 = 6\text{V}$$

作 $t \geqslant 0_+$ 的电路如图 10-7（b）所示。由于换路时刻电容电压不能跃变，则

$$u_C(0_+) = u_C(0_-) = 6\text{V}$$

求电容两端看入电路的等效电阻为

$$R = \frac{R_1 \times R_2}{R_1 + R_2} = \frac{6 \times 3}{6+3} = 2\Omega$$

故电路的时间常数：

$$\tau = RC = 2 \times \frac{1}{2} = 1\text{s}$$

根据式（10-4）可得电容电压为

$$u_C(t) = 6\text{e}^{-t}\text{V} \quad (t \geqslant 0)$$

由图（10-7）（b）可知，电流 $i_1(t)$ 和 $i_2(t)$ 分别为

$$i_1(t) = -\frac{u_C(t)}{R_1} = -\text{e}^{-t}\text{A} \quad (t \geqslant 0)$$

$$i_2(t) = \frac{u_C(t)}{R_2} = 2\text{e}^{-t}\text{A}$$

根据电容的伏安关系，电容电流 $i_C(t)$ 为

$$i_C(t) = C\frac{\text{d}u_C(t)}{\text{d}t} = \frac{1}{2} \times \frac{\text{d}}{\text{d}t}(6\text{e}^{-t}) = -3\text{e}^{-t}\text{A} \quad (t \geqslant 0)$$

10.2.2　RL 电路的零输入响应

如图 10-8（a）所示的 RL 电路，在开关 S 动作前电路已处于直流稳态，$t=0$ 时刻开关 S 动作，触头离开 a，闭合于 b。换路后电路如图 10-8（b）所示。

(a)电路图　　(b) $t\geqslant 0$电路

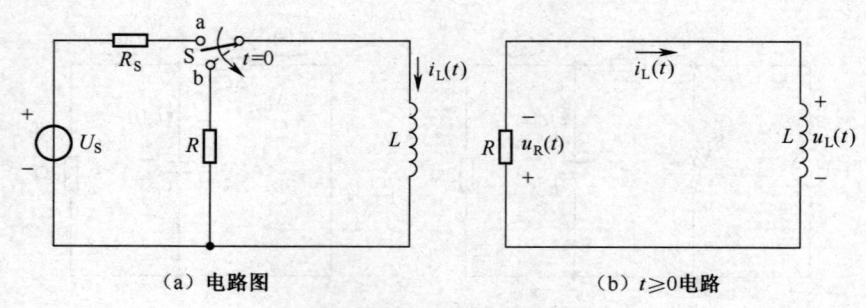

图 10-8　RL 电路的零输入响应

由于开关动作前电路已处于直流稳态，电感电压为零，相当于短路。从图 10-8（a）可知，在开关动作前电感电流为

$$i_L(0_-) = \frac{U_S}{R_S} = I_0$$

在开关动作后的初始时刻 $t = 0_+$，由于电路中电感电压为有限值，故电感电流不能跃变，即初始电流 $i_L(0_+) = I_0$，这时电感中的初始储能为 $W_L(0_+) = \frac{1}{2}Li_L^2(0_+) = \frac{1}{2}LI_0^2$。随着时间增加，电感中的磁场能量逐渐转移给电阻元件 R，转化为热能散失，而电感中的磁场能量将逐渐减少，直到磁场能量全部为电阻所消耗，这时电流为零，电感的消磁过程结束。所以电感的消磁过程就是磁场能量释放在电阻元件中转换为热能的过程。在这个过程中，要准确地说明电感电流和电压的变化规律，同样需要进行数学分析才能确定，为此需要列出 $t \geqslant 0_+$ 时电路的微分方程。观察图 10-8（b）所示的电路，根据 KVL 有

$$u_L(t) + u_R(t) = 0$$

电阻和电感的伏安关系为

$$u_R(t) = Ri_L(t)$$
$$u_L(t) = L\frac{di_L(t)}{dt}, \quad i_L(0_+) = I_0$$

将电阻、电感的伏安关系式代入 KVL 方程中，便可得出描述电路的一阶齐次微分方程为

$$L\frac{di_L(t)}{dt} + Ri_L(t) = 0 \quad (t \geqslant 0) \tag{10-8}$$

式（10-8）是一个一阶常系数齐次微分方程，其特征方程及特征根为

$$LP + R = 0$$

$$P = -\frac{R}{L}$$

其时间常数为
$$\tau = \frac{L}{R} \tag{10-9}$$

于是有
$$i_L(t) = Ae^{-\frac{R}{L}t} \quad (t \geqslant 0)$$

式中积分常数 A 根据初始条件 $i_L(0_+) = I_0$ 来确定。当 $t = 0_+$ 时，则式（10-9）为
$$i_L(0_+) = Ae^0 = I_0$$

故得
$$A = I_0$$

因此，微分方程（10-8）的解答为
$$i_L(t) = I_0 e^{-\frac{R}{L}t} \quad (t \geqslant 0) \tag{10-10}$$

电感电压和电阻电压分别为
$$u_L(t) = L\frac{di_L(t)}{dt} = -R \cdot I_0 e^{-\frac{R}{L}t} \quad (t \geqslant 0) \tag{10-11}$$

$$u_R(t) = R \cdot i_L(t) = R \cdot I_0 e^{-\frac{R}{L}t} \quad (t \geqslant 0) \tag{10-12}$$

式（10-11）中电感电压为负值，是因为电流不断减小。根据楞次定律可知，电感的感应电压力图维持原来电流不变，故实际的感应电压的极性与参考方向相反，因而为负值。

从式（10-10）、式（10-11）和式（10-12）可以看出，电流 $i_L(t)$ 和电压 $u_L(t)$ 与 $u_R(t)$ 都是按同样的指数规律衰减的，它们衰减的快慢取决于函数式中 e 的指数 $\frac{R}{L}$ 的大小。它们随时间变化的曲线如图 10-9 和图 10-10 所示。

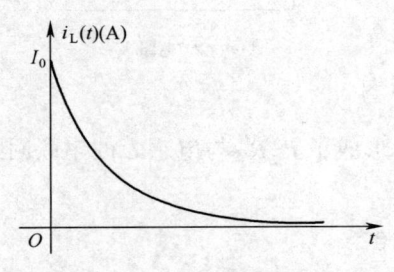

图 10-9 RL 电路的零输入响应 $i_L(t)$

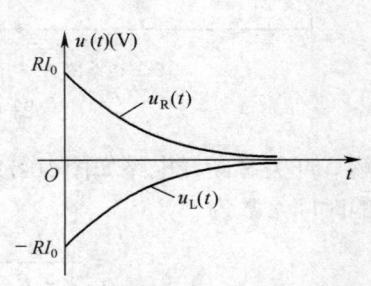

图 10-10 RL 电路的零输入响应 $u_L(t)$ 和 $u_R(t)$

RL 电路的时间常数 $\tau = \frac{L}{R}$，同样具有时间的量纲。时间常数 $\tau = \frac{L}{R}$ 越大，电感

电流、电压衰减就越慢，反之，衰减就越快。这一结论与前述 RC 电路的分析是完全相同的。但是，RC 电路中 τ 是与 R 成正比的，R 越大则 τ 越大，电流、电压的衰减就越慢；而 RL 电路中 τ 是与 R 成反比的，R 越大则 τ 越小，电流、电压衰减就越快。这一点我们可以从物理概念上来理解，对于 RC 电路而言，在电容 C 和初始电压均为定值的条件下，若 R 越大，则每一时刻的电流值较小，电阻消耗的能量也较小，电容释放电场能量就较慢，因而电流、电压的衰减也就较慢。对于 RL 电路而言，在电感 L 和初始电流均为定值的条件下，若 R 越大，则每一时刻电阻消耗的能量就较大，因而电感中的磁场能量释放就较快，故电流、电压的衰减就较快。

电路中电感的初始储能为 $W_L(0_+) = \frac{1}{2}LI_0^2$，在消磁过程中逐渐转换到电阻元件 R 中变换为热能而散失。电阻元件所吸收的能量为

$$W_R = \int_0^\infty Ri_L^2(t)\mathrm{d}t = \int_0^\infty R\cdot\left(I_0 \mathrm{e}^{-\frac{R}{L}t}\right)^2 \mathrm{d}t = -\frac{1}{2}LI_0^2\left(\mathrm{e}^{-\frac{2R}{L}t}\right)\bigg|_0^\infty = \frac{1}{2}LI_0^2 \mathrm{J}$$

上式表明，电阻元件消耗的能量正好等于电感的初始储能。

例 10-3 如图 10-11（a）所示为一测量电路，线圈 $L=0.4\mathrm{H}$，电阻 $R=1\Omega$，电压表的量程为 50V，内阻 $R_V=10^4\Omega$，电源电压 $U_S=12\mathrm{V}$。问在 $t=0$ 时刻开关 S 打开后电感线圈中电流随时间变化的表达式是什么？电压表所能承受的最高电压为多少伏？

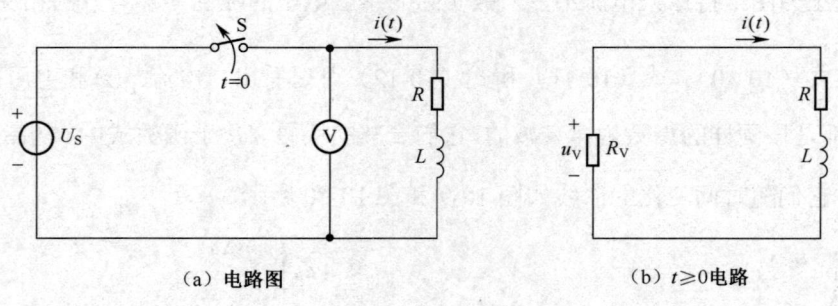

（a）电路图

（b）$t \geq 0$ 电路

图 10-11 例 10-3 图

解 开关 S 断开电路如图 10-11（b）所示，形成了 $R+R_V$ 与电感 L 的串联回路。电路的时间常数为

$$\tau = \frac{L}{R+R_V} \approx \frac{0.4}{10^4} = 4\times 10^{-5}\mathrm{s}$$

电感中电流的初始值为

$$i(0_+) = i(0_-) = \frac{U_S}{R} = 12\mathrm{A} \quad (t \geq 0)$$

根据式（10-10）可得出电感电流的表达式为

$$i(t) = i(0_+)\mathrm{e}^{-\frac{t}{\tau}} = 12\mathrm{e}^{-2.5\times 10^4 t}\mathrm{A} \quad (t \geqslant 0)$$

电压表所能承受的电压为

$$u_\mathrm{V}(t) = -R_\mathrm{V} \cdot i(t) = -12\times 10^4 \mathrm{e}^{-2.5\times 10^4 t}\mathrm{V} \quad (t \geqslant 0)$$

电压表所能承受的最高电压为

$$u_{\mathrm{Vmax}} = -12\times 10^4 \mathrm{V}$$

这个数值远远超过电压表的量程和所能承受的最高电压，将使电压表遭受损坏。因此，当断开电感电路时，应先将电压表取下，同时必须考虑在切断电感电流时磁场能量的释放，通常可以在切断电感电流时并接入一低值的灭磁电阻，使磁场能量经过一定的时间释放完毕。如果要在较短时间内切断较大的电感电流，则必须考虑如何采取措施灭熄在开关触头产生的电弧问题。

10.3　一阶电路的零状态响应

零状态响应，就是电路在初始状态为零的条件下，由外加激励所产生的响应。显然，这一响应与输入的激励有关，作为激励函数最简单的形式就是恒定电压或电流，即直流电源。

10.3.1　RC 电路的零状态响应

如图 10-12 所示的 RC 串联电路，开关 S 闭合前电容初始状态为零，即 $u_\mathrm{C}(0_-) = 0$。当 $t=0$ 时开关闭合，电路接入直流电源 U_S，电源向电容充电。在 $t = 0_+$ 瞬间，电容电压不能跃变，即 $u_\mathrm{C}(0_+) = u_\mathrm{C}(0_-) = 0$，电容相当于被短路，电源电压全部施加于电阻 R 两端，这时电流值为最大，即 $i(0_+) = \dfrac{U_\mathrm{S}}{R}$，而电容电压的变化率为

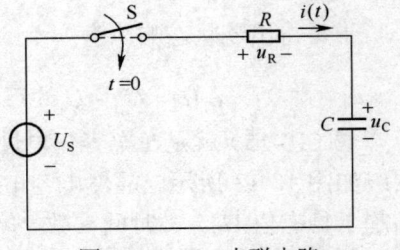

图 10-12　RC 串联电路

$$\dfrac{\mathrm{d}u_\mathrm{C}}{\mathrm{d}t}\bigg|_{t=0_+} = \dfrac{i(0_+)}{C}$$

则为正最大值，表明电容电压要上升。而后随着时间的推移，电容逐渐被充电，电容电压随之升高，这时电路中的电流 $i_\mathrm{C} = \dfrac{U_\mathrm{S} - u_\mathrm{C}}{R}$ 逐渐减小，直到电容电压 $u_\mathrm{C} = U_\mathrm{S}$，

$i_C = 0$，充电过程结束，电路进入稳态。

根据图 10-12 中 S 闭合后的电路，按 KVL 的电容及电阻元件的伏安关系便得出以电容电压为响应变量的微分方程为

$$RC\frac{du_C(t)}{dt} + u_C(t) = U_S \quad (t \geq 0) \tag{10-13}$$

式（10-13）是一个常系数一阶线性非齐次微分方程。满足初始条件可以求出方程的解答。非齐次微分方程的解是由相应齐次方程的通解 $u_C''(t)$ 和其特解 $u_C'(t)$ 两部分组成，即

$$u_C(t) = u_C'(t) + u_C''(t)$$

对应于式（10-13）的齐次微分方程与式（10-2）相同，其通解为

$$u_C''(t) = Ae^{-\frac{t}{RC}} \quad (t \geq 0)$$

非齐次方程式（10-13）的特解则与输入的激励函数形式相同。因输入是一恒定直流电压，故特解也是一个常量，故得出特解为

$$u_C'(t) = U_S$$

则式（10-13）的完全解为

$$u_C(t) = u_C'(t) + u_C''(t) = Ae^{-\frac{t}{RC}} + U_S \quad (t \geq 0) \tag{10-14}$$

根据初始条件 $u_C(0_+) = 0$，可以确定积分常数 A 的值。当 $t = 0_+$ 时式（10-14）为

$$u_C(0_+) = A + U_S = 0$$

故有

$$A = -U_S$$

于是得出零状态响应为

$$u_C(t) = U_S - U_S e^{-\frac{t}{RC}} = U_S\left(1 - e^{-\frac{t}{RC}}\right) \quad (t \geq 0) \tag{10-15}$$

式（10-15）就是在电容充电过程中电容电压随时间变化的表达式，其变化波形曲线如图 10-13 所示。显然电容电压是从起始零值按指数规律上升的，随时间增加而趋于稳态值 U_S。其时间常数 τ 仍为 RC。

充电电流 $i(t)$ 可以根据电容的伏安关系式得出

$$i(t) = C\frac{du_C(t)}{dt} = \frac{U_S}{R}e^{-\frac{t}{RC}} \quad (t \geq 0) \tag{10-16}$$

电阻电压则为

$$u_R(t) = R \cdot i(t) = U_S e^{-\frac{t}{RC}} \quad (t \geq 0) \tag{10-17}$$

充电电流 $i(t)$ 和电阻电压 $u_R(t)$ 都按相同的时间常数从初始值按指数规律逐渐衰减至零，它们随时间变化的波形曲线如图 10-14 所示。

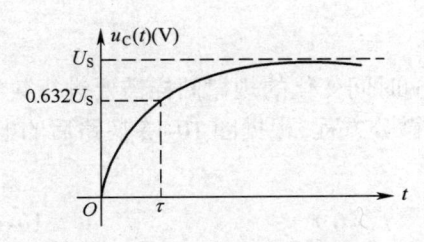

图 10-13 RC 电路充电电压曲线

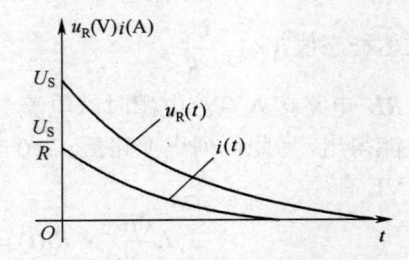

图 10-14 RC 电路的充电电流 $i(t)$ 和电阻电压 $u_R(t)$ 波形曲线

10.3.2 RL 电路的零状态响应

如图 10-15 所示为 RL 串联电路，开关 S 闭合前电路中的电流为零，即 $i_L(0_-) = 0$。$t=0$ 时刻开关 S 闭合，电路接入直流电源 U_S。在开关闭合后的初始时刻 $t=0_+$ 电感电流不能跃变，即

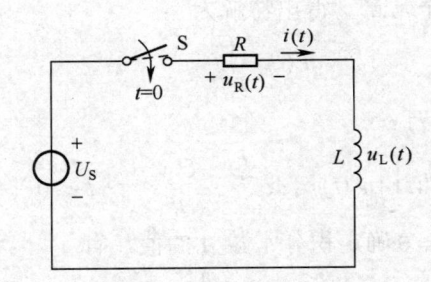

$$i_L(0_+) = i_L(0_-) = 0$$

图 10-15 RL 串联电路

电感相当于初始电源电压 U 施加于电感的两端，即

$$u_L(0_+) = U_S$$

这时电流的变化率为

$$\frac{\mathrm{d}i(t)}{\mathrm{d}t}\bigg|_{t=0_+} = \frac{u_L(0_+)}{L} = \frac{U_S}{L}$$

其值为正，表明电流是增长。此后，电流逐渐增大，电阻两端的电压也随之逐渐增大，电感两端的电压便逐渐减小。因电源电压为一恒定值，则电流的变化率 $\frac{\mathrm{d}i(t)}{\mathrm{d}t} = \frac{u_L(t)}{L}$ 将减小，致使电流的增长越来越慢。到最后电感电压 $u_L(t)=0$，$\frac{\mathrm{d}i(t)}{\mathrm{d}t}=0$，这时电感相当于短路，电源电压全部施加于电阻元件两端，电路中的电

流到达稳态值 $i(\infty) = \dfrac{U_S}{R}$。

RL 电路接入直流电源时，电流、电压随时间变化的规律同样需要进行数学分析才能得出，为此可列出换路后 $t \geqslant 0$ 电路的微分方程。根据图 10-15 换路后的电路，按 KVL 有

$$L\frac{\mathrm{d}i(t)}{\mathrm{d}t} + Ri(t) = U_S \quad (t \geqslant 0) \tag{10-18}$$

$$i_L(0_+) = 0$$

式（10-18）是一个常系数一阶线性非齐次微分方程，其解由齐次方程的通解 $i''(t)$ 和非齐次方程的特解 $i'(t)$ 两部分组成，即

$$i(t) = i'(t) + i''(t)$$

其中齐次微分方程的通解与 RL 串联电路的零输入响应形式相同，即

$$i''(t) = A\mathrm{e}^{-\frac{R}{L}t} \quad (t \geqslant 0)$$

非齐次方程的特解则与输入的激励电源电压或电流的形式相同。因输入是一恒定直流，故特解也是一个常量。得出特解为

$$i'(t) = \frac{U_S}{R}$$

则式（10-18）的完全解为

$$i(t) = i'(t) + i''(t) = A\mathrm{e}^{-\frac{R}{L}t} + \frac{U_S}{R} \quad (t \geqslant 0) \tag{10-19}$$

根据初始条件 $i(0_+) = 0$ 确定积分常数 A 的值，有

$$i(0_+) = A + \frac{U_S}{R}$$

故得

$$A = -\frac{U_S}{R}$$

因此，得出零状态响应 $i(t)$ 随时间变化的表达式为

$$i(t) = \frac{U_S}{R} - \frac{U_S}{R}\mathrm{e}^{-\frac{R}{L}t} = \frac{U_S}{R}\left(1 - \mathrm{e}^{-\frac{R}{L}t}\right) \quad (t \geqslant 0) \tag{10-20}$$

电感电压 $u_L(t)$ 和电阻电压 $u_R(t)$ 为

$$u_L(t) = L\frac{\mathrm{d}i(t)}{\mathrm{d}t} = U_S\mathrm{e}^{-\frac{R}{L}t} \quad (t \geqslant 0) \tag{10-21}$$

$$u_R(t) = R \cdot i(t) = U_S\left(1 - \mathrm{e}^{-\frac{R}{L}t}\right) \quad (t \geqslant 0) \tag{10-22}$$

根据式（10-20）、式（10-21）和式（10-22）分别绘出 $i(t)$、$u_L(t)$ 和 $u_R(t)$ 随时

间变化的波形曲线，如图 10-16 和图 10-17 所示。

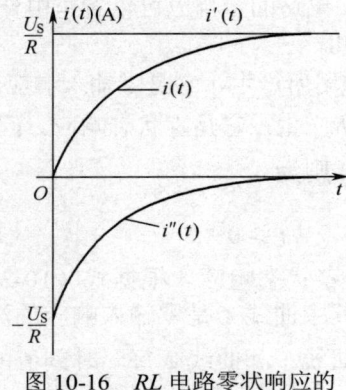

图 10-16　RL 电路零状响应的 $i(t)$ 波形图

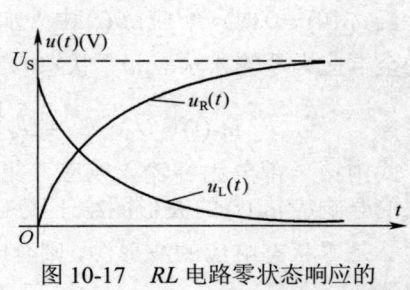

图 10-17　RL 电路零状态响应的 $u_L(t)$ 和 $u_R(t)$ 波形图

10.4　一阶电路的全响应及三要素法

10.4.1　一阶电路的全响应

若动态电路中既有外加激励又有初始储能，那么换路后电路的响应为全响应。

对于所讨论的线性非时变电路，全响应则是零输入响应和零状态响应的叠加。现以图 10-18 所示的 RC 充电电路为例来说明。电路的初始状态为 $u_C(0_+) = u_C(0_-) = U_0$，$t=0$ 时刻开关 S 闭合，电路输入直流电源电压为 U_S，且 $U_S > U_0$。计算电路的全响应 $u_C(t)$。

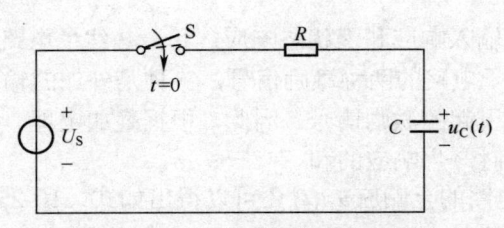

图 10-18　RC 电路的全响应电路图

根据开关 S 闭合的图 10-18 所示的电路列出 $t \geq 0$ 以 $u_C(t)$ 为响应变量的微分方程如下：

$$RC\frac{du_C(t)}{dt} + u_C(t) = U_S \quad (t \geq 0) \tag{10-23}$$

$$u_C(0_+) = U_0$$

对方程式（10-23）的求解，根据叠加定理，电路的全响应可以看作由外加激励 U_S 和初始状态 $u_C(0)$ 分别单独作用时响应的叠加。

当 $U_S=0$ 时，响应 $u_C(t)$ 由初始状态 $u_C(0)$ 作用所产生，它是零输入响应。

当 $u_C(0)=0$ 时，响应 $u_C(t)$ 由外加激励 U_S 所产生，它是零状态响应。因此，电路的全响应为零输入响应和零状态响应的叠加，则为

$$u_C(t) = U_0 e^{-\frac{t}{RC}} + U_S \left(1 - e^{-\frac{t}{RC}}\right) \quad (t \geqslant 0) \tag{10-24}$$

式中第一部分为零输入响应，第二部分为零状态响应。根据式（10-24），将电路的全响应 $u_C(t)$ 的波形图绘于图 10-19 中，其中曲线 1 是零输入响应的波形图，曲线 2 是零状态响应的波形图，则全响应就是曲线 1 和曲线 2 每一时刻值的相加，即曲线 3。

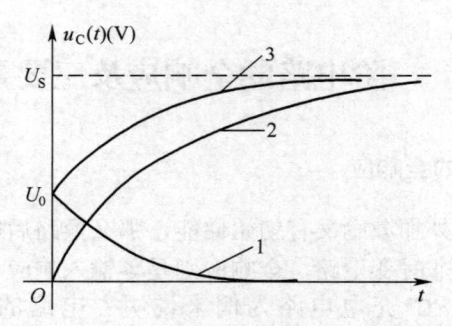

1—零输入响应 $u'_C(t)$；2—零状态响应 $u''_C(t)$；3—全响应 $u_C(t)$

图 10-19 RC 电路全响应 $u_C(t)$ 的波形图

电路全响应是零输入响应和零状态响应之和，是线性电路叠加性的必然结果。因为 $t=0$ 时刻，作用于电路的两种激励信号，一种是外加的输入信号，另一种是储能元件的初始条件所引起的激励信号。因此，根据叠加定理，全响应就应该是这两种激励信号单独作用时产生响应的和。

从式（10-24）电路的全响应 $u_C(t)$ 还可以得出如式（10-25）所示的组合：

$$u_C(t) = U_S + (U_0 - U_S) e^{-\frac{t}{RC}} \quad (t \geqslant 0) \tag{10-25}$$

式（10-25）右边第一项是与输入激励形式相同的常量，故称为稳态响应，也称为强制响应；第二项是按指数规律衰减，当 $t \to \infty$ 时衰减为零，故称为暂态响应，也称为固有响应。可以看出，电路的全响应还可以分解为暂态响应与稳态响应之和。暂态响应和稳态响应随时间的变化曲线如图 10-20 中的曲线 1、曲线 2 所示，则全

响应就是曲线 1、曲线 2 的相加，如曲线 3 所示。

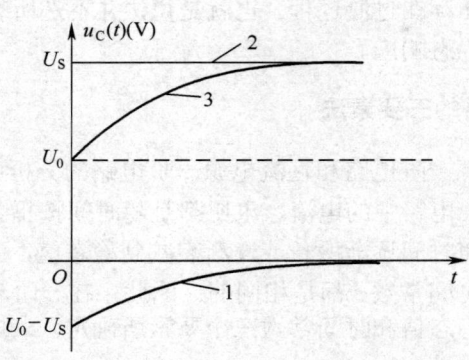

1—暂态响应 $u_{Ch}(t)$；2—稳态响应 $u_{Cp}(t)$；3—全响应 $u_C(t)$
图 10-20　RC 电路 $U_S > U_0$ 情况时全响应 $u_C(t)$ 的波形图

图 10-20 所示的全响应曲线是在电容初始电压 $U_0 < U_S$ 条件下得出的。而 $U_0 > U_S$ 及 $U_0 = U_S$ 时的情况则与之不同。为了加以比较，现将 $U_0 < U_S$、$U_0 > U_S$ 和 $U_0 = U_S$ 三种情况的 $u_C(t)$ 的波形分别绘于图 10-21 中。从图中的曲线 1 和曲线 2 可以看出，在所讨论的有损耗一阶电路中，直流一阶电路的全响应可以有两种过渡状态，即过渡过程。一种是曲线 1 所示的按指数规律上升变化的，另一种是曲线 2 所示的按指数规律下降变化的。这是因为过渡状态中的暂态响应的大小与初始状态和外输入电源电压 U_S 之差有关的缘故。当 $U_0 < U_S$ 时，$U_0 - U_S$ 为负值，则全响应的过渡过程从 U_0 值上升变化至 U_S；当 $U_0 > U_S$ 时，$U_0 - U_S$ 为正值，则过渡过程便从 U_0 下降变化至 U_S。

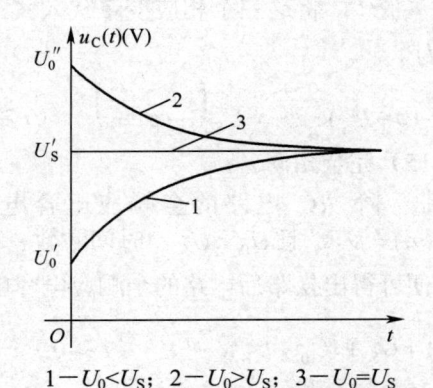

1—$U_0 < U_S$；2—$U_0 > U_S$；3—$U_0 = U_S$
图 10-21　三种不同初始状态下 RC 电路的全响应 $u_C(t)$

由此可见，电路过渡过程的出现与输入激励和动态元件初始状态的大小有关。如果图 10-18 所示电路中 $U_0 = U_S$，则暂态响应分量为零，电路的响应就没有过渡状态,即换路后立即进入稳态,如图 10-21 中的曲线 3 即是。因此并不是所有情况电路都会出现暂态响应和存在过渡过程。也就是说,并不是所有线性电路的响应都可以分解为暂态响应和稳态响应。

10.4.2 一阶电路的三要素法

从上述有损耗无源一阶电路和直流电源一阶电路的分析中可以看出,在直流电源或非零状态激励下,电路中的电流、电压都是随时间按指数曲线规律变化的,它们都是从初始值开始随时间逐渐增长或逐渐衰减到稳态值,而且同一电路中各支路的电流和电压变化的时间常数 τ 都是相同的。因此,在一阶动态电路中,任一电流或电压均由初始值、稳态值和时间常数三个要素所确定。若响应变量用 $f(t)$ 表示,其初始值为 $f(0_+)$,稳态值为 $f(\infty)$,电路的时间常数为 τ,则响应可以按式(10-26)求出:

$$f(t) = f(\infty) + [f(0_+) - f(\infty)]e^{-\frac{t}{\tau}} \quad (t \geq 0) \qquad (10\text{-}26)$$

如在 10.2 节中有关 RC 电路的放电过程的分析,电容电压的初始值为 $u_C(0_+) = U_0$,稳态值为 $u_C(\infty) = 0$,电路的时间常数 $\tau = RC$,将这三个相应电量代入式(10-26)中,便可得出放电过程中的电容电压为

$$u_C(t) = 0 + (U_0 - 0)e^{-\frac{t}{RC}} = U_0 e^{-\frac{t}{RC}} \quad (t \geq 0)$$

这一结果与式(10-4)完全相同。

又如前述 RC 电路的充电过程分析,电容电压的初始值 $u_C(0_+) = 0$,稳态值 $u_C(\infty) = U_S$,时间常数 $\tau = RC$,将这三个相应变量代入式(10-26)中,便可得出充电过程中的电容电压为

$$u_C(t) = U_S + (0 - U_S)e^{-\frac{t}{RC}} = U_S\left(1 - e^{-\frac{t}{RC}}\right) \quad (t \geq 0)$$

这一结果与式(10-15)完全相同。

再如前述有关直流一阶 RC 电路的全响应电容电压的分析,其初始值 $u_C(0_+) = U_0$,稳态值 $u_C(\infty) = U_S$,且 $U_0 < U_S$,时间常数 $\tau = RC$,将这三个相应电量代入式(10-26)中,便可得出换路后电路的全响应电容电压为

$$u_C(t) = U_S + (U_0 - U_S)e^{-\frac{t}{RC}} \quad (t \geq 0)$$

这一结果与式(10-25)完全相同。

由此可见,有损耗一阶电路的分析,只要计算出响应变量的初始值、稳态值和时间常数三个要素,按式(10-26)便可直接得出结果,这一分析方法称为分析一阶电路的三要素法。关于初始值、稳态值和时间常数三个要素的计算说明如下:

（1）关于初始值的计算，按 10.1 节所述方法进行，一般作出换路后 $t=0_+$ 等效电路来计算，在作 $t=0_+$ 等效电路前，应按换路定律求出电容电压和电感电流的初始值。若 $u_C(0_+)=0$ 时，在 $t=0_+$ 等效电路中电容相当于短路；若 $i_L(0_+)=0$ 时，在 $t=0_+$ 等效电路中电感相当于开路。

（2）关于稳态值的计算，根据 $t\to\infty$ 的等效电路来计算。在 $t\to\infty$ 等效电路中，如果独立电源为直流电源，则电容相当于开路，有 $i_C(\infty)=0$；电感相当于短路，有 $u_L(\infty)=0$。再根据具体的电路形式和结构计算对应的稳态值。如果独立电源为正弦电源，则按正弦稳态电路的计算方法，即相量分析法进行计算，得到的计算结果就是稳态值。

（3）时间常数：RC 电路 $\tau=RC$，RL 电路 $\tau=\dfrac{L}{R}$。这里 R 是指与动态元件相串联的等效电阻，即换路后从动态元件两端断开，计算电路的输入电阻，亦即戴维宁等效电阻，这时应将电路中所有的独立电源置零。

如图 10-22 所示的电路，计算当开关 S 闭合时电容充电的时间常数。电容两端断开后，电路的输入电阻为

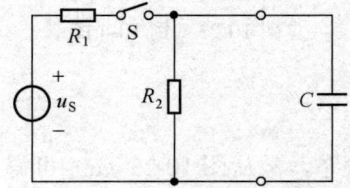

$$R=\dfrac{R_1\cdot R_2}{R_1+R_2}$$

图 10-22 计算 RC 电路时间常数的电路图

则这时电路的时间常数为

$$\tau=RC=\dfrac{R_1\cdot R_2}{R_1+R_2}C$$

当开关 S 打开电容进行放电时的时间常数则为

$$\tau'=R_2C$$

应用三要素法分析一阶电路，不必列写和求解微分方程，比较简便，在实际工程中具有重要意义。但必须是有损耗一阶线性电路才能应用三要素法来进行分析。

例 10-4 如图 10-23（a）所示的电路，$t=0$ 时刻开关 S 闭合，S 闭合前电路处于稳态。试求 $t\geqslant 0$ 时的 $u_C(t)$、$i_C(t)$ 和 $i(t)$。

(a) 电路图

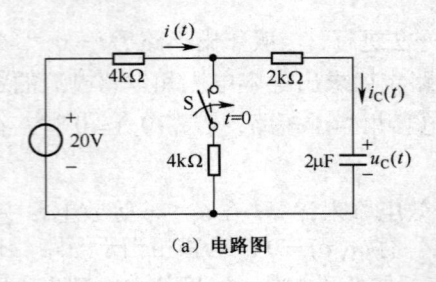

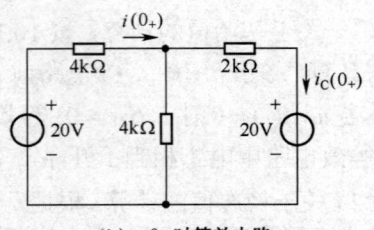

(b) $t=0_+$ 时等效电路

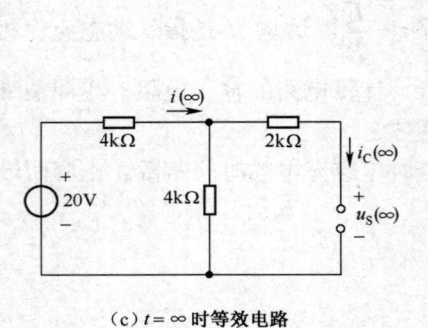

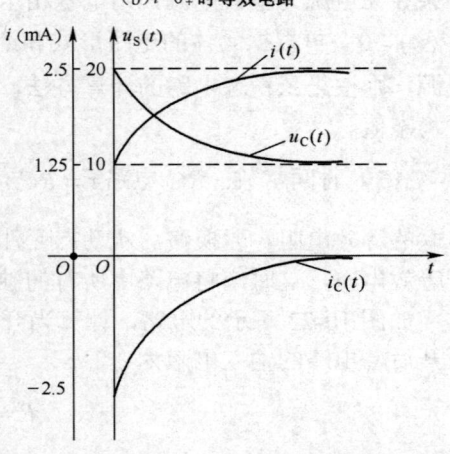

(c) $t=\infty$ 时等效电路

(d) 响应量 $u_C(t)$、$i_C(t)$ 和 $i(t)$ 波形图

图 10-23 例 10-4 图

解 用三要素求解。

(1) 计算初始值。

由于换路前电路处于稳态，故从图 10-23（a）可得
$$u_C(0_+) = u_C(0_-) = 20\text{V}$$

作出 $t = 0_+$ 等效电路，如图 10-23（b）所示。列出网孔方程：
$$8i(0_+) - 4i_C(0_+) = 20$$
$$-4i(0_+) + 6i_C(0_+) = -20$$

解上述联立方程得出电流 $i_C(t)$ 和 $i(t)$ 的初始值为
$$i_C(0_+) = -2.5\text{mA}$$
$$i(0_+) = 1.25\text{mA}$$

(2) 计算稳态值。

稳态时电容相当于开路，作出等效电路如图 10-23（c）所示，则电压、电流的稳态分别为

$$u_C(\infty) = \frac{4}{4+4} \times 20 = 10\text{V}$$

$$i_C(\infty) = 0\text{A}$$
$$i(\infty) = \frac{20}{4+4} = 2.5\text{mA}$$

（3）计算时间常数。

因
$$R = 2 + \frac{4 \times 4}{4+4} = 4\text{k}\Omega$$

则
$$\tau = RC = 4 \times 10^3 \times 2 \times 10^{-6} = 8 \times 10^{-3}\text{s}$$

（4）按式（10-26）得出电路的响应电压、电流分别为
$$u_C(t) = 10 + (20-10)\text{e}^{-125t} = 10(1+\text{e}^{-125t})\text{V} \quad (t \geq 0)$$
$$i_C(t) = -2.5\text{e}^{-125t}\text{mA} \quad (t \geq 0)$$
$$i(t) = 2.5 + (1.25-2.5)\text{e}^{-125t} = 2.5 - 1.25\text{e}^{-125t}\text{mA} \quad (t \geq 0)$$

电压$u_C(t)$和电流$i_C(t)$、$i(t)$的波形图绘于图10-23（d）中。

例 10-5 如图 10-24 所示的含受控源电路，$t=0$ 时刻 S 闭合，且 $i_L(0_-) = 2\text{A}$，应用三要素法求 $t \geq 0$ 时的 $i_L(t)$、$u_L(t)$ 和 $i(t)$。

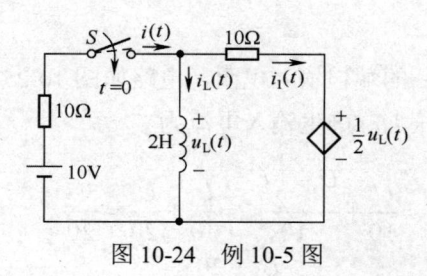

图 10-24 例 10-5 图

解 （1）计算初始值。

已知电感电流的初始值 $i_L(0) = 2\text{A}$，作 $t = 0_+$ 时等效电路如图 10-25（a）所示，这时电感相当于一个 2A 的电流源。根据结点电压法，以底线为参考结点，得到

$$\left(\frac{1}{10} + \frac{1}{10}\right)u_L(0_+) = \frac{10}{10} - 2 + \frac{\frac{1}{2}u_L(0_+)}{10}$$

解得
$$u_L(0_+) = -\frac{20}{3}\text{V}$$

则
$$i(0_+) = \frac{10 - u_L(0_+)}{10} = \frac{10 - \left(-\frac{20}{3}\right)}{10} = \frac{5}{3}\text{A}$$

(a) $t=0_+$ 时等效电路 (b) $t=\infty$ 时等效电路 (c) 计算 R 电路

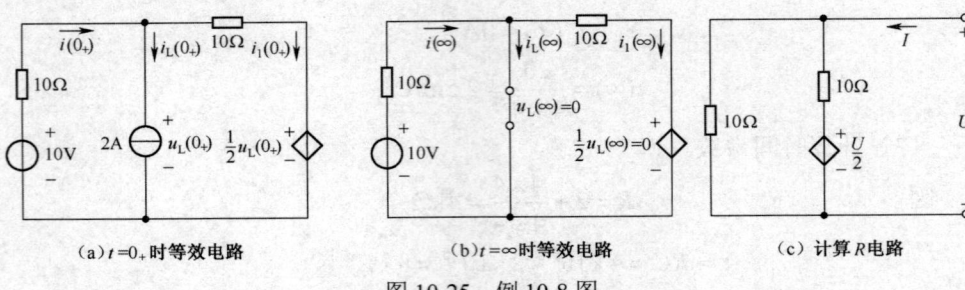

图 10-25 例 10-8 图

（2）计算稳态值。

作 $t=\infty$ 时的稳态电路如图 10-25（b）所示，则有

$$u_L(\infty) = 0$$

$$i_L(\infty) = \frac{10}{10} = 1\text{A}$$

$$i(\infty) = \frac{10}{10} = 1\text{A}$$

（3）计算时间常数 τ。

计算电感元件断开后的端口输入电阻，电路如图 10-25（c）所示。采用外加电源法，即在端口外加电压 U，产生输入电流为

$$I = \frac{U}{10} + \frac{U - \frac{1}{2}U}{10} = \frac{U}{10} + \frac{U}{20} = \frac{3U}{20}$$

则输入电阻

$$R = \frac{U}{I} = \frac{20}{3}\Omega$$

所以时间常数为

$$\tau = \frac{L}{R} = \frac{3}{10}\text{s}$$

（4）根据式（10-26）计算各响应为

$$i_L(t) = 1 + (2-1)\text{e}^{-\frac{10}{3}t} = 1 + \text{e}^{-\frac{10}{3}t}\text{A} \quad (t \geqslant 0)$$

$$u_L(t) = -\frac{20}{3}\text{e}^{-\frac{10}{3}t}\text{V} \quad (t \geqslant 0)$$

$$i(t) = 1 + \left(\frac{5}{3} - 1\right)\text{e}^{-\frac{10}{3}t} = 1 + \frac{2}{3}\text{e}^{-\frac{10}{3}t}\text{A} \quad (t \geqslant 0)$$

10.5 阶跃响应和冲激响应

10.5.1 阶跃函数和阶跃响应

在图 10-26（a）所示的零状态电路中，开关 S 动作所引起电压 $u(t)$ 的变化可以用阶跃函数 $\varepsilon(t)$ 表示。单位阶跃函数是一种奇异函数，它的定义式为

$$\varepsilon(t) = \begin{cases} 0 & (t \leqslant 0_-) \\ 1 & (t \geqslant 0_+) \end{cases} \qquad (10-27)$$

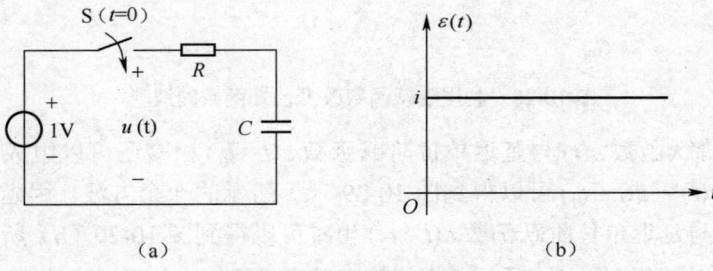

图 10-26 零状态电路

它是在 $(0_-, 0_+)$ 时域内发生了单位阶跃，在电路中起到一个开关的作用，有时又称它为开关函数。

若在 t_0 时刻发生跃变，则该函数可表示为

$$\varepsilon(t - t_0) = \begin{cases} 0 & (t \leqslant t_{0-}) \\ 1 & (t \geqslant t_{0+}) \end{cases} \qquad (10-28)$$

可看作是函数 $\varepsilon(t)$ 在时间轴上移动后的结果，所以称它为延迟单位阶跃函数，如图 10-27 所示。

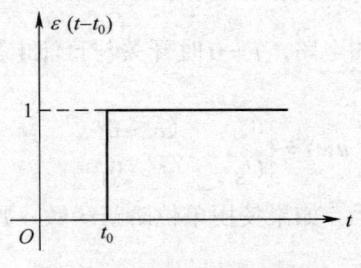

图 10-27 延迟单位阶跃函数

用某已知函数与延迟单位阶跃函数相乘可以改变已知函数的波形，如图 10-28 所示。

$$f(t)\varepsilon(t-t_0) = \begin{cases} 0 & (t \leqslant t_{0-}) \\ f(t) & (t \geqslant t_{0+}) \end{cases} \quad (10\text{-}29)$$

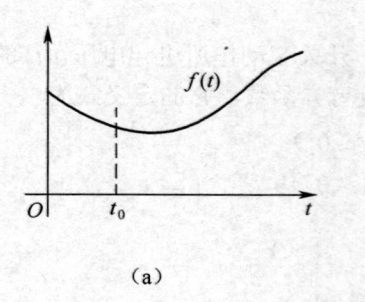

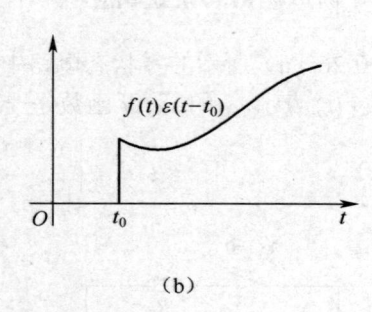

图 10-28 利用阶跃函数改变已知函数的波形

用单位阶跃函数 $\varepsilon(t)$ 与延迟单位阶跃函数 $\varepsilon(t-t_0)$ 相减还可以组成一些特殊的波形。例如 $\varepsilon(t) - \varepsilon(t-t_0)$ 可以得到图 10-29（a）所示的一个方波，用延迟单位阶跃函数 $\varepsilon(t-t_1)$ 与延迟单位阶跃函数 $\varepsilon(t-t_2)$ 相减可以得到图 10-29（b）所示的一个延迟的方波。利用类似的方法还可以组成许多特殊波形。

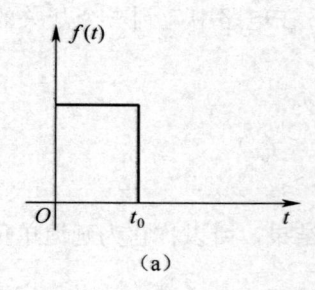

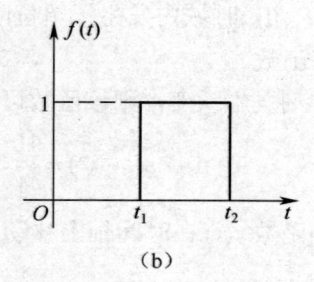

图 10-29 利用阶跃函数和延迟单位阶跃函数表示方波和延迟的方波

如图 10-30（a）所示的电路，$t = 0$ 时开关与直流电压源接通，加于 RC 电路的电压 u 的分段表达式为

$$u(t) = \begin{cases} 0 & (t \leqslant 0_-) \\ U_S & (t \geqslant 0_+) \end{cases}$$

其波形如图 10-30（b）所示。如果使用单位阶跃函数，则可以在整个时域内用一个式子表述：

$$u(t) = U_S \cdot \varepsilon(t)$$

（a） （b） （c）

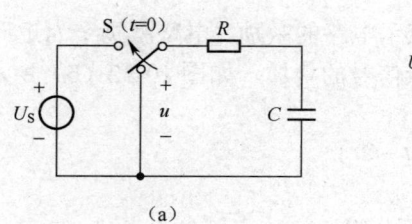

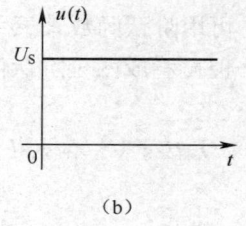

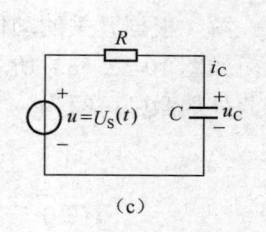

图 10-30 电源的突然接入

$u(t)$ 称为阶跃函数电压，因此图 10-30（a）可简化成图 10-30（c）。对于图 10-30（a）所示电路的零状态响应为

$$u_C(t) = U_S - U_S e^{-\frac{t}{RC}} \quad (t \geq 0_+)$$

$$i_C(t) = \frac{U_S}{R} \cdot e^{-\frac{t}{RC}} \quad (t \geq 0_+)$$

对于图 10-30（c）所示电路的零状态响应应与图 10-30（a）完全一致，但根据单位阶跃函数的定义，图 10-30（c）所示电路的响应应写为

$$u_C(t) = \left(U_S - U_S e^{-\frac{t}{RC}}\right)\varepsilon(t)$$

$$i_C(t) = \left(\frac{U_S}{R} \cdot e^{-\frac{t}{RC}}\right)\varepsilon(t)$$

并称这种响应为阶跃响应。如果外加激励为单位阶跃函数，则它对应的零状态响应就称为单位阶跃响应，用 $s(t)$ 表示。

实际上求解电路的阶跃响应与求解零状态响应的方法一样，不同的是把零状态响应表达式乘以 $\varepsilon(t)$，其作用是确定响应的"起始"时间为 0_+，若电源接入的时刻为 t_0，其响应的表达式将其阶跃响应中的所有 t 改为 $(t-t_0)$ 即可。

例 10-6 如图 10-31 所示的电路中，开关 S 原处于位置 1 很久。在 $t=0$ 时开关 S 由位置 1 合向位置 2，在 $t = 2\tau = 2RC$ 时又由位置 2 合向位置 1，求 $t \geq 0$ 时的电容电压。

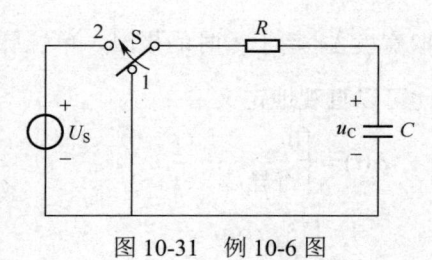

图 10-31 例 10-6 图

解 根据开关的动作，可用阶跃函数来表示电路的激励，电路激励实为矩形脉冲，如图 10-32（a）所示，但可看成两个阶跃信号的叠加，如图 10-32（b）所示，因此外加激励可写为

$$U_S(t) = U_S \varepsilon(t) - U_S \varepsilon(t - 2\tau)$$

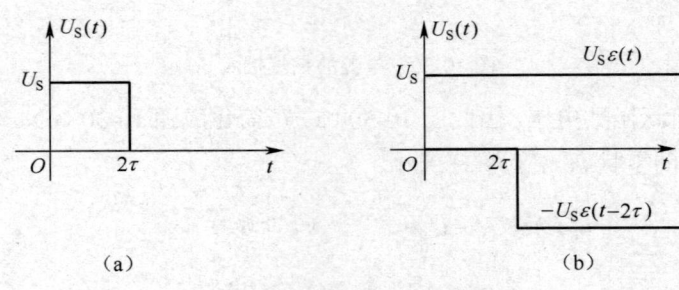

图 10-32 例 10-6 中 U_S 的波形

运用三要素法可得 RC 电路的零输入响应为

$$u_C(t) = U_S \left(1 - e^{-\frac{t}{\tau}}\right) V$$

则其阶跃响应为

$$u_C(t) = U_S \left(1 - e^{-\frac{t}{\tau}}\right) \varepsilon(t) V$$

其延迟的阶跃响应为

$$u_C(t) = U_S \left(1 - e^{-\frac{t-2\tau}{\tau}}\right) \varepsilon(t - 2\tau) V$$

故电路的响应为

$$u_C(t) = U_S \left(1 - e^{-\frac{t}{\tau}}\right) \varepsilon(t) - U_S \left(1 - e^{-\frac{t-2\tau}{\tau}}\right) \varepsilon(t - 2\tau) V$$

10.5.2 冲激函数和冲激响应

图 10-33 所示的单位脉冲函数 $p(t)$，当宽度 $\Delta \tau$ 由 $\Delta \tau'$ 减小为 $\Delta \tau''$ 时高度 $\frac{1}{\Delta \tau}$ 由 $\frac{1}{\Delta \tau'}$ 增加到 $\frac{1}{\Delta \tau''}$。如果取宽度 $\Delta \tau$ 趋于零时的极限，单位脉冲函数就变成了单位冲激函数，记作 $\delta(t)$。由此可以直观地定义

$$\delta(t) = \begin{cases} 0 & (t \neq 0) \\ 奇异 & (t = 0) \end{cases} \quad (10\text{-}30)$$

$$\int_{-\infty}^{+\infty} \delta(t) dt = 1$$

单位冲激函数的波形如图 10-34 所示，有时在箭头旁注明 "1"，若强度为 K 则在箭头旁注明 "K"。与在时间上延迟出现的单位阶跃函数一样，可以把发生在 $t = t_0$ 时刻的单位冲激函数写成 $\delta(t - t_0)$。

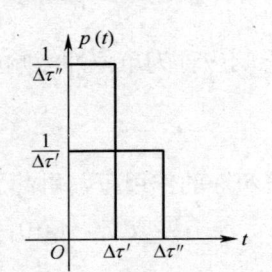

图 10-33　单位脉冲函数

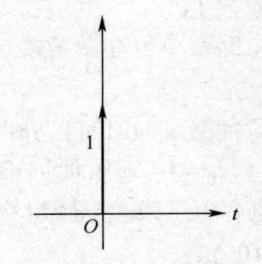

图 10-34　单位冲激函数

冲激函数具有以下两个主要性质：

（1）单位冲激函数 $\delta(t)$ 对时间的积分等于单位阶跃函数 $\varepsilon(t)$。

$$\int_{-\infty}^{t} \delta(\xi) \mathrm{d}\xi = \varepsilon(t) \tag{10-31}$$

反之，阶跃函数 $\varepsilon(t)$ 对时间的一阶导数等于冲激函数 $\delta(t)$。

$$\delta(t) = \frac{\mathrm{d}\varepsilon(t)}{\mathrm{d}t} \tag{10-32}$$

（2）单位冲激函数的"筛分性质"。由于当 $t \neq 0$ 时，$\varepsilon(t) = 0$ 对任意在 $t = t_0$ 时连续的函数都有

$$f(t)\delta(t) = f(0)\delta(t)$$

所以

$$\int_{-\infty}^{+\infty} f(t)\delta(t)\mathrm{d}t = f(0)\int_{-\infty}^{+\infty} \delta(t)\mathrm{d}t = f(0) \tag{10-33}$$

从上述表达式可以看出冲激函数具有把一个函数在某一时刻的值"筛"出的能力。如果外加激励为冲激函数，则电容电压、电感电流将怎样变化呢？

对电感来说，元件电压、电流的关系可以表示为

$$i_L(t) = i_L(t_0) + \frac{1}{L}\int_{t_0}^{t} u \mathrm{d}\xi$$

设 $t = 0_+$，$t_0 = 0_-$，则上式可以写为

$$i_L(0_+) = i_L(0_-) + \frac{1}{L}\int_{0_-}^{0_+} u \mathrm{d}\xi$$

由此可知，若在 $t = 0$ 时施加于电感的冲激电压为 $\psi\delta(t)$，则

$$i_L(0_+) = i_L(0_-) + \frac{\psi}{L} \tag{10-34}$$

若电感的电流初始值为零,激励为单位冲激电压,电感 L=1H,则电感在 $t=0_+$ 时的值为 1A,即电感的电流发生了跃变。

同理可知当一个单位冲激电流作用在一初始电压为零的单位电容上时,其电容电压将跃变到 1V。

一阶电路在单位冲激函数 $\delta(t)$ 作用下的零状态响应称为单位冲激响应,用 $h(t)$ 表示。

求单位冲激响应时可以分以下两个阶段进行:

(1) 在 $t_0 = 0_-$ 到 0_+ 时间内,电路在冲激函数 $\delta(t)$ 的作用下,引起了初始值的跃变,即电容电压或者电感电流发生了跃变,换路定理不再成立。$u_C(0_+) \neq u_C(0_-)$、$i_L(0_+) \neq i_L(0_-)$。

(2) 在 $t \geq 0_+$ 时,$\delta(t) = 0$,电路中的响应相当于由初始状态引入的零输入响应。显然如何求得 $\delta(t)$ 在 $t_0 = 0_-$ 到 0_+ 时间内所引起的初始状态,即 $u_C(0_+)$ 或 $i_L(0_+)$,是求解冲激响应的关键。

10.6　二阶电路的零输入响应

如图 10-35 所示的 RLC 串联电路,当 $t=0$ 时刻开关 S 闭合,且 $U_C(0_-) = U_0$,$i_L(0_-) = 0$,则根据 KVL,当开关 S 闭合后有

$$u_R + u_L + u_C = u_S \tag{10-35}$$

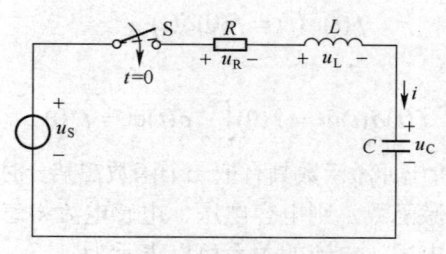

图 10-35　RLC 串联电路

根据 R、L、C 元件的伏安关系:$u_R = Ri$,$i = C\dfrac{du_C}{dt}$,$u_L = L\dfrac{di}{dt}$,则电路中各元件的电压以变量 u_C 表示为

$$\left.\begin{array}{l} u_R = Ri = RC\dfrac{du_C}{dt} \\[2mm] u_L = L\dfrac{di}{dt} = LC\dfrac{d^2 u_C}{dt^2} \end{array}\right\} \tag{10-36}$$

将式（10-36）代入式（10-35）便得出以 u_C 为响应变量的微分方程：

$$LC\frac{d^2u_C}{dt^2} + RC\frac{du_C}{dt} + u_C = u_S \quad (t \geqslant 0) \quad (10\text{-}37)$$

由于 R、L、C 均为正常数，故式（10-37）是一常系数二阶线性非齐次微分方程，为了求出方程的解，必须有 $U_C(0_+)$ 和 $U'_C(0_+)$ 两个初始条件。已知换路时刻电路中两个储能元件的初始状态为 $U_C(0_+)$ 和 $i(0_+)$，因而由电容元件的伏安关系可以得出另一个初始条件为

$$u'_C(0_+) = \frac{du_C(t)}{dt}\bigg|_{t=0+} = \frac{i(t)}{C}\bigg|_{t=0+} = \frac{i(0_+)}{C} \quad (10\text{-}38)$$

因此，只要知道电路的初始状态 $U_C(0_+)$、$i(0_+)$ 和激励 U_S，就完全可以确定 $t \geqslant 0$ 时刻的响应 $U_C(t)$。

现在只研究电路的零输入响应，即 $U_S = 0$，则由式（10-37）便可以得出无电源二阶电路的微分方程：

$$LC\frac{d^2u_C}{dt^2} + RC\frac{du_C}{dt} + u_C = 0 \quad (10\text{-}39)$$

或

$$\frac{d^2u_C}{dt^2} + \frac{R}{L}\frac{du_C}{dt} + \frac{1}{LC}u_C = 0$$

式（10-39）是一常系数二阶线性齐次微分方程。求解这一方程，便可得出电路的零输入响应。

式（10-39）齐次微分方程通解的形式为

$$u_C(t) = A_1 e^{P_1 t} + A_2 e^{P_2 t} \quad (10\text{-}40)$$

式中的 P_1、P_2 是式（10-39）微分方程的特征方程

$$P^2 + \frac{R}{L}P + \frac{1}{LC} = 0 \quad (10\text{-}41)$$

的根，即

$$P_{1,2} = -\frac{R}{2L} \pm \sqrt{\left(\frac{R}{2L}\right)^2 - \frac{1}{LC}} \quad (10\text{-}42)$$

而 A_1、A_2 为积分常数，即由电路的初始条件来确定的积分常数。电路的初始条件为

$$u_C(0_+) = u_C(0_-) = U_0$$
$$i(0_+) = i(0_-) = 0$$

由于 $i = C\dfrac{\mathrm{d}u_C}{\mathrm{d}t}$，所以 $\dfrac{\mathrm{d}u_C}{\mathrm{d}t} = 0$，根据初始条件和式（10-40）得

$$A_1 + A_2 = U_0$$
$$P_1 A_1 + P_2 A_2 = 0 \tag{10-43}$$

联立解方程得积分常数

$$A_1 = \frac{P_2}{P_2 - P_1} U_0$$

$$A_2 = \frac{P_1}{P_2 - P_1} U_0$$

将积分常数 A_1、A_2 代入式（10-40）可以得到电容电压

$$u_C(t) = \frac{U_0}{P_2 - P_1}(P_2 \mathrm{e}^{P_1 t} - P_1 \mathrm{e}^{P_2 t}) \tag{10-44}$$

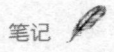

电感电流即回路电流

$$i_L(t) = C\frac{\mathrm{d}u_C}{\mathrm{d}t} = \frac{U_0}{L(P_2 - P_1)}(\mathrm{e}^{P_1 t} - \mathrm{e}^{P_2 t}) \tag{10-45}$$

式（10-45）中利用了 $P_1 P_2 = \dfrac{1}{LC}$ 的关系。

电感电压

$$u_L = L\frac{\mathrm{d}i}{\mathrm{d}t} = -\frac{U_0}{P_2 - P_1}(P_1 \mathrm{e}^{P_1 t} - P_2 \mathrm{e}^{P_2 t}) \tag{10-46}$$

可见电容放电过程的规律与其特征方程的特征根 P_1、P_2 的性质有关。

由式（10-42）可见，特征根由电路本身的参数 R、L、C 的数值来确定，而与激励和初始储能无关，反映电路本身的固有特性，且它具有频率的量纲。下面就 R、L、C 的不同取值分 4 种情况进行讨论。

1. $R > 2\sqrt{\dfrac{L}{C}}$ 过阻尼情况

P_1、P_2 为两个不相等的负实根，这种情况下 u_C、i_L、u_L 分别与式（10-44）、式（10-45）、式（10-46）相同，图 10-36 绘出了电容电压、电感电压和回路电流随时间变化的曲线。由图可见电容电压从 U_0 开始单调地衰减到零，电容一直处于放电状态，所以称这种情况为非振荡放电过程。而其电流的变化规律是从零开始由小到大最终又趋向于零，当

$$t = t_m = \frac{\ln(P_2/P_1)}{P_1 - P_2} \tag{10-47}$$

时电流达到最大值（t_m 由 $\dfrac{di_L}{dt}=0$ 决定），此时电感电压过零点，当 $t<t_m$ 时电感吸收能量，当 $t>t_m$ 时电感释放能量，当

$$t = 2\dfrac{\ln(P_2/P_1)}{P_1-P_2} = 2t_m$$

时电感电压达到最大值（$2t_m$ 由 $\dfrac{du_L}{dt}=0$ 决定）。

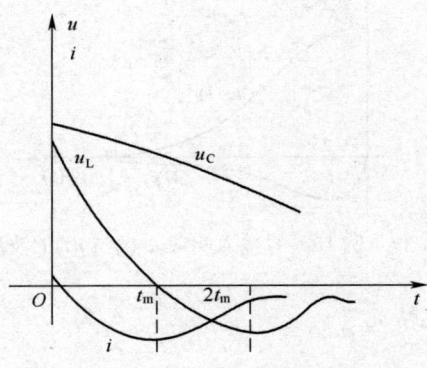

图 10-36 非振荡放电过程

例 10-7 如图 10-35 所示的电路，若 $L=1\text{H}$，$C=\dfrac{1}{16}\text{F}$，$R=10\Omega$，$U_C(0_+)=6\text{V}$，$i(0_+)=0\text{A}$，$u_S(t)=0\text{V}$，求 $t\geqslant 0$ 时的 $u_C(t)$ 和 $i(t)$。

解 特征根为

$$P_{1,2} = -\dfrac{R}{2L} \pm \sqrt{\left(\dfrac{R}{2L}\right)^2 - \dfrac{1}{LC}} = -5 \pm \sqrt{25-16} = -5 \pm 3$$

$$P_1 = -2,\ P_2 = -8$$

故

$$u_C(t) = A_1 e^{-2t} + A_2 e^{-8t}$$

根据初始条件确定积分常数 A_1、A_2。当 $t=0$ 时刻上式为

$$u_C(0_+) = A_1 + A_2 = 6$$

$$u_C'(0_+) = -2A_1 - 8A_2 = \dfrac{i(0)}{C} = 0$$

上两式联立解出：$A_1=8$，$A_2=-2$，故零输入响应电容电压为

$$u_C(t) = 8e^{-2t} - 2e^{-8t}\text{V} \quad (t\geqslant 0)$$

电流响应则根据电容的伏安关系为

$$i(t) = C\frac{du_C(t)}{dt} = e^{-8t} - e^{-2t} \text{ A} \quad (t \geqslant 0)$$

电流 $i(t)$ 的负最大值时间出现在

$$t_m = \frac{1}{P_1 - P_2}\ln\frac{P_2}{P_1} = \frac{1}{-2-(-8)}\ln\frac{8}{2} = \frac{1}{6}\ln 4 = 0.23\text{s}$$

$u_C(t)$ 与 $i(t)$ 的波形图示于图 10-37 中。

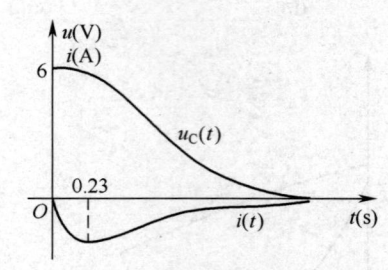

图 10-37 例 10-7 零输入响应 $u_C(t)$ 与 $i(t)$ 的波形图

2. $R < 2\sqrt{\dfrac{L}{C}}$ 欠阻尼情况

在图 10-35 所示的电路中，当 $\left(\dfrac{R}{2L}\right)^2 < \dfrac{1}{LC}$，即 $R < 2\sqrt{\dfrac{L}{C}}$ 时，齐次微分方程式（10-39）的特征根为

$$\begin{aligned}P_{1,2} &= -\frac{R}{2L} \pm \sqrt{\left(\frac{R}{2L}\right)^2 - \frac{1}{LC}} \\ &= -\frac{R}{2L} \pm j\sqrt{\frac{1}{LC} - \left(\frac{R}{2L}\right)^2} = -\delta \pm j\omega\end{aligned} \quad (10\text{-}48)$$

式中

$$\delta = \frac{R}{2L}$$

$$\omega = \sqrt{\frac{1}{LC} - \left(\frac{R}{2L}\right)^2} = \sqrt{\omega_0^2 - \delta^2} \quad (10\text{-}49)$$

$$\omega_0 = \sqrt{\frac{1}{LC}}$$

δ 是正实数，决定响应的衰减特性，故称为衰减常数；ω_0 是电路固有的振荡角频率，称为谐振角频率；ω 决定电路响应的衰减振荡特性，称为阻尼振荡角频率。P_1、P_2 可以写成

$$P_1 = -\delta + j\omega = -\omega_0 e^{-j\beta}, \quad P_2 = -\delta - j\omega = -\omega_0 e^{j\beta}$$

此时特征根 P_1、P_2 是一对负实部的共轭复数。式中 $\beta = \arctan\dfrac{\omega}{\delta}$。将 P_1、P_2 代入式（10-44）、式（10-45）、式（10-46）可得电容电压

$$u_C(t) = \dfrac{U_0}{-j2\omega}[-\omega_o e^{j\beta} e^{(-\delta+j\omega)t} + \omega_0 e^{-j\beta} e^{(-\delta-j\omega)t}]$$

$$= \dfrac{U_0 \omega_0}{\omega} e^{-\delta t} \sin(\omega t + \beta) \tag{10-50}$$

电容电流

$$i(t) = \dfrac{U_0}{\omega L} e^{-\delta t} \sin \omega t \tag{10-51}$$

电感电压

$$u_L(t) = -\dfrac{U_0 \omega_0}{\omega} e^{-\delta t} \sin(\omega t - \beta) \tag{10-52}$$

图 10-38 绘出了电容电压、电感电压和回路电流随时间变化的曲线。由图可见电容电压是一个振幅按指数规律衰减的正弦函数，故称电路的这种过程为振荡放电过程。电容电压的波形是以 $\pm\dfrac{U_0\omega_0}{\omega}e^{-\delta t}$ 包络线衰减的正弦曲线，电容电压幅值衰减的快慢取决于 δ，δ 数值越小，幅值衰减越慢；当 $\delta = 0$ 时，即电阻 $R=0$ 时，幅值不衰减，电容电压波形就是一个等幅振荡波形。衰减振荡的角频率为 ω，ω 越大，振荡周期 $T = \dfrac{2\pi}{\omega}$ 越小，由此可见，当电路满足 $R < 2\sqrt{\dfrac{L}{C}}$ 的条件时，响应衰减的振荡，称为欠阻尼。

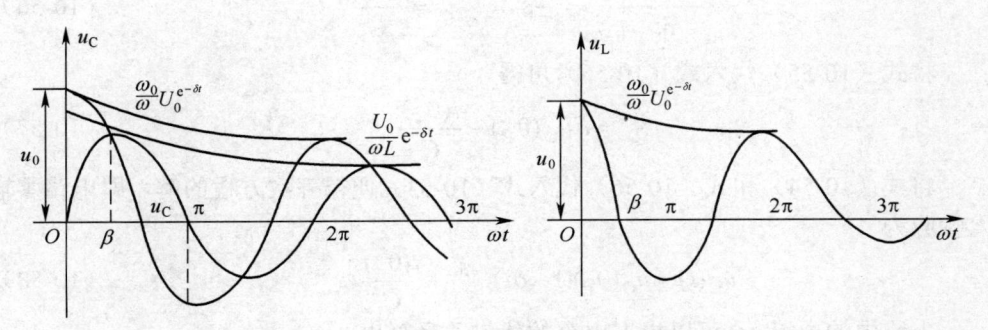

图 10-38 $u_C(t)$、$u_L(t)$、$i(t)$ 随时间的变化曲线

根据上述各式还可以得出

（1）$\omega t = k\pi$，$k=0,1,2,3,\ldots$，为电流 i 的过零点，也是电容电压的极值点。

（2）$\omega t = k\pi + \beta$，$k=0,1,2,3,\ldots$，为电感电压 u_L 的过零点，也是电流的极值点。

（3）$\omega t = k\pi - \beta$，$k=0,1,2,3,\ldots$，为电容电压 u_C 的过零点。

根据上述零点划分的时域大致可以看出元件之间能量转换、吸收的概况，见表 10-2。

表 10-2 各时域能量转换、吸收的概况

	$0 < \omega t < \beta$	$\beta < \omega t < \pi - \beta$	$\pi - \beta < \omega t < \pi$
电感	吸收	释放	释放
电容	释放	释放	吸收
电阻	消耗	消耗	消耗

3. $R = 2\sqrt{\dfrac{L}{C}}$ 临界阻尼情况

此时齐次微分方程（10-39）的特征根为

$$P_{1,2} = -\frac{R}{2L} = -\delta \tag{10-53}$$

即电路的特征根为一对相等的负实根。从微分方程理论中可知，这时齐次微分方程解的形式为

$$u_C(t) = A_1 e^{-\delta t} + A_2 t e^{-\delta t} \tag{10-54}$$

式中积分常数 A_1、A_2 由初始条件来确定。当 $t=0$ 时，由式（10-54）得

$$u_C(0_+) = A_1 \tag{10-55}$$

再有

$$\left.\frac{du_C(t)}{dt}\right|_{t=0+} = -\delta A_1 + A_2 = \frac{i(0_+)}{C} \tag{10-56}$$

将式（10-55）代入式（10-56）可得

$$A_2 = \delta u_C(0_+) + \frac{i(0_+)}{C} \tag{10-57}$$

将式（10-54）和式（10-56）代入式（10-53）便得齐次方程的解，即电路零输入响应为

$$u_C(t) = u_C(0_+)(1+\delta t)e^{-\delta t} + \frac{i(0_+)}{C} t e^{-\delta t} \tag{10-58}$$

电路中的电流 $i(t)$ 可以根据电容的伏安关系算出：

$$i(t) = C\frac{du_C(t)}{dt} = -u_C(0_+)\delta^2 C t e^{-\delta t} + i(0_+)(1-\delta t)e^{-\delta t} \tag{10-59}$$

$u_C(t)$ 和 $i(t)$ 随时间变化的波形如图 10-39 所示。

(a) 零输入响应 $u_C(t)$ 波形图

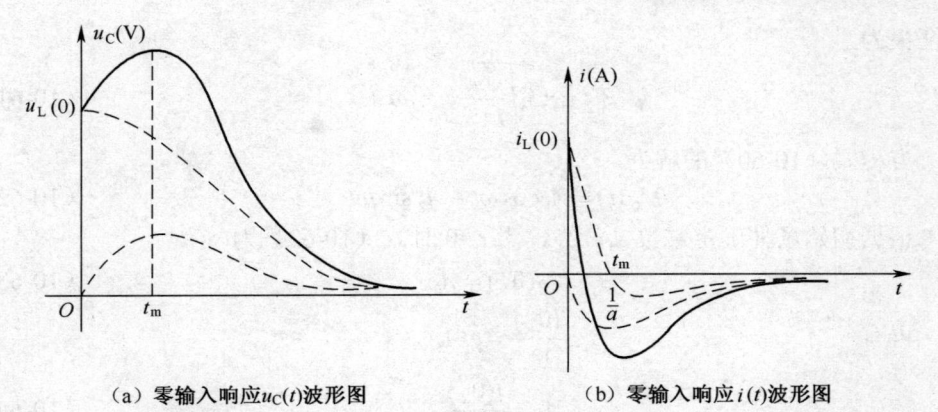

(b) 零输入响应 $i(t)$ 波形图

图 10-39　临界阻尼情况时零输入响应 $u_C(t)$、$i(t)$ 的波形图

从图 10-39 所示 $u_C(t)$ 和 $i(t)$ 的波形图可以看出，它们属于非振荡性质，其变化规律与图 10-36 相似。当电路中的电阻值稍小于 $2\sqrt{\dfrac{L}{C}}$ 时响应就是振荡性的，因此满足 $R=2\sqrt{\dfrac{L}{C}}$ 条件的电阻称为临界电阻。在临界电阻条件下，电路的响应仍为非振荡性质，称为临界阻尼情况。

4. $R=0$ 无阻尼情况

如图 10-40 所示是电阻值为零的 LC 电路，电路方程为

$$\frac{\mathrm{d}^2 u_C}{\mathrm{d}t^2}+\frac{1}{LC}u_C=0 \tag{10-60}$$

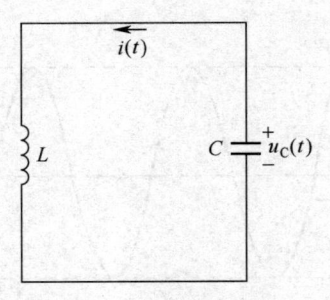

图 10-40　LC 振荡电路

则特征方程为

$$P^2+\frac{1}{LC}=0$$

特征根为
$$P_{1,2} = \pm j\sqrt{\frac{1}{LC}} = \pm j\omega \quad (10\text{-}61)$$

方程式（10-60）的解为
$$U_C(t) = A_1\cos\omega t + A_2\sin\omega t \quad (10\text{-}62)$$

根据初始条件确定常数 A_1、A_2，当 $t=0$ 时式（10-62）为
$$U_C(0_+) = A_1 \quad (10\text{-}63)$$

再有
$$\frac{i(0_+)}{C} = \omega A_2$$

则
$$A_2 = \frac{i(0_+)}{\omega C} \quad (10\text{-}64)$$

将 A_1、A_2 值代入式（10-62），得出电路的零输入响应电路电容电压为
$$U_C(t) = U_C(0_+)\cos\omega t + \frac{i(0_+)}{\omega C}\sin\omega t \quad (t \geqslant 0) \quad (10\text{-}65)$$

根据电容的伏安关系可得零输入响应的电流为
$$i(t) = U_C(0_+)\omega C\sin\omega t - i(0_+)\cos\omega t \quad (t \geqslant 0) \quad (10\text{-}66)$$

为了使响应的表达式简洁明确，式（10-62）可以写为
$$u_C(t) = A\cos(\omega t + \beta) \quad (10\text{-}67)$$

式中
$$A = \sqrt{A_1^2 + A_2^2}$$
$$\beta = -\arctan^{-1}\frac{A_2}{A_1}$$

A 和 β 可以直接由初始条件确定。$u_C(t)$ 的波形图如图 10-41 所示。

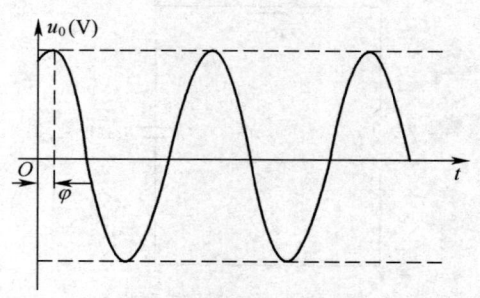

图 10-41 无阻尼等幅振荡情况 $u_C(t)$ 波形图

式（10-65）至式（10-67）和 $u_C(t)$ 的波形图可见电路的零输入响应是不衰减的正弦振荡，其角频率为 ω，称为谐振角频率。由于 LC 电路电阻为零，故称为无阻尼等幅振荡情况。

表 10-3 中列出了特征根 P_1 和 P_2 取不同数值时响应的齐次解，其中积分常数 A_1、A_2（或 A 和 φ）将在方程的完全解中由初始条件确定。

表 10-3 二阶电路的齐次解

特征根	齐次解 $y_h(t)$
$P_1 \neq P_2$ （不等实根）	$A_1 e^{P_1 t} + A_2 e^{P_2 t}$
$P_1 = P_2 = P$ （相等实根）	$(A_1 + A_2 t)e^{Pt}$
$P_{1,2} = -\alpha \pm j\beta$ （共轭复根）	$e^{-\alpha t}(A_1 \cos\beta t + A_2 \sin\beta t)$ 或 $Ae^{-\alpha t}\cos(\beta t - \varphi)$
$P_{1,2} = \pm j\beta$ （共轭虚根）	$A_1 \cos\beta t + A_2 \sin\beta t$ 或 $A\cos(\beta t - \varphi)$

10.7 应用实例：电梯接近开关和电子闪光灯电路

10.7.1 电梯接近开关

触摸开关广泛应用于工业领域、医疗领域和智能家居领域，如电梯控制和台灯控制。当触摸这类接近开关时，电容量发生变化，从而引起电压的变化，形成开关。

电梯接近开关的外形如图 10-42（a）所示，每一开关都由金属杯状环和圆形金属平板构成电容的两极。电极由绝缘膜覆盖，防止人与金属直接接触，模型如图 10-42（b）所示。当手指轻触开关时，由于手指比绝缘膜导电性好，故形成另一接地的电极，模型如图 10-42（c）所示。

图 10-42（a）所示为电梯接近开关外形，C 是一个固定电容。图 10-42 和图 10-43 中电容的实际值范围是 10~50pF，具体值的大小取决于手指如何接触、是否戴手套等。为了分析方便，设 $C = C_1 = C_2 = C_3 = 25\text{pF}$。

手指接触前，其等效电路如图 10-43（b）所示，输出电压

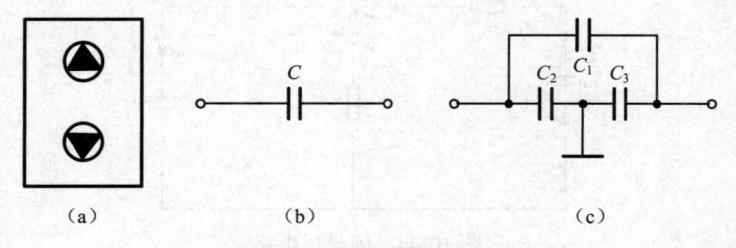

图 10-42 电梯接近开关外形及等效电路

$$u = \frac{C_1}{C_1 + C} u_S = \frac{1}{2} u_S$$

手指触摸时，其等效电路如图 10-43（c）所示，输出电压

$$u = \frac{C_1}{C_1 + C_3 + C} u_S = \frac{1}{3} u_S$$

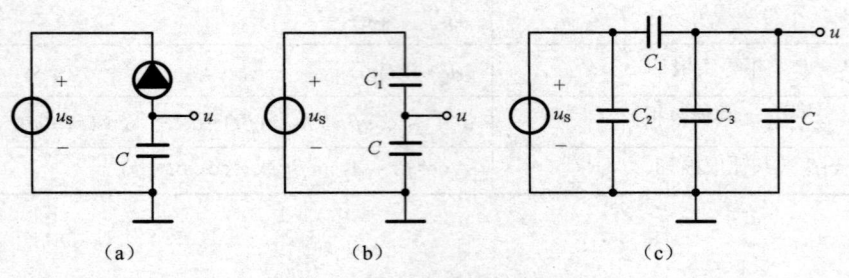

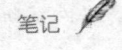

图 10-43　电梯接近开关电路

可见，当触摸开关时输出电压将降低，一旦电梯的控制器检测到输出电压下降，就会发出相应的指令给相关电机，从而控制电梯的升降。

10.7.2　电子闪光灯电路

电子闪光灯是一种电子设备，它可以产生一种短暂的强光，用于拍摄照片或录像。它的工作原理就是 RC 电路的一个应用实例。它利用了换路瞬间电容器的电压不能突变以及时间常数小的特点，瞬间产生强电流，使闪光灯动作。

图 10-44 所示的电路是由直流高压源 U_S、大阻值限流电阻 R_1 和一个与闪光灯并联的电容器 C 组成的，闪光灯用电阻 R_2 表示，导通时电阻 R_2 较小。开关处于位置"1"时直流电源 U_S 对电容充电，电容电压 u_C 由零逐渐增加到 U_S，其电流逐渐由 $\dfrac{U_S}{R_1}$ 下降到零，充电时间常数 $\tau_1 = R_1 C$，大约 $5\tau_1$ 时间后电路充电达到稳态。

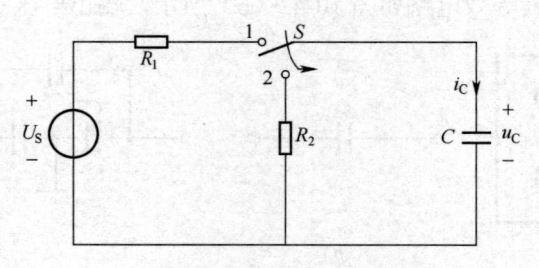

图 10-44　闪光灯电路

当开关 S 由位置"1"切换到"2"时，电容器的电压不能突变，通过 R_2 放电，

由于闪光灯电阻 R_2 的阻值小，放电时间常数 $\tau_2 = R_2 C$ 很小，电容中存储的电能瞬间释放，在很短的时间里产生很大的放电电流，使闪光灯闪亮，其峰值电流 $-\dfrac{U_S}{R_2}$ 如图 10-45（b）所示，大约经过 $5\tau_2$ 后电容放电结束，放电电流变为零。

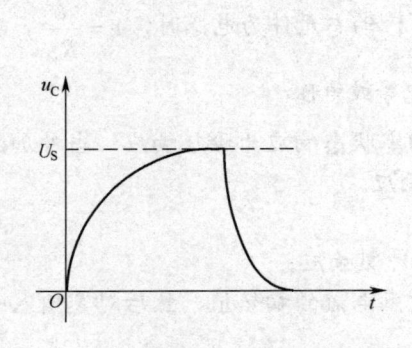

（a）电容慢速充电并快速放电电压　　（b）电容慢速充电并快速放电电流

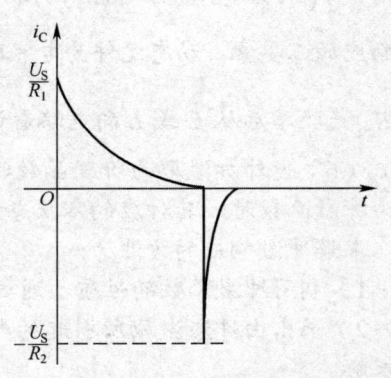

图 10-45　闪光灯电路的 u_C 和 i_C 变化曲线

本章小结

（1）换路定律。

在换路瞬间，电容电流为有限值时，其电压不能发生跃变；电感电压为有限值时，其电流不能发生跃变，即

$$u_C(0_+) = u_C(0_-)，\quad i_L(0_+) = i_L(0_-)$$

（2）初始值。

响应及响应的一阶导数在换路后的第一瞬间，即 $t = 0_+$ 时的值，称为响应的初始值。而初始值组成求解动态电路的初始条件。

（3）零输入响应和零状态响应。

动态电路在没有外加电源激励时，由电路初始储能产生的响应称为零输入响应；动态电路中所有动态元件的 $u_C(0_+)$、$i_L(0_+)$ 均为零的情况称为零状态。零状态的动态电路在外施激励作用下的响应称为零状态响应。

（4）全响应及其分解。

非零状态的电路在独立源作用下的响应称为全响应。

当外加电源为直流时，线性动态电路的全响应可以分解为稳态响应和暂态响应之和。暂态响应存在期间为电路的过渡过程。暂态响应消失，电路进入新的稳态。

线性动态电路的全响应可以分解为零输入响应和零状态响应之和。

（5）直流输入时一阶动态电路的三要素法。

$$f(t) = f(\infty) + [f(0_+) - f(\infty)]e^{-\frac{t}{\tau}} \quad (t \geq 0)$$

式中，$f(\infty)$为稳态值，$f(0_+)$为初始值，τ为时间常数，它们统称为一阶动态电路全响应的三要素。动态元件为电容时，$\tau = R_{eq}C$；动态元件为电感时，$\tau = \dfrac{L}{R_{eq}}$，其中R_{eq}是换路后从C或L向电路看过去的戴维宁等效电阻。

（6）当外加激励为阶跃函数时，其对应的零状态响应为阶跃响应；当外加激励为冲激函数时，其对应的零状态响应为冲激响应。

求解冲激响应的方法为：

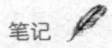

1）利用冲激函数的性质，通过阶跃响应求冲激响应。

2）求出由冲激激励所引起的电容电压或电感电流的初始值，然后对零输入响应求解。

（7）无电源二阶线性非时变电路用常系数二阶齐次微分方程来描述，即

$$a\frac{d^2 f(t)}{dt^2} + b\frac{df(t)}{dt} + cf(t) = 0$$

式中，$f(t)$代表响应变量；a、b、c是正常数，由电路中元件的参数来确定。

已知$f(0_+)$和$f'(0_+)$两个初始条件，方程便可以定解。

微分方程的特征方程为

$$aP^2 + bP + c = 0$$

特征方程的特征根为

$$P_{1,2} = \frac{-b}{2a} \pm \sqrt{\left(\frac{b}{2a}\right)^2 - \frac{c}{a}} = -\delta \pm \sqrt{\delta^2 - \omega_0^2} = -\delta \pm j\omega$$

式中，$\delta = \dfrac{b}{2a}$，为衰减常数；$\omega_0 = \sqrt{\dfrac{c}{a}}$，为谐振角频率；$\omega = \sqrt{\omega_0^2 - \delta^2}$，为阻尼振荡角频率。

根据电路参数数值的不同，二阶电路的特征根和零输入响应（固有响应）有以下4种情况：

1）$b^2 > 4ac$，特征根为两个不相等的负实根，即$P_1 = -\delta_1$，$P_2 = -\delta_2$，电路的零输入响应为非振荡的过阻尼情况：

$$f(t) = A_1 e^{-\delta_1 t} + A_2 e^{-\delta_2 t}$$

2）$b^2 < 4ac$，特征根为一对负实部的共轭复根，即$P_{1,2} = -\delta \pm j\omega$，电路的零输

入响应为阻尼振荡过程：
$$f(t) = e^{-\delta t}(A_1\cos\omega t + A_2\sin\omega t) = Ae^{-\delta t}\cos(\omega t + \beta)$$

3）$b^2 = 4ac$，特征根为一对相等的负实根，即 $P_{1,2} = -\delta$，电路的零输入响应为非振荡的临界阻尼过程：
$$f(t) = (A_1 + A_2 t)e^{-\delta t}$$

4）$b=0$，特征根为一对共轭虚根，即 $P_{1,2} = \pm j\omega$，电路的零输入响应为无阻尼等幅振荡情况：
$$f(t) = A_1\cos\omega t + A_2\sin\omega t = A\cos(\omega t + \beta)$$

已知电路中两个独立储能元件的初始状态，便可确定初始条件 $f(0_+)$ 和 $f'(0_+)$，从而求出积分常数 A_1、A_2 或 A、β。

习题 10

10-1 电路如图 10-46 所示，$t<0$ 时电路已处于稳态，当 $t=0$ 时开关 S 打开，求初始值 $u_C(0_+)$ 和 $i_C(0_+)$。

10-2 电路如图 10-47 所示，$t<0$ 时电路已处于稳态，当 $t=0$ 时开关 S 打开，求初始值 $u_L(0_+)$、$i_C(0_+)$ 和 $i(0_+)$。

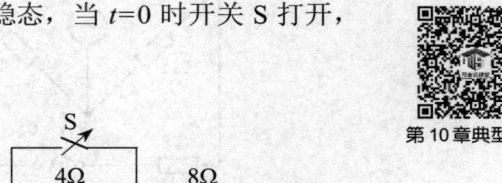

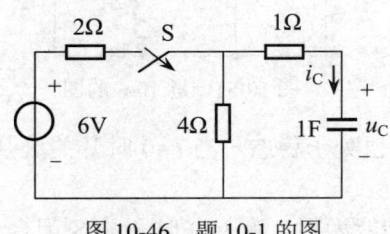

图 10-46 题 10-1 的图

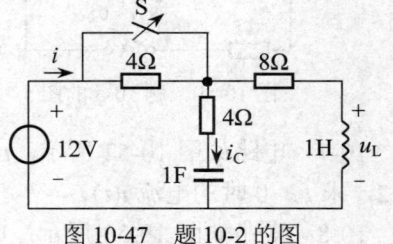

图 10-47 题 10-2 的图

10-3 电路如图 10-48 所示，开关 S 闭合前电路已处于稳态，求 $i(0_+)$、$i_C(0_+)$、$u_L(0_+)$。

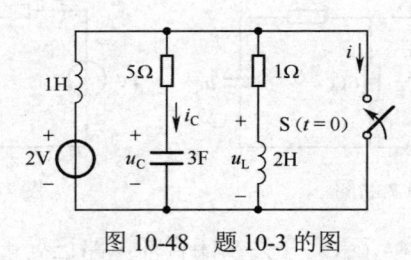

图 10-48 题 10-3 的图

10-4 电路如图 10-49 所示,电压表的内阻 $R_V=10\text{k}\Omega$,量程为 100V。开关 S 在 $t=0$ 时打开,问开关打开时电压表是否会损坏?

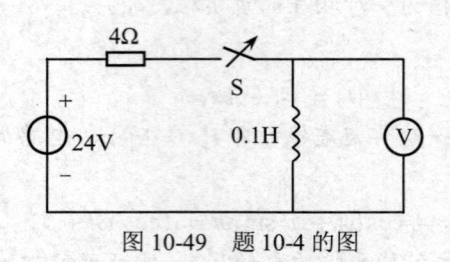

图 10-49 题 10-4 的图

10-5 电路如图 10-50 所示,求开关 S 闭合后电路的时间常数。

10-6 电路如图 10-51 所示,求电路的时间常数。

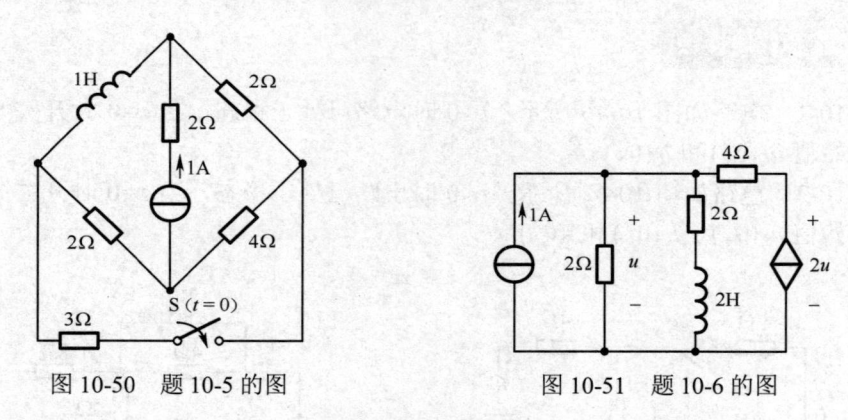

图 10-50 题 10-5 的图

图 10-51 题 10-6 的图

10-7 电路如图 10-52 所示,$t<0$ 时电路已处于稳态,当 $t=0$ 时开关 S 从 1 打到 2,求 $t \geq 0$ 时的电流 $i(t)$。

10-8 电路如图 10-53 所示,电感初始储能为零,当 $t=0$ 时开关 S 闭合,求 $t \geq 0$ 时的电流 $i_L(t)$。

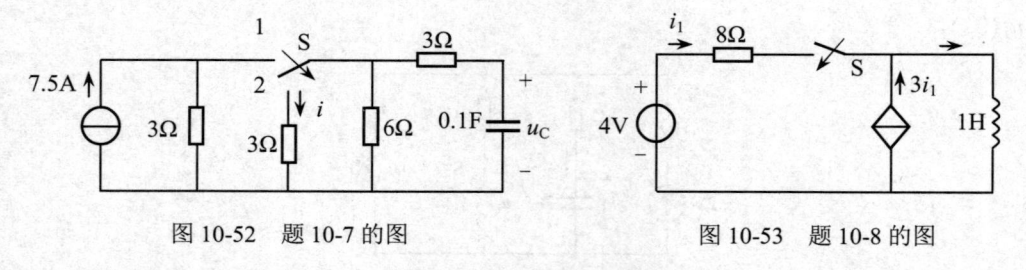

图 10-52 题 10-7 的图

图 10-53 题 10-8 的图

10-9 电路如图 10-54 所示,开关 S 闭合前电路已处于稳态,当 $t=0$ 时开关闭合，求换路后的 $u_C(t)$ 和 $i(t)$。

10-10 电路如图 10-55 所示，$t<0$ 时电路已处于稳态，当 $t=0$ 时开关 S 打开，求 $t \geq 0$ 时的 $i_L(t)$ 和 $u_L(t)$。

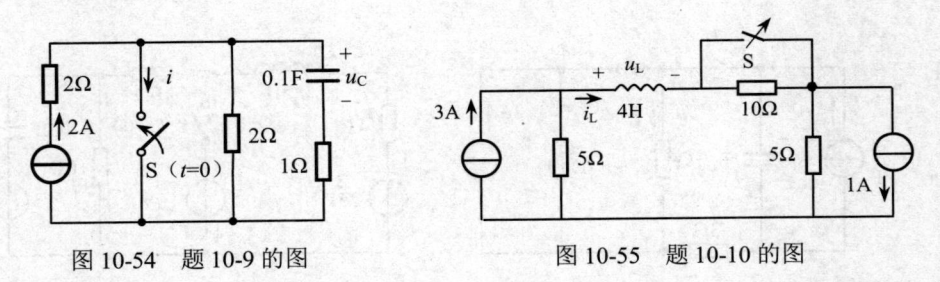

图 10-54 题 10-9 的图   图 10-55 题 10-10 的图

10-11 电路如图 10-56 所示，开关 S 闭合前电路已处于稳态，电容初始储能为 9J，求换路后的 $u_C(t)$ 和 $i(t)$。

10-12 电路如图 10-57 所示，$t<0$ 时电路已处于稳态，当 $t=0$ 时受控源的控制系数 r 突然由 10Ω 变为 5Ω，求 $t \geq 0$ 时的电压 $u_C(t)$。

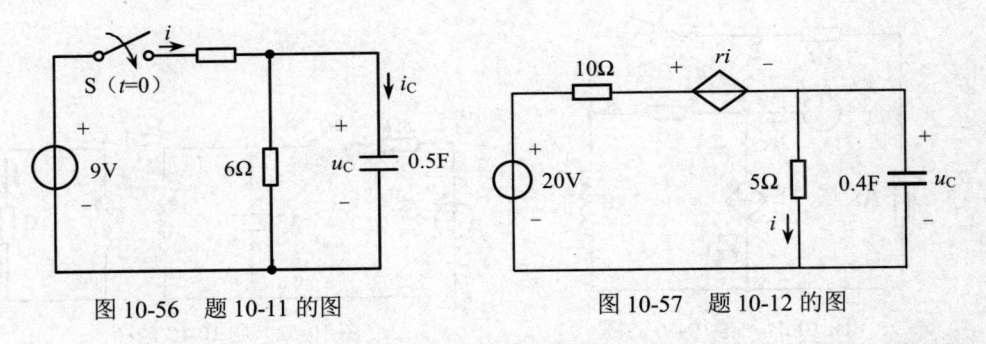

图 10-56 题 10-11 的图   图 10-57 题 10-12 的图

10-13 电路如图 10-58 所示，两个开关同时闭合前电路已处于稳态，求换路后的 $i_1(t)$ 和 $i_2(t)$。

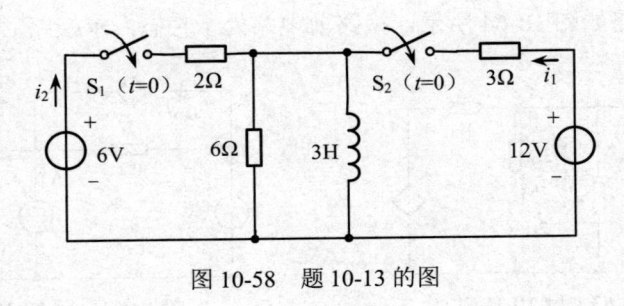

图 10-58 题 10-13 的图

10-14 电路如图 10-59 所示，开关 S 打开前电路已处于稳态，求换路后的 $u_C(t)$。

10-15 电路如图 10-60 所示，开关 S 闭合前电路已处于稳态，求换路后的 $i_L(t)$、$u_C(t)$ 和 $i(t)$。

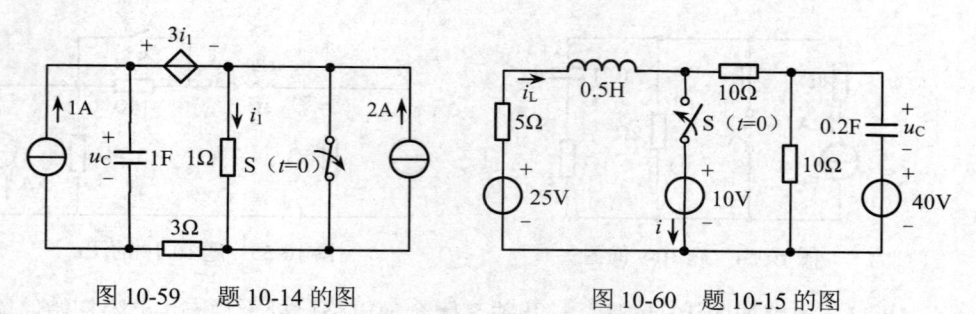

图 10-59 题 10-14 的图

图 10-60 题 10-15 的图

10-16 电路如图 10-61 所示，开关 S 闭合前电路已处于稳态，求换路后的 $u(t)$。

10-17 电路如图 10-62 所示，$t<0$ 时电路已处于稳态，当 $t=0$ 时开关 S 闭合，求 $t \geq 0$ 时的电流 $i(t)$。

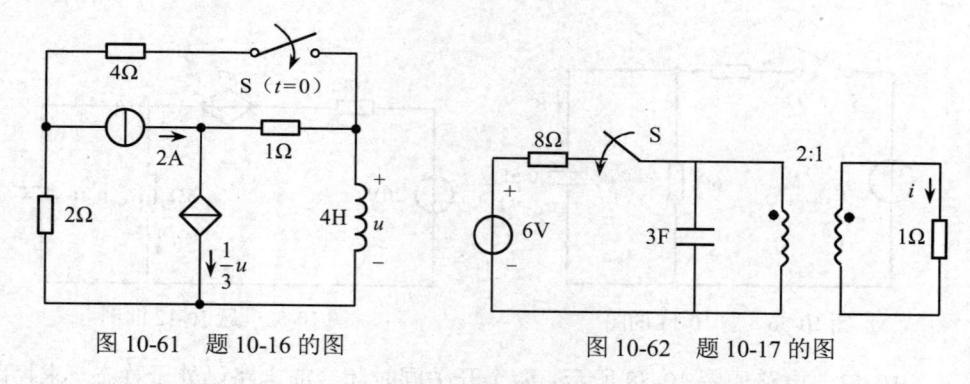

图 10-61 题 10-16 的图

图 10-62 题 10-17 的图

10-18 电路如图 10-63 所示，换路前电路处于稳态，电感的初始储能为 9J，求换路后的电压 $u(t)$。

10-19 电路如图 10-64 所示，换路前电路处于稳态，求换路后的电压 $u_C(t)$。

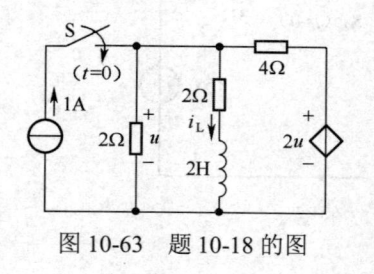

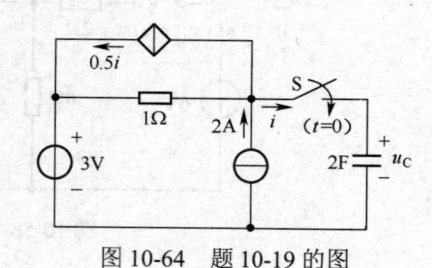

图 10-63 题 10-18 的图

图 10-64 题 10-19 的图

10-20 电路如图 10-65 所示，换路前电路处于稳态，求换路后的电流 $i_L(t)$。

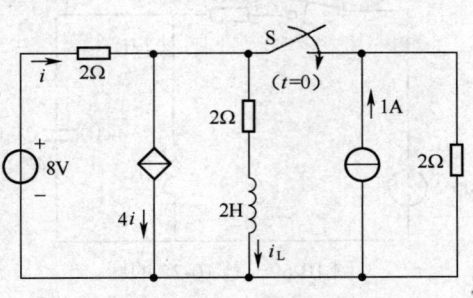

图 10-65 题 10-20 的图

10-21 某一阶 RL 电路的全响应 $i_L(t)=(8-2e^{-t})$A，若初始状态不变而输入减少为原来的一半，求此时全响应 $i_L(t)$ 的表达式。

10-22 求图 10-66 所示电路中的阶跃响应 $u(t)$ 和 $u_C(t)$。

10-23 求图 10-67 所示电路中的阶跃响应 $u(t)$。

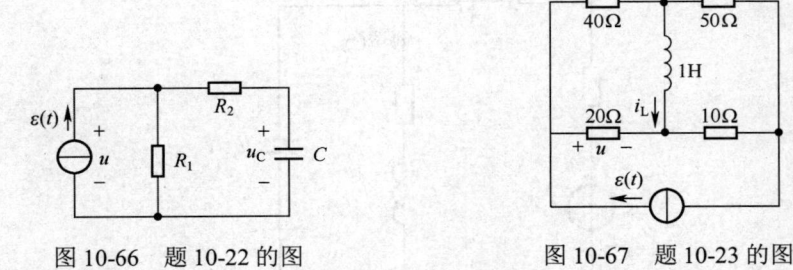

图 10-66 题 10-22 的图　　　图 10-67 题 10-23 的图

10-24 求图 10-68（a）所示电路中的冲激响应 $u(t)$ 和图（b）所示电路中的冲激响应 $u_C(t)$。

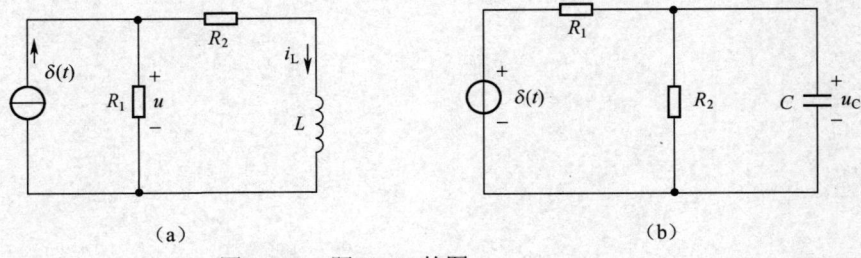

图 10-68 题 10-24 的图

10-25 电路如图 10-69 所示，开关在 $t=0$ 时打开，打开前电路已处于稳态，求 $t>0$ 时的 $u_C(t)$ 和 $i_L(t)$。

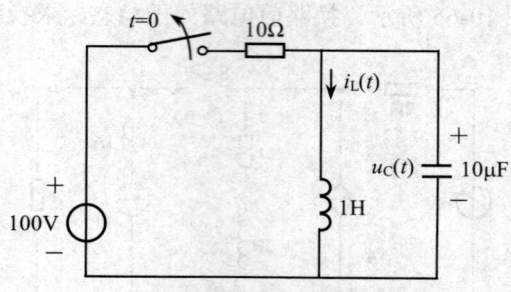

图 10-69 题 10-25 的图

10-26 *RLC* 串联电路如图 10-70 所示，若固有频率为
（1）$S_1=-1$，$S_2=-3$　　（2）$S_1=S_2=2$
（3）$S_1=j2$，$S_2=-j2$　　（4）$S_1=-2+j3$，$S_2=-2-j3$
试写出各情况时零输入响应 $u_C(t)$ 和 $i_L(t)$ 的表达式。

图 10-70 题 10-26 的图

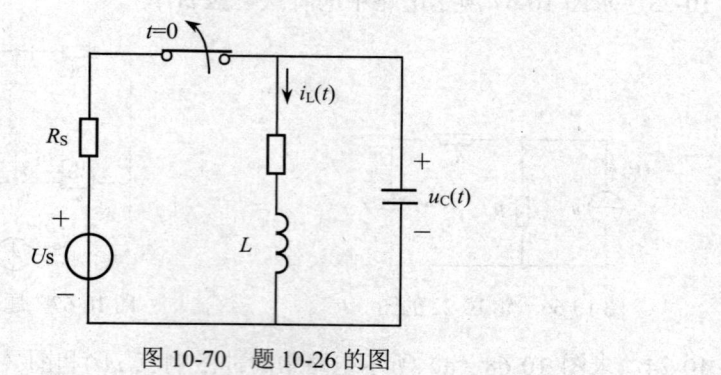

第 11 章 复频域分析

内 容 提 要

本章介绍有关拉普拉斯变换的数学知识、电路元件和电路定律的运算形式、应用拉普拉斯变换求解动态线性电路的复频域分析方法。

学 习 目 标

(1) 了解拉普拉斯变换及其基本性质,以及拉普拉斯反变换。
(2) 理解动态电路的时域分析法和复频域分析法的不同。
(3) 掌握电路元件和电路定律的复频域形式。
(4) 掌握应用拉普拉斯变换法分析线性电路的方法和步骤。

本章知识结构图

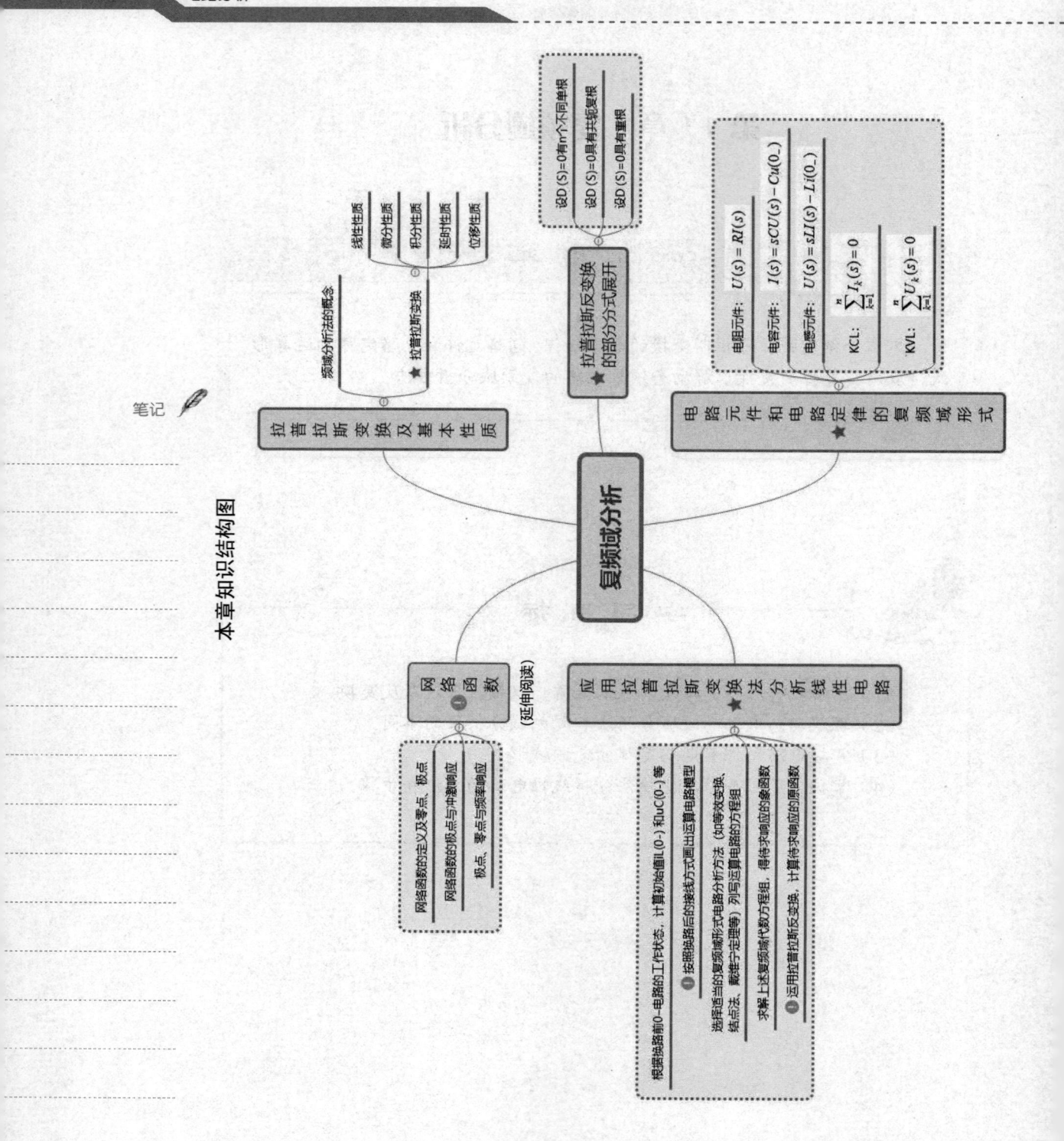

复频域分析

拉普拉斯变换及基本性质
- 频域分析法的概念
- 拉普拉斯变换 ★
  - 线性性质
  - 微分性质
  - 积分性质
  - 延时性质
  - 位移性质

拉普拉斯反变换的部分分式展开 ★
- 设$D(S)=0$有n个不同单根
- 设$D(S)=0$具有共轭复根
- 设$D(S)=0$具有重根

电路元件和电路定律的复频域形式 ★
- 电阻元件：$U(s) = RI(s)$
- 电容元件：$I(s) = sCU(s) - Cu(0_-)$
- 电感元件：$U(s) = sLI(s) - Li(0_-)$
- KCL：$\sum_{k=1}^{n} I_k(s) = 0$
- KVL：$\sum_{k=1}^{n} U_k(s) = 0$

应用拉普拉斯变换法分析线性电路 ★
- ❶ 根据换路前0_-电路的工作状态，计算初始值$i_L(0_-)$和$u_C(0_-)$等
- ❷ 按断路路后的复频域形式画出运算电路模型
- ❸ 选择适当的复频域电路分析方法（如等效变换、结点法、戴维宁定理等）列写运算电路的方程组，求解上述复频域代数方程组，得传递函数响应的象函数
- ❹ 运用拉普拉斯反变换，计算传递函数响应的原函数

网络函数 ❶ （延伸阅读）
- 网络函数的定义及零点、极点
- 网络函数的极点与冲激响应
- 极点、零点与频率响应

11.1 拉普拉斯变换及基本性质

一阶或二阶电路的动态过程分析均采用时域法。虽然时域法有其优点：数学推导严密、物理概念清晰，但是时域分析法不便于推广到复杂高阶动态电路，这是因为在高阶电路中使用时域法时，首先要针对电路构造单一变量的高阶微分方程，其次求解高阶微分方程的数学步骤相当烦琐。而本章介绍的复频域分析法是解决这类问题的有效方法之一，该方法通过积分变换把已知的时域函数变换为频域函数，从而把时域的微分方程转化为频域的代数方程，求出频域函数后，再作反变换，返回时域，即可得到电路的响应。

设函数 $f(t)$ 在 $[0,\infty)$ 即 $0 \leqslant t < \infty$ 的某个邻域内有定义，而且积分 $\int_{0_-}^{\infty} f(t) e^{-st} dt$ 在 s 的某一域内收敛，则由此积分所确定的函数可写为

$$F(s) = \int_{0_-}^{\infty} f(t) e^{-st} dt \qquad (11\text{-}1)$$

式（11-1）称为函数 $f(t)$ 的拉普拉斯变换式，简称拉氏变换，式中 $s = \sigma + j\omega$ 为复数，有时也称为复频率。

用 $\mathcal{L}[f(t)]$ 表示拉氏变换，记为 $F(s) = \mathcal{L}[f(t)]$，$F(s)$ 称为 $f(t)$ 的象函数，用大写字母表示，$f(t)$ 称为 $F(s)$ 的原函数，用小写字母表示。

由于拉氏变换式的积分下限是 0_-，因此把冲激激励也考虑在内，从而为冲激响应的求解带来了方便。

如果象函数 $F(s)$ 已知，则可以通过式（11-2）求出原函数 $f(t)$：

$$f(t) = \frac{1}{2\pi j} \int_{\sigma - j\infty}^{\sigma + j\infty} F(s) e^{st} ds \qquad (11\text{-}2)$$

式（11-2）定义为拉普拉斯反变换，简称拉氏反变换，一般用 $\mathcal{L}^{-1}[F(s)]$ 表示。

例 11-1 求下列函数的象函数：（1）$\varepsilon(t)$；（2）$\delta(t)$；（3）e^{-at}。

解 （1）单位阶跃函数 $\varepsilon(t)$ 的象函数

$$L[\varepsilon(t)] = \int_{0_-}^{\infty} \varepsilon(t) e^{-st} dt = \int_{0_-}^{\infty} 1 \cdot e^{-st} dt = -\frac{1}{s} e^{-st} \bigg|_{0_-}^{\infty} = \frac{1}{s}$$

（2）单位冲激函数 $\delta(t)$ 的象函数

$$L[\delta(t)] = \int_{0_-}^{\infty} \delta(t) e^{-st} dt = \int_{0_-}^{0_+} \delta(t) e^{-st} dt = 1$$

（3）指数函数 e^{-at} 的象函数

$$L[e^{-at}] = \int_{0_-}^{\infty} e^{-at} e^{-st} dt = \int_{0_-}^{\infty} e^{-(s+a)t} dt = -\frac{1}{s+a} e^{-(s+a)t} \bigg|_{0_-}^{\infty} = \frac{1}{s+a}$$

拉氏变换具有很多重要性质，下面是与电路分析相关的性质。

1. 线性性质

任意两个函数 $f_1(t)$、$f_2(t)$，且 $F_1(s) = \mathcal{L}[f_1(t)]$，$F_2(s) = \mathcal{L}[f_2(t)]$，则

$$\mathcal{L}[A_1 f_1(t) + A_2 f_2(t)] = A_1 F_1(s) + A_2 F_2(s)$$

式中 A_1、A_2 为任意实数。

证明：
$$\mathcal{L}[A_1 f_1(t) + A_2 f_2(t)] = \int_{0_-}^{\infty} [A_1 f_1(t) + A_2 f_2(t)] e^{-st} dt$$
$$= A_1 \int_{0_-}^{\infty} f_1(t) e^{-st} dt + A_2 \int_{0_-}^{\infty} f_2(t) e^{-st} dt$$
$$= A_1 F_1(s) + A_2 F_2(s)$$

2. 微分性质

如果某一函数 $f(t)$ 的象函数为 $F(s)$，则其导数 $f'(t) = \dfrac{df(t)}{dt}$ 的象函数为

$$\mathcal{L}\left[\frac{d}{dt}f(t)\right] = sF(s) - f(0_-)$$

证明：
$$\mathcal{L}\left[\frac{d}{dt}f(t)\right] = \int_{0_-}^{\infty} \frac{df(t)}{dt} e^{-st} dt = [e^{-st} f(t)]\Big|_{0_-}^{\infty} - \int_{0_-}^{\infty} f(t)(-se^{-st}) dt$$
$$= 0 - f(0_-) + s\int_{0_-}^{\infty} f(t) se^{-st} dt$$
$$= sF(s) - f(0_-)$$

推论：若 $\mathcal{L}[f(t)] = F(s)$，则其 n 阶导数的象函数为

$$\mathcal{L}[f^{(n)}(t)] = s^n F(s) - s^{n-1} f(0_-) - s^{n-2} f^{(1)}(0_-) - \cdots - f^{(n-1)}(0_-)$$

上式表明，使用微分性质可将关于 $f(t)$ 的微分方程转化为关于 $F(s)$ 的代数方程。

3. 积分性质

如果某一函数 $f(t)$ 的象函数为 $F(s)$，则其积分 $\int_{0_-}^{t} f(\xi) d\xi$ 的象函数为

$$\mathcal{L}\left[\int_{0_-}^{t} f(\xi) d\xi\right] = \frac{F(s)}{s}$$

证明：由于 $\dfrac{d}{dt}\int_{0_-}^{t} f(\xi) d\xi = f(t)$，对其两边取拉氏变换有

$$\mathcal{L}\left[\frac{d}{dt}\int_{0_-}^{t} f(\xi) d\xi\right] = \mathcal{L}[f(t)] = F(s)$$

对上式左边运用微分性质得

$$\mathcal{L}\left[\frac{d}{dt}\int_{0_-}^{t} f(\xi) d\xi\right] = s\mathcal{L}\left[\int_{0_-}^{t} f(\xi) d\xi\right] - \int_{0_-}^{t} f(\xi) d\xi\Big|_{t=0_-} = s\mathcal{L}\left[\int_{0_-}^{t} f(\xi) d\xi\right]$$

整理即得
$$\mathscr{L}\left[\int_{0-}^{t} f(\xi)\mathrm{d}\xi\right] = \frac{F(s)}{s}$$

4. 延时性质

如果某一函数 $f(t)$ 的象函数为 $F(s)$，则其延时函数 $f(t-t_0)$ 的象函数为
$$\mathscr{L}[f(t-t_0)] = \mathrm{e}^{-st_0}F(s)$$

证明：$\mathscr{L}[f(t-t_0)] = \int_{0-}^{\infty} f(t-t_0)\mathrm{e}^{-st}\mathrm{d}t = \int_{0-}^{\infty} f(t-t_0)\mathrm{e}^{-s(t-t_0)}\mathrm{e}^{-st_0}\mathrm{d}(t-t_0)$

当 $t < t_0$ 时，$f(t-t_0) = 0$。令 $\tau = t - t_0$：
$$\mathscr{L}[f(t-t_0)] = \int_{0-}^{\infty} f(t-t_0)\mathrm{e}^{-s(t-t_0)}\mathrm{e}^{-st_0}\mathrm{d}(t-t_0)$$
$$= \int_{0-}^{\infty} f(\tau)\mathrm{e}^{-s\tau}\mathrm{e}^{-st_0}\mathrm{d}(\tau) = \mathrm{e}^{-st_0}F(s)$$

5. 位移性质

如果某一函数 $f(t)$ 的象函数为 $F(s)$，则该函数乘以指数函数 e^{at} 的象函数为
$$\mathscr{L}[\mathrm{e}^{at}f(t)] = F(s-a) \qquad [\mathrm{Re}(s-a) > 0]$$

例 11-2 求下列函数的象函数：

（1）$A(1-\mathrm{e}^{-at})$　　　（2）$\sin\omega t$　　　（3）$\cos\omega t$

（4）t　　　（5）$\varepsilon(t) - \varepsilon(t-t_0)$　　　（6）$\mathrm{e}^{-at}\sin\omega t$

解 结合拉氏变换的基本性质，求解如下：

（1）$\mathscr{L}[A(1-\mathrm{e}^{-at})] = A\mathscr{L}[1] - A\mathscr{L}[\mathrm{e}^{-at}] = \dfrac{A}{s} - \dfrac{A}{s+a} = \dfrac{aA}{s(s+a)}$

（2）$\mathscr{L}[\sin\omega t] = \mathscr{L}\left[\dfrac{1}{2\mathrm{j}}\mathrm{e}^{\mathrm{j}\omega t} - \dfrac{1}{2\mathrm{j}}\mathrm{e}^{-\mathrm{j}\omega t}\right] = \dfrac{1}{2\mathrm{j}}\left[\dfrac{1}{s-\mathrm{j}\omega} - \dfrac{1}{s+\mathrm{j}\omega}\right] = \dfrac{\omega}{s^2+\omega^2}$

（3）$\mathscr{L}[\cos\omega t] = \mathscr{L}\left[\dfrac{1}{\omega}\dfrac{\mathrm{d}}{\mathrm{d}t}\sin\omega t\right] = \dfrac{1}{\omega}\{s\mathscr{L}[\sin\omega t] - \sin\omega t|_{t=0-}\} = \dfrac{s}{s^2+\omega^2}$

（4）$\mathscr{L}[t] = \mathscr{L}\left[\int_0^t \varepsilon(\xi)\mathrm{d}\xi\right] = \dfrac{1}{s} \times \dfrac{1}{s} = \dfrac{1}{s^2}$

（5）$\mathscr{L}[\varepsilon(t) - \varepsilon(t-t_0)] = \mathscr{L}[\varepsilon(t)] - \mathscr{L}[\varepsilon(t-t_0)] = \dfrac{1}{s} - \dfrac{1}{s}\mathrm{e}^{-st_0} = \dfrac{1}{s}(1-\mathrm{e}^{-st_0})$

（6）$\mathscr{L}[\mathrm{e}^{-at}\sin\omega t] = \dfrac{\omega}{(s+a)^2 + \omega^2}$

依据拉氏变换的定义及其基本性质可方便地求得一些常用函数的拉氏变换象函数，如表 11-1 所示，以备分析电路时查用。

表 11-1　常用函数的拉氏变换

原函数 $f(t)$	象函数 $F(s)$	原函数 $f(t)$	象函数 $F(s)$
$\varepsilon(t)$	$\dfrac{1}{s}$	A	$\dfrac{A}{s}$
t	$\dfrac{1}{s^2}$	t^n	$\dfrac{1}{s^{n+1}}n!$
$\delta(t)$	1	$\dfrac{1}{n!}t^n \mathrm{e}^{-at}$	$\dfrac{1}{(s+a)^{n+1}}$
e^{-at}	$\dfrac{1}{s+a}$	$1-\mathrm{e}^{-at}$	$\dfrac{a}{s(s+a)}$
$t\mathrm{e}^{-at}$	$\dfrac{1}{(s+a)^2}$	$(1-at)\mathrm{e}^{-at}$	$\dfrac{s}{(s+a)^2}$
$\sin\omega t$	$\dfrac{\omega}{s^2+\omega^2}$	$\cos\omega t$	$\dfrac{s}{s^2+\omega^2}$
$\mathrm{e}^{-at}\sin\omega t$	$\dfrac{\omega}{(s+a)^2+\omega^2}$	$\mathrm{e}^{-at}\cos\omega t$	$\dfrac{s+a}{(s+a)^2+\omega^2}$
$\sin(\omega t+\varphi)$	$\dfrac{s^2\sin\varphi+\omega^2\cos\varphi}{s^2+\omega^2}$	$\cos(\omega t+\varphi)$	$\dfrac{s^2\cos\varphi-\omega^2\sin\varphi}{s^2+\omega^2}$

11.2　拉普拉斯反变换的部分分式展开

应用拉普拉斯变换求解动态电路时涉及了根据电路响应的象函数求出其原函数。显然代入拉普拉斯反变换定义式［式（11-2）］求原函数是相当复杂的，一般较少采用。如果象函数比较简单，则可以直接从拉氏变换表（表 11-1）中查出对应的原函数。如果象函数比较复杂，不能从表中直接查出，就把它分解成若干简单的、能够查表的项，再结合拉氏变换的线性性质，各项对应的原函数之和即为所求原函数。

一般地，电路响应的象函数可表示为两个实系数的 s 多项式之比，即

$$F(s)=\frac{F_1(s)}{F_2(s)}=\frac{a_0 s^m+a_1 s^{m-1}+\cdots+a_m}{b_0 s^n+b_1 s^{n-1}+\cdots+b_n}$$

式中，m 和 n 为正整数，且 $n \geqslant m$。

把 $F(s)$ 分解成若干简单项之和，而这些简单项可以在拉氏变换表中找到，这种方法称为部分分式展开法。

将有理分式 $F(s)$ 展开为部分分式时，先要把有理分式化为真分式，若 $n>m$，

则 $F(s)$ 为真分式；若 $n=m$，则将 $F(s)$ 化为 $F(s)=A+\dfrac{F_0(s)}{F_2(s)}$，其中 A 为常数，其对应的原函数为 $A\delta(t)$，余数项 $\dfrac{F_0(s)}{F_2(s)}$ 为真分式。

设 $F(s)$ 为有理真分式，先对分母多项式 $F_2(s)$ 作因式分解。

（1）若 $F_2(s)=0$ 有 n 个单根 $p_1,p_2,\cdots,p_n$ 时，$F(s)$ 展开式为

$$F(s)=\frac{A_1}{s-p_1}+\frac{A_2}{s-p_2}+\cdots+\frac{A_n}{s-p_n}$$

式中待定系数 $A_1,A_2,\cdots,A_n$ 为

$$A_k=F(s)(s-p_k)|_{s=p_k} \quad k=1,2,3,\cdots,n \tag{11-3}$$

查表得相应的原函数为

$$f(t)=\sum_{i=1}^{n}A_i\mathrm{e}^{p_it}$$

例 11-3 求 $F(s)=\dfrac{s+4}{s^2+5s+6}$ 的原函数 $f(t)$。

解 $F(s)=\dfrac{s+4}{s^2+5s+6}=\dfrac{s+4}{(s+2)(s+3)}=\dfrac{A_1}{s+2}+\dfrac{A_2}{s+3}$

$$A_1=F(s)(s+2)|_{s=-2}=\dfrac{s+4}{(s+2)(s+3)}(s+2)\bigg|_{s=-2}=\dfrac{s+4}{s+3}\bigg|_{s=-2}=2$$

$$A_2=F(s)(s+3)|_{s=-3}=\dfrac{s+4}{(s+2)(s+3)}(s+3)\bigg|_{s=-3}=\dfrac{s+4}{s+2}\bigg|_{s=-3}=-1$$

整理得

$$F(s)=\frac{2}{s+2}-\frac{1}{s+3}$$

查表 11-1 反变换得原函数 $f(t)=2\mathrm{e}^{-2t}-\mathrm{e}^{-3t}$。

（2）若 $F_2(s)=0$ 具有共轭复根 $p_{1,2}=\alpha\pm\mathrm{j}\omega$ 时，$F(s)$ 展开式为

$$F(s)=\frac{A_1}{s-p_1}+\frac{A_2}{s-p_2}$$

待定系数的确定按式（11-3）计算，不同之处是系数也为共轭复数 $A_{1,2}=|K|\mathrm{e}^{\pm\mathrm{j}\theta}$。

整理得

$$F(s)=\frac{|K|\mathrm{e}^{\mathrm{j}\theta}}{s-(a+\mathrm{j}\omega)}+\frac{|K|\mathrm{e}^{-\mathrm{j}\theta}}{s-(a-\mathrm{j}\omega)}$$

查表求 $F(s)$ 对应的原函数，$f(t)$ 一般形式为

$$f(t) = |K|e^{j\theta}e^{(a+j\omega)t} + |K|e^{-j\theta}e^{(a-j\omega)t} = |K|e^{at}[e^{j(\omega t+\theta)} + e^{-j(\omega t+\theta)}]$$
$$= |K|e^{at}[\cos(\omega t+\theta) + j\sin(\omega t+\theta) + \cos(-\omega t-\theta) + j\sin(-\omega t-\theta)]$$
$$= 2|K|e^{at}\cos(\omega t+\theta) \tag{11-4}$$

例 11-4 求 $F(s) = \dfrac{s}{s^2+2s+2}$ 的象函数。

解 $F_2(s) = s^2+2s+2 = 0$ 的根为 $p_{1,2} = a \pm j\omega = -1 \pm j$

$$F(s) = \frac{A_1}{s-(-1+j)} + \frac{A_2}{s-(-1-j)}$$

按式（11-3）计算待定系数为

$$A_1 = \left.\frac{s}{s-(-1+j)}\right|_{s=-1+j} = \frac{\sqrt{2}}{2}e^{j45°}$$

$$A_2 = \left.\frac{s}{s-(-1-j)}\right|_{s=-1-j} = \frac{\sqrt{2}}{2}e^{-j45°}$$

$$f(t) = \frac{\sqrt{2}}{2}e^{j45°}e^{(-1+j)t} + \frac{\sqrt{2}}{2}e^{-j45°}e^{(-1-j)t} = \sqrt{2}e^{-t}\cos(t+45°)$$

此例也可使用数学配方法求解，将 $F(s)$ 配方为

$$F(s) = \frac{s}{s^2+2s+2} = \frac{s+1}{(s+1)^2+1} - \frac{1}{(s+1)^2+1}$$

查表得 $f(t) = e^{-t}\cos t - e^{-t}\sin t = \sqrt{2}e^{-t}\cos(t+45°)$

（3）若 $F_2(s) = 0$ 具有 m 重根 p，即 $F_2(s) = b_0(s-p)^m$，则 $F(s)$ 的展开式为

$$F(s) = \frac{F_1(s)}{F_2(s)} = \frac{B_m}{(s-p)^m} + \frac{B_{m-1}}{(s-p)^{m-1}} + \cdots + \frac{B_1}{(s-p)}$$

其中待定系数的求取公式为

$$B_{m-k} = \frac{1}{k!}\lim_{s\to p}\frac{d^k}{ds^k}[F(s)(s-p)^m] \quad k=0,1,\cdots,(m-1) \tag{11-5}$$

查表得其对应象函数的原函数为

$$f(t) = \left[\sum_{k=1}^{m}\frac{B_{m-k+1}}{(m-k)!}t^{m-k}\right]e^{pt} \quad (t \geqslant 0)$$

例 11-5 求 $F(s) = \dfrac{s-2}{s(s+1)^2}$ 的象函数。

解 $F_2(s) = s(s+1)^2 = 0$ 的根为单根 $p_1 = 0$，二重根 $p_{2,3} = -1$。

$F(s)$ 的展开式为

$$F(s) = \frac{A_1}{s} + \frac{B_2}{(s+1)^2} + \frac{B_1}{(s+1)}$$

单根 $p_1 = 0$ 对应项的待定系数按式（11-3）求取：

$$A_1 = F(s)s|_{s=0} = \frac{s-2}{(s+1)^2}\bigg|_{s=0} = -2$$

二重根 $p = -1$ 对应项的待定系数按式（11-5）求取：

$$B_2 = \lim_{s \to -1}[F(s)(s+1)^2] = \frac{s-2}{s}\bigg|_{s=-1} = 3$$

$$B_1 = \lim_{s \to -1}\frac{\mathrm{d}}{\mathrm{d}s}[F(s)(s+1)^2] = \frac{\mathrm{d}}{\mathrm{d}s}\left(\frac{s-2}{s}\right)\bigg|_{s=-1} = \frac{s-(s-2)}{s^2}\bigg|_{s=-1} = 2$$

所以其原函数

$$f(t) = \mathcal{L}^{-1}[F(s)] = A_1 \mathrm{e}^{p_1 t} + B_2 t \mathrm{e}^{pt} + B_1 \mathrm{e}^{pt} = -2 + 3t\mathrm{e}^{-t} + 2\mathrm{e}^{-t}$$

【思政案例】

复频域法的启示

11.3　电路元件和电路定律的复频域形式

根据拉普拉斯变换的基本性质和电路元件电压与电流的时域关系，可以建立电路元件复频域形式的特性方程。

图 11-1（a）所示的电阻元件，其电流电压的时域关系为 $u(t) = Ri(t)$，等式两边取拉氏变换，得电阻元件上电流和电压的复频域关系为

$$U(s) = RI(s) \tag{11-6}$$

其复频域模型如图 11-1（b）所示，称其为电阻的运算电路。

图 11-1　电阻的运算电路

对于图 11-2（a）所示的电感元件来讲，其电压电流的时域关系为 $u(t) = L\dfrac{\mathrm{d}i(t)}{\mathrm{d}t}$，根据微分性质得电感元件上电流和电压的复频域关系为

$$U(s) = sLI(s) - Li(0_-) \tag{11-7a}$$

$$I(s) = \frac{1}{sL}U(s) + \frac{i(0_-)}{s} \tag{11-7b}$$

式中，$i(0_-)$ 为电感的初始电流，sL 为电感运算阻抗，$\dfrac{1}{sL}$ 为电感运算导纳，$Li(0_-)$ 表示附加电压源，$\dfrac{i(0_-)}{s}$ 表示附加电流源。图 11-2（b）和（c）为电感的运算电路。

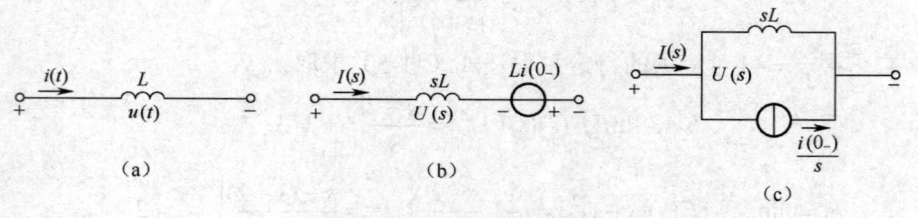

图 11-2 电感的运算电路

同理可得出电容元件电流和电压的复频域关系为

$$I(s) = sCU(s) - Cu(0_-) \quad (11\text{-}8a)$$

$$U(s) = \dfrac{1}{sC}I(s) + \dfrac{u(0_-)}{s} \quad (11\text{-}8b)$$

式中，$u(0_-)$ 为电容的初始电压，$\dfrac{1}{sC}$ 为电容运算阻抗，sC 为电容运算导纳，$\dfrac{u(0_-)}{s}$ 为附加电压源，$Cu(0_-)$ 为附加电流源。图 11-3（b）和（c）所示为电容的运算电路。

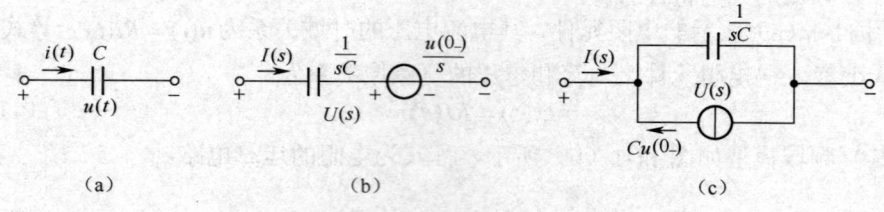

图 11-3 电容的运算电路

对于图 11-4（a）所示的耦合电感，其电压和电流的时域关系为

$$u_1 = L_1 \dfrac{di_1}{dt} + M \dfrac{di_2}{dt}$$

$$u_2 = M \dfrac{di_1}{dt} + L_2 \dfrac{di_2}{dt}$$

将上述表达式两边取拉氏变换得

$$U_1(s) = sL_1I_1(s) - L_1i_1(0_-) + sMI_2(s) - Mi_2(0_-)$$

$$U_2(s) = sL_2I_2(s) - L_2i_2(0_-) + sMI_1(s) - Mi_1(0_-)$$

其相应的运算电路如图 11-4（b）所示。

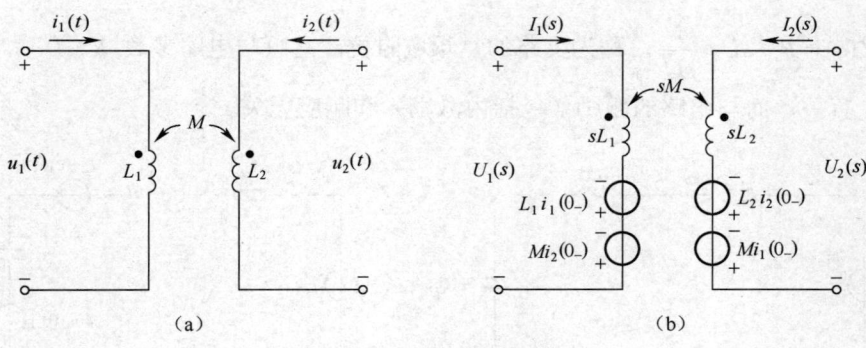

图 11-4 互感的运算电路

图中 sM 称为互感运算阻抗，$L_1i_1(0_-)$、$L_2i_2(0_-)$、$Mi_1(0_-)$ 和 $Mi_2(0_-)$ 都是附加电压源，其方向与电流 i_1、i_2 的参考方向有关。

电路理论中已知：对于电路中的任意一个结点，其时域形式的 KCL 方程为 $\sum_{k=1}^{n} i_k(t) = 0$（$k=1,2,3,\cdots,n$），式中 n 为连接在结点上的支路数。

对上式进行拉普拉斯变换得 $\mathscr{L}\left[\sum_{k=1}^{n} i_k(t)\right] = \mathscr{L}[0]$，即 $\sum_{k=1}^{n}\mathscr{L}[i_k(t)] = 0$。这说明在集总电路中，任一结点的所有支路电流象函数的代数和等于零，即有 KCL 的复频域形式

$$\sum_{k=1}^{n} I_k(s) = 0 \tag{11-9}$$

式中，$I_k(s) = \mathscr{L}[i_k(t)]$ 为支路电流 $i_k(t)$ 的象函数。

同理，对于集总电路中的任意一个回路，所有支路电压象函数的代数和等于零，即 KVL 的复频域形式为

$$\sum_{k=1}^{n} U_k(s) = 0 \tag{11-10}$$

式中，$U_k(s) = \mathscr{L}[u_k(t)]$ 为支路电压 $u_k(t)$ 的象函数。

如图 11-5（a）所示为时域 RLC 串联电路模型，其复频域运算电路模型如图 11-5（b）所示，列写方程得

$$I(s) = \frac{U(s) + Li(0_-) - \frac{1}{s}u_C(0_-)}{R + sL + \frac{1}{sC}} = \frac{U(s)}{Z(s)} + \frac{Li(0_-) - \frac{1}{s}u_C(0_-)}{Z(s)} \tag{11-11}$$

式中 $Z(s) = R + sL + \dfrac{1}{sC}$，称为支路的复频域阻抗，它只与电路参数 R、L、C 及复频率 s 有关，而与电路的激励（包括内激励）和响应无关。

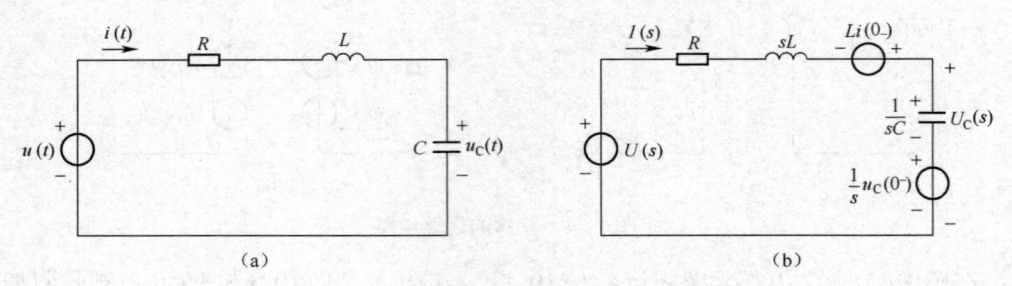

图 11-5 RLC 串联电路

式（11-11）中等号右端的第一项只与激励 $U(s)$ 有关，故为 s 域中的零状态响应；等号右端的第二项只与初始条件 $i(0_-)$、$u_C(0_-)$ 有关，故为 s 域中的零输入响应；等号左端的 $I(s)$ 为 s 域中的全响应。若 $i(0_-) = u_C(0_-) = 0$，则式（11-11）变为

$$I(s) = \frac{U(s)}{Z(s)}$$

或

$$U(s) = Z(s)I(s)$$

上式即为复频域形式的欧姆定律。

11.4　应用拉普拉斯变换法分析线性电路

利用拉普拉斯变换分析线性电路过渡过程的方法称为复频域分析法，习惯上称为运算法。对于复频域运算电路的求解，电路分析的各种定律、方法、定理均适用，只是此时必须在复频域中进行，其一般步骤如下：

（1）根据换路前 0_- 电路的工作状态计算初始值 $i_L(0_-)$ 和 $u_C(0_-)$ 等。

（2）按照换路后的接线方式画出运算电路模型。图中无源元件及支路用复频域阻抗或导纳表示，并正确标出附加电源的大小和方向；独立电源转换为象函数形式，各待求电量均用象函数表示。

（3）选择适当的复频域形式电路分析方法（如等效变换、结点法、戴维宁定理等）列写运算电路的方程组。

（4）求解上述复频域代数方程组，得待求响应的象函数。

（5）运用拉普拉斯反变换计算待求响应的原函数。

例 11-6 如图 11-6（a）所示，电路原处于稳态，$t=0$ 时开关 S 闭合，试用运算法求解电流 $i_1(t)$。

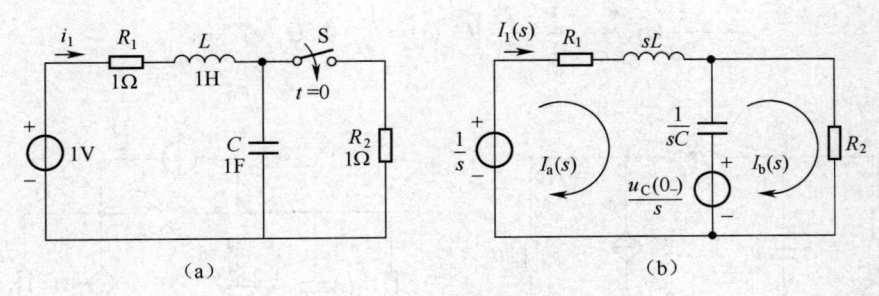

图 11-6 例 11-6 图

解 （1）求初始值。

$t=0_-$ 稳态时，电感相当于短路，电容相当于开路，可得

$$i_L(0_-)=0,\ u_C(0_-)=1\text{V}$$

（2）画 $t>0$ 后的运算电路。

外加激励的象函数 $\mathscr{L}[U_S]=\dfrac{1}{s}$，根据所求初始值得运算电路如图 11-6（b）所示。

（3）设回路电流为 $I_a(s)$、$I_b(s)$，方向如图所示，则有

$$\begin{cases}\left(R_1+sL+\dfrac{1}{sC}\right)I_a(s)-\dfrac{1}{sC}I_b(s)=\dfrac{1}{s}-\dfrac{u_C(0_-)}{s}\\-\dfrac{1}{sC}I_a(s)+\left(R_2+\dfrac{1}{sC}\right)I_b(s)=\dfrac{u_C(0_-)}{s}\end{cases}$$

解得 $I_1(s)=I_a(s)=\dfrac{1}{s(s^2+2s+2)}$

（4）运用部分分式展开法及通过查表可得

$$I_1(s)=\dfrac{1}{s(s^2+2s+2)}=\dfrac{1}{2}\left[\dfrac{1}{s}+\dfrac{s+1}{(s+1)^2+1}-\dfrac{1}{(s+1)^2+1}\right]$$

即 $i_1(t)=\mathscr{L}^{-1}[I_1(s)]=\dfrac{1}{2}(1+e^{-t}\cos t-e^{-t}\sin t)\text{A}$ （$t>0$）

例 11-7 有图 11-7（a）所示的电路，$u_1(0_-)=-2\text{V}$，$i(0_-)=1\text{A}$，$R_1=R_2=1\Omega$，$L=2\text{H}$，$C=2\text{F}$，$g=0.5\text{S}$，求零输入响应 $u_2(t)$。

解 因只求零输入响应，故令激励源 $u_s(t)=0$，画出运算电路模型，如图 11-7（b）所示。列出结点电压方程为

$$\left(\frac{1}{1}+2s+\frac{1}{2s}\right)U_1(s)-\frac{1}{2s}U_2(s)=-4-\frac{1}{s}$$

$$-\frac{1}{2s}U_1(s)+\left(\frac{1}{1}+\frac{1}{2s}\right)U_2(s)=\frac{1}{s}-0.5U_1(s)$$

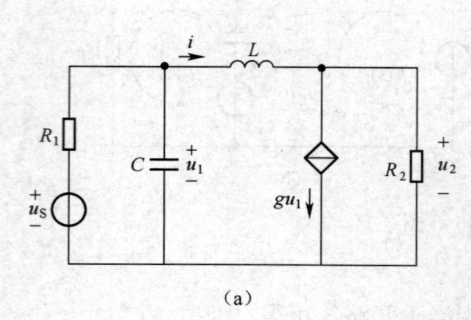

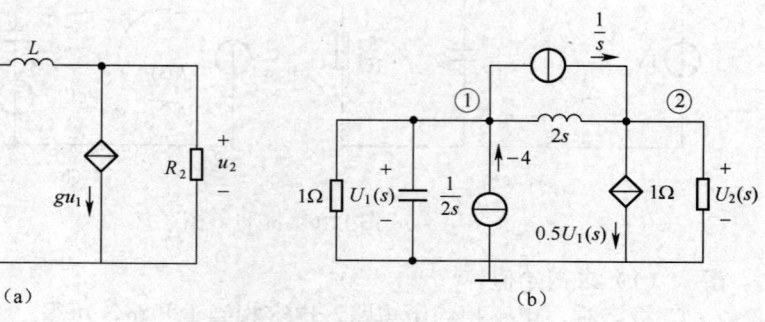

图 11-7 例 11-7 图

求解方程组得

$$U_2(s)=\frac{2s-\dfrac{1}{4}}{s^2+s+\dfrac{5}{8}}=\frac{2\left(s+\dfrac{1}{2}\right)}{\left(s+\dfrac{1}{2}\right)^2+\left(\sqrt{\dfrac{3}{8}}\right)^2}-\frac{\dfrac{5}{4}\sqrt{\dfrac{8}{3}}\times\sqrt{\dfrac{3}{8}}}{\left(s+\dfrac{1}{2}\right)^2+\left(\sqrt{\dfrac{3}{8}}\right)^2}$$

查表 11-1 即得

$$u_2(t)=\mathcal{L}^{-1}[U_2(s)]=\left(2\mathrm{e}^{-\frac{1}{2}t}\cos\sqrt{\frac{3}{8}}t-\frac{5}{4}\sqrt{\frac{8}{3}}\mathrm{e}^{-\frac{1}{2}t}\sin\sqrt{\frac{3}{8}}t\right)\mathrm{V}$$

例 11-8 有图 11-8（a）所示的 RC 并联电路，激励为电流源 $i_S(t)$，若（1）$i_S(t)=\varepsilon(t)\mathrm{A}$，（2）$i_S(t)=\delta(t)\mathrm{A}$，求响应 $u(t)$。

解 画运算电路如图 11-8（b）所示，则有

$$U(s)=Z(s)I_S(s)=\frac{R\cdot\dfrac{1}{sC}}{R+\dfrac{1}{sC}}\times\frac{1}{s}=\frac{R}{(1+RCs)}I_S(s)$$

（1）当 $i_S(t)=\varepsilon(t)\mathrm{A}$ 时

$$I_S(s)=\frac{1}{s}$$

$$U(s)=\frac{R}{s(1+RCs)}=\frac{R}{s}-\frac{R}{s+\dfrac{1}{RC}}$$

反变换得

$$u(t) = \mathscr{L}^{-1}[U(s)] = R\left(1 - e^{-\frac{t}{RC}}\right)\varepsilon(t)\text{V}$$

（2）当 $i_S(t) = \delta(t)\text{A}$ 时

$$I_S(s) = 1$$

$$U(s) = \frac{R}{1 + sRC} = \frac{1}{C} \cdot \frac{1}{s + \frac{1}{RC}}$$

反变换得

$$u(t) = \mathscr{L}^{-1}[U(s)] = \frac{1}{C}e^{-\frac{t}{RC}}\varepsilon(t)\text{V}$$

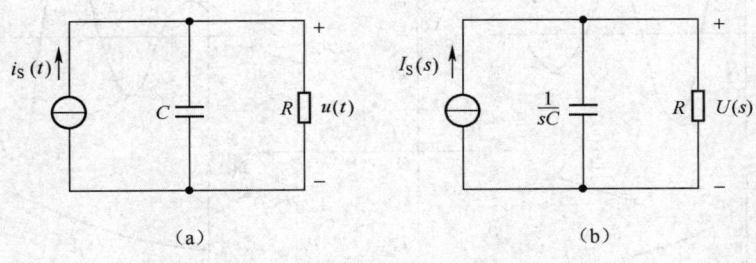

图 11-8　例 11-8 图

11.5　应用实例：分析系统的稳定性和电路的频率特性

可以运用拉普拉斯变换分析系统的稳定性和电路的频率特性。

11.5.1　分析系统的稳定性

考察一个电路的稳定性，通常分析冲激响应，当 $\lim_{t \to \infty} |h(t)|$ 有限值，称电路稳定；反之，在 $t \to \infty$ 时，$h(t)$ 没有边界，则电路是不稳定的。

在网络函数的一般表达式中，如果网络函数 $H(s)$ 分子的阶数高于分母的阶数，由反变换知系统不稳定。

图 11-9 反映了网络函数的极点与冲激响应的关系。由图可知：当 p_k 为负实根（如 p_2）时，响应按指数规律衰减，p_k 距原点越远，衰减越快；当 p_k 为正实根（如 p_3）时，响应按指数规律增长，p_k 距原点越远，增长越快；当 p_k 为共轭虚根（如 p_1）时，响应为纯正弦量，即不衰减的自由振荡，p_k 距原点越远，振荡频率越高；当 p_k 为共轭复根（如 p_4、p_5）时，响应是以指数为包络线的正弦函数，若实部为

负（或为正），即为振幅按指数衰减（或增大）的自由振荡，p_k 距虚轴越远，衰减（或增长）越快；距实轴越远，振荡频率越高。

可以看出 $h(t)$ 随时间按指数规律增长的电路称为不稳定电路，$h(t)$ 随时间按指数规律衰减的电路为稳定电路。因此对于一个实际的线性电路，其网络函数极点一般位于左半平面。

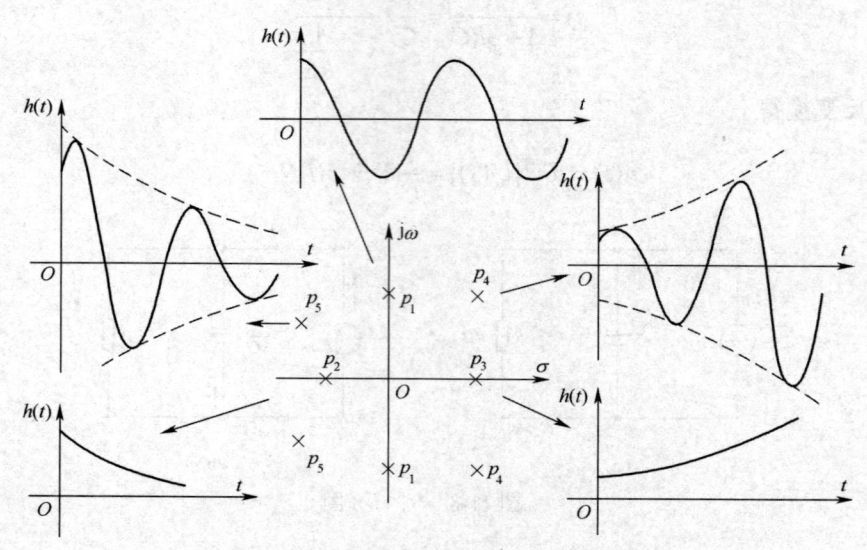

图 11-9　网络函数的极点与冲激响应的关系

11.5.2　分析电路的频率特性

网络函数 $H(s)$ 的零点、极点与电路变量的频率响应有着内在的关系。

例 11-9　对 RC 串联电路，外加激励 u_1 为正弦电压源，试定性分析以 u_C 为输出时该电路的频率响应。

解　以电压 u_C 为输出变量时的网络函数为

$$H(s) = \frac{U_C(s)}{U_1(s)} = \frac{1}{1+sRC} = \frac{1}{RC} \cdot \frac{1}{s+\dfrac{1}{RC}}$$

将网络函数 $H(s)$ 中的 s 用 $j\omega$ 代替得频率响应

$$H(j\omega) = \frac{1}{1+j\omega RC} = \frac{1}{\sqrt{1+(\omega RC)^2}} \underline{/-\arg\tan(\omega RC)}$$

图 11-10（a）中极点为 $p = -1/(RC)$，在虚轴上选定 $j\omega_1$、$j\omega_2$ 和 $j\omega_3$ 三点。线段

M_1、M_2、M_3 的长度去除 $1/(RC)$ 即为 $H(\mathrm{j}\omega)$ 在角频率 ω_1、ω_2 和 ω_3 时的幅值，由此可绘出图 11-10（b）所示 $H(\mathrm{j}\omega)$ 的幅频响应曲线 $|H(\mathrm{j}\omega)| = \dfrac{1}{\sqrt{1+(\omega RC)^2}}$。

线段 M_1、M_2、M_3 与横轴的夹角 θ_1、θ_2、θ_3 就是 $H(\mathrm{j}\omega)$ 在角频率 ω_1、ω_2 和 ω_3 时的辐角，其值为负，由此可以绘出图 11-10（c）所示相频响应曲线 $\theta = -\arg\tan(\omega RC)$。

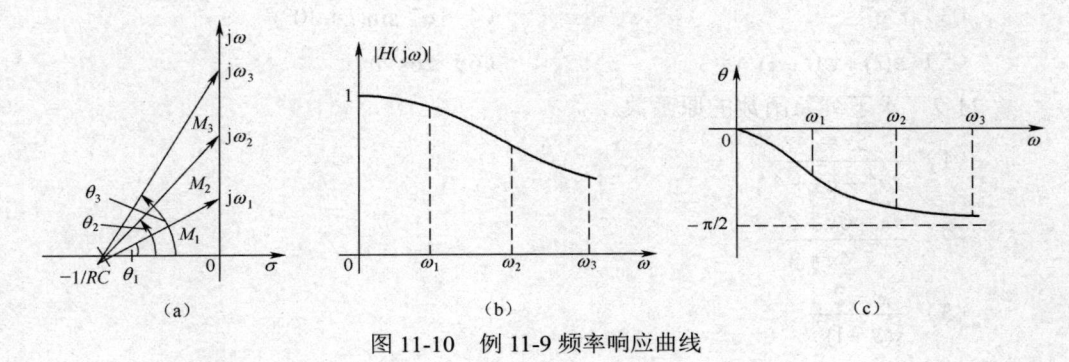

图 11-10 例 11-9 频率响应曲线

本章小结

计算象函数 $F(s)$ 的方法有：按照拉普拉斯定义式计算、利用拉普拉斯变换的有关性质、查积分变换表。

拉普拉斯变换的主要性质有线性性质、微分性质、积分性质等。

通常用部分分式展开法计算拉普拉斯反变换，展开时按分母根的取值情况分三种类型。

复频域形式的基尔霍夫定律分别为 $\sum I(s) = 0$ 和 $\sum U(s) = 0$。

复频域中线性电阻、电容、电感上电压、电流象函数之间的关系分别为

$$U(s) = RI(s)$$

$$U(s) = sLI(s) - Li(0_-)$$

$$U(s) = \dfrac{1}{sC}I(s) + \dfrac{u(0_-)}{s}$$

对换路后电路画运算模型时，无源元件及支路用复频域阻抗或导纳表示，并注意附加电源的大小和方向；独立电源转换为象函数形式，各待求电量均用象函数表示。

电路分析的各种定律、定理及方法均可转换为复频域形式，并推广应用于动态电路运算模型的计算，即称复频域分析法。

习题 11

11-1 求下列原函数的象函数。

(1) $t^2 - 4t + 1$
(2) te^{-at}
(3) $t^3 e^{-at}$
(4) $e^{-t}\sin(t+30°)$
(5) $\varepsilon(t) + \varepsilon(t-1)$
(6) $\cos^2 \omega t$

11-2 求下列象函数的原函数。

(1) $\dfrac{5s+1}{2s^2+6s+4}$

(2) $\dfrac{s^2+6s+8}{s^2+4s+3}$

(3) $\dfrac{s-2}{s(s+1)^2}$

(4) $\dfrac{s+3}{(s+1)(s^2+2s+5)}$

(5) $\dfrac{2s+1}{s(s+2)(s+5)}$

(6) $\dfrac{s(s^2+2)}{(s^2+12)(s^2+3)}$

11-3 图 11-11 所示的电路原已达稳态，$t=0$ 时把开关 S 合上，分别画出运算电路。

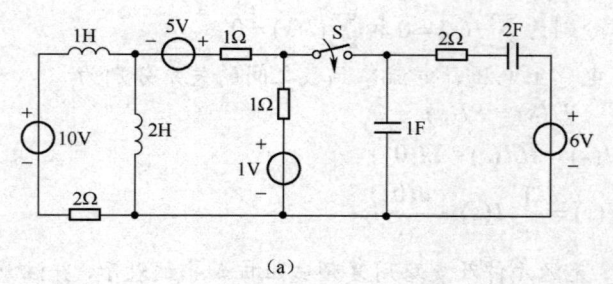

图 11-11 题 11-3 的图

11-4 如图 11-12 所示的电路，开关在 1 位置很久且电路达到稳态，$t=0$ 时开关合至 2 的位置，画出 $t>0$ 时的运算电路。

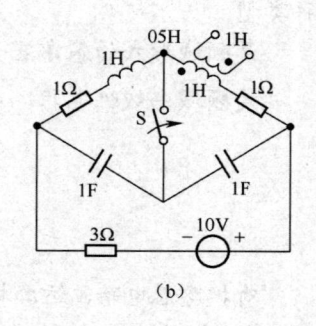

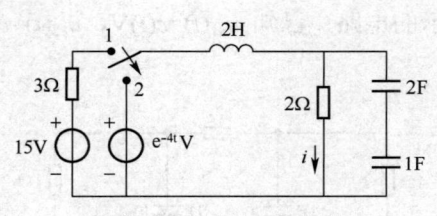

图 11-12 题 11-4 的图

11-5 图 11-13 所示的电路中，$L_1=1H$，$L_2=1H$，$M=0.05H$，$R_1=R_2=1\Omega$，$U_S=1V$，S 闭合前互感原无磁场能量。$t=0$ 时合上开关 S，用运算法求电流 i_1、i_2。

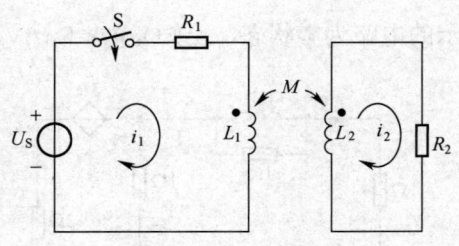

图 11-13 题 11-5 的图

11-6 图 11-14 所示的电路，$t=0$ 时合上开关 S，用结点法求 $i(t)$。

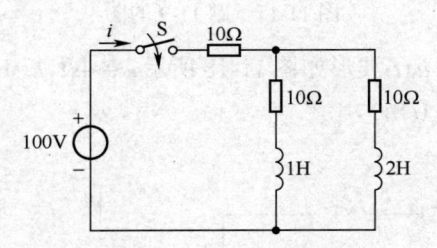

图 11-14 题 11-6 的图

11-7 图 11-15 所示的电路，开关 S 闭合已久，$t=0$ 时 S 打开，试给出运算电路模型并用结点分析法求电压 $U(S)$。

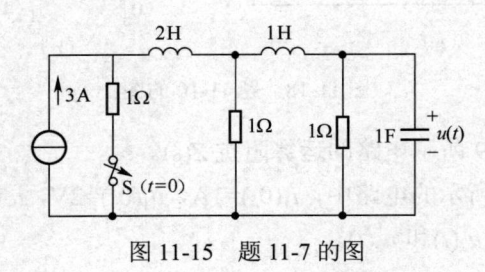

图 11-15 题 11-7 的图

11-8 图 11-16 所示的电路，已知 $u_{s1}(t)=\varepsilon(t)$V，$u_{s2}(t)=\delta(t)$V，用结点法求 $u_1(t)$ 和 $u_2(t)$。

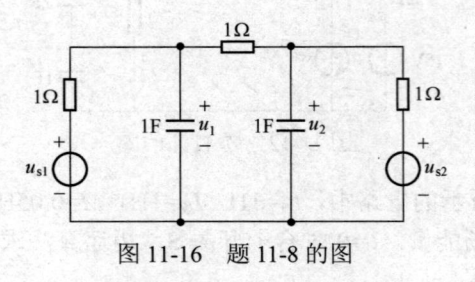

图 11-16 题 11-8 的图

11-9 图 11-17 所示的电路为零状态，已知 $u_{s1}(t)=5\varepsilon(t)$V，求电压 $u_1(t)$。

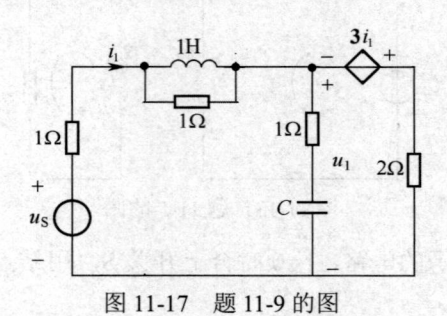

图 11-17 题 11-9 的图

11-10 已知电路和 $u_i(t)$ 波形如图 11-18 所示，$R=4\Omega$，$L=1$H，$C=0.25$F，$i_L(0_-)=0$，$u_C(0_-)=0$，运算法求 $i_L(t)$。

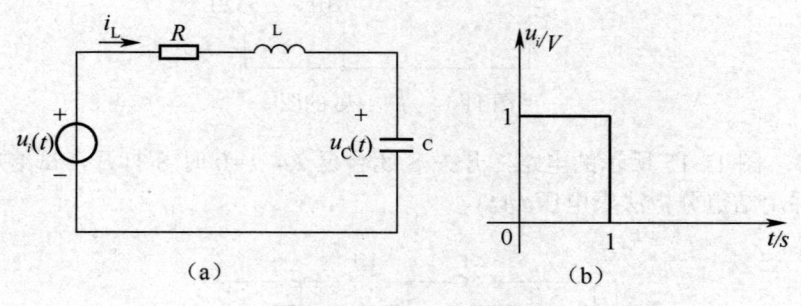

图 11-18 题 11-10 的图

11-11 求图 11-19 所示电路的运算阻抗 $Z(s)$。

11-12 图 11-20 所示的电路中，$i_1(0_-)=1$A，$u_1(0_-)=2$V，$u_3(0_-)=1$V，试用拉氏变换法求 $t \geq 0$ 时的电压 $u_2(t)$ 和 $u_3(t)$。

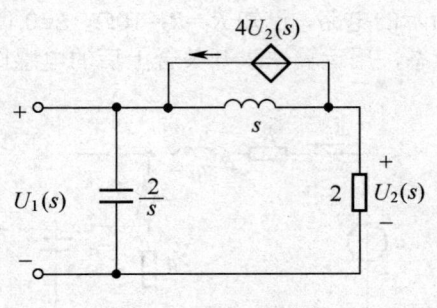

图 11-19 题 11-11 的图

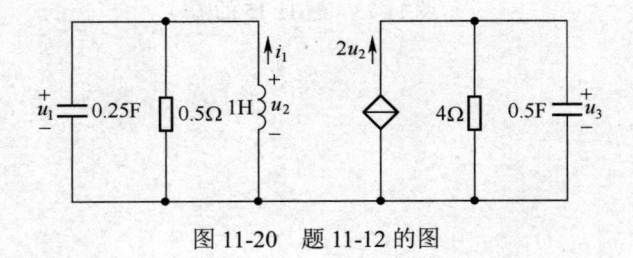

图 11-20 题 11-12 的图

11-13 图 11-21 所示的电路，在 $t=0$ 时合上开关 S，用运算法求 $i(t)$ 和 $u_C(t)$。

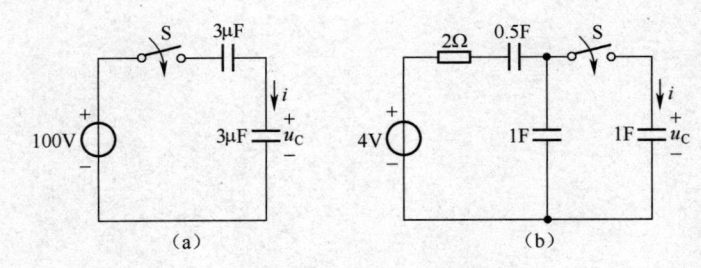

(a)   (b)

图 11-21 题 11-13 的图

11-14 图 11-22 所示的电路，$i_L(0_-)=0$，在 $t=0$ 时合上开关 S，求 $t \geqslant 0$ 时的 $u_L(t)$。

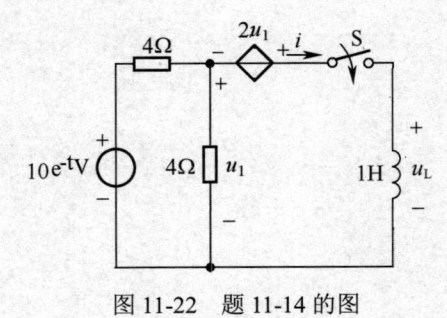

图 11-22 题 11-14 的图

11-15 图 11-23 所示的电路，已知 $R_1=R_2=10\Omega$，$L=0.15\text{H}$，$C=250\mu\text{F}$，$u=150\text{V}$，开关闭合前电路处于稳态，用运算法求开关合上后的电感电压 u_L。

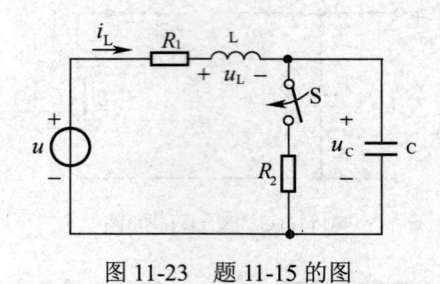

图 11-23 题 11-15 的图

第 12 章　二端口网络

内容提要

本章介绍二端口网络的概念、方程和参数，二端口网络的 T 型和 Π 型等效电路，以及二端口的连接。

学习目标

（1）理解二端口网络的概念。
（2）理解二端口网络参数（Z 参数、Y 参数、T 参数和 H 参数）的求法，理解每个参数之间的转换关系。
（3）掌握二端口的等效电路，即 T 型电路和 Π 型电路。
（4）掌握二端口的连接，即级联、串联和并联。

本章知识结构图

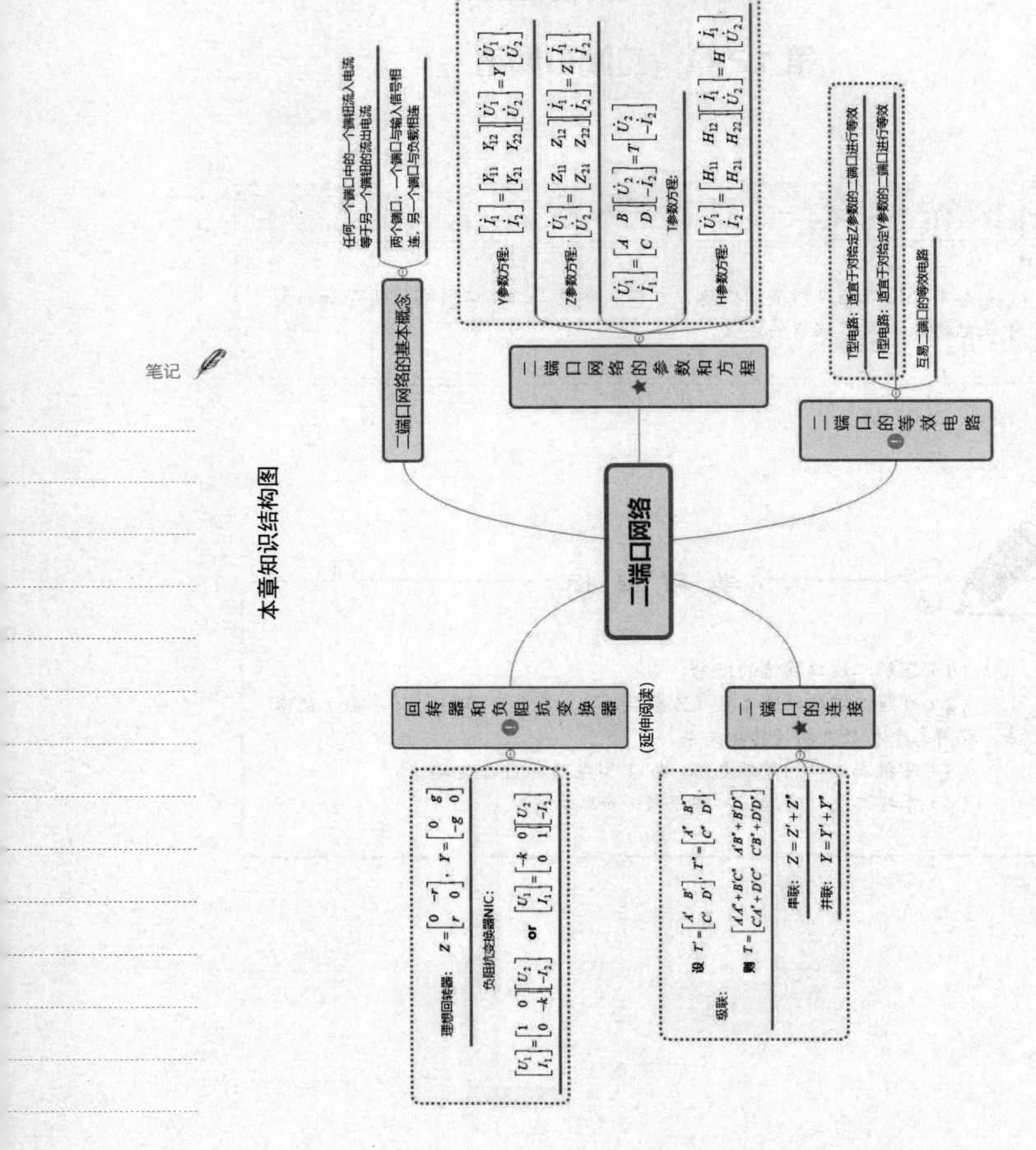

二端口网络

- **二端口网络的基本概念**
  - 任何一个端口中的一个端钮流入电流等于另一个端钮流出的电流
  - 两个端口，一个端口与输入信号相连，另一个端口与负载相连

- **二端口网络的参数和方程** ★
  - Y参数方程：$\begin{bmatrix} I_1 \\ I_2 \end{bmatrix} = \begin{bmatrix} Y_{11} & Y_{12} \\ Y_{21} & Y_{22} \end{bmatrix} \begin{bmatrix} \dot{U}_1 \\ \dot{U}_2 \end{bmatrix} = Y \begin{bmatrix} \dot{U}_1 \\ \dot{U}_2 \end{bmatrix}$
  - Z参数方程：$\begin{bmatrix} \dot{U}_1 \\ \dot{U}_2 \end{bmatrix} = \begin{bmatrix} Z_{11} & Z_{12} \\ Z_{21} & Z_{22} \end{bmatrix} \begin{bmatrix} \dot{I}_1 \\ \dot{I}_2 \end{bmatrix} = Z \begin{bmatrix} \dot{I}_1 \\ \dot{I}_2 \end{bmatrix}$
  - T参数方程：$\begin{bmatrix} \dot{U}_1 \\ \dot{I}_1 \end{bmatrix} = \begin{bmatrix} A & B \\ C & D \end{bmatrix} \begin{bmatrix} \dot{U}_2 \\ -\dot{I}_2 \end{bmatrix} = T \begin{bmatrix} \dot{U}_2 \\ -\dot{I}_2 \end{bmatrix}$
  - H参数方程：$\begin{bmatrix} \dot{U}_1 \\ \dot{I}_2 \end{bmatrix} = \begin{bmatrix} H_{11} & H_{12} \\ H_{21} & H_{22} \end{bmatrix} \begin{bmatrix} \dot{I}_1 \\ \dot{U}_2 \end{bmatrix} = H \begin{bmatrix} \dot{I}_1 \\ \dot{U}_2 \end{bmatrix}$

- **二端口的等效电路** ❶
  - T型电路：适宜于对给定Z参数的二端口进行等效
  - π型电路：适宜于对给定Y参数的二端口进行等效
  - 互易二端口的等效电路

- **回转器和负阻抗变换器** ❶（延伸阅读）
  - 理想回转器：$Z = \begin{bmatrix} 0 & -r \\ r & 0 \end{bmatrix}$，$Y = \begin{bmatrix} 0 & g \\ -g & 0 \end{bmatrix}$
  - 负阻抗变换器NIC：
    $\begin{bmatrix} \dot{U}_1 \\ \dot{I}_1 \end{bmatrix} = \begin{bmatrix} 1 & 0 \\ 0 & -k \end{bmatrix} \begin{bmatrix} \dot{U}_2 \\ -\dot{I}_2 \end{bmatrix}$ or $\begin{bmatrix} \dot{U}_1 \\ \dot{I}_1 \end{bmatrix} = \begin{bmatrix} -k & 0 \\ 0 & 1 \end{bmatrix} \begin{bmatrix} \dot{U}_2 \\ -\dot{I}_2 \end{bmatrix}$

- **二端口的连接** ★
  - 级联：设 $T' = \begin{bmatrix} A' & B' \\ C' & D' \end{bmatrix}$，$T'' = \begin{bmatrix} A'' & B'' \\ C'' & D'' \end{bmatrix}$
    则 $T = \begin{bmatrix} A'A'' + B'C'' & A'B'' + B'D'' \\ C'A'' + D'C'' & C'B'' + D'D'' \end{bmatrix}$
  - 串联：$Z = Z' + Z''$
  - 并联：$Y = Y' + Y''$

笔记

12.1　二端口网络的基本概念

本书第 2 章已经指出，通过引出一对端钮与外电路连接的网络称为二端网络，通常分为无源二端网络和有源二端网络两类。二端网络中电流从一个端钮流入，从另一个端钮流出，这样一对端钮构成了网络的一个端口，故二端网络也称为一端口网络。

在工程实践中，常见到涉及两个端口的网络，如变压器、滤波器、放大器和反馈网络等，如图 12-1 所示。对于二端口网络，若用方框图表示，其电路符号如图 12-1（d）所示。通常左边一对端钮 1-1′与信号源相连，称为输入端口，端口电压和电流下标用 1 表示；右边一对端钮 2-2′与负载相连，称为输出端口，端口电压和电流下标用 2 表示。

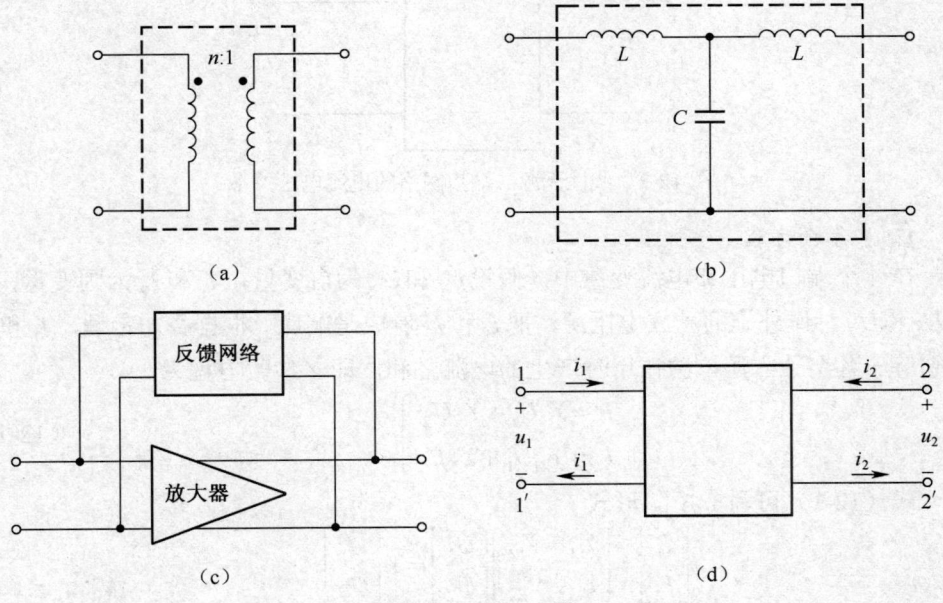

图 12-1　二端口网络

对于二端口网络来说，其中任何一个端口中的一个端钮流入电流等于另一个端钮的流出电流。如果不满足这个条件，就不称为二端口网络，而称为四端子网络。

本章所研究的二端口网络，其内部不包含独立电源，只由无源线性电阻、电感、电容等元件和线性受控源所构成。

对二端口网络进行分析时，一般是求解其外部两个端口处的电压、电流以及它们之间的关系,而不去关注内部的电压和电流情况。分析的基本思路是将二端口网络作为"黑箱",通过各种参数来表示端口电压和电流之间的关系,并利用这些参数来比较不同的二端口在传递电能和信号处理方面的性能,从而评价它们的品质。同时若将一个复杂的二端口分解为若干个简单二端口的组合,还可以通过简单二端口的参数来计算复杂二端口的参数,这样可以简化复杂电路的分析。

12.2 二端口网络的参数和方程

图 12-2 所示是一个无源线性二端口网络,假设它处于正弦稳态电路中,端口电压和电流用相量表示,并取关联参考方向。本节以此二端口为对象讨论二端口网络的各种方程和参数。

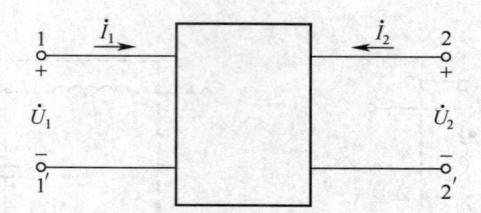

图 12-2 线性无源二端口网络的电流电压关系

1. Y 参数方程

在 4 个端口电压和电流变量中,假设 $\dot{U}_1$ 和 $\dot{U}_2$ 为自变量,$\dot{I}_1$ 和 $\dot{I}_2$ 为因变量,即将 $\dot{U}_1$ 和 $\dot{U}_2$ 看作外施的独立电压源,把 $\dot{I}_1$ 和 $\dot{I}_2$ 看成是响应。根据叠加定理,$\dot{I}_1$ 和 $\dot{I}_2$ 分别等于各个独立源单独作用时产生的电流之和,即 Y 参数方程为

$$\left. \begin{array}{l} \dot{I}_1 = Y_{11}\dot{U}_1 + Y_{12}\dot{U}_2 \\ \dot{I}_2 = Y_{21}\dot{U}_1 + Y_{22}\dot{U}_2 \end{array} \right\} \quad (12\text{-}1)$$

式(12-1)可写成矩阵形式

$$\begin{bmatrix} \dot{I}_1 \\ \dot{I}_2 \end{bmatrix} = \begin{bmatrix} Y_{11} & Y_{12} \\ Y_{21} & Y_{22} \end{bmatrix} \begin{bmatrix} \dot{U}_1 \\ \dot{U}_2 \end{bmatrix} = Y \begin{bmatrix} \dot{U}_1 \\ \dot{U}_2 \end{bmatrix}$$

其中, $Y \overset{\text{def}}{=\!=} \begin{bmatrix} Y_{11} & Y_{12} \\ Y_{21} & Y_{22} \end{bmatrix}$ 称为二端口的 Y 参数矩阵,而 Y_{11}、Y_{12}、Y_{21}、Y_{22} 称为二端口的 Y 参数。Y 参数属于导纳性质,可按式(12-2)计算或通过图 12-3 所示的电路实验测量求得。

$$Y_{11} = \left.\frac{\dot{I}_1}{\dot{U}_1}\right|_{\dot{U}_2=0}$$

$$Y_{21} = \left.\frac{\dot{I}_2}{\dot{U}_1}\right|_{\dot{U}_2=0}$$

$$Y_{12} = \left.\frac{\dot{I}_1}{\dot{U}_2}\right|_{\dot{U}_1=0}$$

$$Y_{22} = \left.\frac{\dot{I}_2}{\dot{U}_2}\right|_{\dot{U}_1=0}$$

（12-2）

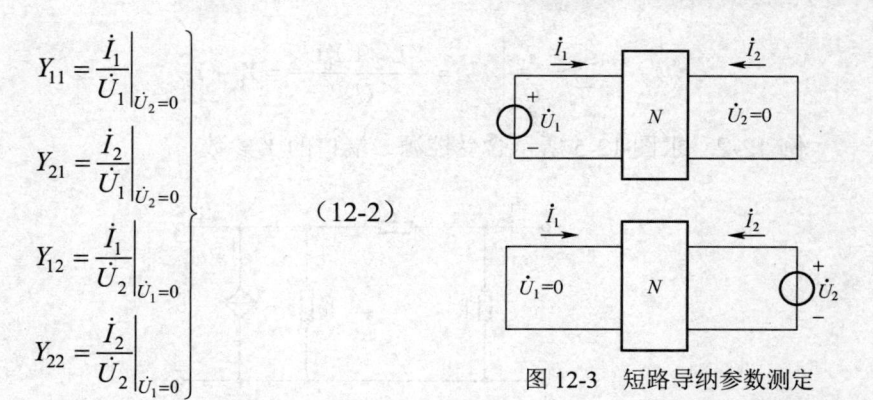

图 12-3 短路导纳参数测定

由式（12-2）可知，Y_{11} 和 Y_{21} 表示端口 2-2′短路时端口 1-1′处的输入驱动导纳及端口 2-2′处的转移导纳；同理，Y_{22} 和 Y_{12} 表示端口 1-1′短路时端口 2-2′处的输入驱动导纳和端口 1-1′处的转移导纳。由于 Y 参数都是在一个端口短路的情况下通过计算或测试求得的，因而又称为短路导纳参数。

例 12-1 求图 12-4（a）所示二端口的 Y 参数。

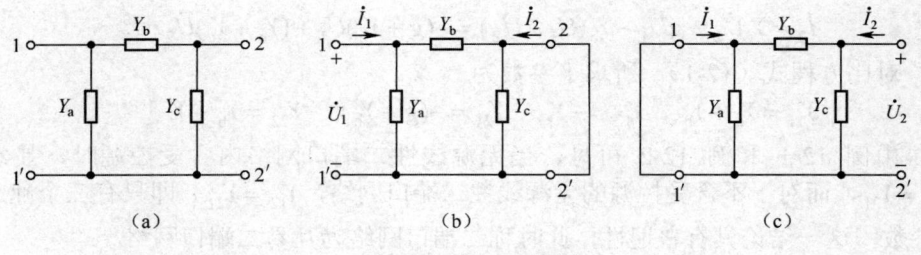

图 12-4 例 12-1 图

解 如图 12-4（b）所示，令 $\dot{U}_2 = 0$，即将端口 2-2′短路，在端口 1-1′处外施电压 $\dot{U}_1$。由式（12-2）得

$$Y_{11} = \left.\frac{\dot{I}_1}{\dot{U}_1}\right|_{\dot{U}_2=0} = \frac{Y_a \dot{U}_1 + Y_b \dot{U}_1}{\dot{U}_1} = Y_a + Y_b$$

$$Y_{21} = \left.\frac{\dot{I}_2}{\dot{U}_1}\right|_{\dot{U}_2=0} = \frac{-Y_b \dot{U}_1}{\dot{U}_1} = -Y_b$$

如图 12-4（c）所示，令 $\dot{U}_1 = 0$，即将端口 1-1′短路，在端口 2-2′处外施电压 $\dot{U}_2$，由式（12-2）得

$$Y_{12} = \left.\frac{\dot{I}_1}{\dot{U}_2}\right|_{\dot{U}_1=0} = \frac{-Y_b \dot{U}_2}{\dot{U}_2} = -Y_b$$

$$Y_{22} = \left.\frac{\dot{I}_2}{\dot{U}_2}\right|_{\dot{U}_1=0} = \frac{Y_c \dot{U}_2 + Y_b \dot{U}_2}{\dot{U}_2} = Y_b + Y_c$$

例 12-2 求图 12-5 所示含受控源二端口的 Y 参数。

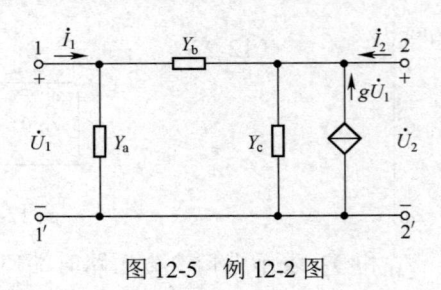

图 12-5 例 12-2 图

解 方法 1：可参考例 12-1 的方法求解，此处略去。

方法 2：同时在端口 1-1′和端口 2-2′处施加电压 $\dot{U}_1$、$\dot{U}_2$，采取直接观察法列写 KCL 方程

$$\dot{I}_1 = Y_a\dot{U}_1 + Y_b(\dot{U}_1 - \dot{U}_2) = (Y_a + Y_b)\dot{U}_1 - Y_b\dot{U}_2$$

$$\dot{I}_2 = Y_c\dot{U}_2 - g\dot{U}_1 - Y_b(\dot{U}_1 - \dot{U}_2) = -(g + Y_b)\dot{U}_1 + (Y_b + Y_c)\dot{U}_2$$

对比方程式（12-1），所求 Y 参数为

$$Y_{11} = Y_a + Y_b \quad Y_{12} = -Y_b \quad Y_{21} = -(g + Y_b) \quad Y_{22} = Y_b + Y_c$$

由例 12-1 和例 12-2 可见，当无源线性二端口网络内含受控源时，显然有 $Y_{12} \neq Y_{21}$，而对于不含受控源的无源线性二端口网络，$Y_{12} = Y_{21}$，即只有三个独立的 Y 参数，这一结论具有普遍性，此时称二端口网络为互易二端口网络。

对于一个互易二端口网络，若再满足 $Y_{11} = Y_{22}$，即只有两个独立的 Y 参数，则此二端口网络的两个端口 1-1′和 2-2′互换位置后与外电路相连，其外部特性不会改变，即从任一端口看进去，它的电气特性是一样的，因而称为电气对称的二端口网络，简称对称二端口网络。显然结构对称的二端口必定是电气对称的，但是电气对称并不一定意味着结构对称。例如图 12-4（a）所示的 Π 型电路，当 $Y_a = Y_c$ 时结构对称，此时 $Y_{12} = Y_{21}$，$Y_{11} = Y_{22}$，因而也是电气对称的。

2. Z 参数方程

对于图 12-2 所示的二端口网络，以 $\dot{I}_1$ 和 $\dot{I}_2$ 作为自变量，$\dot{U}_1$ 和 $\dot{U}_2$ 作为因变量，即把 $\dot{I}_1$ 和 $\dot{I}_2$ 看作外施电流源，$\dot{U}_1$ 和 $\dot{U}_2$ 看作响应电压，根据叠加定理可得 Z 参数方程为

$$\left.\begin{aligned}\dot{U}_1 &= Z_{11}\dot{I}_1 + Z_{12}\dot{I}_2 \\ \dot{U}_2 &= Z_{21}\dot{I}_1 + Z_{22}\dot{I}_2\end{aligned}\right\} \quad (12\text{-}3)$$

写成矩阵形式，即得 $\begin{bmatrix} \dot{U}_1 \\ \dot{U}_2 \end{bmatrix} = \begin{bmatrix} Z_{11} & Z_{12} \\ Z_{21} & Z_{22} \end{bmatrix} \begin{bmatrix} \dot{I}_1 \\ \dot{I}_2 \end{bmatrix} = Z \begin{bmatrix} \dot{I}_1 \\ \dot{I}_2 \end{bmatrix}$

其中，$Z \stackrel{\text{def}}{=} \begin{bmatrix} Z_{11} & Z_{12} \\ Z_{21} & Z_{22} \end{bmatrix}$，称为二端口的 Z 参数矩阵，$Z_{11}$、$Z_{12}$、$Z_{21}$、$Z_{22}$ 称为 Z 参数。Z 参数具有阻抗性质，可按式（12-4）计算或通过图 12-6 所示的电路实验测量求得。

$$\left. \begin{aligned} Z_{11} &= \frac{\dot{U}_1}{\dot{I}_1}\bigg|_{\dot{I}_2=0} \\ Z_{21} &= \frac{\dot{U}_2}{\dot{I}_1}\bigg|_{\dot{I}_2=0} \\ Z_{12} &= \frac{\dot{U}_1}{\dot{I}_2}\bigg|_{\dot{I}_1=0} \\ Z_{22} &= \frac{\dot{U}_2}{\dot{I}_2}\bigg|_{\dot{I}_1=0} \end{aligned} \right\} \quad (12\text{-}4)$$

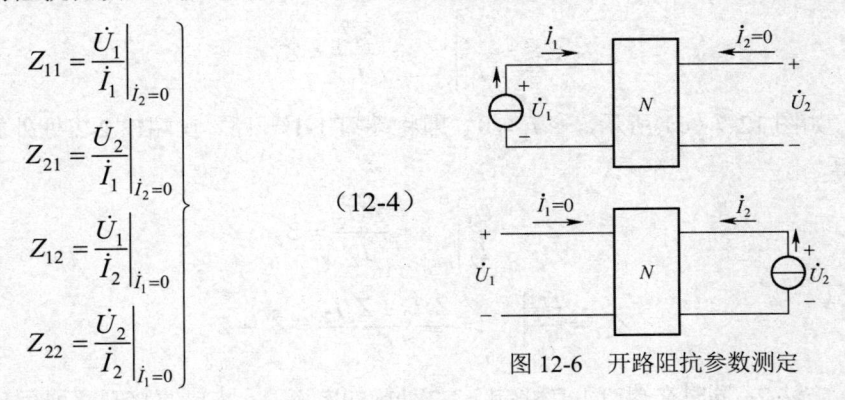

图 12-6 开路阻抗参数测定

由式（12-4）可知，Z_{11}、Z_{21} 分别是将端口 2-2′ 开路且在端口 1-1′ 处外施电流源时的输入阻抗和转移阻抗，Z_{22}、Z_{12} 分别是将端口 1-1′ 开路且在端口 2-2′ 处外施电流源时的输入阻抗和转移阻抗。由于 Z 参数都是在一个端口开路的情况下通过计算或测量求得，所以又称为开路阻抗参数。

比较式（12-1）和式（12-3）可知，Z 参数矩阵与 Y 参数矩阵之间满足互逆的关系，即

$$Z = Y^{-1} \text{ 或 } Y = Z^{-1}$$

$$\begin{bmatrix} Z_{11} & Z_{12} \\ Z_{21} & Z_{22} \end{bmatrix} = \frac{1}{\Delta_Y} \begin{bmatrix} Y_{22} & -Y_{21} \\ -Y_{12} & Y_{11} \end{bmatrix} \quad (12\text{-}5)$$

式中，$\Delta_Y = Y_{11}Y_{22} - Y_{12}Y_{21}$。

例 12-3 求图 12-7（a）所示二端口网络的 Z 参数。

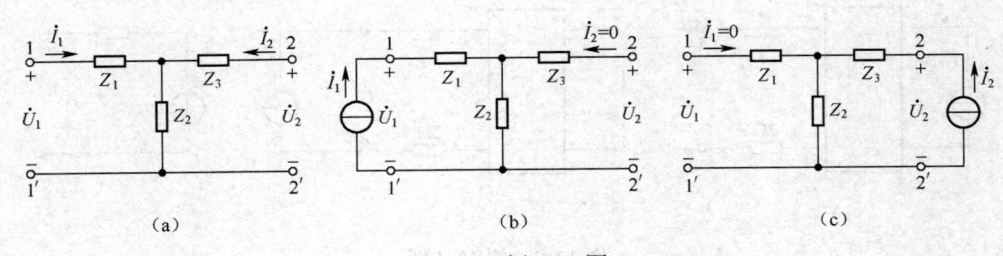

图 12-7 例 12-3 图

解 方法1：按式（12-4）计算。

如图12-7（b）所示，令 $\dot{I}_2 = 0$，即将端口2-2'开路，在端口1-1'处外施电流 $\dot{I}_1$，求得

$$Z_{11} = \left.\frac{\dot{U}_1}{\dot{I}_1}\right|_{\dot{I}_2=0} = \frac{Z_1\dot{I}_1 + Z_2\dot{I}_1}{\dot{I}_1} = Z_1 + Z_2$$

$$Z_{21} = \left.\frac{\dot{U}_2}{\dot{I}_1}\right|_{\dot{I}_2=0} = \frac{Z_2\dot{I}_1}{\dot{I}_1} = Z_2$$

如图12-7（c）所示，令 $\dot{I}_1 = 0$，即将端口1-1'开路，在端口2-2'处外施电流 $\dot{I}_2$，求得

$$Z_{12} = \left.\frac{\dot{U}_1}{\dot{I}_2}\right|_{\dot{I}_1=0} = \frac{Z_2\dot{I}_2}{\dot{I}_2} = Z_2$$

$$Z_{22} = \left.\frac{\dot{U}_2}{\dot{I}_2}\right|_{\dot{I}_1=0} = \frac{Z_3\dot{I}_2 + Z_2\dot{I}_2}{\dot{I}_2} = Z_2 + Z_3$$

方法2：同时在端口1-1'和端口2-2'处施加电流 $\dot{I}_1$、$\dot{I}_2$，直接观察列写KVL方程：

$$\dot{U}_1 = Z_1\dot{I}_1 + Z_2(\dot{I}_1 + \dot{I}_2) = (Z_1 + Z_2)\dot{I}_1 + Z_2\dot{I}_2$$
$$\dot{U}_2 = Z_3\dot{I}_2 + Z_2(\dot{I}_1 + \dot{I}_2) = Z_2\dot{I}_1 + (Z_2 + Z_3)\dot{I}_2$$

将上式与式（12-3）比较，可以得出

$$Z_{11} = Z_1 + Z_2 \quad Z_{12} = Z_2 \quad Z_{21} = Z_2 \quad Z_{22} = Z_2 + Z_3$$

由例12-3可见，$Z_{12} = Z_{21}$。可以证明，对于不含受控源的任何一个无源线性互易二端口，$Z_{12} = Z_{21}$ 总是成立的，即只有三个独立的Z参数。对于电气对称的二端口，又有 $Z_{11} = Z_{22}$，故只有两个独立的Z参数。

例12-4 图12-8（a）所示的电路中，二端口网络N的参数矩阵 $Z = \begin{bmatrix} 3 & 4 \\ 5 & 6 \end{bmatrix} \Omega$，试写出端口ab间的伏安特性方程，并求其戴维宁等效电路。

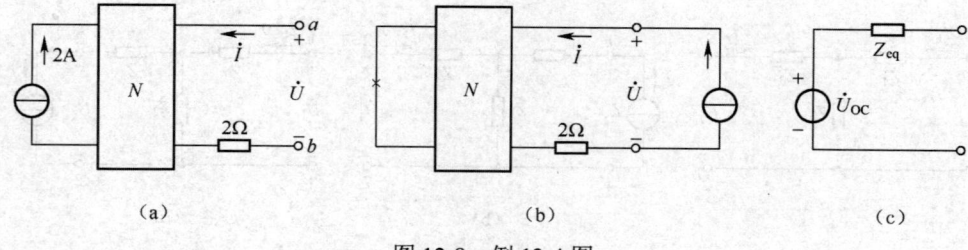

图12-8 例12-4图

解 令 $\dot{I}_1 = 2\text{A}$，$\dot{I}_2 = \dot{I}$，应用式（12-3）得端口 ab 间的伏安特性

$$\dot{U} = Z_{21}\dot{I}_1 + Z_{22}\dot{I}_2 + 2\dot{I}_2 = 5\times 2 + 6\times \dot{I} + 2\times \dot{I}$$
$$= 10 + 8\dot{I}\text{ V}$$

端口 ab 间开路，即令图 12-8（a）中的 $\dot{I} = 0$，求戴维宁开路电压 $\dot{U}_{oc}$：

$$\dot{U}_{oc} = Z_{21}\dot{I}_1 + Z_{22}\dot{I}_2 + 2\dot{I}_2 = 5\times 2 + 6\times 0 + 2\times 0 = 10\text{V}$$

如图 12-8（b）去掉 2A 电流源，端口 ab 间外加电流源，求戴维宁等效阻抗 Z_{eq}：

$$Z_{eq} = \frac{\dot{U}}{\dot{I}} = \frac{Z_{21}\times 0 + Z_{22}\dot{I} + 2\dot{I}}{\dot{I}} = 8\Omega$$

即得戴维宁等效电路如图 12-8（c）所示。实际上也可依据端口伏安特性 $\dot{U} = 10 + 8\dot{I}$ 直接画出该等效电路。

3. T 参数方程

在许多工程应用中，常需找到一个端口的电流、电压与另一个端口的电流、电压之间的直接关系。例如，放大器、滤波器的输入和输出之间的关系；传输线的始端和终端之间的关系。

对图 12-2 所示的二端口网络，若将端口 2-2′ 看作输入口，端口 1-1′ 看作输出口，即以 $\dot{U}_2$ 和 $\dot{I}_2$ 作为自变量，$\dot{U}_1$ 和 $\dot{I}_1$ 作为因变量，可得 T 参数方程

$$\left.\begin{array}{l}\dot{U}_1 = A\dot{U}_2 - B\dot{I}_2 \\ \dot{I}_1 = C\dot{U}_2 - D\dot{I}_2\end{array}\right\} \qquad (12\text{-}6)$$

写成矩阵形式为

$$\begin{bmatrix}\dot{U}_1 \\ \dot{I}_1\end{bmatrix} = \begin{bmatrix}A & B \\ C & D\end{bmatrix}\begin{bmatrix}\dot{U}_2 \\ -\dot{I}_2\end{bmatrix} = T\begin{bmatrix}\dot{U}_2 \\ -\dot{I}_2\end{bmatrix}$$

其中，$T \stackrel{\text{def}}{=\!=} \begin{bmatrix}A & B \\ C & D\end{bmatrix}$ 称为二端口的 T 参数矩阵，而 A、B、C、D 称为二端口的 T 参数（也称传输参数、A 参数或一般参数）。注意，T 参数方程中 $\dot{I}_2$ 前面的负号对应于 $\dot{I}_2$ 参考方向为流入网络。

T 参数可通过式（12-7）进行计算或图 12-9 所示的电路实验测定。A、B、C、D 都具有转移参数性质，其中 A 是开路转移电压比，其值无量纲；B 是短路转移阻抗；C 是开路转移导纳；D 是短路转移电流比，其值无量纲。

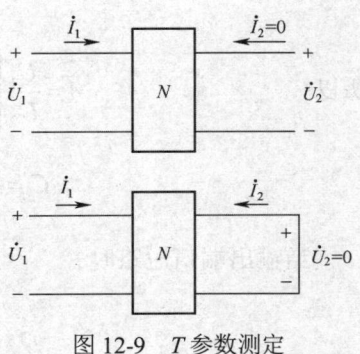

图 12-9 T 参数测定

$$A = \left.\frac{\dot{U}_1}{\dot{U}_2}\right|_{\dot{I}_2=0}$$
$$B = \left.\frac{\dot{U}_1}{-\dot{I}_2}\right|_{\dot{U}_2=0}$$
$$C = \left.\frac{\dot{I}_1}{\dot{U}_2}\right|_{\dot{I}_2=0}$$
$$D = \left.\frac{\dot{I}_1}{-\dot{I}_2}\right|_{\dot{U}_2=0}$$

(12-7)

可以证明，对于互易的无源线性二端口，A、B、C、D 四个参数满足等式 $AD-BC=1$，即只有三个独立参数；对于电气对称的二端口，还可推得 $A=D$，即只有两个参数是独立的。

例 12-5 求图 12-10 所示结构对称二端口的 T 参数。

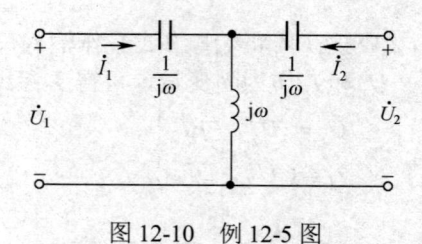

图 12-10 例 12-5 图

解 当输出端开路 $\dot{I}_2 = 0$ 时

$$\dot{U}_1 = \left(\frac{1}{j\omega} + j\omega\right)\dot{I}_1 = j\frac{\omega^2-1}{\omega}\dot{I}_1$$

$$\dot{U}_2 = j\omega\dot{I}_1$$

所以

$$A = \left.\frac{\dot{U}_1}{\dot{U}_2}\right|_{\dot{I}_2=0} = \frac{j\frac{\omega^2-1}{\omega}\dot{I}_1}{j\omega\dot{I}_1} = \frac{\omega^2-1}{\omega^2}$$

$$C = \left.\frac{\dot{I}_1}{\dot{U}_2}\right|_{\dot{I}_2=0} = \frac{\dot{I}_1}{j\omega\dot{I}_1} = -j\frac{1}{\omega}$$

当输出端口短路时

$$\dot{U}_2 = 0$$

$$\dot{U}_1 = \left[\frac{1}{j\omega} + \frac{j\omega \times \frac{1}{j\omega}}{j\omega + \frac{1}{j\omega}}\right]\dot{I}_1 = j\frac{1-2\omega^2}{\omega(\omega^2-1)}\dot{I}_1$$

$$-\dot{I}_2 = \frac{j\omega}{j\omega + \frac{1}{j\omega}}\dot{I}_1 = \frac{\omega^2}{\omega^2-1}\dot{I}_1$$

所以

$$B = \left.\frac{\dot{U}_1}{-\dot{I}_2}\right|_{\dot{U}_2=0} = \frac{j\frac{1-2\omega^2}{\omega(\omega^2-1)}\dot{I}_1}{\frac{\omega^2}{\omega^2-1}\dot{I}_1} = j\frac{1-2\omega^2}{\omega^3}$$

$$D = \left.\frac{\dot{I}_1}{-\dot{I}_2}\right|_{\dot{U}_2=0} = \frac{\dot{I}_1}{\frac{\omega^2}{\omega^2-1}\dot{I}_1} = \frac{\omega^2-1}{\omega^2}$$

故得二端口网络的 T 参数为

$$T = \begin{bmatrix} \dfrac{\omega^2-1}{\omega^2} & j\dfrac{1-2\omega^2}{\omega^3} \\ -j\dfrac{1}{\omega} & \dfrac{\omega^2-1}{\omega^2} \end{bmatrix}$$

4. H 参数方程

对图 12-2 所示二端口网络的四个端口变量，若以 $\dot{I}_1$ 和 $\dot{U}_2$ 作为自变量，$\dot{U}_1$ 和 $\dot{I}_2$ 作为因变量，可导出如下 H 参数方程：

$$\left.\begin{array}{l}\dot{U}_1 = H_{11}\dot{I}_1 + H_{12}\dot{U}_2 \\ \dot{I}_2 = H_{21}\dot{I}_1 + H_{22}\dot{U}_2\end{array}\right\} \tag{12-8}$$

或写成矩阵形式

$$\begin{bmatrix}\dot{U}_1 \\ \dot{I}_2\end{bmatrix} = \begin{bmatrix}H_{11} & H_{12} \\ H_{21} & H_{22}\end{bmatrix}\begin{bmatrix}\dot{I}_1 \\ \dot{U}_2\end{bmatrix} = H\begin{bmatrix}\dot{I}_1 \\ \dot{U}_2\end{bmatrix}$$

其中，$H \stackrel{\text{def}}{=} \begin{bmatrix}H_{11} & H_{12} \\ H_{21} & H_{22}\end{bmatrix}$ 称为二端口的 H 参数矩阵，H_{11}、H_{12}、H_{21}、H_{22} 称为二端口的 H 参数。H 参数可通过式（12-9）进行计算或图 12-11 所示的电路实验测定。

$$H_{11} = \left.\frac{\dot{U}_1}{\dot{I}_1}\right|_{\dot{U}_2=0}$$
$$H_{21} = \left.\frac{\dot{I}_2}{\dot{I}_1}\right|_{\dot{U}_2=0}$$
$$H_{12} = \left.\frac{\dot{U}_1}{\dot{U}_2}\right|_{\dot{I}_1=0}$$
$$H_{22} = \left.\frac{\dot{I}_2}{\dot{U}_2}\right|_{\dot{I}_1=0}$$
(12-9)

图 12-11　H 参数测定

可见，H_{11} 和 H_{21} 具有短路参数的性质，而 H_{12} 和 H_{22} 具有开路参数的性质，因而 H 参数又称为混合参数。

可以证明，对于不含受控源的无源线性互易二端口，$H_{21} = -H_{12}$，即只有三个参数是独立的；对于电气对称的二端口，还可推得 $H_{11}H_{22} - H_{12}H_{21} = 1$，即只有两个独立参数。

图 12-12 所示为一只晶体管的小信号工作条件下的简化等效电路，不难根据 H 参数的定义求得

$$H_{11} = \left.\frac{\dot{U}_1}{\dot{I}_1}\right|_{\dot{U}_2=0} = R_1, \quad H_{12} = \left.\frac{\dot{U}_1}{\dot{U}_2}\right|_{\dot{I}_1=0} = 0$$

$$H_{21} = \left.\frac{\dot{I}_2}{\dot{I}_1}\right|_{\dot{U}_2=0} = \beta, \quad H_{22} = \left.\frac{\dot{I}_2}{\dot{U}_2}\right|_{\dot{I}_1=0} = \frac{1}{R_2}$$

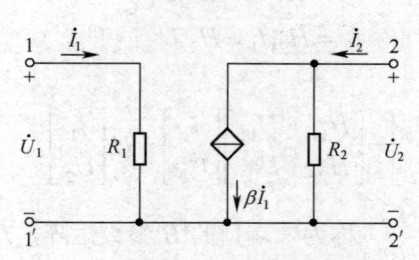

图 12-12　晶体管的微变等效电路

Y 参数、Z 参数、T 参数、H 参数之间的相互转换关系不难根据上述基本方程推导出来，表 12-1 总结了这些关系。

表 12-1 转换关系

	Z 参数		Y 参数		H 参数		T(A) 参数	
Z 参数	Z_{11}	Z_{12}	$\dfrac{Y_{22}}{\Delta_Y}$	$-\dfrac{Y_{12}}{\Delta_Y}$	$\dfrac{\Delta_H}{H_{12}}$	$\dfrac{H_{12}}{H_{22}}$	$\dfrac{A}{C}$	$\dfrac{\Delta_T}{C}$
	Z_{21}	Z_{22}	$-\dfrac{Y_{21}}{\Delta_Y}$	$\dfrac{Y_{11}}{\Delta_Y}$	$\dfrac{H_{21}}{H_{22}}$	$\dfrac{1}{H_{22}}$	$\dfrac{1}{C}$	$\dfrac{D}{C}$
Y 参数	$\dfrac{Z_{22}}{\Delta_Z}$	$-\dfrac{Z_{12}}{\Delta_Z}$	Y_{11}	Y_{12}	$\dfrac{1}{H_{11}}$	$-\dfrac{H_{12}}{H_{11}}$	$\dfrac{D}{B}$	$\dfrac{\Delta_T}{B}$
	$-\dfrac{Z_{21}}{\Delta_Z}$	$\dfrac{Z_{11}}{\Delta_Z}$	Y_{21}	Y_{22}	$\dfrac{H_{21}}{H_{11}}$	$\dfrac{\Delta_H}{H_{11}}$	$-\dfrac{1}{B}$	$\dfrac{A}{B}$
H 参数	$\dfrac{\Delta_Z}{Z_{22}}$	$\dfrac{Z_{12}}{Z_{22}}$	$\dfrac{1}{Y_{11}}$	$-\dfrac{Y_{12}}{Y_{11}}$	H_{11}	H_{12}	$\dfrac{B}{D}$	$\dfrac{\Delta_T}{D}$
	$-\dfrac{Z_{21}}{Z_{22}}$	$\dfrac{1}{Z_{22}}$	$\dfrac{Y_{21}}{Y_{11}}$	$\dfrac{\Delta_Y}{Y_{11}}$	H_{21}	H_{22}	$-\dfrac{1}{D}$	$\dfrac{C}{D}$
T(A) 参数	$\dfrac{Z_{11}}{Z_{21}}$	$\dfrac{\Delta_Z}{Z_{21}}$	$-\dfrac{Y_{22}}{Y_{21}}$	$-\dfrac{1}{Y_{21}}$	$-\dfrac{\Delta_H}{H_{21}}$	$-\dfrac{H_{11}}{H_{21}}$	A	B
	$\dfrac{1}{Z_{21}}$	$\dfrac{Z_{22}}{Z_{21}}$	$-\dfrac{\Delta_Y}{Y_{21}}$	$-\dfrac{Y_{11}}{Y_{21}}$	$-\dfrac{H_{22}}{H_{21}}$	$-\dfrac{1}{H_{21}}$	C	D

表中：

$$\Delta_Z = \begin{vmatrix} Z_{11} & Z_{12} \\ Z_{21} & Z_{22} \end{vmatrix}, \quad \Delta_Y = \begin{vmatrix} Y_{11} & Y_{12} \\ Y_{21} & Y_{22} \end{vmatrix}, \quad \Delta_H = \begin{vmatrix} H_{11} & H_{12} \\ H_{21} & H_{22} \end{vmatrix}, \quad \Delta_T = \begin{vmatrix} A & B \\ C & D \end{vmatrix}$$

12.3 二端口的等效电路

任何复杂的无源线性一端口可以用一个等效阻抗模型表征它的外部特性。类似地，任何复杂的无源线性二端口也可以用一类构造简单的二端口模型来等效，此时依据对外等效的概念可知等效二端口与给定二端口的参数矩阵相等，外部特性也完全相同。

一般地，二端口等效模型有两种形式，即 T 型电路和 Π 型电路，如图 12-13 所示，其中 T 型电路较适宜于对给定 Z 参数的二端口进行等效，而 Π 型电路较适宜于对给定 Y 参数的二端口进行等效。

(a) T型电路　　　　　　　　　　　(b) Π型电路

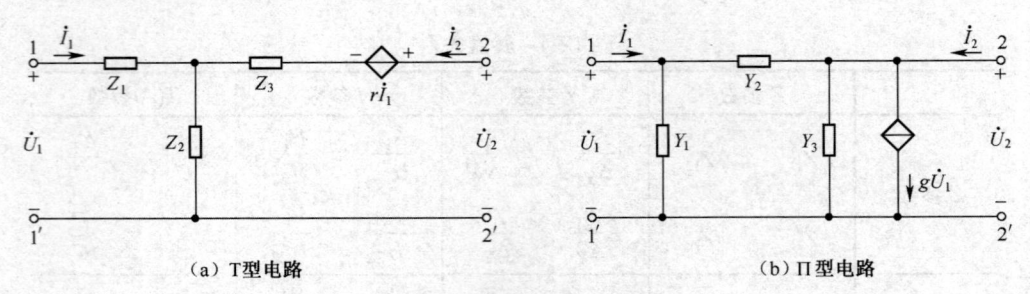

图 12-13　二端口的等效电路模型

图 12-13（a）所示的 T 型电路，使用 KVL 可得其 Z 参数方程：
$$\dot{U}_1 = Z_1\dot{I}_1 + Z_2(\dot{I}_1 + \dot{I}_2) = (Z_1 + Z_2)\dot{I}_1 + Z_2\dot{I}_2$$
$$\dot{U}_2 = Z_3\dot{I}_2 + r\dot{I}_1 + Z_2(\dot{I}_1 + \dot{I}_2) = (r + Z_2)\dot{I}_1 + (Z_2 + Z_3)\dot{I}_2$$

若给定二端口的参数 $Z = \begin{bmatrix} Z_{11} & Z_{21} \\ Z_{12} & Z_{22} \end{bmatrix}$，并等效处理为图 12-13（a）所示的 T 型电路，依据两个二端口的参数矩阵相等可推得图 12-13（a）中各元件参数为

$$Z_1 = Z_{11} - Z_{12},\quad Z_2 = Z_{12},\quad Z_3 = Z_{22} - Z_{12},\quad r = Z_{21} - Z_{12} \qquad (12\text{-}10)$$

特别地，当给定二端口为互易二端口，即 $Z_{21} = Z_{12}$ 时，等效二端口内部的附加受控源 CCVS 参数为零，其模型简化为如图 12-14（a）所示。

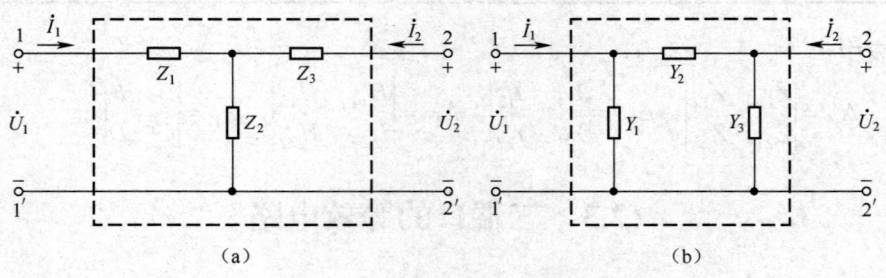

(a)　　　　　　　　　　　(b)

图 12-14　互易二端口的等效电路

同理，对图 12-13（b）所示的 Π 型电路，使用 KCL 可得其 Y 参数方程：
$$\dot{I}_1 = Y_1\dot{U}_1 + Y_2(\dot{U}_1 - \dot{U}_2) = (Y_1 + Y_2)\dot{U}_1 - Y_2\dot{U}_2$$
$$\dot{I}_2 = Y_3\dot{U}_2 + g\dot{U}_1 + Y_2(\dot{U}_2 - \dot{U}_1) = (g - Y_2)\dot{U}_1 + (Y_2 + Y_3)\dot{U}_2$$

若给定二端口的参数 $Y = \begin{bmatrix} Y_{11} & Y_{21} \\ Y_{12} & Y_{22} \end{bmatrix}$，并等效处理为图 12-13（b）所示的 Π 型电路，依据两个二端口的参数矩阵相等可推得图 12-13（b）中各元件参数为

$$Y_1 = Y_{11} + Y_{12},\quad Y_2 = -Y_{12},\quad Y_3 = Y_{22} + Y_{12},\quad g = Y_{21} - Y_{12} \qquad (12\text{-}11)$$

特别地，当给定二端口为互易二端口，即 $Y_{21} = Y_{12}$ 时，等效二端口内部的附加受控源 VCCS 参数为零，其模型简化为如图 12-14（b）所示。

需要说明的是，如果给定的是其他类型二端口参数，可先查表 12-1 将其转换为 Z 参数或 Y 参数，然后再由式（12-10）或式（12-11）求得 T 型等效电路或 Π 型等效电路。

例 12-6 图 12-15（a）所示的二端口电路 N 中不含独立源，其 Z 参数矩阵为 $Z = \begin{bmatrix} 6 & 4 \\ 2 & 8 \end{bmatrix} \Omega$。已知原电路已处于稳态，当 $t = 0$ 时开关闭合，求 $t \geq 0$ 时的 $i(t)$。

解 如图 12-15（b）所示，使用式（12-10），将二端口网络 N 等效为 T 型电路。

$Z_1 = Z_{11} - Z_{12} = 2\Omega$ $Z_2 = Z_{12} = 4\Omega$

$Z_3 = Z_{22} - Z_{12} = 4\Omega$ $r = Z_{21} - Z_{12} = -2\Omega$

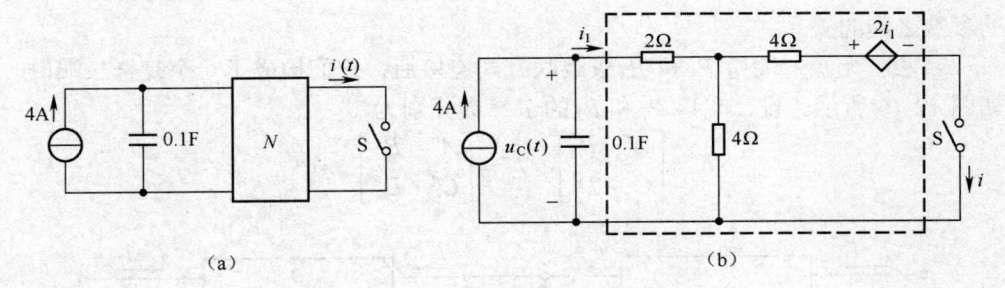

图 12-15 例 12-6 图

图 12-15（b）所示的电路是直流激励下的一阶动态电路，可由三要素法求解。

分析 0_- 稳态电路并结合换路定理得初始值：

$$u_C(0_+) = u_C(0_-) = 4 \times (2+4) = 24\text{V}$$

$t > 0$ 时开关闭合，分析图 12-15（b）电容右侧的无源一端口网络，求其等效电阻。使用外加电源法求得等效电阻 $R = 5\Omega$（过程略）。

$$\tau = RC = 0.5\text{s}$$

当 $t \to \infty$ 时，$u_C(\infty) = 4 \times 5 = 20\text{V}$。

代入三要素公式，有 $u_C(t) = 20 + 4\text{e}^{-2t}$。

$t > 0$ 时，对图 12-15（b）又有

$$\left. \begin{array}{l} i_1 = 4 - 0.1 \dfrac{\text{d}u_C}{\text{d}t} \\ i = i_1 - \dfrac{u_C - 2i_1}{4} \end{array} \right\} \Rightarrow i = 6 - \dfrac{u_C}{4} - \dfrac{3}{20} \dfrac{\text{d}u_C}{\text{d}t}$$

上式代入 $u_C(t)$，求得

$$i(t) = 1 + 0.2e^{-2t} (A)$$

有时使用二端口网络等效的方法，将二端口网络处理为直观的具体电路，是一种有效的解题方法。

12.4 二端口的连接

如果把一个复杂的二端口看成是由若干简单的二端口按某种方式连接而成的，这将使电路分析得到简化。另一方面，在设计和实现一个复杂的二端口时，也可以用简单的二端口作为"积木块"，把它们按一定方式连接成具有所需特性的二端口。

二端口可按多种不同方式相互连接，这里主要介绍三种方式：级联（链联）、串联和并联。在二端口的连接问题上，感兴趣的是复合二端口的参数与部分二端口的参数之间的关系。

当两个无源二端口 P_1 和 P_2 按级联方式连接后，它们构成了一个复合二端口，如图 12-16 所示。设二端口 P_1 和 P_2 的 T 参数分别为

$$T' = \begin{bmatrix} A' & B' \\ C' & D' \end{bmatrix}, \quad T'' = \begin{bmatrix} A'' & B'' \\ C'' & D'' \end{bmatrix}$$

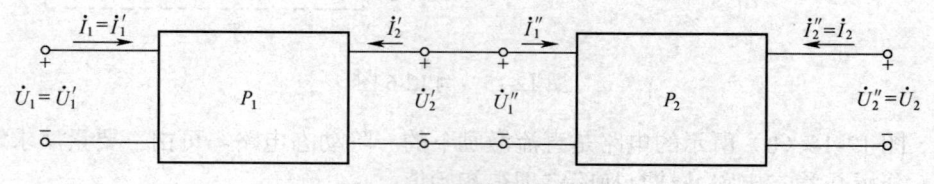

图 12-16 二端口的级联

则有

$$\begin{bmatrix} \dot{U}_1' \\ \dot{I}_1' \end{bmatrix} = T' \begin{bmatrix} \dot{U}_2' \\ -\dot{I}_2' \end{bmatrix}, \quad \begin{bmatrix} \dot{U}_1'' \\ \dot{I}_1'' \end{bmatrix} = T'' \begin{bmatrix} \dot{U}_2'' \\ -\dot{I}_2'' \end{bmatrix}$$

如图 12-16 所示，$\dot{U}_1 = \dot{U}_1'$，$\dot{U}_2' = \dot{U}_1''$，$\dot{U}_2'' = \dot{U}_2$，$\dot{I}_1 = \dot{I}_1'$，$\dot{I}_2' = -\dot{I}_1''$ 及 $\dot{I}_2'' = \dot{I}_2$，所以有

$$\begin{bmatrix} \dot{U}_1 \\ \dot{I}_1 \end{bmatrix} = \begin{bmatrix} \dot{U}_1' \\ \dot{I}_1' \end{bmatrix} = T' \begin{bmatrix} \dot{U}_2' \\ -\dot{I}_2' \end{bmatrix} = T' \begin{bmatrix} \dot{U}_1'' \\ \dot{I}_1'' \end{bmatrix} = T'T'' \begin{bmatrix} \dot{U}_2'' \\ -\dot{I}_2'' \end{bmatrix}$$

$$= T'T'' \begin{bmatrix} \dot{U}_2 \\ -\dot{I}_2 \end{bmatrix} = T \begin{bmatrix} \dot{U}_2 \\ -\dot{I}_2 \end{bmatrix}$$

其中，T 为复合二端口的 T 参数矩阵，它与二端口 P_1 和 P_2 的 T 参数矩阵的关系为

$$T = T'T''\quad(12\text{-}12)$$

即
$$T = \begin{bmatrix} A'A''+B'C'' & A'B''+B'D'' \\ C'A''+D'C'' & C'B''+D'D'' \end{bmatrix}$$

当两个二端口 P_1 和 P_2 按并联方式连接时，如图 12-17 所示，两个二端口的输入电压和输出电压被分别强制为相同，即 $\dot{U}'_1 = \dot{U}''_1 = \dot{U}_1$，$\dot{U}'_2 = \dot{U}''_2 = \dot{U}_2$。如果每个二端口的端口条件（即端口上流入一个端子的电流等于流出另一端子的电流）不因并联连接而被破坏，则复合二端口的总端口的电流应为
$$\dot{I}_1 = \dot{I}'_1 + \dot{I}''_1,\quad \dot{I}_2 = \dot{I}'_2 + \dot{I}''_2$$

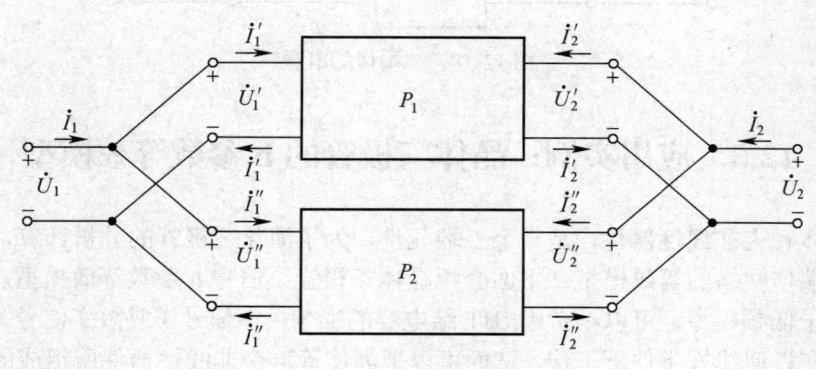

图 12-17 二端口的并联

若设 P_1 和 P_2 的 Y 参数分别为
$$Y' = \begin{bmatrix} Y'_{11} & Y'_{12} \\ Y'_{21} & Y'_{22} \end{bmatrix},\quad Y'' = \begin{bmatrix} Y''_{11} & Y''_{12} \\ Y''_{21} & Y''_{22} \end{bmatrix}$$

则有
$$\begin{bmatrix} \dot{I}_1 \\ \dot{I}_2 \end{bmatrix} = \begin{bmatrix} \dot{I}'_1 \\ \dot{I}'_2 \end{bmatrix} + \begin{bmatrix} \dot{I}''_1 \\ \dot{I}''_2 \end{bmatrix} = Y' \begin{bmatrix} \dot{U}'_1 \\ \dot{U}'_2 \end{bmatrix} + Y'' \begin{bmatrix} \dot{U}''_1 \\ \dot{U}''_2 \end{bmatrix}$$
$$= (Y'+Y'')\begin{bmatrix} \dot{U}_1 \\ \dot{U}_2 \end{bmatrix} = Y \begin{bmatrix} \dot{U}_1 \\ \dot{U}_2 \end{bmatrix}$$

其中 Y 为复合二端口的 Y 参数矩阵，它与二端口 P_1 和 P_2 的 Y 参数矩阵的关系为
$$Y = Y' + Y''\quad(12\text{-}13)$$

当两个二端口按串联方式连接时，如图 12-18 所示，只要端口条件仍然成立，用类似方法不难导出复合二端口的 Z 参数矩阵与串联连接的两个二端口的 Z 参数矩阵有如下关系：

$$Z = Z' + Z'' \qquad (12\text{-}14)$$

图 12-18　二端口的串联

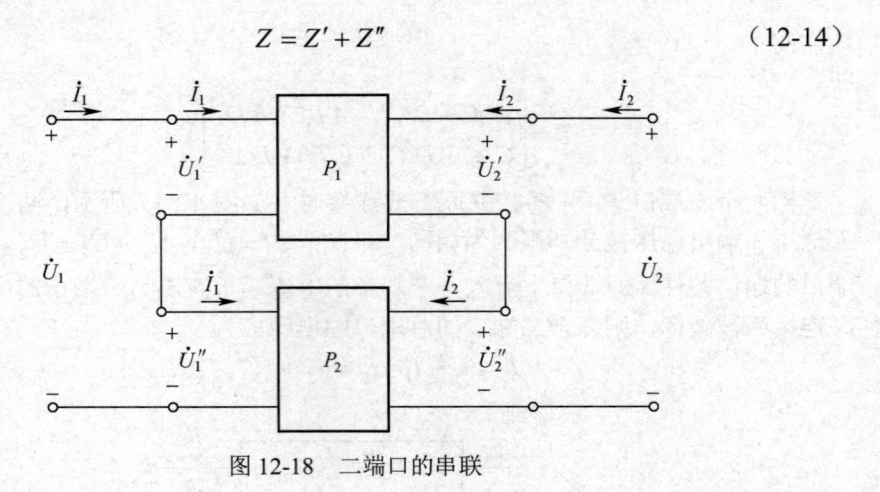

【延伸阅读】
回转器和负阻抗变换器

12.5　应用实例：晶体三极管的 h 参数等效模型

晶体管为非线性器件，是一个三端元件，为了简化三极管的分析计算，可以建立其二端口网络的等效模型。下面介绍晶体三极管小信号 h 参数等效模型。

对于低频模型，可以不考虑 BJT 结电容的影响；小信号（或微变信号）意味着晶体管在近似线性条件下工作，从而可以把晶体管这个非线性器件所组成的电路当作线性电路来处理。将晶体管作为一个线性二端口网络，如图 12-19 所示。

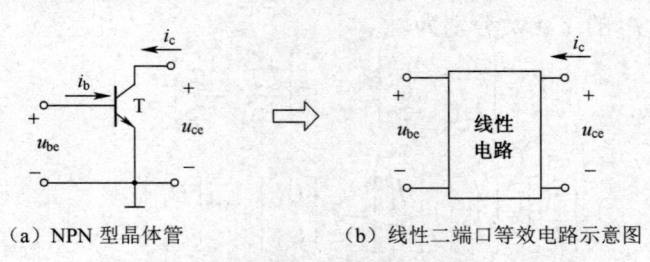

（a）NPN 型晶体管　　　　（b）线性二端口等效电路示意图

图 12-19　低频小信号条件下三极管的等效电路

根据图 12-19（a），三极管的输入和输出特性方程改写如下：

$$u_{BE} = f_1(i_B, u_{CE})$$
$$i_C = f_2(i_B, u_{CE})$$

当晶体管在小信号下工作时，考虑静态工作点附近电压和电流之间的微变关系，将以上两式用全微分形式表达，则有

$$du_{BE} = \frac{\partial u_{BE}}{\partial i_B}\bigg|_{U_{CE}} \cdot di_B + \frac{\partial u_{BE}}{\partial u_{CE}}\bigg|_{I_B} \cdot du_{CE} = h_{11}di_B + h_{12}du_{CE}$$

$$di_C = \frac{\partial i_C}{\partial i_B}\bigg|_{U_{CE}} \cdot di_B + \frac{\partial i_C}{\partial u_{CE}}\bigg|_{I_B} \cdot du_{CE} = h_{21}di_B + h_{22}du_{CE}$$

对于正弦小信号，无限小的信号增量可以用正弦有效值的相量来表示，同时引入 h 参数可以将上面两式改写成如下的 h 参数方程：

$$\dot{U}_{be} = h_{11}\dot{I}_b + h_{12}\dot{U}_{ce}$$

$$\dot{I}_c = h_{21}\dot{I}_b + h_{22}\dot{U}_{ce}$$

式中：

$h_{11} = \frac{\partial u_{BE}}{\partial i_B}\bigg|_{U_{CE}=常数}$，它是输出端交流短路时的输入电阻，常用 r_{be} 表示。

$h_{21} = \frac{\partial i_C}{\partial i_B}\bigg|_{U_{CE}=常数}$，它是输出端交流短路时的正向电流传输比或电流放大系数，常用 β 表示，工程上常用 h_{FE} 表示。

$h_{12} = \frac{\partial u_{BE}}{\partial u_{CE}}\bigg|_{I_B=常数}$，它是输入端交流开路时的内部反向电压传输比，其值很小，一般为 $10^{-3} \sim 10^{-4}$。

$h_{22} = \frac{\partial i_C}{\partial u_{CE}}\bigg|_{I_B=常数}$，它是输入端交流开路时的输出电导，其值约为 10^{-5}S，且 $r_{ce} = 1/h_{22}$。

结合二端口网络可以画出三极管的低频小信号模型，如图 12-20 所示。

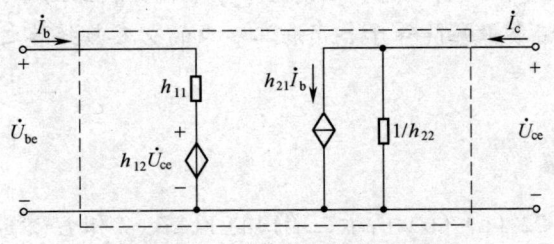

图 12-20 BJT 的 h 参数等效模型

需要指出，h 参数是小信号参数，即微变参数或交流参数，只适合对交流小信号的分析。h_{12} 数值很小，一般为 $10^{-3} \sim 10^{-4}$，可以忽略，h_{22} 的值约为 10^{-5}S，$r_{ce} = 1/h_{22}$，称为晶体管的输出电阻。如果把晶体管的输出电路看成电流源，r_{ce} 就是电流源的内阻，阻值很高，约为几十千欧到几百千欧，在分析电路时可以视为开路。由此，可以得到三极管 h 参数微变等效电路简化模型，如图 12-21 所示。

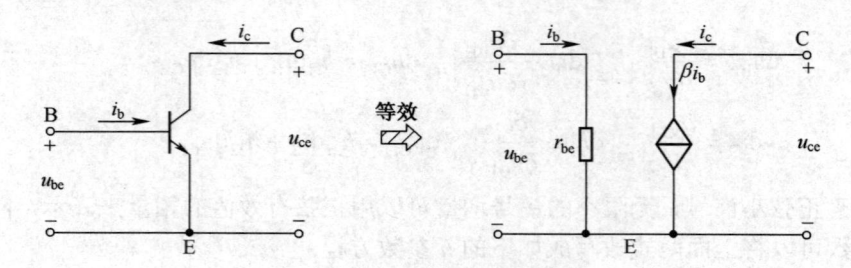

图 12-21 BJT 的 h 参数简化模型

本章小结

二端口网络通过两个端口与外电路相连接，而且每个端口应满足端口条件。对二端口网络进行分析，主要着重于端口处电压和电流的伏安关系。

二端口的端口伏安关系通过各种参数方程来描述。常用的参数包括 Y 参数、Z 参数、T 参数和 H 参数，各种参数的计算和实验测定方法可以由参数方程导出相应的公式，而且不同类型参数之间可以相互转换。对于互易二端口网络和对称二端口网络，各类参数需要满足相应的约束条件。

与一端口网络相类似，对于无源线性二端口网络，也可以求出其等效电路，等效的条件是保持变换前后端口的伏安关系不变，即对应参数矩阵相等，据此可根据其 Y 参数或 Z 参数得出等效的 Π 型电路或 T 型电路。

复杂的二端口可以分解为若干简单二端口的连接，二端口之间典型的连接方式有三种：级联、并联和串联。级联复合二端口的 T 参数矩阵等于各级联二端口 T 参数矩阵的乘积，并联复合二端口的 Y 参数矩阵等于各并联二端口的 Y 参数矩阵之和，串联复合二端口的 Z 参数矩阵等于各串联二端口的 Z 参数矩阵之和。

习题 12

12-1　求图 12-22（a）(b) 所示二端口的 Y、Z、T 和 H 参数。

12-2　求图 12-23 所示二端口的 Y 参数矩阵。

12-3　已知二端口的 Y 参数矩阵为

$$Y = \begin{bmatrix} 1.5 & -1.2 \\ -1.2 & 1.8 \end{bmatrix} S$$

求 H 参数矩阵并说明该二端口中是否有受控源。

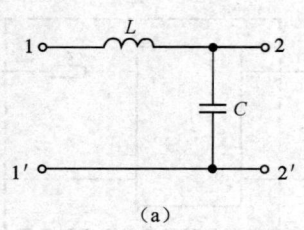

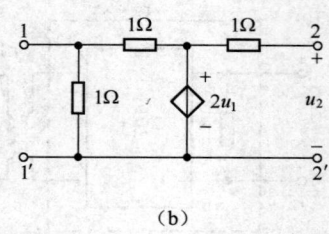

图 12-22 题 12-1 的图

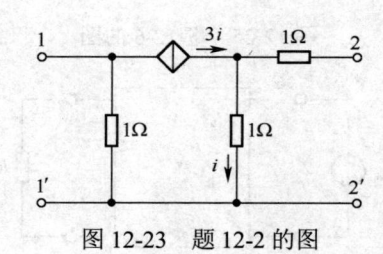

图 12-23 题 12-2 的图

12-4 已知二端口的参数矩阵为

（1） $Z = \begin{bmatrix} \dfrac{60}{9} & \dfrac{40}{9} \\ \dfrac{40}{9} & \dfrac{100}{9} \end{bmatrix} \Omega$ （2） $Y = \begin{bmatrix} 5 & -2 \\ 0 & 3 \end{bmatrix} S$

试问该二端口是否有受控源并求它的等效电路。

12-5 求 12-24 所示二端口的 T 参数，已知 $\omega L_1 = 10\Omega$，$\dfrac{1}{\omega C} = 20\Omega$，$\omega L_2 = \omega L_3 = 8\Omega$，$\omega M = 4\Omega$。

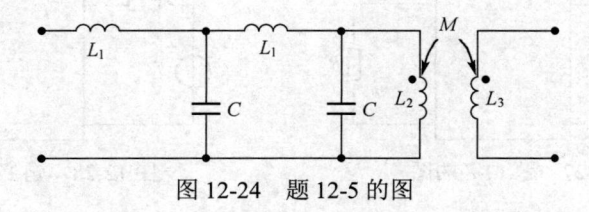

图 12-24 题 12-5 的图

12-6 求图 12-25 所示二端口的 T 参数矩阵，设内部二端口 P_1 的 T 参数矩阵为 $T_1 = \begin{bmatrix} A & B \\ C & D \end{bmatrix}$。

12-7 图 12-26 所示双口网络的传输参数 $T = \begin{bmatrix} 2.5 & 50\Omega \\ 0.05s & 0.7 \end{bmatrix}$，若 $U_s = 9V$，$R = 16\Omega$，求 U_s 发出的功率。

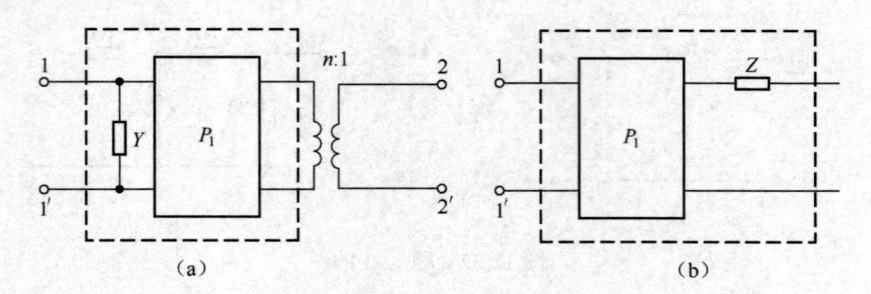

图 12-25 题 12-6 的图

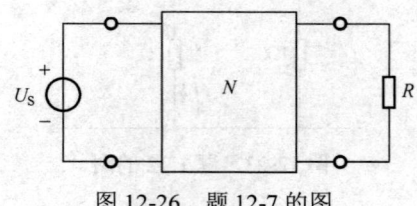

图 12-26 题 12-7 的图

12-8 如图 12-27 所示的电路，已知二端口网络 N 的 Z 参数为：$Z_{11}=8\Omega$，$Z_{12}=4\Omega$，$Z_{21}=6\Omega$，$Z_{22}=10\Omega$，所加电源 U_s 为 16V，问：R 为何值时能获得最大功率并求该功率。

12-9 如图 12-28 所示的电路，已知二端口网络 N 的 Z 参数为：$Z_{11}=10\Omega$，$Z_{12}=Z_{21}=j6\Omega$，$Z_{22}=4\Omega$，所加电源为 $15\angle 0°$ V，$R=5\Omega$，问：Z_L 为何值时能获得最大功率并求该功率。

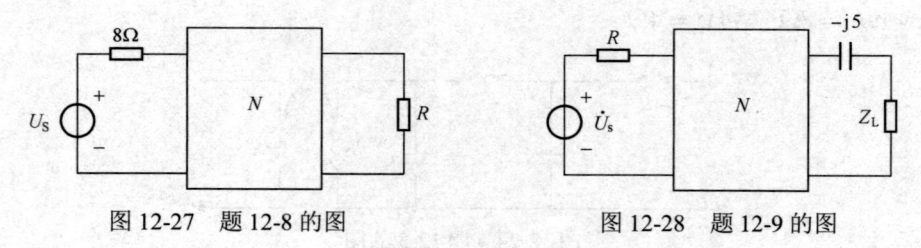

图 12-27 题 12-8 的图   图 12-28 题 12-9 的图

12-10 如图 12-29 所示的电路，已知二端口网络 N_1 的 T 参数为：$T_{N1}=\begin{bmatrix}4 & 6\\ 4 & 4\end{bmatrix}$。求：(1) 二端口网络 N 的 T 参数；(2) 电压源发出的有功功率 P。

12-11 图 12-30 所示含对称二端口电路，已知 $\dot{U}_1 = 8\angle 0°$V，$Z_1 = j4\Omega$，测得 2-2′ 端口处开路电压 $\dot{U}_{oc} = 4\sqrt{2}\angle -45°$V，短路电流 $\dot{I}_{sc} = 4\angle 0°$A。试求二端口网络 N 的 Z 参数。

图 12-29 题 12-10 的图　　　　图 12-30 题 12-11 的图

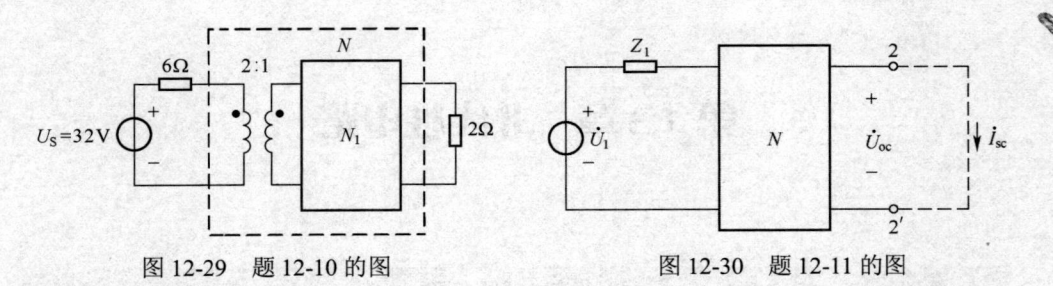

12-12　如图 12-31 所示的电路，已知二端口网络 N_1、N_2 的 Z 参数分别为：

$$Z_{N1} = \begin{bmatrix} 5 & 1 \\ 14 & 4 \end{bmatrix} \Omega, \quad Z_{N2} = \begin{bmatrix} 5 & 2 \\ 6 & 2 \end{bmatrix} \Omega$$

$R_1=8\Omega$，所加电源为 $U_s=16V$，求：（1）二端口网络 N 的 Z 参数（端口条件不会破坏）；（2）负载 R_L 为多大时能获得最大功率 P，求最大功率 P。

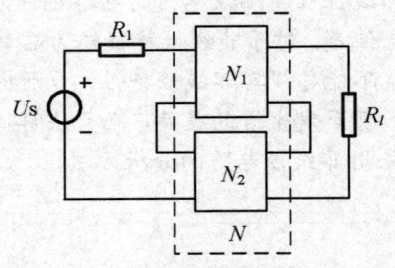

图 12-31 题 12-12 的图

第 13 章　非线性电路

内容提要

非线性是自然界中一切实际系统所固有的根本性质，是物质运动的普遍规律。严格地说，实际电路都是非线性的，不过实际电路的工作电压、工作电流都限制在一定的范围之内，在正常工作条件下大多可以近似为线性电路，特别是对于那些非线性程度比较薄弱的电路元件，将它当成线性元件处理不会带来大的差异。但是，对于非线性特征较为显著的电路或近似为线性电路的条件不满足，就不能忽视其非线性特性，否则将使理论分析结果与实际测量结果相差过大，甚至发生质的差异，而无法解释其中的物理现象。对这类电路的分析必须采用非线性电路的分析方法。

学习目标

（1）理解非线性电路的概念。
（2）理解非线性电阻和非线性电阻电路的串联与并联。
（3）掌握用小信号分析法分析非线性电路。
（4）理解用分段线性化方法分析非线性电路。

第 13 章 非线性电路

本章知识结构图

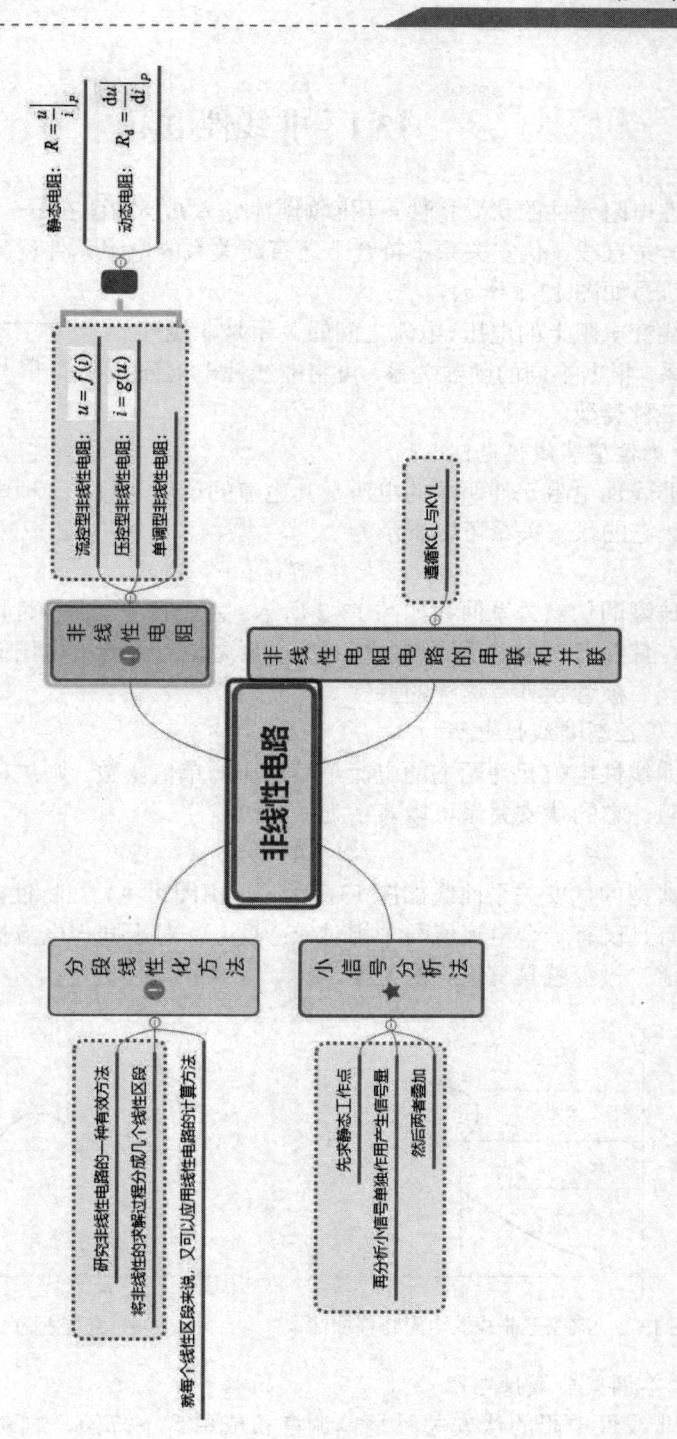

```
                                                 静态电阻：$R = \dfrac{u}{i}\bigg|_P$
                                                 动态电阻：$R_d = \dfrac{du}{di}\bigg|_P$

                              ┌─ 流控型非线性电阻：$u = f(i)$
                              ├─ 压控型非线性电阻：$i = g(u)$
                              └─ 单调型非线性电阻：

                    ┌── 非线性电阻 ──┐       遵循KCL与KVL
                    │                │              │
                    │                └── 非线性电阻电路的串联和并联
                    │
              非线性电路
                    │
         ┌──────────┴──────────┐
    分段线性化方法          小信号分析法

    研究非线性电路的一种有效方法      先求静态工作点
    将非线性的求解过程分成几个线性区段  再分析小信号单独作用产生小信号量
    就每个线性区段来说，又可以应用线性电路的计算方法  然后两者叠加
```

笔记

13.1 非线性电阻

线性电阻元件的伏安特性可用欧姆定律 $u = Ri$ 表示,在 $u-i$ 平面上是通过坐标原点的一条直线。伏安关系不符合上述直线关系的电阻元件称为非线性电阻,其电路中的符号如图 13-1 所示。

非线性电阻上的电压、电流之间的关系是非线性函数关系。根据不同的函数关系,可将非线性电阻分为下述三种类型。

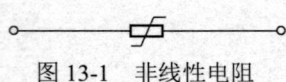

图 13-1 非线性电阻

1. 流控型非线性电阻

若非线性电阻元件两端的电压是其电流的单值函数,这种电阻称为流控型非线性电阻。它的伏安关系可以表示为

$$u = f(i) \tag{13-1}$$

其典型的伏安关系曲线如图 13-2 所示。由图可见,在特性曲线上,对应于各电流值,有且仅有一个电压值与之相对应;反之,对于同一电压值,电流可能是多值的。充气二极管就具有这样的特性。

2. 压控型非线性电阻

若非线性电阻元件两端的电流是其电压的单值函数,则这种电阻称为压控型非线性电阻。它的伏安关系可以表示为

$$i = g(u) \tag{13-2}$$

其典型的伏安关系曲线如图 13-3 所示。由图可见,在特性曲线上,对应于各电压值,有且仅有一个电流值与之相对应;反之,对于同一电流值,电压可能是多值的。隧道二极管就具有这样的特性。

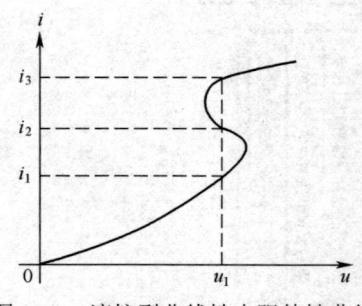

图 13-2 流控型非线性电阻特性曲线

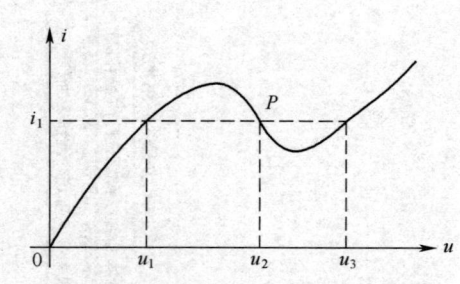

图 13-3 压控型非线性电阻特性曲线

3. 单调型非线性电阻

若非线性电阻的伏安关系是单调增长或单调下降的,则称之为单调型非线性

电阻。它既可看成压控型电阻，又可看成流控型电阻。因此，其伏安关系既可用式（13-1）表示，也可用式（13-2）表示。其典型的伏安关系曲线如图13-4所示。P-N结二极管就属于这类电阻。

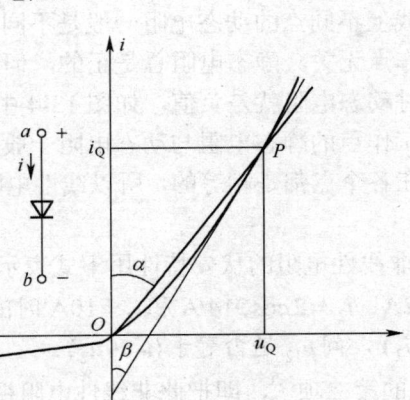

图 13-4 单调型非线性电阻特性曲线

若电阻的伏安关系曲线对称于 $u-i$ 平面坐标原点，则称该电阻为双向型电阻，如变阻二极管就具有这种特性，否则称为单向型电阻。线性电阻为双向型电阻，而多数非线性电阻属于单向型电阻。单向型电阻接入电路时应注意方向性。

为了今后定量分析非线性电路的方便，下面引入"静态电阻"和"动态电阻"的概念。

所谓静态电阻 R 是指电阻元件在某一工作点（如图13-4中的 P 点）的电压值 u 与电流值 i 的比值，即

$$R = \left.\frac{u}{i}\right|_P \tag{13-3}$$

当 u、i 的单位均为国际单位制且比例相同时，α 是 P 点与 i 轴的夹角，则 P 点的静态电阻 R 的几何含义为

$$R = \tan\alpha \tag{13-4}$$

非线性电阻在不同工作点的静态电阻一般情况下是不同的，而线性电阻在各点的静态电阻是相同的。

所谓动态电阻 R_d 是指电阻元件在某一工作点（如图13-4中的 P 点）的电压 u 与电流 i 的导数，即

$$R_d = \left.\frac{du}{di}\right|_P \tag{13-5}$$

当 u、i 的单位均为国际单位制且比例相同时，β 是 P 点的切线与 i 轴的夹角，则 P 点的动态电阻 R_d 的几何含义为

$$R = \tan\beta \tag{13-6}$$

非线性电阻特性曲线上不同点的动态电阻一般是不同的，而线性电阻的动态电阻是一个常数，它与工作点无关。静态电阻总是正的，但动态电阻可能出现负值，当电压增加、电流下降时动态电阻就是负值，如图 13-4 中的 P 点。

非线性电阻在某一工作点的静态电阻与动态电阻一般是不相等的，而线性电阻的静态电阻与动态电阻在各个点都是相等的，所以线性电阻对静态电阻与动态电阻不加区分。

例 13-1 设有一个非线性电阻的伏安特性用下式表示：$u = f(i) = 50i + i^3$。

（1）分别求出 $i_1 = 2A$、$i_2 = 2\cos 314t\,A$ 和 $i_3 = 10A$ 时的电压 u_1、u_2、u_3。

（2）设 $u_{12} = f(i_1 + i_2)$，问 u_{12} 是否等于 $(u_1 + u_2)$。

（3）忽略等号右边的第二项 i^3，即把此非线性电阻视为 50Ω 的线性电阻，当 $i = 10mA$ 时，求由此产生的误差为多大？

解 （1）当 $i_1 = 2A$ 时 $u_1 = 50 \times 2 + 2^3 = 108V$

当 $i_2 = 2\cos 314t\,A$ 时 $u_2 = 50 \times 2\cos 314t + 8\cos^3 314t\,V$

利用三角恒等式 $\cos 3\theta = 4\cos^3\theta - 3\cos\theta$，得

$$u_2 = 100\cos 314t + 6\cos 314t + 2\cos 942t$$
$$= 106\cos 314t + 2\cos 942t\,V$$

当 $i_3 = 10A$ 时 $u_3 = 50 \times 10 + 10^3 = 1500V$

（2）现在 $u_{12} = f(i_1 + i_2)$。

$$u_{12} = 50(i_1 + i_2) + (i_1 + i_2)^3$$
$$= 50(i_1 + i_2) + (i_1^3 + i_2^3) + 3i_1 i_2(i_1 + i_2)$$
$$= u_1 + u_2 + 3i_1 i_2(i_1 + i_2)$$

所以 $u_{12} \ne u_1 + u_2$

（3）当 $i = 10mA$ 时

$$u = 50 \times 10 \times 10^{-3} + (10 \times 10^{-3})^3$$
$$= 0.5(1 + 2 \times 10^{-6})V$$

可见，如果把此非线性电阻视为 50Ω 的线性电阻，则误差仅为 0.0002%。

由本例可以看到非线性电阻的一些主要性质：

（1）非线性电阻可以产生频率不同于输入频率的输出，因此可以用来进行各种需要的频率变换。

（2）当输入信号很小时，把非线性电阻作为线性电阻来处理，所产生的误差并不很大。

（3）叠加定理仅适用于线性电阻电路，不适用于非线性电阻电路。此外，还可以利用非线性电阻的单向导电特性组成整流器。

13.2 小信号分析法

在电子电路中遇到的非线性电路，不仅有作为偏置电压的直流电源 U_0 作用，同时还有随时间变动的输入电压 $u_s(t)$ 作用。假设在任何时刻有 $U_0 \gg |u_s(t)|$，则把 $u_s(t)$ 称为小信号电压。分析这类电路，可以采用小信号分析法。

在图 13-5（a）所示的电路中，直流电压源 U_0 为偏置电压，电阻 R_0 为线性电阻，非线性电阻 R 是电压控制型的，其伏安特性 $i = g(u)$，图 13-5（b）所示为其伏安特性曲线。小信号时变电压为 $u_s(t)$，且 $|u_s(t)| \ll U_0$ 总成立。

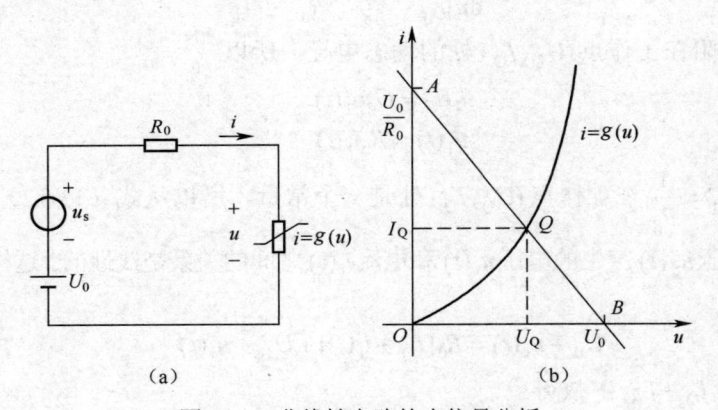

图 13-5 非线性电路的小信号分析

按照 KVL 列出电路方程：

$$U_0 + u_s(t) = R_0 i(t) + u(t) \tag{13-7}$$

在上述方程中，当 $u_s(t) = 0$ 时，即只有直流电压源单独作用时，负载线 $\overline{AB}$ 见图 13-5（b），它与特性曲线的交点 $Q(U_Q, I_Q)$ 即静态工作点。在 $|u_s(t)| \ll U_0$ 的条件下，电路的解 $u(t)$、$i(t)$ 必在工作点 (U_Q, I_Q) 附近，所以可以近似地把 $u(t)$、$i(t)$ 写为

$$u(t) = U_Q + u_1(t)$$
$$i(t) = I_Q + i_1(t) \tag{13-8}$$

式中，$u_1(t)$ 和 $i_1(t)$ 是由于信号 $u_s(t)$ 引起的偏差。在任何时刻 t，$u_1(t)$ 和 $i_1(t)$ 相

对 U_Q、I_Q 都是很小的量。

由于 $i = g(u)$，而 $u(t) = U_Q + u_1(t)$，所以
$$i(t) = g[U_Q + u_1(t)]$$
$$I_Q + i_1(t) = g[U_Q + u_1(t)] \tag{13-9}$$

由于 $u_1(t)$ 很小，可以将式（13-9）右方在 Q 点附近用泰勒级数展开，取级数前面两项而略去一次项以上的高次项，式（13-9）可写为

$$I_Q + i_1(t) \approx g(U_Q) + \left.\frac{\mathrm{d}g}{\mathrm{d}u}\right|_{U_Q} u_1(t) \tag{13-10}$$

由于 $I_Q = g(U_Q)$，故从式（13-10）得

$$i_1(t) \approx \left.\frac{\mathrm{d}g}{\mathrm{d}u}\right|_{U_Q} u_1(t) \tag{13-11}$$

而
$$\left.\frac{\mathrm{d}g}{\mathrm{d}u}\right|_{U_Q} = G_d = \frac{1}{R_d}$$

为非线性电阻在工作点 (U_Q, I_Q) 处的动态电导，所以
$$i_1(t) = G_d u_1(t)$$
$$u_1(t) = R_d i_1(t) \tag{13-12}$$

由于 $G_d = \dfrac{1}{R_d}$ 在工作点 (U_Q, I_Q) 处是一个常量，所以从式（13-12）可以看出，由小信号电压 $u_S(t)$ 产生的电压 $u_1(t)$ 和电流 $i_1(t)$ 之间的关系是线性的。这样，式（13-7）可改写为

$$U_0 + u_s(t) = R_0[I_Q + i_1(t)] + U_Q + u_1(t)$$

但是 $U_0 = R_0 I_Q + U_Q$，故得
$$u_s(t) = R_0 i_1(t) + u_1(t)$$

又因为在工作点处有 $u_1(t) = R_d i_1(t)$，代入上式，最后得
$$u_s(t) = R_0 i_1(t) + R_d i_1(t)$$

上式是一个线性代数方程，由此可以作出给定非线性电阻在工作点 (U_Q, I_Q) 处的小信号等效电路如图 13-6 所示。于是，求得

$$i_1(t) = \frac{u_s(t)}{R_0 + R_d}$$

$$u_1(t) = R_d i_1(t) = \frac{R_d u_s(t)}{R_0 + R_d}$$

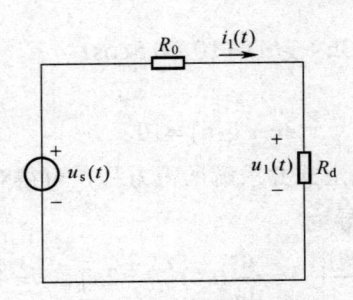

图 13-6 小信号等效电路

例 13-2 如图 13-7（a）所示的电路，直流电流源 $I_0 = 10\text{A}$，$R_0 = 1/3\Omega$，非线性电阻为电压控制型，其伏安特性如图 13-7（b）所示，用函数表示为

$$i = g(u) = \begin{cases} u^2 & (u > 0) \\ 0 & (u < 0) \end{cases}$$

小信号电流源 $i_s(t) = 0.5\cos t$ A。试求工作点和在工作点处由小信号产生的电压和电流。

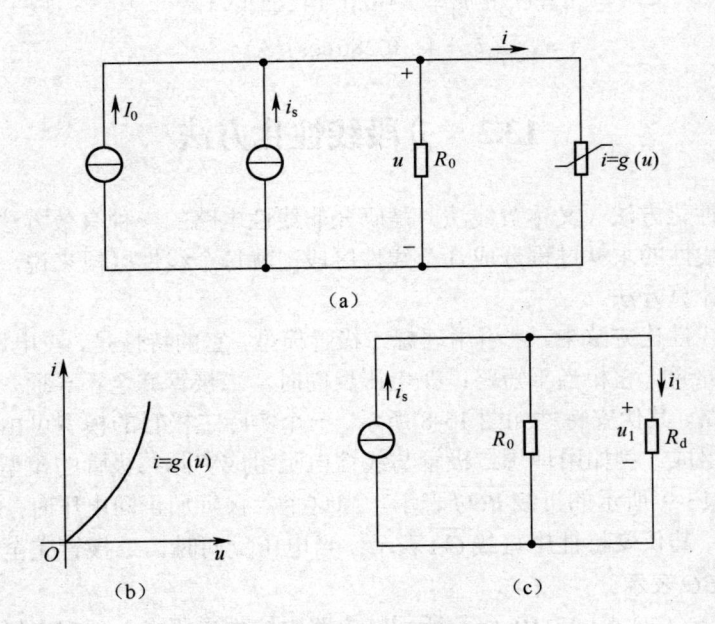

图 13-7 例 13-2 图

解 应用 KCL，有

$$\frac{1}{R_0}u + i = I_0 + i_s$$

或
$$3u + g(u) = 10 + 0.5\cos t$$

令 $i_s = 0$，由上式得
$$3u + g(u) = 10$$

把 $g(u) = u^2 (u>0)$ 代入上式并求解所得方程，可得对应工作点的电压 $U_Q=2V$，$I_Q=4A$。工作点处的动态电导为
$$G_d = \frac{dg(u)}{du}\bigg|_{U_Q} = \frac{d}{du}(u^2)\big|_{U_Q} = 2u\big|_{U_Q=2} = 4S$$

作出小信号等效电路如图 13-7（c）所示，从而求出非线性电阻的小信号电压和电流为
$$u_1 = \frac{0.5}{7}\cos t = 0.0714\cos t\,V$$
$$i_1 = \frac{2}{7}\cos t = 0.286\cos t\,A$$

电路的全解，亦即非线性电阻的电压、电流为
$$u = U_Q + u_1 = 2 + 0.0714\cos t\,(V)$$
$$i = I_Q + i_1 = 4 + 0.286\cos t\,(A)$$

13.3　分段线性化方法

分段线性化方法（又称折线法）是研究非线性电路的一种有效方法，它的特点在于能把非线性的求解过程分成几个线性区段，就每个线性区段来说，又可以应用线性电路的计算方法。

在分段线性化方法中，常引用理想二极管模型，它的特性是，在电压为正向时，二极管完全导通，它相当于短路；在电压反向时，二极管完全不导通，电流为零，它相当于开路，其伏安特性如图 13-8 所示。一个实际二极管的模型可由理想二极管和其他元件组成。例如用理想二极管与线性电阻组成实际二极管的模型，其伏安特性可以用图 13-9 所示的折线 $\overline{BOA}$ 表示，当这个二极管加正向电压时，它相当于一个线性电阻，其伏安特性用直线 $\overline{OA}$ 表示；当电压反向时，二极管完全不导通，其伏安特性用 $\overline{BO}$ 表示。

例 13-3　（1）图 13-10（a）所示的电路由线性电阻 R、理想二极管和直流电压源串联组成。电阻 R 的伏安特性如图 13-10（b）所示，画出此串联电路的伏安特性。（2）把图 13-10（a）中的电阻 R 和二极管与直流电流源并联，如图 13-10（d）所示。画出此并联电路的伏安特性。

第 13 章 非线性电路 339

图 13-8 伏安特性

图 13-9 伏安特性

图 13-10 例 13-3 图

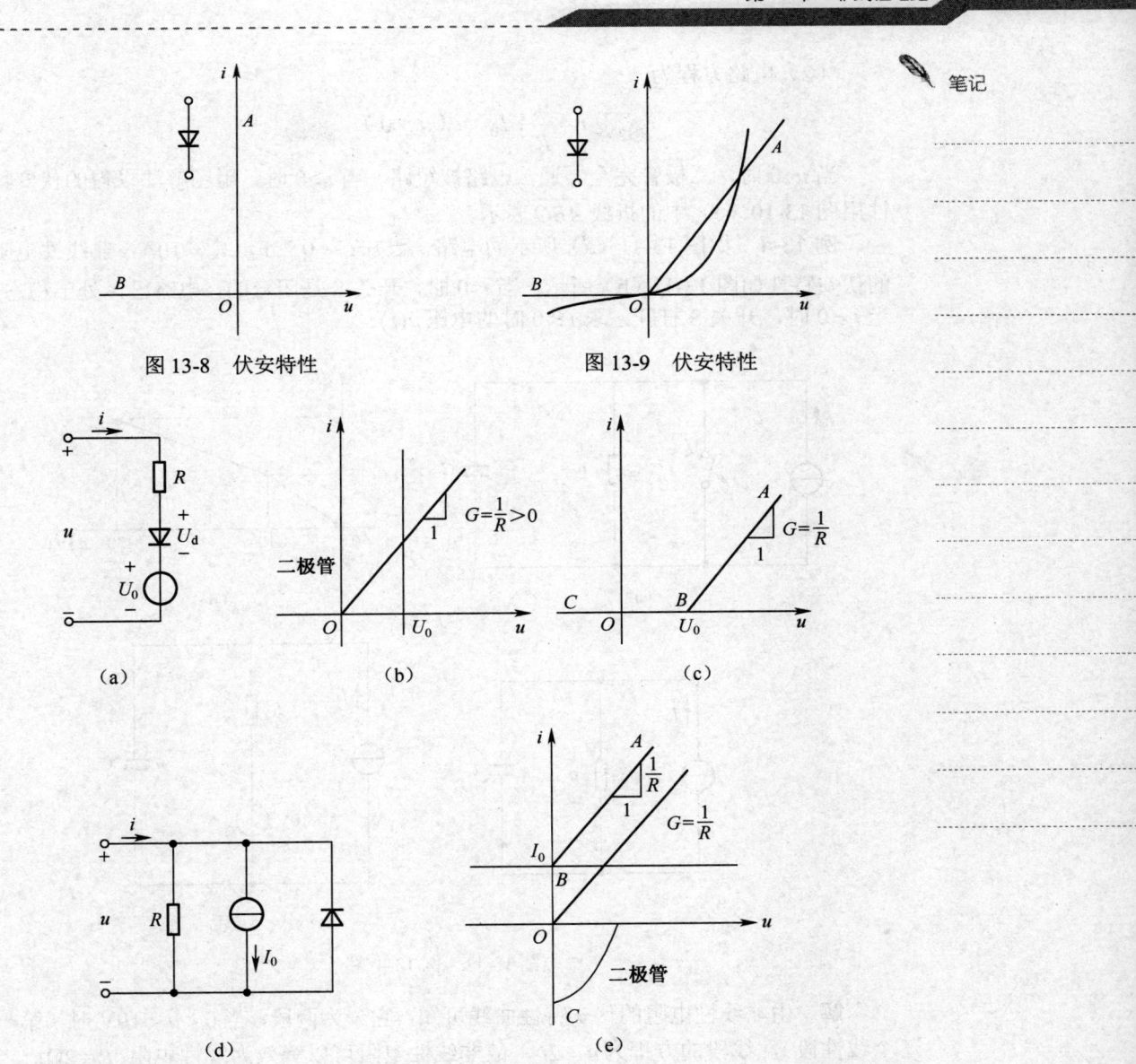

解 （1）各元件的伏安特性示于图 13-10（b）中，电路方程为
$$u = Ri + u_d + U_0 \quad (i > 0)$$
需求解的伏安特性可用图解法求得，如图 13-10（c）中的折线 $\overline{ABC}$（当 $u<U_0$ 时，$i=0$）。

（2）电路方程为

$$i = \frac{u}{R} + I_0 \quad (u > 0)$$

当 $u<0$ 时，二极管完全导通，电路被短路。当 $u>0$ 时，用图解法求得的伏安特性用图13-10（e）中的折线 $\overline{ABO}$ 表示。

例 13-4 如图13-11（a）所示的电路，已知 $C=0.25F$，$I_S=10A$，非线性电阻的伏安特性如图13-11（b）所示。当 $t<0$ 时，开关S是闭合的，电路已经处于稳态。当 $t=0$ 时，开关S打开，求 $t\geq 0$ 时的电压 $u(t)$。

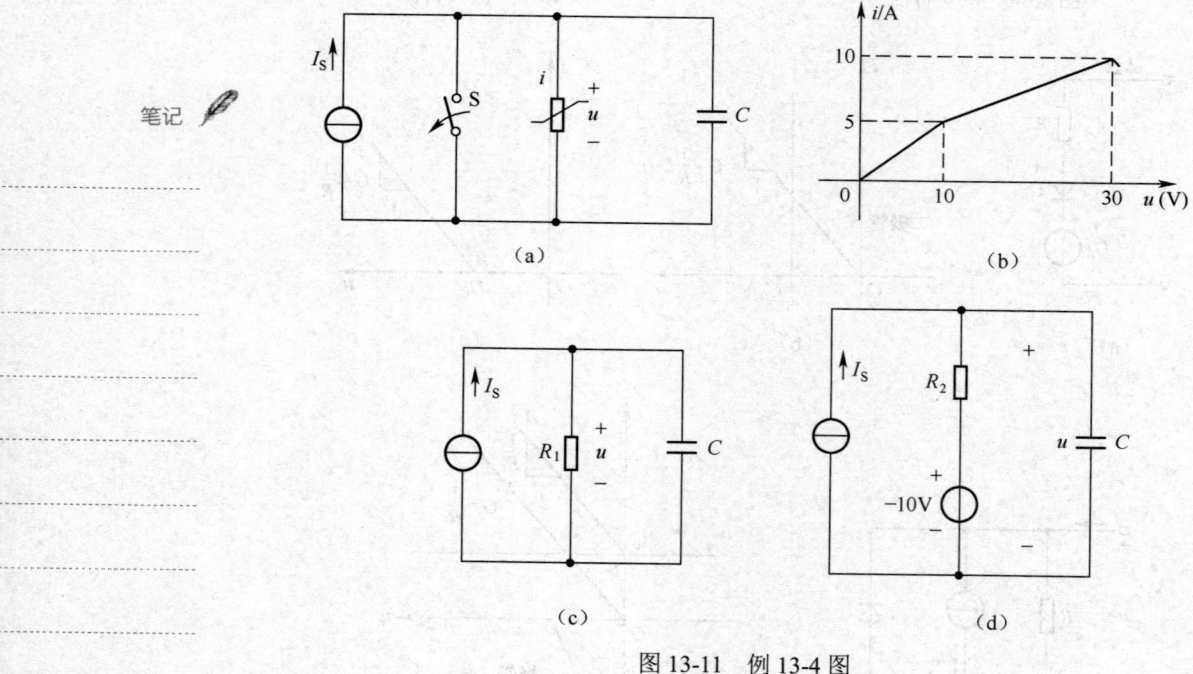

图 13-11 例 13-4 图

解 由非线性电阻的伏安特性曲线可知，它分为两段，当 $0<u<10V$ 时（第一个线性段），线段的方程为 $u=2i$，故非线性电阻可以等效为线性电阻 $R_1=2\Omega$；当 $u>10V$ 时（第二个线性段），线段的方程为 $u=4i-10$，故可以等效为线性电阻 $R_2=4\Omega$ 和 $-10V$ 的电压源相串联。由于该电路是对零状态电容充电的电路，所以电容电压由 0V 逐渐上升，设电容电压 $u(t)$ 上升到 10V 所对应的时刻为 t_1，则：

（1）在 $0\leq t\leq t_1$ 期间，非线性电阻工作在第一个线性段，此时非线性电阻等效为线性电阻 $R_1=2\Omega$，整个电路等效为一阶线性电路，如图13-11（c）所示。电容电压的初始值 $u(0_+)=u(0_-)=0$，稳态值 $u(\infty)=R_1I_s=20V$，时间常数 $\tau=R_1C=0.5s$，代入

三要素公式，得

$$u(t) = 20(1-\mathrm{e}^{-2t})\text{ V}$$

由于 $u(t_1)=10\text{V}$，代入上式，得 $t_1 = -0.5\ln(0.5) = 0.35\text{s}$。

（2）在 $t \geq t_1$ 期间，非线性电阻工作在第二个线性段，此时非线性电阻等效为线性电阻和电压源串联支路，整个电路等效为一阶线性电路，如图 13-11（d）所示，电容电压的初始值 $u(0_+) = u(0_-) = 10$，稳态值 $u(\infty) = R_2 I_S - 10 = 30\text{V}$，时间常数 $\tau = R_2 C = 1\text{s}$，代入三要素公式，得

$$u(t) = 30 - 20\mathrm{e}^{-(t-0.35)}(\text{V}) \quad t \geq 0.35\text{s}$$

13.4　应用实例：二极管及其应用电路

半导体二极管，也称为晶体二极管（简称"二极管"），它是非线性器件，最主要的特性是单向导电性。它的单向导电性使它在模拟和数字电路中获得了广泛的应用，如整流二极管：利用二极管的单向导电性可以将方向大小正负交替变化的交流电变换成单一方向的脉动电信号，经低通滤波后可变成直流电；开关二极管：二极管在正向电压作用下处于导通状态，电阻很小，相当于一个闭合的开关，在反向电压作用下处于截止状态，电阻很大，相当于一个断开的开关，利用二极管的这种开关特性可以组成各种逻辑电路；限幅二极管：二极管导通时，它的正向压降几乎保持不变（硅管约为 0.7V，锗管约为 0.3V），在高频脉冲、高频载波、中高频信号放大等电路中，常利用这一特性将信号幅度限制在一定的范围内。

1．二极管的整流与检波

整流是将极性周期性变化的交流电变换成极性单一的直流电的过程。

例 13-5　在图 13-12（a）所示的电路中，已知 $u_i = 15\sin\omega t\text{V}$，试分析输出电压 u_o 的波形。

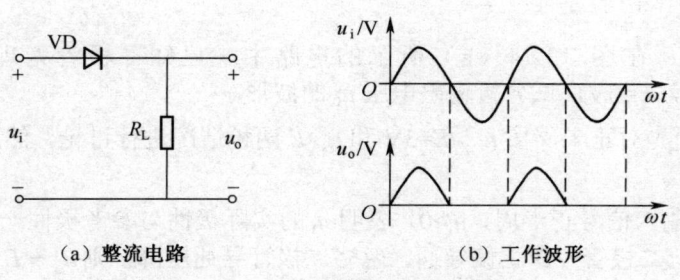

图 13-12　二极管整流电路及工作波形

分析　首先根据外电路情况确定二极管等效模型：当外电路的电压远大于二极

管的管压降时,应选用理想模型,否则应选用恒压降模型。在本题中,外电路的电压远远大于二极管的导通压降,可以将二极管看成理想二极管。其次,对于周期性变化的输入信号,通常按正半周和负半周分别进行分析。

解 (1) 在输入信号的正半周,二极管 VD 导通,其端电压为 0,所以 $u_o = u_i$。

(2) 在输入信号的负半周,二极管 VD 截止,相当于开关断开,所以 $u_o = 0$。

由此可以画出电路的工作波形,如图 13-12(b) 所示。

检波是将调制在高频电磁波上的低频信号检取下来,比如在收音机的检波电路中,其原理性电路如图 13-13(a) 所示。先利用二极管单向导电性将输入端的调幅信号 [13-13(b)] 的负半周去掉,仅保留其正向部分 [13-13(c)];再利用电容将高频信号旁路,将音频信号从载波中提取出来 [图 13-13(d)]。检波电路在形式上与整流电路近似,原理也相近。

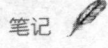

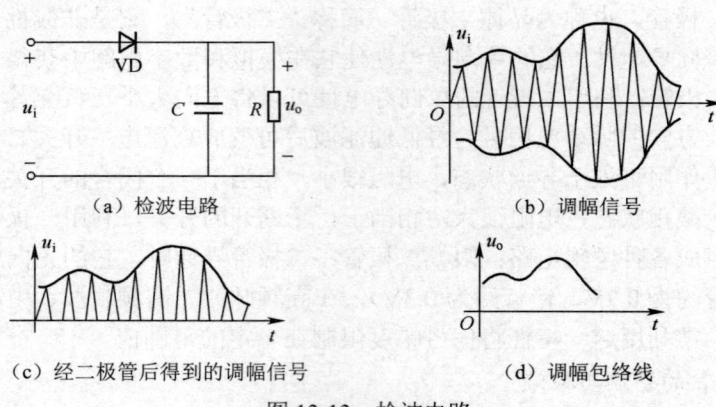

(a) 检波电路

(b) 调幅信号

(c) 经二极管后得到的调幅信号

(d) 调幅包络线

图 13-13 检波电路

2. 二极管限幅电路

限幅也称为削波,是指电路输出信号的幅度或波形受到规定电压(即限幅电压)的限制。

例 13-6 在图 13-14(a) 所示的电路中,已知二极管为理想二极管,$u_i = 6\sin\omega t \text{V}$,$E = 3\text{V}$,试分析输出电压 u_o 的波形。

解 下面先对正半周按 $u_i \geq E = 3\text{V}$ 和 $u_i < E$ 两种情况进行讨论,然后分析负半周的情况。

(1) 在输入信号正半周,$u_i > 0$,表明 u_i 的实际极性与参考极性一致。所以,当 $u_i \geq E = 3\text{V}$ 时,二极管 VD 正偏导通,忽略二极管导通压降,则 $u_o \approx E = 3\text{V}$,此时输出信号被限制在限幅电压 E 值上;当 $u_i < E = 3\text{V}$ 时,二极管 VD 反偏截止,将其所在支路看成断开,忽略电阻 R 上的压降,则输出电压 $u_o = u_i$。

（2）在输入信号负半周，$u_i<0$，表明 u_i 的实际极性与参考极性相反，二极管 VD 反偏截止，则输出电压 $u_o= u_i$。

总结该电路输出电压与输入信号电压之间的关系，有

$$u_o = \begin{cases} E = 3\text{V} & (u_i \geqslant E) \\ u_i & (u_i < E) \end{cases}$$

由此可得该限幅电路的输出电压 u_o 的波形，如图 13-14（b）所示。

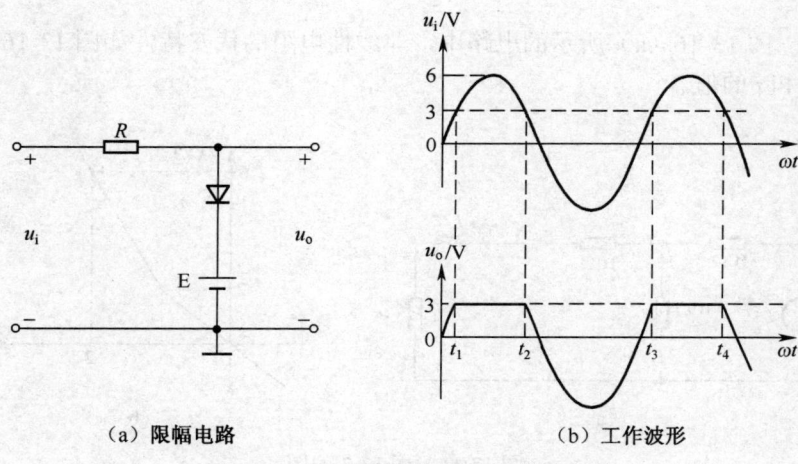

（a）限幅电路　　　　　（b）工作波形

图 13-14　正向限幅电路及其工作波形

本章小结

1. 本章要点

（1）本章主要介绍了非线性电路的概念和非线性电阻；介绍分析非线性电路的一些常用方法，如小信号法、分段线性法，并通过例题来说明这些方法的应用。

习题 13

13-1　如果通过非线性电阻的电流为 $\cos\omega t$ A，要使该电阻两端的电压中含有 4ω 角频率的电压分量，试求该电阻的伏安特性，写出其解析表达式。

13-2　电路如图 3-15 所示，其中非线性电阻的伏安特性关系为 $u_3 = 20i_3^2$，试列出电路方程。

图 13-15 题 13-2 的图

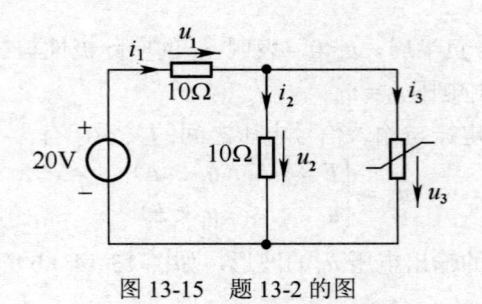

13-3 图 13-16（a）所示的电路中，非线性电阻的伏安特性如图 13-16（b）所示，求 u 和 i 的值。

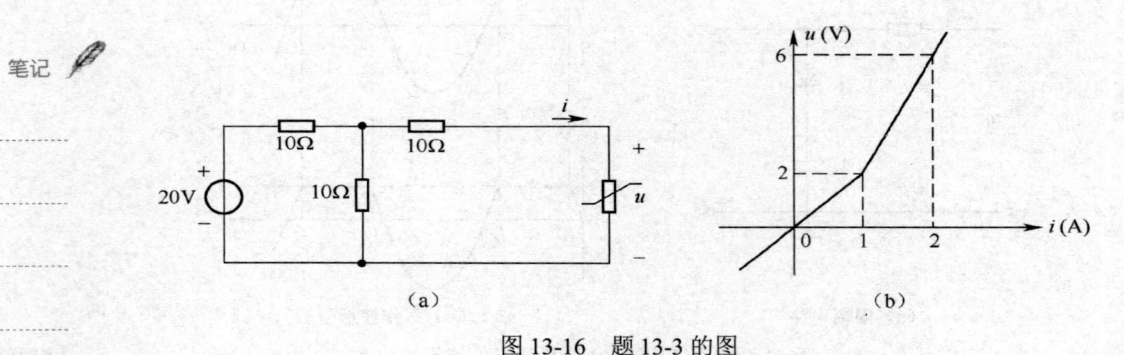

图 13-16 题 13-3 的图

13-4 已知图 13-17 所示电路中非线性电阻 R 的伏安特性为 $u=0.1i^2$（$i>0$），求 u 和 i 的值。

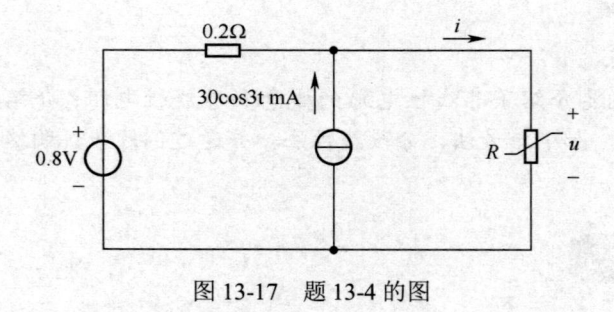

图 13-17 题 13-4 的图

13-5 图 13-18 所示的非线性电路中，已知非线性电阻的伏安特性为 $u=i^2$（$i>0$A），小信号电压 $u_s(t)=160\cos 314t$ mV，试用小信号分析方法求电流 i。

13-6 如图 13-19 所示的电路，非线性电阻伏安特性为 $i=u^2$ A（$u \geqslant 0$），试求非线性电阻中的电流 i。

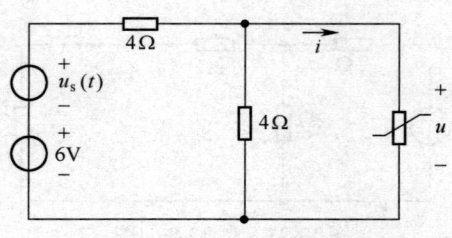

图 13-18 题 13-5 的图

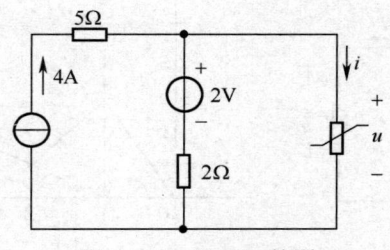

图 13-19 题 13-6 的图

13-7 在图 13-20 所示电路中非线性电阻的伏安特性为

$$u = \begin{cases} 0 & (i \leq 0) \\ i^2 + 1 & (i > 0) \end{cases}$$

求 i、u 和 i_1。

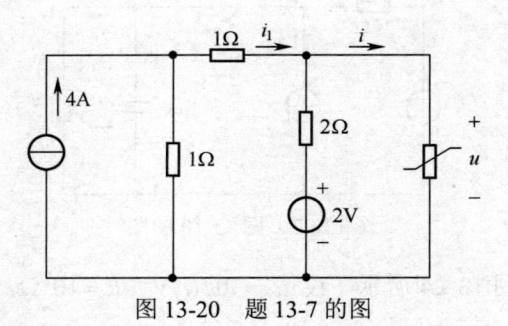

图 13-20 题 13-7 的图

13-8 如图 13-21 所示的电路，非线性电阻的伏安特性为 $i = (u^2 - u + 1.5)\text{A}$，试求非线性电阻中的电流 u、i。

13-9 含隧道二极管电路如图 13-22（a）所示，隧道二极管的伏安特性经分段线性化法分成三段直线，分别位于 $0 \leq u \leq 1$、$1 \leq u \leq 2$、$u \geq 3$ 三个区域，如图 13-22（b）所示，试求工作点 U_Q 和 I_Q。

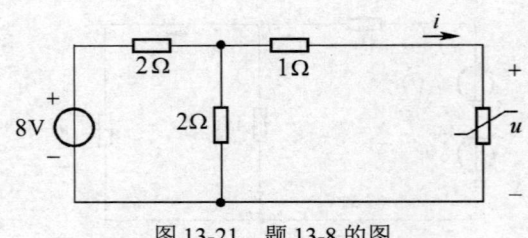

图 13-21 题 13-8 的图

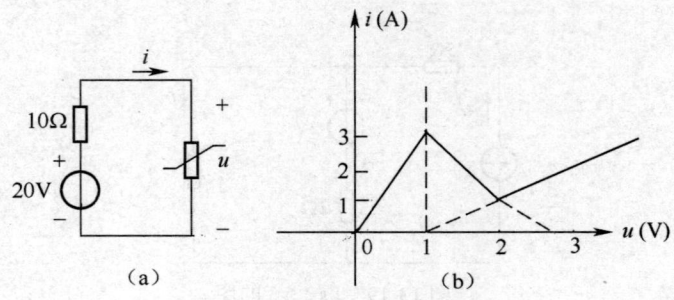

（a）　（b）

图 13-22 题 13-9 的图

13-10 电路如图 13-23 所示，设 $I_S=1\text{A}$，$u_S=0.1\varepsilon(t)\text{V}$，非线性电阻的电压、电流关系为 $i=10^{-3}u^2$（$u\geqslant 0$），求电压 u。

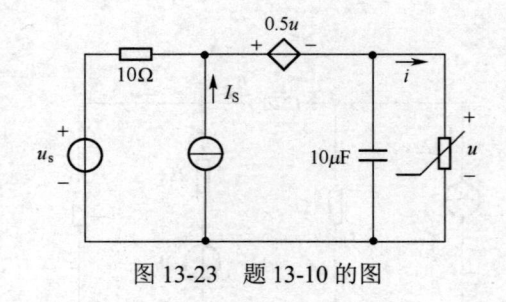

图 13-23 题 13-10 的图

13-11 电路如图 13-24 所示，设 $u_S=10\varepsilon(t)\text{V}$，$R=10^3\Omega$，$\psi=3i^2$，求电流 i。

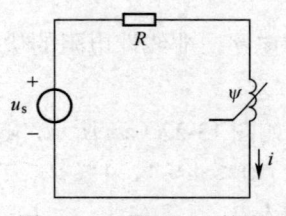

图 13-24 题 13-11 的图

13-12　电路如图 13-25 所示，已知 $R_1 = 12\text{k}\Omega$，$R_2 = 6\text{k}\Omega$，非线性电容的电荷电压关系为 $q = 5 \times 10^{-7} u^2$，电压源 $u_S = 12\varepsilon(t)\text{V}$，求电容电压 u。

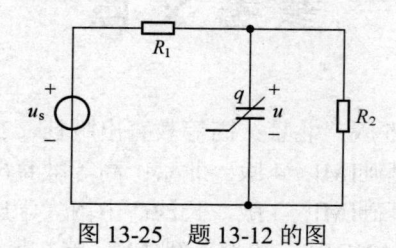

图 13-25　题 13-12 的图

参 考 文 献

[1] 邱关源. 电路[M]. 5版. 北京：高等教育出版社，2011.
[2] 李瀚荪. 电路分析基础[M]. 4版. 北京：高等教育出版社，2006.
[3] 赖旭芝. 电路理论基础[M]. 3版. 长沙：中南大学出版社，2009.
[4] CHARLES K. ALEXANDER. 电路基础[M]. 英文版5版. 北京：机械工业出版社，2013.
[5] 陈生潭，张雅兰，张妮. 电路基础学习指导[M]. 西安：西安电子科技大学出版社，2001.
[6] 陈燕. 电路考研精要与典型题解[M]. 西安：西安交通大学出版社，2002.
[7] 李飞，等. 电路理论[M]. 北京：中国水利水电出版社，2017.
[8] 张永瑞，王松林，李晓萍. 电路基础典型题解及自测试题[M]. 西安：西北工业大学出版社，2002.
[9] 孙玉琴. 电路题型解析与考研辅导[M]. 沈阳：东北大学出版社，2001.
[10] 黄锦安. 电路[M]. 2版. 北京：高等教育出版社，2024.
[11] 燕庆明. 电路分析教程[M]. 4版. 北京：高等教育出版社，2022.
[12] 王树民. 电路原理试题选编[M]. 2版. 北京：清华大学出版社，2008.
[13] 张永瑞. 电路分析基础[M]. 西安：电子科技出版社，2012.
[14] 杨振坤，刘晓晖，刘晔. 电工技术[M]. 西安：西安交通大学出版社，2002.
[15] 张永瑞，杨林耀，张雅兰. 电路分析基础[M]. 3版. 西安：西安电子科技大学出版社，2006.
[16] 谭永霞. 电路分析[M]. 成都：西南交通大学出版社，2011.
[17] 汪健. 电路原理教程[M]. 北京：清华大学出版社，2017.
[18] 孙雨耕. 电路基础理论[M]. 北京：高等教育出版社，2017.
[19] 吴大正. 电路基础[M]. 3版. 西安：西安电子科技大学出版社，2008.
[20] 王松林，吴大正，李小平. 电路基础[M]. 3版. 西安：西安电子科技大学出版社，2008.
[21] 胡翔骏. 电路分析[M]. 3版. 北京：高等教育出版社，2016.
[22] 邱关源. 电路[M]. 4版. 北京：高等教育出版社，2001.